U0191406

架构即未来

[美] 马丁·L. 阿伯特（Martin L. Abbott）迈克尔·T. 费舍尔（Michael T. Fisher）著

陈斌 译

现代企业可扩展的Web架构、流程和组织 （原书第2版）

THE ART OF SCALABILITY

Scalable Web Architecture，Processes，and
Organizations for the Modern Enterprise

机械工业出版社
CHINA MACHINE PRESS

图书在版编目（CIP）数据

架构即未来：现代企业可扩展的 Web 架构、流程和组织：第 2 版 /（美）阿伯特（Abbott, M. L.）等著；陈斌译 . —北京：机械工业出版社，2016.6（2023.11 重印）

书名原文：The Art of Scalability: Scalable Web Architecture, Processes, and Organizations for the Modern Enterprise, Second Edition

ISBN 978-7-111-53264-4

I. 架… II. ① 阿… ② 陈… III. 网页制作工具 – 程序设计 IV. TP393.092

中国版本图书馆 CIP 数据核字（2016）第 053944 号

北京市版权局著作权合同登记 图字：01-2015-5191 号。

架构即未来
现代企业可扩展的 Web 架构、流程和组织（原书第 2 版）

出版发行：机械工业出版社（北京市西城区百万庄大街 22 号　邮政编码：100037）
责任编辑：迟振春
责任校对：董纪丽
印　　刷：北京虎彩文化传播有限公司
版　　次：2023 年 11 月第 1 版第 14 次印刷
开　　本：147mm×210mm　1/32
印　　张：20.625
书　　号：ISBN 978-7-111-53264-4
定　　价：99.00 元

客服电话：（010）88361066　68326294

这是一本教你如何建设一个世界级工程组织的实战手册，包括领导、架构、运维和过程。就像一本驾驶手册教你怎么起步、如何上路一样，本书告诉你如何扩展业务。有了这本书，就可以少犯错误。换句话说，如果你有什么疑问，那就去读这本书吧！

——郎·班德，Warby Parker 技术副总裁

我在 AKF 公司一直负责解决棘手的技术难题。很多书阐述了如何纠正失效的产品架构或有问题的过程，这两点不言而喻都是问题的症状。本书不仅讨论这些症状，同时还剖析其根源，即弄清楚我们应该以何种方式管理、领导、组织和配置团队。

——杰瑞米·金，沃尔玛全球电子商务首席技术官兼高级副总裁

我喜欢这本书，因为它给我们上了重要的一课，教我们如何打造扩展性好的成功技术团队，进而提供扩展性好的技术解决方案，这是其他的技术书籍所不能企及的。本书有许多非常好的实战讲解，也包括如何建设扩展性文化、原则、过程和决策树的优秀案例。本书是我案头的常备书籍之一。

——克瑞斯·施里姆瑟，ZirMed 首席技术官

本书内容之丰富出乎我的意料。扩展不仅是当大量用户同时使用时，如何避免网站崩溃的设计技术，而且教导如何管理公司在业务需求增长的时候不崩溃。作者一直奋斗在当今一些最成功的互联网公司的生产第一线，他们所分享的经验，不论好坏，其目的不仅仅是生存，更重要的是如何蓬勃发展。

——马提·卡根，硅谷产品集团创始人

对想要搭建大规模网上服务系统的人来说，这是一本必读的书。

——戴拿·斯塔德，Matrix 公司合伙人

对于系统的扩展性，不论是大型企业还是小型企业，马丁和迈克尔都是经验丰富的人。在处理扩展性方面，他们的独到之处在于先聚焦于真正的基础，即人和过程，否则就无法获得真正的扩展性。对于扩展性，马丁和迈克尔以一种简单易行的方式来发挥经过他们多年验证的成功经验。

——杰佛瑞·韦伯，Shutterfly 互联网运维 /IT 副总裁

如果想要得到最好的健康诊断结果，我会选择去 Mayo 诊所。如果想要了解我们所投资企业的系统性能和扩展性，我会给马丁和迈克尔打电话。他们针对性能和扩展性所给出的推荐方案，使我属下的几个公司避免了系统的彻底重构。

——华伦·魏茨，Foundation Capital 合伙人

在 PayPal 和 eBay 的时候，我在迈克尔和马丁的手下担任经理，有机会直接学习和借鉴他们在这本书中提到的经验与教训，这对我

目前在 Facebook 的工作有无限的价值。

本书是迄今为止介绍扩展性方面最好的一本书。作者从过程、人员、性能和技术的角度解决扩展性问题。不论你的组织机构是刚刚开始，边干边定义过程，还是处在一个成熟的阶段，无论是事前、事中或事后，本书都是能够帮助你解决扩展性问题的理想指南。在经历了几个公司和项目，并把系统从小做大后，我可以负责地说，真希望能在一年、五年和十年前就读过本书。

迈克尔和马丁亲眼目睹了 eBay、PayPal 和其他几家公司快速扩展所带来的挑战，世界上具有这种经验的人为数不多，成功战胜这种挑战的人就更少了。本书把作者从世界上最大的两个互联网公司在系统扩展方面所积累的经验教训做了极好的总结和概述，对于任何一个处于高速增长公司的执行人员来说，这都是一本非读不可的书。除此以外，本书文笔流畅，幽默风趣，使我爱不释手。

从理解如何构建可扩展的机构到运维高扩展性系统所必需的技术和过程，本书全面覆盖了各个领域。书中列举了很多真实而且实用的解决方案。对于处在高速增长的公司或者希望取得高速增长的初创公司中遇到扩展性难题的任何一个人来说，本书是必读之书。

本书以内容翔实、阐述清晰而闻名。作者以崭新、实用和通俗的方法来定位、预测与解决尚未浮出水面的扩展性问题。马丁和迈克尔凭借他们丰富的经验与广阔的眼界，为那些虽然规模小但处在高速增长阶段的组织机构提供了独特和具有开创性的工具，来帮助他们进入当今要求苛刻的科技环境。

——约瑟夫·波藤扎，Banner & Witcoff 公司律师

两位作者马丁和迈克尔作为 eBay 与 PayPal 的 CTO，是世界互联网技术和管理的引领者，同在 eBay 工作过的译者陈斌耳濡目染，深得其精髓。本书深入浅出地介绍了大型互联网平台的技术架构，并从过程、人员、组织和文化多个角度详尽分析了互联网企业的架构理论与实践，是架构师和 CTO 不可多得的实战手册。互联网已进入深水区，技术开始取代营销成为新的推动力。希望本书能把硅谷先进的管理和架构理念引入中国，培养出一批互联网技术精英，助力互联网下一波浪潮。

——唐彬，易宝支付 CEO 及联合创始人，互联网金融千人会轮值主席

以互联网为核心的信息技术正在快速地扩大商业的边界。从前，大多数的软件和信息管理系统仅仅服务公司内部的几百名员工，但今天很多软件系统已经演变成要服务亿万客户的商业平台，甚至如马云先生所言，软件系统已成为社会经济生活新的基础设施。在这个过程中，软件系统的可扩展性将成为这个公司是否可以升级涅槃至关重要的问题。本书译者敏感地关注到这个问题，把这本好书译成中文，相信可以激发中国新经济的管理者、从业者的思考和讨论。

——涂子沛，阿里巴巴副总裁，"互联网＋"专家，《大数据》《数据之巅》

作者

当我在 eBay 工作的时候，就已经从本书中学到了很多实战经验，并一直受用至今。本书作者拥有丰富的架构、管理和领导经验，并且成功地解决了 eBay 在快速发展过程中遇到的许多问题和挑战。本书描述了几种大型互联网常用并且行之有效的架构模式。我与易宝集团 CTO 陈斌曾经在 eBay 共事过，他是本书最合适的译者，他不但具有丰富的架构经验，而且对培养年轻的工程师充满了热忱。本书的出版必将把硅谷成熟的架构设计和技术管理经验传播到中国，为"互联网 +"助力。

——叶亚明，携程集团 CTO

互联网行业普遍存在的挑战是如何支持公司的快速发展。大部分坊间的书在这方面讨论的内容都是：如何通过好的架构设计让技术及产品能够获得最新、最佳的解决方案。本书也不例外，对系统及产品架构上的理念进行了深入探讨。除此之外，本书更具价值的部分是阐述了人才、管理、过程、组织架构对高可用系统及产品的影响。例如，99.99% 服务成功率的关键因素是不但有良好的架构体现，而且要有完善的监控机制、问题定位的能力、平台处理问题的能力，最后，也可能最重要的是系统与产品的负责人以及 SOP 处理流程的设置。

相信本书对任何一个互联网人都会有一定的启发。

——高遵明，唯品会 CTO

2015 年，我在宜人贷的主要工作内容是"在飞驰的汽车上换轮胎"——这不仅是对技术架构的挑战，同时还是对组织的管理、领导、运维与过程上的巨大挑战。蒙陈斌兄翻译并推荐了本书，打开本书，惊讶地发现它几乎覆盖了我遇到的所有问题，不少问题在本书中都有让人醍醐灌顶的精辟阐述，真是不可思议！ 在中国互联网行业迅速发展的今天，我相信所有快速发展的企业都会面临和我一样的挑战，那么别犹豫，赶紧打开本书读一读吧，相信你会和我一样感到惊喜！

——段念，宜信宜人贷 CTO

扩展性绝对是一门艺术，它也只掌握在金字塔尖的少数人手上。与传统的观念不同，它绝不应该仅仅被认为是一个技术问题，因为你设计出来的不仅仅是一件产品，它更像是一种模式，可以是思维模式，也可以是运行模式。如果你的模式足够好，它就可以在成长过程中为你指明发展的方向。而我们要从本书中学习扩展性，就要从一个个案例中学习如何思考，而不仅仅是学习它的手段。

——祁宁，SegmentFault 创始人兼 CTO

探讨组织变更和研究软件架构的书籍已经汗牛充栋，但这两者之间的关系鲜有人系统论述。本书基于两位作者长期的观察和实践，深入讨论了人员能力、组织形态、过程和软件系统架构对业务扩展性的影响，并提出了面向高速发展的业务进行组织与架构转型的参考模型和路线图。对于正在进行"互联网＋"战略实施的中国技术和管理人员来说，本书有及时雨一般的帮助效果，而译者精密的考证和流畅的文笔也消除了中国读者的理解困难。

——赵先明，博士，中兴通信股份有限公司 CTO

每个快速成长的公司都需要不断突破自身系统架构的扩展性约束，在本书中你将获取大量翔实且系统的案例和工具，帮助你提前把公司未来很多地方设计得更好。书名中的"艺术"二字十分贴切，读完全书后你定会被作者丰富的阅历和广阔的视野所折服。

——吴华鹏，iTech Club 理事长，1024 学院院长，凤凰网原 CTO

系统的扩展性是构建大规模互联网系统必须解决的难题，涉及面比较广。本书从过程、人员、性能和技术等多个角度出发，创造性地解决扩展性的难题，无论系统处于哪个阶段，公司处于哪种规模，都能提供非常到位的指导。真是"众里寻他千百度，蓦然回首，那人却在灯火阑珊处"，本书的出版非常及时。这是到目前为止我看到的关于架构最全面、最具深度的书籍。

——曹重英，博士，IT 高管会负责人

Thank Chuck Chen for translating The Art of Scalability (2nd Edition). Here are some quotes for the publishing of the Chinese translation:

- ❏ The Art of Scalability outlines our fundamental business practice at AKF Partners that has allowed us to help over 400 companies from startups to Fortune 100.
- ❏ You can delegate anything you would like, but you can never delegate the accountability for results.
- ❏ Management means measurement and a failure to measure is a failure to manage.
- ❏ In general and at a very high level, you can think of management activities as " pushing " activities and leadership as " pulling " activities. Leadership sets a destination and "waypoints" toward that destination; management gets you to that destination.
- ❏ As your resource pool dwindles, the tendency is to favor short-term customer facing features over longer-term scalability projects.

That tendency helps meet quarterly goals at the expense of long-term platform viability.

（感谢陈斌将《The Art of Scalability》第 2 版翻译成中文。下面是我送给中国读者们的几句话：

- ❏ 本书概述了 AKF 公司基本的业务实践，正是这些实践使我们得以帮助从初创公司到财富 100 强的 400 多家公司。
- ❏ 你可以对任何事情放权，但是绝对不会把对结果负责的事情放权。
- ❏ 管理意味着度量，失败的度量意味着失败的管理。
- ❏ 宏观地说，你可以把管理看成是"推动"活动，把领导看作是"牵引"活动。领导设定目的地和前进路径上的标记，管理让你到达目的地。
- ❏ 随着资源池的逐渐枯竭，企业更倾向于那些面向客户的短期功能研发，而不是长期的扩展性项目。结果是满足了短期的目标，却牺牲了平台长远的活力。）

马丁·L. 阿伯特，AKF 公司初始合伙人，eBay 前 CTO

·· 中文版序二 ··

这是一本难得的好书。尽管最近非常忙，我还是特别腾出了一整天的时间，一口气把本书看完了。掩卷而思，作为一个曾经在京东管理过几千人研发团队的我，收获颇多。

和一般的技术类书籍不同，本书从组织和过程入手进行阐述。这很好理解，没有好的技术团队及团队协作，不可能产生好的架构和扩展性。这也是大多数 CTO 容易忽略的部分。在组织上，京东研发在人数接近百的时候尝试过职能化，在人数近千的时候尝试过事业部制，最后我们还是实施了研发业务闭环。可见可扩展性组织是建立可扩展性系统的前提。

本书花了很大的篇幅论述技术管理者如何打造领导力。对于技术出身的管理者来说，领导力永远是个挑战。我个人也有一段从专家到领导者的艰难转型经历。有影响力的技术团队，一定出自一个有影响力的技术领导人。如果你想从一个技术专家转型为领导者，那本书非常值得一读。

对于互联网技术团队来说，应对过事故处理的几乎没有。所以我们要考虑如何快速从事故中恢复，以及如何从事故中学习。很多知名的宕机事件都是因为团队没有很好地管理过程，不能快速从事故中恢复，从而造成了巨大的影响和损失。对于如何管理这些人为的过程，本书进行了详细的阐述，非常值得互联网技术团队学习和实践。

可扩展性还来自于对技术架构的选择。本书对架构原则、架构委员会、架构敏捷性等内容进行了深入讨论。这些内容结合了作者多年丰富的经验，非常值得国内互联网技术同仁学习。根据我的观察，中国还缺少架构师，特别是有领导力的架构师。

所以我觉得：任何技术主管阅读此书，都受益无穷。特别是那些想做 CTO 的技术专家和架构师。现在中国已经实施"互联网＋"行动计划，未来所有的公司都将变成互联网公司。而如何打造可扩展的系统，将是任何平台型互联网企业的必修课。

感谢陈斌兄发现这本好书，并花了大量的精力进行翻译。希望本书能帮助中国出现更多优秀的 CTO，希望中国有更多可扩展的互联网平台一起助力中国"互联网＋"！

李大学，磁云科技 CEO，中国互联网＋实战团发起人，

京东终身荣誉技术顾问

在"大众创业、万众创新"的年代，许多青年俊才施展抱负，勇敢投入到波涛汹涌的市场竞争大潮中。在此过程中，企业在快速发展的同时会遇到组织发展的瓶颈问题。

当下，许多历史悠久的知名国企正经历扩张、兼并、重组等重大转型。那么如何通过技术手段解决组织扩张、扩展中新兴的快速发展企业及传统的国有企业改组、改造中遇到的各类相关问题？

本书从企业技术人员的角度给我们提供了一个解决方案和工作思路。我多年的工作体验是，企业管理人员与企业技术人员看企业的角度和得出的结论是完全不同的。企业的管理者应该认真倾听技术人员的心声。特别是那些善于跟"机器"和"数据"打交道的工程师，当他们也开始强调"人"的因素时，传统的企业管理者的压力顿时就增加了许多。

我强烈推荐从事企业管理的经理人阅读此书。

唐毅，中国技术进出口总公司总裁

本书是 IT 界的传奇著作，尤其第 2 版紧跟时代发展大潮做了关键的更新，很荣幸，本书第 2 版由我的同事和老朋友，现任易宝集团 CTO 的陈斌翻译，并由我们的亲密合作伙伴机械工业出版社出版。

12 年前，我和陈斌相识于硅谷，也见证了他在技术领域的一路狂飙挺进。他最初在新加坡航空开发过订票系统，1999 年到了硅谷，先在 CharitableWay 开发过互联网捐款系统，后来历任日立（美国）技术集成总监、Abacus 首席架构师，是硅谷一等一的技术高手。

那时，唐彬和我已经打算回国创业了，我们三个人在老唐的屋子里一边吃烧烤一边讨论未来公司的构想。2003 年"非典"期间，易宝支付在北京创立，创业初期陈斌还在硅谷帮我们张罗面试、找融资。之后易宝支付成为中国行业支付的开创者和领导者，随后以支付为切入，推动了中国航空旅游、快消连锁、游戏、教育、保险基金、互联网金融等行业的电子化进程，如今又在推动各个行业的移动化进程。

刚开始时，陈斌没有加入易宝，但参与了我们早期的创业过程。2005 年我们终于把他"挖"到了易宝，由他负责技术和运营，易宝第二代支付系统就是他领导开发的。

因为当时陈斌的孩子还太小，所以 2007 年他又回到硅谷，出任诺基亚（美国）首席工程师。2008 年他加入了 eBay 集团，成为 eBay 负责移动的高级架构师。这也成为他和本书作者结缘的奇妙渊源，因为当时马丁和迈克尔恰巧就分别是 eBay 的 CTO 与 PayPal 的架构师。

eBay 从一家小公司起步，发展成为一个拥有数万员工举世瞩目的电商巨头，马丁和迈克尔也随同经历了人员、技术、组织、管理的扩展历程，对于可扩展性具有最直接和最宝贵的实战经验。而作者在书中提出的思路、举出的实例，陈斌在 eBay 都亲身体会过。

央视在 2014 年推出了大型纪录片《互联网时代》，这是自互联网诞生以来，全球首部反映互联网全貌的大型纪录片，整个拍摄过程历时两年多，作为《互联网时代》的学术顾问，我随拍摄组数次赴美拍摄，每次到硅谷都要找陈斌一聚。我劝他回易宝，投身国内蒸蒸日上的互联网金融行业，当然，也希望他把硅谷的先进技术理念带入易宝。

2014 年陈斌终于正式重回易宝，出任 CTO，一回来就展现出雄心壮志，开始大刀阔斧地改革。

首先，他主导了原有系统的逐步拆分与迁出，保证交易的安全和稳定，使系统可用性得到极大提升。其次，他提拔了五位年轻有为的架构师，分别负责信息安全、运维、数据、应用、平台研发的架构，极大加强了易宝技术部门的架构意识。最后，他提出"大、平、移、活"战略（大数据、云平台、移动化、双活数据中心），且基于对大数据的重视，推动了征信事业部的成立。他担任 CTO 的这一年多时间，易宝在技术层面和运维层面都获得了极其健康的发展。

这些技术方面的有力举措，都坚实有力地支持了易宝近两年引领互联网金融和移动互联网大潮的高速发展。

历经诺基亚、eBay、易宝等公司，历任工程师、首席工程师、首席架构师、CTO 等职位，陈斌在架构艺术上深有心得，是少有的拥有硅谷经验和中国创业经验的技术大拿。其实撰写一部关于架构思维的书是他的夙愿，因为他发现国内的程序员往往只顾埋头干活，却忽视了高屋建瓴的架构思维，又或者只有直觉性的架构意识，却缺乏科学系统的架构训练。本书作者和陈斌渊源颇深，恰逢第 2 版做出比较大的关键调整，陈斌不辞辛劳，欣然亲自操刀翻译。

从 2015 年 7 月拿到本书开始，他投入了几乎全部的业余精力。不仅在公司、在家里，甚至在高铁上、飞机上、大巴上，他都在字斟句酌地翻译。他牺牲了晚上休憩的时间、周末娱乐的时间，废寝忘食地投入本书的翻译中。要知道，准确翻译传达一本横亘技术和商业的伟大巨著需要有巨大的耐心与深刻的洞察力，只有这样才能用中文传神地把英文原著的精髓传递出来。

最早讨论本书的中文版书名时，我们有同事提出了一个书名——《通向规模化之路》。出于忠于原著的考虑，这个书名最终并未采纳，但传神地道出一个事实，今天的互联网发展进入了深水区，企业想要不被时代大潮淘汰，实现持续增长甚至是指数级增长，就必须越来越重视互联网，重视技术。这在我和宗毅发起"互联网大篷车"公益活动，到全国各地推动传统企业"互联网＋"的转型时已经深刻感到。企业的高层要越来越重视互联网和商业的深度融合，早早做好 IT 的大布局，让 IT 架构可扩展、可升级，先于企业商业战略做好布局，才是未来有竞争力企业规模化成长的正道。

余晨，易宝支付高级副总裁及联合创始人，《看见未来》作者

·· 译者序 ··

我于 2014 年从硅谷的 eBay/PayPal 回到国内的易宝集团任首席技术官（CTO），投入到国内移动互联网、"互联网＋"和互联网金融的伟大洪流中。工作一段时间后，我发现易宝集团的很多技术人员和管理人员对互联网的技术架构与技术管理认识模糊，大多数人更多地依赖长期积累的直觉和经验。经常见到大家纠结于某些问题，事实上，这些问题应该如何决策、如何处理在国外已经有成熟的成功案例。于是我萌生了一个念头：写一本关于互联网技术架构和技术管理方面的书来培训公司的技术人员。

2015 年 6 月，我有幸参加了机械工业出版社在北京举办的《人件》读书交流会，并应邀为参会的架构师和其他的技术人员做分享。会议期间我向出版社的编辑们透露了写一本互联网架构方面书的计划，出版社的朋友们便送给我一本刚刚出版的英文原著《 The Art of Scalability 》第 2 版，建议我先看看这本书。当我看到本书作者的名字马丁和迈克尔时，立刻回想起来，他们就是当年我在 eBay/PayPal 任职时的 CTO。于是我花了两天两夜的时间通读了本书。

阅读完这本书后，我打消了自己写一本关于互联网技术架构和技术管理著作的念头，因为我要写的与马丁和迈克尔在书中所介绍的不谋而合。更加让我激动不已的是，除了原著作者和我都曾经在世界上最大的互联网电子商务和支付公司工作这一共同经历外，书中举出的很多实例也是我的切身体会，书中大量的理论、原则和实例与我本人在 eBay/PayPal 工作过程中的实践同出一门。作为 eBay 负责移动技术的高级架构师，我亲身实践了书中提到的几乎所有技术架构和技术管理的原则，切实体会到这些经验、理论和知识的巨大指导价值。因此，我决定不再自己写书，而是把原著翻译成中文，让更多从事互联网技术架构和技术管理的国内 CTO、架构师和对此感兴趣的技术与管理人员能够有机会从中学习，并掌握这些先进的思想和经验。

马丁和迈克尔把多年来在不同的互联网公司工作和咨询过程中积累的丰富经验加以总结，完成了这本教科书式的著作。本书从人、过程、技术三个角度深刻而广泛地讨论了技术管理和技术架构的具体实践经验，强调了组织、人员、过程和技术的最佳配合，深入浅出地分析了在技术管理过程中经常遇到的各种具体问题，既讲解理论，又佐以实例，让读者可以系统地获得关于技术管理和技术架构方面的知识与经验。他们的经验是大学或者研究机构无法提供的，因为互联网技术在飞速发展，互联网相关的技术管理和技术架构的理论与实践也在不断演化。而作者所提供的信息和数据，很多是 2015 年年初出现的，特别是有关云计算技术、数据中心的决策都是最新的成果。

本书沿着技术组织、人员、过程和架构的可扩展性展开并进行了深入讨论，不仅介绍了技术架构的可扩展性理论与实践，而且分析了人员、过程和组织在可扩展性方面的各种选择。对互联网企业的 CTO、CIO 和架构师而言，本书是必读的指南性专著。译者以本书为基础，总结出各类教材，为易宝集团的架构师和其他技术人员进行了系统性的培训，收效巨大。特别是架构原则，X、Y、Z 三轴扩展理论以及数据中心选址决策考虑，为架构师解答了疑惑，指明了方向，这些培训和讲座已经成为易宝大学的经典课程。译者也希望国内其他的 CTO 和 CIO 能以此为教材，快速、高效地引进这些具有世界先进水平的互联网技术管理和技术架构知识与经验。

中国在互联网方面的基础设施，如光纤铺设量，本来落后于世界发达国家，个人计算机的普及率也远不及这些国家，这是中国互联网渗透率严重落后于其他国家的关键原因。智能手机在中国的快速普及使中国的网民既获得了上网设备终端，也解决了网络基础设施不足的问题。同时，大批计算机和移动技术人才以及世界上独一无二的人口基数优势和巨大的市场潜力使中国能够在极短的时间内弯道超车，非常有机会超越美国，成为世界上最大的移动互联网市场。"互联网＋"的提出更像一剂催化剂，为传统产业在移动互联时代的快速发展带来了一线生机。希望本书的出版能引进国外最先进的技术架构以及技术管理经验和知识，将国内互联网技术领域的技术人员武装起来，为李克强总理提出的"大众创业、万众创新"以及"互联网＋"略尽绵薄之力。

　　或许，你的公司在刚开始的时候是个实体零售商、航空公司或者金融服务公司。

　　一个零售商研发或者外购系统来协调和管理库存、物流、账务和 POS 系统。一个航空公司研发系统来管理涉及航班、机组、订票、支付和机队维护的后勤活动。一个金融服务公司研发系统来管理客户的资产和投资。

　　在过去的几年里，几乎所有这样的公司，以及其他行业里类似的公司，已经认识到要保持竞争力就必须把技术的应用水平提到一个全新的高度，而且他们需要和客户直接接触。

　　技术重新塑造每一个行业。如果企业希望保持竞争地位并持续发展，那么别无选择，只能拥抱技术，这种改变往往会严重地打破他们现有的舒适状态。

　　例如，现在许多零售商发现他们需要把货物直接卖给线上的客户。许多航空公司都在努力尝试和鼓励他们的客户直接通过其网站来购买机票。几乎所有的金融服务机构都在促使客户利用实时的金融网站来管理其资产和交易。

遗憾的是，很多公司想以管理内部技术的方式来管理这些面向客户和激活客户的新技术。结果很多公司的系统出现问题，给客户带来了非常糟糕的体验，更坏的情况是他们没有现成的组织机构、人员和过程来改善系统。

世界各地的公司都发现：利用技术运营公司和依靠技术直接为客户提供产品与服务，这二者之间有着天壤之别。这也解释了为什么技术转型活动会在这么多公司里面涌现。

本书专门对这些必要的转型进行讨论。这种转型代表着组织、人员、过程，特别是，文化和扩展性是这场转型的核心。

❑ 从几百名员工使用的系统扩展到上百万客户依赖的系统。

❑ 从为公司内部财务和市场部门的同事们提供服务的 IT 成本中心团队扩展为相当重要的、服务客户的技术团队，成为盈利中心。

❑ 总之，扩展人员、过程和系统，以满足现代技术驱动业务的需要。

为什么面向客户的系统和面向员工的系统之间有如此大的差别呢？而且管理上更加困难呢？原因如下：

❑ 你付工资给员工来公司工作，所以员工使用公司提供的系统。相反，客户有自己的购买决策。如果她不喜欢，就不会使用某个系统，由客户决定是否使用你的系统。

❑ 对员工，你可以通过必要的培训课程或者阅读手册，如果必要的话，甚至手把手地教他们。但是，如果客户弄不清楚该怎么使用你的系统，他们就会直接跳转到竞争对手的网站。

❑ 对于内部系统，一般用百作为单位用户来度量系统的可扩展性和并发性。但是对客户，则用十万甚至百万用户来度量。

❑ 如果内部系统出现问题，用户是你的员工，他们不得不凑合。但对客户，系统故障会立即影响到收入，引起 CEO 的关注，有时甚至会引来媒体的关注。

❑ 比起大多数的内部系统，严酷的现实是大多数面向客户的系统在规划、设计、实施、测试、部署和支持方面都有一套很高的标准。

对于大多数公司而言，准备好真正可以面向客户的系统容量，是关乎公司生死存亡的最为重要的事情。然而，奇怪的是仍然还有不少公司还没有意识到这个问题。他们认为"技术就是技术"，那些负责管理企业资源规划和实施的同一批人应该可以轻而易举地搞定线上系统。

如果你的公司需要这种转型，那么本书就是必备的读物。本书提供了进行转型所需要的并且经过实践检验的转型蓝图。

马丁和迈克尔在行业内领先的技术公司里实现了这种转变。我认识且和这两位同事多年。他们不是那些只会做一些宣传页面的管理咨询顾问，而是拥有实践经验的领导者，数十年如一日，在第一线带领团队创造性地从事以技术驱动业务的工作，服务数以百万计的用户和客户。在这个领域里，他们是世界上最优秀的，对于任何想要提高扩展水平的技术组织而言，本书都是信息的金矿。

马提·卡根，硅谷产品集团创始人

·· 前言 ··

感谢你阅读本书。本书获得了学术界和专业界的认可，是目前学习系统和组织扩展艺术最好的资源之一。本书在第 1 版的基础上对部分内容进行了修订和更新，并且增加了新内容。作为数百家快速成长公司的顾问，我们非常幸运有机会站在许多行业变革的最前线，为开发产品引入新技术和新方法。尽管我们希望客户能体会到我们的知识和经验的价值，但并不否认这些价值中的一大部分来自于我们和那些技术公司之间就某个主题而产生的互动。在本书中，我们会更多地分享在顾问实践的过程中学到的经验和吸取的教训。

第 2 版增加了几个关键话题，我们认为讨论这几个话题对本书十分重要。其中一个最为重要的新话题聚焦在称为敏捷组织的新型结构上。其他值得注意的话题包括把数据中心转移到云端（IaaS/PaaS）的决策根据，为什么 NoSQL 解决方案不流行，而且不是解决可扩展性问题的灵丹妙药，业务指标对系统整体健康的重要性。

在本书第 1 版中，我们使用了一个名叫 AllScale 的虚拟公司，以它为基础，讲解了许多概念。这一虚拟公司实际上集合了现实中的许多客户和他们曾经历的各种挑战。尽管 AllScale 对第 1 版讲解关键点起了很大的作用，但是我们相信真实的故事对读者会有更大的影响。因此，我们将在这一版中用现实世界中成功和失败的真实故事取代 AllScale。

本书所含信息经过精心设计，适合任何一个负责提供技术解决方案的组织或公司中的所有员工、经理或执行人员阅读。对非技术类的执行人员或产品经理，本书可以帮助你学会使用工具来提出合理的问题，正确聚焦，从而避免扩展性的灾难。对科技人员和工程师，一旦实施本书所提供的模型与方法，将有助于扩展产品、流程和机构。

我们在扩展性方面的经验超越了学术研究的范畴。尽管我们都是受过正式训练的工程师，但是我们不相信学术课程会系统讲解可扩展性的相关知识。相反，30 多年来解决系统扩展性问题所积累的经验，让我们有机会学习系统的扩展性。我们曾经在不同的公司做过工程师、经理、高管和顾问，这些公司既包括初创期的小公司，也包括财富 500 强中的大公司。我们的公司或者曾经工作过的公司包括通用电气、Motorola、Gateway、eBay、Intuit、Salesforce、苹果、戴尔、沃尔玛、威士卡、ServiceNow、DreamWorks Animation、LinkedIn、Carbonite、Shutterfly 和 PayPal 这些耳熟能详的名字。这份名单也包括了数以百计不那么出名但是需要系统能随着业务的增长扩展的初创公司。我们曾经耗费数千小时来定位问题，耗费上千小时来设计那些可以防范问题发生的机制。从这些经历中，我们学到了扩展性，所以想把学到的知识综合起来分享给大家。这一动机促使我们决定开始咨询实践，并在 2007 年成立了 AKF 公司，同时也促成我们写了本书第 1 版，也正是这一卓越的目标引导我们完成了本书第 2 版。

可扩展性：绝对不仅仅是技术那么简单

飞行员是这样被教导的，统计数字也是这样显示的，许多飞机的事故都是多重失灵，像滚雪球一样叠加发生，从而造成整体系统的失灵和灾难。在航空界，这些称为错误链的多重失灵，经常是人为的失误而非机械故障。事实上，波音公司研究了 1995 年到 2005 年所有相关的飞行事故，发现其中 55% 的事故与人为因素相关[⊖]。

根据我们的经验，与扩展性相关的事故也遵循着同一规律。首席技术官（CTO）或者负责系统平台扩展性的高管也许把扩展性当成一个纯技术性的计划。这种理解纯粹是人为的失败，也是错误链上的第一个失败点。因为 CTO 过于聚焦技术，所以他没能清楚地定义必要的流程，以确定扩展性的瓶颈，这是第二个失败点。因为没有人在架构上寻找和定位瓶颈点与堵塞处，所以当用户数或者交易笔数超过某个限额的时候，整个系统就会出现故障，这是第三个失败点。当团队集合起来想要解决问题时，由于从来没有在事故排查以及问题定位的流程上进入投入，以致团队错误地把问题定位成"数据库调优"，这是第四个失败点。恶性循环一直在持续，由于各自聚焦在不同的技术方面，大家相互指责，从防火墙到应用，再到应用相关的会话保持层。团队的交互退化成叫喊比赛和指责大会，而服务却依然缓慢和迟钝，结果是客户流失、团队沮丧、股东撤资。

尽管危机源于系统无法迅速扩展来满足最终用户的需要，但是

⊖ Boeing.（May 2006）. "Statistical Summary of Commercial Jet Airplane Accidents Worldwide Operations."

问题的根源几乎从来不只是单纯的技术问题。以我们作为高管和客户顾问的经验，扩展性问题始于组织和人员，然后扩散到过程和技术。在系统实施的过程中，如果人收到了错误的信息或者做了错误的选择，有时会进一步显现为失败点，进而影响到系统和平台的可扩展性。人们忽略了制定可以帮助他们从以往的错误中吸取教训的过程，有时候却制定和发布一些拖后腿的过程，其结果不是迫使组织做出错误决策，就是决策做得太迟而效果不彰。缺乏对制订和支持技术决策的过程和人员的关注，往往会导致不良技术决策的恶性循环，图 0-1 对此作了解释。

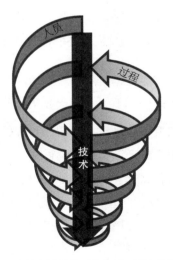

人员和过程的不良交互＝不良的技术　　　人员和过程的良好交互＝优良的技术
　　　　　　恶性循环　　　　　　　　　　　　　　　良性循环

图 0-1　恶性循环和良性循环

艺术与科学

本书书名中选择"艺术"一词是经过深思熟虑的。"艺术"让人联想到一幅动态的自然画卷,而"科学"却似乎更加结构化和静态。科学和经验告诉我们,对一个平台、组织和流程而言,没有单一的方法可以确保一个适合的可扩展水平。一个成功的可扩展策略的制订必然围绕着现有系统平台和组织的特点,与已有流程的成熟性和适用性相互作用而形成的生态体系。本书旨在提供技能和教导方法,如果能够学以致用,将可以帮助你解决任何扩展性和可用性问题。

这并不是说我们倡导在制订策略的过程中不应用科学的方法,相反,我们更尊重科学并应用科学。这里的"艺术"只是一个点的概念,不可能有"放之四海而皆准"的策略,随便应用到任何潜在的系统上,都可以期待取得成功。

谁需要扩展性

任何一个持续成长的公司最终都需要解决系统、组织和过程的扩展性问题。本书聚焦在以互联网为中心的产品上,这么做是因为迄今所经历的大多数史无前例的快速增长,都发生在诸如谷歌、雅虎、eBay、亚马逊、Facebook、LinkedIn 等互联网公司。尽管如此,远在互联网诞生之前,许多其他的公司已经经历过因为缺乏扩展性而无法满足新业务需求的问题。扩展性问题早已主宰着航空、国防工业承包商、银行和数据中心等公司的增长。在银行业崩溃后的业务收缩重组过程中,我们确信每个银行主管都在思考可扩展性。

本书所呈现的模型与策略是业界所不知道的。这些模型和策略在这个时代发展最快的一些公司里开发和测试,并成功地得到验证;

它们不仅对前端面向客户的交易处理系统有效，而且广泛地应用在后端商务智能系统、企业资源规划系统和客户关系管理系统。没有必要区分这些活动是属于前端还是后端，更为有效的是引导思考的过程，通过隔离系统、机构和流程达到高可扩展性的目标，从而确保在业务的发展过程中，不必担心系统没有能力来满足客户和最终用户的需求。

本书的组织和结构

本书分成五部分。

第一部分重点介绍组织、管理和领导。提拔经理和领导通常是根据其在专业领域里的才能来决定的。例如，提拔工程方面的领导和经理的决策，常常根据他们的专业能力，而并没有给予足够的时间和资源培养他们在业务、管理和领导方面的才能。虽然他们可能在架构和技术扩展性方面表现得还不错，但是在组织扩展方面的专业能力常常是浅层次的甚至是不存在的。我们希望本书能为这些经理和领导奠定基础，促进他们成长和成功。

第二部分重点讲述那些有助于处于高速成长阶段的公司扩展其技术平台的过程。讨论的话题从技术问题的解决方案到危机管理，也包括指导架构决策和确保平台可扩展的原则。

第三部分重点讨论技术和架构的可扩展性方面。本书介绍了专门从事顾问与咨询业务的 AKF 公司研发的具有知识产权的模型。这些模型旨在帮助机构通盘考虑可扩展性需求和其他的选择方案。

第四部分讨论云计算等新技术，也涉及一些高速成长的公司所特有的问题，诸如海量数据的增长、数据的成本、规划数据中心时需要考虑的问题、优化监控策略贴近客户体验等。

第五部分详细解释如何计算最常见的一些技术指标，包括系统可用性、容量、负载和性能的计算方法。

本书中的经验和教训既不曾在实验室中设计和验证，也不基于理论。相反，工程师、技术主管和组织为了确保实现理想、事业发展和系统的正常运转，经过多年艰苦卓绝的努力，通过设计和实施，把这些经验教训付诸实践。作者有幸以多种角色成为这些团队的一个部分，有的时候作为参与者，其他时候作为旁观察。我们已经看到阅读本书并学以致用所带来的成功，也看到了不愿意或无法应用这些经验所导致的失败。本书旨在传授经验教训，并把你和你的团队带到成功的道路上。我们坚信本书所传授的知识和经验对于各个层面的工程和产品人员，不论是独立贡献者还是 CEO，都很有价值。

致谢

首先，作者希望能对我们的合伙人和联合创始人汤姆·凯文的经验和所提出的建议表示感谢。本书的过程与技术部分是在汤姆的帮助下，浓缩了他多年的经验，经过长期讨论写成的。汤姆创办了 AKF 公司，并成为合伙人。我们经常开玩笑说，汤姆忘掉的具备高可用性和高扩展性架构网站的数量，比我们大多数人将要学习和了解的网站数量还要多。

我们也要感谢 AKF 团队的几位成员，Geoff Kershner、Dave Berardi、Mike Paylor、Kirk Sanford、Steve Mason 和 Alex Hooper，他们不仅为本书的再版贡献了几十年积累的经验和知识，而且也丰

富了 AKF 公司的实践。如果没有他们的帮助，我们无法把第 1 版中的概念应用到实践中，并使之逐渐成熟，本书第 2 版也不可能顺利出版。

另外，非常感谢第 2 版的技术审校者杰弗理·韦伯、克里斯·施瑞姆瑟、罗杰·安德林。三位审校者都是经验老到的技术高管，在设计、研发、实施和支持大规模系统方面积累了数十年的丰富经验，这些经验分布在从电子商务到医疗保健等许多不同的行业。他们愿意接受我们写得不太好的初稿，并且帮助我们把这版初稿润色成易于阅读的出版稿。

如果没有 Addison-Wesley 团队的大力支持，这一版是无法完成的。包括执行编辑劳拉·乐温、制作编辑邱松林（音译）和编辑助理奥利维亚·巴瑟玖。在第 1 版出版后的五年时间里，可扩展系统和组织都发生了重大变化，在我们讨论了这些变化后，劳拉很快成为第 2 版的负责人。在保持本书第 1 版和第 2 版的一致性、清晰性和正确性这些方面，松林功不可没。当技术挑战影响到出版计划的时候，奥利维亚多次提供帮助。

另外，我还要感谢 Quigo、eBay 和 PayPal 团队的同事们。正是在这些公司里，我们开始真正地形成并测试本书的技术和流程章节里提到的许多方法。这些团队成员的名单很长，没有办法逐一列出，但是我们非常清楚他们的名字。

最后，向美国陆军和美国军事学院致谢。在大家的共同努力下搭建了领导力实验室，其效果远远超出我们的想象。

为了能给读者提供最好的阅读体验，我们还安排了几轮审阅。然而，工程浩大，错误难免，本书中所有的错误一概由作者承担。

·· 作者简介 ··

马丁·L. 阿伯特是研究增长和可扩展的咨询公司 AKF 的创始合伙人。马丁曾任 Quigo 的首席运营官，Quigo 是一个从事广告业务的初创公司，后来被 AOL 收购。在 AOL，他负责产品策略、产品管理、技术研发和客户服务。马丁曾在 eBay 工作了 6 年，先后担任高级技术副总裁、首席技术官和高管人员。加入 eBay 前，马丁在 Gateway 和 Motorola 曾经担任美国国内和国际的工程、管理和行政职务。他还曾在几个私人和上市公司里担任董事。马丁从美国军事学院获得计算机学士学位，拥有佛罗里达大学计算机工程硕士学位，是哈佛商学院执行人员教育项目的毕业生，同时拥有凯斯威斯顿储备大学的管理学博士学位。

迈克尔·T. 费舍尔是研究增长和可扩展的咨询公司 AKF 的创始合伙人。在共同创建 AKF 公司之前，迈克尔曾任 Quigo 的首席技术官。加入 Quigo 之前，迈克尔曾在 eBay 的子公司 PayPal 担任负责工程和架构的副总裁。在加入 PayPal 前，迈克尔曾经在通用电气工作了 7 年，负责制订公司的技术发展战略，在此期间，他获得了六西格玛黑带大师的荣誉。迈克尔作为飞行员和上尉在美国陆军服役

6年，从凯斯威斯顿储备大学管理学院获得了MBA和博士学位，从夏威夷太平洋大学取得信息系统硕士学位，从美国军事学院（西点军校）取得计算机学士学位。迈克尔在凯斯威斯顿储备大学管理学院的设计与创新系担任兼职教授。

•• 目录 ••

第一部分

可扩展性组织的人员配置

第1章 人员和领导力对扩展性的影响

孙子说：斗众如斗寡，形名是也。

这里有一个多项选择题。哪个因素对确保产品的长远扩展性最为关键？人员、过程还是技术？你的答案是人员吗？如果是，那就给你赞一个。如果不是，那就要考虑下面的事情：据我们所知，电影《机器人启示录》中所描述的事情目前还没有发生，产品也不会进行自我复制。产品所带来的价值和出现的责任都是人为的结果。因为是依靠人去完成设计、编码、配置和构建系统来运行产品的，所以在这个过程中所出现的任何缺陷都只能由人来负责。对于产品的架构，不论是成功地处理了海量交易，还是悲惨地在消费者的压力下崩溃，人都要负全部的责任。然而，作为科技工作者和工程师，当我们努力设计可扩展性方案或者解决可扩展性问题的时候，却往往忽略了人的因素。人的作用不幸地被忽略和低估。员工考评每年一次，玩的是打钩选择的游戏，评估报告草草收场。经理和领导往往对其任职的岗位没有接受过培训或者培训不足。我们将在本章解释为什么组织中的人员、结构、管理和领导对扩展性有着极大的影响。

1.1　案例方法

在本书第 2 版中，我们讲述了现实世界中真实的故事和案例，为讨论的问题注入了生命力。我们用的一些例子来自于与 AKF 公司的客户一起工作的亲身经历。其他的案例源于对公开文档的深入研究，或者采访我们感兴趣的公司中拥有一手资料的人。

第 1 版有意避开了现实世界中的案例，用虚拟的 AllScale 公司来替代。这个虚拟公司是许多客户所面对的挑战及成功经验的集合体。AllScale 公司的价值在于通过一个能力有限的虚拟公司，把用户和现实世界的成功与失败连接起来，从而帮助我们传达要教导的经验和教训。

在第 2 版中，有时候我们会在讲述故事的时候简单地介绍人物，比如苹果的史蒂夫·乔布斯，亚马逊的杰夫·贝佐斯。在一些故事里，我们会简要地概述一个公司的成功或者失败，然后分析和指出那些导致他们成功或者失败的关键因素。

1.2　为什么要讨论人

在我们看来，人对扩展性具有重要作用。如果想要确保产品可以扩展，人是最为重要的因素。好的一面是，没有人就永远没有扩展性问题；坏的一面是，如果没有人，那么将永远没有机会去研发一款需要扩展性的产品。人负责架构系统、研发或者选择软件、安装软件来运行和支持产品。人（或通过脚本）配置服务器、数据库、防火墙、路由器和其他的设备。通过启用或者停用，人决定哪部分产品将会在密集需求的压力下成功或者失败。人来设计公司的需求，定位现在和未来的扩展性问题的过程。没有人无法开始新的项目，没有人错误就不会犯。人，人，人……

所有扩展性最成功的产品，最核心的部分是有一群人，他们做出了很多正确的决策，当然偶尔也出些昏招。在扩展性方面，忽略人的因素的作用，是一个非常大的错误，我们经常发现忽略人的因素是产品无法满足用户需求的根本原因所在。

既然人是可扩展性的心和脑，我们就应该花大力气去吸引和留住最好的人才。正如我们在第 5 章管理秘籍中谈到的，这个问题不仅仅是要找到技能最好且付得起工资的人才。更进一步，要想成功，必须有合适的人、合适的行为、合适的工作、合适的时间。

合适的人指的是此人具有合适的知识、技术和能力。把一个人在合适的时间放在一个合适的岗位上，确保其能成功地为股东创造出最大的价值，同时这也符合其职业发展方向。合适的行为指的是此人能与其他的员工融洽相处，并认同公司的文化和价值观。不良的行为如同缺乏技能一样，也是团队淘汰人的有力理由，因为不良的行为对任何团队来说都会产生恶性循环、降低士气和生产率。

也许，没有什么比硅谷的传奇人物史蒂夫·乔布斯被开除，后续又重新被雇用的故事更能说明为什么要求有合适的人、合适的行为和合适的时间。在沃尔特·艾萨科森的主力传记《史蒂夫·乔布斯》一书中有一幅画，描述了 1985 年，在史蒂夫大约 30 岁的时候，以他的孩子气、粗鲁、自私和捣乱的行为对公司进行破坏，造成苹果士气低下。显而易见，约翰·斯卡利（取代乔布斯的人）也并不是一个好的答案。乔布斯缺乏团队精神，不断地改变产品的构思，结果造成公司的产品缺乏聚焦和连贯性。在苹果发布了改变世界的麦金塔电脑（Macintosh）后，乔布斯显然拒绝相信或者接受苹果 II 是公司继续驱动销售业绩的主要产品。他的嘲弄行为激起了产品团队的不满，所持的意见和公司普遍认同的，从错误中学习和在成功时获利的文化背道而驰。作为公司的领导，乔布斯当时的行为绝对是错误的。

让我们再来看看十年后的情况吧。1996 年，通过并购 NeXT 乔布斯被召回，担任苹果的 CEO，后续他罢免了吉尔·阿梅里奥。也许是在 NeXT 和 Pixar 工作的锻炼，使乔布斯更加成熟。他依然保持着对完美产品的疯狂追求。乱发脾气是导致他 1985 年突然被解职的原因，这次他没有重蹈覆辙。乔布斯返回苹果后，更加自律，宝刀未老，同时带来了扭转乾坤的领导力，带来了扭转公司局面的领导力。这是一个如何把领导者培训得更好的案例（本书的后续章节会进一步描述）。在 1985 年，乔布斯是一个合适的人，但遗憾的是当时他没有合适的行为。在 1996 年回归时，显然，他是个合适的人，有合适行为，并在合适的时间做了合适的工作。请注意，这里说的"合适的行为"不是说乔布斯是一个好人；事实上，艾萨科森在书中也指出乔布斯并不是一个好人。进一步说，合适的行为意味着乔布斯行为的综合结果，对苹果成长的影响基本上是正面的。

1.3　为什么组织很重要

如果人是系统扩展中最重要的因素，那么如何把人组织起来完成工作也就同样重要。要成功地设计一个组织，首先必须弄清楚组织的产出是什么。相对于我们要达成的目标，任何一个组织都有缺点和优点。这里，我们提出几个问题，来考虑组织是如何对期望值产生正面或者负面影响的。

- ❑ 为该组织增加或减少人有多难？是否要成组地增加？还是可以单个人增加？
- ❑ 组织对制订度量生产率的指标起到促进还是阻碍的作用？
- ❑ 组织是否允许团队拥有自己的目标，并且有充足的授权和能力去实现？
- ❑ 有哪种类型的冲突？这种冲突会帮助还是会阻碍使命的完成？
- ❑ 组织对内部创新起到促进还是阻碍作用？
- ❑ 组织对于产品上线起到促进还是阻碍作用？
- ❑ 组织会增加还是减少实现单位价值的成本？
- ❑ 流程在组织内是否很容易流转？或者只是在部分组织内容易流转？

关于是否容易增加人的问题，其实，答案是显而易见的。如果组织不允许增加人手完成更多的工作，那么增加工作量将是一件极为困难的事情。好的组织支持增加少量或者大量的额外人手，允许形成新的团队或者把人加到现有的团队中去。当公司景况不佳的时候，机构也能够灵活地缩小规模。

有关指标的问题也很重要，因为组织的产出取决于规模（多少人工作）和效率（每个人或团队的产出）。取得好的产出，有时并非单指增加"更多的人"，相反，是"每个人做更多的工作"或者"以相同的规模有更多的产出"。如果不能很好地理解和掌握个人和组织的效率（度量产出、可用性、响应市场的时间、单位产出成本），我们如何才能确定是否应该在提高生产率的工具上加大投入，还是要增加人员？如果汽车没有配备油量表和速度表，那么大多数人都不会考虑开这种车出去。同理，如果没有关键性的性能指标来帮助我们度量达成期望的结果，那么我们就不应该去管理这个机构。管理意味着度量，度量失败即管理失败。如果组织很难度量每个人的表现，那么你就无法度量产出。如果你无法度量组织的产出和工作的质量，你就无法应对突然发生和快速发展所带来的问题。

如果团队成员对是否拥有目标和足够的授权去完成任务理解得很清晰，那么就可以靠团队的能力去拥有目标，并达成目标，相反，则只能依赖其他的团队才能达成目标。拥有足够授权的团队，通常比授权不足的团队有更高的士气、较低的跳槽率和较快的市场响应速度。授权的基础是为达成目标，有可以独立做出必要决策的能力。要真正感受到自己是任务的主人，团队必须具备应有的工具和能力，并按照自己的决策去实施。授权程度最高和对目标拥有度最高的是那些跨职能而且拥有达成目标所需的全部技能的团队。有关组织的内部冲突类型和冲突是促进还是妨碍使命达成的问题，这里将讨论组织内部的两个基本的冲突类型（情感型和认知型），以及它们与组织产出之间的关系。情感型冲突是以角色或控制为基础的冲突，经常发生在团队之间。认知型冲突常常是关于"谁"做，或者"怎么"做。在组织中，常常需要多个团队的合作才能完成一个产品，例如运维、研发、质量保证，真正的问题是关于"谁"来定义何时做完，或者"怎么"把事情做完来满足客户的需要。对于应用和数据库交互的具体方式，基础设施团队参与提供多少意见？对于定义基础架构的实施，软件团队参与提供多少意见？谁来做决策？情感型冲突很少能提升产品的价值，相反，几乎总是延迟产品的发布和增加成本。更进一步，如果不妥善处理，就会降低员工的士气，增加员工的跳槽率，降低公司内部的创新水平。

认知型的冲突，如果处理得当，常被称为"好的冲突"。最常见的认知型冲突是关于"为什么"某件事一定发生，或者公司需要"什么"来达成期望的结果。试想一下你参与过的那些头脑风暴会议，或者真正有效率的优先级调度会议，团队确实聚集到一起，做出艰难的决策，同时对会议的结果深感满意。认知型冲突扩大了策略的可能性范围，通过结合不同的知识、技能和经验来覆盖那些相互交叉的部分，从而增加了正确决策的概率。你可能有过这样的经历，当和那些缺乏你所拥有的知识和专业经验的人在一个会议室里开会时，有人问了一个问题，进而彻底地改变了解决问题的方法。

当两种类型的冲突交织在一起的时候，可以帮助我们思考应该如何构建团队。为了减少情感类型的冲突，我们希望跨职能的团队能够拥有完整的目标及产出。这就意味着把各种必要的技能集中到团队中来，共同完成某些解决方案。同样的策略，在团队内把各种技能集中起来，提高团队的认知或者积极冲突的水平。当我们构建这类跨职能团队的时候，会发现士气提升、授权度提升、员工跳槽率降低、市场响应速度提高和创新提升。

另外的两个问题，"机构对创新起到促进还是阻碍作用？"和"机构对市场响应速度起到促进还是阻碍作用？"至少部分答案已经从前面的讨论中看出了。对问题的重要性大家已经有了共识，但是得到的答案却不太可靠。我们将在第3章中对这些问题进行更深入的探讨。

组织和个人的平均产出之间的关系，引出了"组织扩展成本"

的话题。在《人月神话》(The Mythical Man-Month)一书中，弗雷德里克·布鲁克斯曾经指出，在软件项目开发的过程中，有一个时间点，给项目组增加人员实际上会导致项目的进一步延迟（也就是说交付得更晚）。布鲁克斯指出延迟的原因之一是团队每增加一位新成员都会带来沟通上的额外负担。随着团队规模的增长，增加成员所带来的额外沟通负担呈线性特征。换句话说，人增加得越多，每个成员的单位沟通和协调成本也就越大。

你是否曾经有过这样的经验，每天收到数以百计的内部邮件，每周收到几十个会议邀请？如果是这样，你一定花了大量宝贵的时间去删除邮件和拒绝那些和你的工作职责不相关的会议邀请。公司、部门、团队的人越多，你就必须要花越多的时间阅读和删除邮件，参加各种会议，而不是做真正的工作。这种场景完美地解释了，为什么增加人可能降低组织内的个人产出。在前面的例子中，当人员增加时，邮件的数量增加，沟通的时间也随着相应地增加。图 1-1 描绘了工程团队试图协调和沟通的场景。表 1-1 列出随着团队规模从 1 增加到 3，整体产出增加，而个人产出却降低。在表 1-1 中，由于沟通协调而造成的个人生产率损失是 0.005，这意味着每天 8 小时中有 2.4 分钟的协调活动。这并不是很长时间，而且大多数人会直觉地认为这三个人做同一个项目，每天至少花 2.4 分钟去协调他们之间的活动，甚至还配有一位经理。这样一来，即使个人生产率降低，但是团队产出会提高。

有几种方法可以减少，但是却无法彻底消除这种负面影响。一种可能的方法是通过加强管理来限制那些没有必要的协调工作。另一种方法是通过建立自给自足的小团队来限制个人之间的交互活动。

这两种方法各有利弊，我们会在第 3 章中详细讨论。当然，还有很多其他可能的办法。任何能够提高个人产出，同时不损害创新的办法都可以考虑。

图 1-1 协调偷走了个人的生产率

"工作是否很容易地在组织内部流转？还是容易在组织的某个地方被卡住？"这个问题聚焦在组织设计与所从事工作类型的匹配度上。瀑布过程类似于流水线，工作在组织机构内的流转是否组织得像流水线那么有效？如果允许工作在团队之间流转，那么公司的流程就很合理。产品架构和流程（如敏捷）是否允许工作在同一个职能部门开始和结束？要实现这样的结构，架构的组件必须能够独立工作，团队之间只有最基本的交互。还有一点就是组织、流程和技术必须紧密配合。面向职能采用敏捷过程的团队，在运行庞大、高度独立的架构时，可能遇到的问题如同采用瀑布流程的跨职能团队，在独立和水平扩展的产品架构上所遇到的问题一样多。

著名的亚马逊公司清楚地展示了对问题锲而不舍所带来的价值。你可能听说过亚马逊著名的"两张比萨团队"的概念。在一次外出的团建活动中，亚马逊的执行人员开始讨论团队间需要更好的沟通。创始人和 CEO 杰夫·贝佐斯加入说道："不，沟通很可怕！"[注]贝佐斯意识到表 1-1 中所描述的与弗雷德里克·布鲁克斯在《人月神话》中所阐述的沟通成本。贝佐斯的解决办法是建立"两张比萨饼团队"规则：任何一个团队的规模不能大过两张比萨所能喂饱的人数。这条规则的含义是，沟通主要发生在团队内部，因此额外的沟通负担就大大地减少了。团队还要有足够的授权才能成功地达成目标。每个团队都要设置一个或几个 KPI 来衡量整体的成功情况。通常配置跨部门的人员来确保团队技能齐全，不必请求外援。[注]

表 1-1 团队规模扩大造成的个人生产率损失

团队规模	沟通成本	个人生产率	团队生产率
1	0	1	1
3	0.005	0.995	2.985
10	0.010	0.99	9.9
20	0.020	0.98	19.6
30	0.05	0.95	28.5

⊖ Alan Deutschman. "Inside the Mind of JeffBezos." FastCompany. http://www.fastcompany.com/50106/inside-mind-jeff-bezos.

⊖ Stowe Boyd. "Amazon's Two Pizza Teams Keep It Fast and Loose." GigaOm. http://research.gigaom.com/2013/08/amazons-two-pizza-teams/.

贝佐斯希望通过制订"两张比萨团队"的规则来产生高水平的创新、快速的市场响应和团队间低水平的情感冲突。他为团队设计了明确的 KPI，目的是确保目标完成的情况可度量。同时确保解决方案具有高度的可扩展性。是否需要更多的能力？为了加强产品是否要增加更多的团队？其实，每个团队的内部工作都很容易控制。通过一个简单的组织结构解答所有的关键问题。

讨论完了组织设计对扩展的重要性，现在把注意力转移到另一个问题，为什么管理和领导如此重要？

1.4　为什么管理和领导如此重要

大多数理工科（科学、技术、工程和数学）的毕业生从来没有接受过管理学和领导方面的学术或者基础性的培训。开这类课程的大学极少，除非你读管理专业或 MBA 课程。因此，对如何管理和领导这个问题，大多数的产品经理都是自学成才。他们通过观察，向同级别和更高级别的经理学习，做出自己的决策。久而久之，这些经理们开始开发自己的"工具箱"。有些经理从专业读物上学习和掌握到新的秘籍，摒弃陈规陋习。这就是多年来培养经理们通用的"从工作中学习"的方法。虽然这种办法有些好处，但不幸的是在大学和大公司的结构化的课程中，管理和领导的教育没有受到应有的重视。

管理和领导对于处在增长中的公司来说，可以倍增你的能力，从而实现业务的扩展。尽管管理和领导经常同时出现，然而实际上他们对可扩展性的影响大相径庭。同一个人经常既是领导也是经理。

在大多数的机构中，一个人往往从独立贡献者发展成为初级管理者；假以时日，又不断地被提升，去承担更多的领导责任。

总的来说，管理是与"推"（pushing）相关的活动，而领导是与"拉"（pulling）相关的活动。领导设定目的地和通往目的地的路线图。管理设法到达目的地。领导会说："我们的系统永远都不会因为扩展性而瘫痪"；管理者的工作就是确保这种情况永远不会发生。每个公司都需要领导和管理，而且两者都要做好。表 1-2 列出了部分领导和管理的活动及其分类。

表 1-2　领导活动与管理活动比较

领导活动	管理活动
制订愿景	评估目标
定义使命	绩效考核指标衡量
设定目标	项目管理
营造文化	绩效考核
绩效考核指标选择	员工指导
激励	员工培训
制订标准	评估标准

我们常常听说"管理风格"，一个人的"管理风格"使其更像一个领导或更像一个经理。风格代表着个人对领导或管理任务的理解。如果一个人聚焦在事务处理方面，那么他就是一个经理，如果一个人更具有远见卓识，那他就是一个领导。尽管每个人都拥有独特的品格和技能，让我们有能力自信地工作，但是我们可以提高自己的领导和管理水平。理解两者之间的区别，才能区隔和发展管理与领导的能力，为股东带来利益。

前面提过，管理是与"推"相关的活动。管理把适当的任务分配到人，并且确保这些任务可以在指定的时间内以适当的成本完成。管理对工作表现及时反馈，既反馈对良好表现的赞扬也指出需要改进的地方。管理聚焦在度量和提高，目的是为股东创造价值，例如降低成本或者以相同成本增加产出。管理要求尽早和经常地进行沟通，清楚地定位哪些进展良好，哪些需要给予帮助。在通往目的地的路上经常有障碍，管理活动也包括移除障碍或者帮助团队绕过障碍。管理对扩展性很重要，因为这关系到如何从组织中得到最大的产出，因此要降低单位产出的成本。定义应该怎么表现是管理的责任，实际表现得如何对组织、流程和系统的影响极大。

管理与人相关，需要确保合适的人，在合适的时间，以合适的行为，做合适的工作。从组织的角度看，管理要确保团结有效，包括把合适的技能和经验组合起来，才能取得成功。把管理应用到组织工作上，就是要确保项目在不超过预算的前提下，按时完成预订的任务，达到预期的交付效果。管理就是度量，度量失败即管理失败。如果疏于管理，结果必然是无法达成组织、流程和系统的可扩展性目标。如果没有管理，就没有人对要按时完成的事情负责任。

以此相对，领导是与"拉"相关的活动。如果管理是推动组织爬坡，那么领导就是选择山头，鼓励员工一起努力翻越山头。领导激励员工和组织做正确的事并好好做事。领导是描绘激动人心的愿景，并把愿景深入到员工的心里，引领他们为公司做正确的事情。领导确定使命、描绘愿景、制订路线图，帮助员工了解做什么和如何做才能为股东创造价值。最后，在向组织最高目标前进的路上，领导定义阶段性的目标和KPI。领导对扩展性很重要，不仅是因为要设定方向（使命）和目标（愿景），而且要激励员工和组织向目标迈进。

任何缺乏领导的努力（包括公司里为了提升可扩展性而提出的项目），即使不会因为某种挫折而彻底失败，也仅仅是靠侥幸取得成功。好的领导创造文化，聚焦打造具有高可扩展性的组织、流程和产品而取得成功。这种文化靠激励体系来确保公司能够在成本可控的情况下扩展，同时不影响用户体验和出现扩展性问题。

1.5 结论

我们前面已经强调过，人员、组织、管理和领导这几个因素对可扩展性都很重要。人是影响可扩展性最为重要的因素，没有人，就没有过程和系统。有效的组织将协助你快速达成目标，反之则产生阻碍作用。在组织里，管理和领导的作用分别是推和拉。领导鼓励员工取得更大的成绩，管理鼓励员工实现目标。

关键点

- ❏ 在可扩展性的拼图中人员是最重要的一块。
- ❏ 对可扩展的组织，需要有合适的人，在合适的时间，以合适的行为，做合适的工作。
- ❏ 组织的结构很少有对与错之分，任何的结构都有利有弊。
- ❏ 在设计组织的过程中要考虑下述几个方面：
  - ❏ 易于在现有的组织上增加新的工作单元。在组织里增加和减少人员有多么困难？你可以成组地增加人吗？你能增加独立贡献的个人吗？

- ❑容易度量一个时期组织和独立贡献者的工作业绩。
- ❑把一个目标交给一个团队有多么困难？团队是否能感觉到有足够授权去达成目标？
- ❑团队内部和团队之间的冲突情况如何？是否促进或阻碍实现公司的使命。
- ❑组织会促进还是阻碍创新以及市场响应时间？
- ❑组织的结构会增加还是减少单位产出的成本？
- ❑工作在组织内部的流转是否容易？

- ❑ 增加组织的人数可能增加整体产出，但是会降低个人的平均产出率。
- ❑ 管理是和实现目标相关的，缺乏管理可扩展性注定失败。
- ❑ 领导是和确定目标、描绘愿景、定义使命相关，缺乏领导对达成可扩展性目标不利。

第 2 章　可扩展性技术组织的角色

孙子说：将弱不严，教道不明，吏卒无常，陈兵纵横，曰乱。

可扩展性和可用性失败的共同原因是责任不清。本章通过回顾角色不清，责任不明的两个真实案例，讨论执行人员的角色、组织的责任以及各种独立贡献者的角色。最后，我们通过引入可以协助定义责任和有助于减少情感冲突的工具来结束本章。

本章适用于任何规模的公司。对大公司，可以作为一个清单来确保厘清与扩展性相关的技术和执行人员的角色和责任。对小公司，帮助开启定义与可扩展性相关角色的过程。对技术新手，可以作为了解技术组织如何工作的入门读物。对于经验老到的技术专家，可以帮助大家回顾组织的结构，以确认可以满足扩展性的需求。对所有的公司，本章清楚地解释了公司里的每个人对扩展性都有自己特定的作用。

2.1　失败的影响

有时，角色和责任不清意味着有些事情没人去做。比如，公司没有安排任何人或团队去负责系统的容量规划。在这种情况下，系统的容量规划是通过比较系统未来的需要和现有的容量，拟定计划来确保系统有足够的容量来达到甚至超过需要，这包括申请购买服务器、软件调优或者增加持续层的数据存储，比如，数据库或 NoSQL 服务器。

在这种情况下，缺乏团队或者个人来负责系统的容量规划，对一个快速增长的公司是灾难性的。然而这种情况引起的失败却经常发生，特别是在那些新公司里面。即使公司指定了负责系统容量规划的人或者组织，往往因为系统过去没有数据积累而无法规划。

"无人负责"问题的另一个极端是有多个组织或人被赋予了同样的目标。请注意，这和"共享一个目标"并不是同一件事情。共享目标是好的，因为"共享"内含合作之意。我们这里描述的是目标有几个主人，而且彼此之间没有清楚地说明谁该去做什么，以达成什么目标，有时候，他们并不知道其他的人或团队在做着相同的事情。在小公司里，这种问题看起来好像有些好笑，因为每个人都知道其他人在做什么。不幸的是，这种问题存在于很多大公司中，而且当它发生时，不仅浪费金钱，而且还破坏股东的价值，同时在组织之间产生长期的怨恨，降低员工的士气。造成团队士气低落的最大的原因，莫过于某个团队对某项任务负全责，因为团队成员以为其他人在负责某个部分而没有去做，结果造成整个任务的失败。多人负责的问题是本书第 1 章所描述的基于情感冲突的核心问题所在。

作为一个案例，我们假设一个组织分成工程和运维两个部门，工程部门负责研发软件，运维部门负责搭建、配置和运行数据库、系统及网络。进一步，我们假设经验不足的 CTO 最近读了一本讨论共享目标的书，所以决定把平台可扩展性的责任交给两个部门共同承担。公司的容量规划人员确定，要满足明年业务发展的需要，团队必须把客户合同管理子系统的处理能力提高一倍。

工程和运维部门的架构师们读过本书的技术部分，他们决定分割客户合同管理子系统的数据库。这两个部门的架构师们都相信他们已经得到足够的授权进行独立决策，他们没有意识到同样的责任已经被赋予了几个人，并且没有人通知他们去一起工作。工程部门的架构师认为以交易为功能进行分割最有效（这是网站的功能，比如在电子商务平台上买一个产品和看一个产品是两个不同的功能），相反，运维的架构师认为按照客户的边界来分割数据库效果是最好的，这样把不同组别的客户分在不同的数据库里。两组架构师都做好了分割的初步计划，组建好了团队，然后分别请求对方团队来做一些协助工作。

听上去这个例子可能有点儿荒谬可笑，但是却经常发生。在最好的情况下，两个团队会停下来解决纠纷，损失的只是两组架构师的宝贵时间。不幸的是，通常情况下，团队会变得极端化，甚至会在政治斗争上浪费更多的时间。如果把这个项目在一开始就交给单个人或团队来承担，同时听取另一个团队的建议，解决方案的效果可能会更好。

2.2　定义角色

这个部分将以实例来讲解如何通过清楚地定义角色来解决基于责任的冲突。案例讲述了在典型的技术组织结构内，如何定义公司高管团队和独立贡献者的角色。

　　实例中提到的高管和独立贡献者，他们的责任并不局限于某个特定的职位或组织。相反其目的是要帮助厘清公司里必要的角色，清楚地定义某些责任或聚焦的专业领域。为了让大多数的读者能够更容易地理解，我们选择定义那些公司里普遍存在的传统角色。例如，运维、基础设施、工程和质量保证（QA）在同一个团队里，每个团队专门负责一个产品线（事实上，我们强烈地推荐这种组织结构，在下一章你将会看到）。

　　你可能还记得，我们在前面的引言中提到过组织的设计并没有对错之分，任何的组织结构决策都有利有弊。重要的是在组织的设计中要包括全部的责任，不仅要清楚地定义谁是决策者，还要搞清楚谁负责为决策提供信息，决策和行动方案都应该通知谁，谁来负责执行决策。做出最佳决策最为关键的要素是有一个最佳的决策过程，来确保合适的人收集合适的信息，并把它提供给最终的决策者。这适用于公司里任何要做决策的人。我们会在本章的概要部分，用一套有价值的工具对最后这一点进行讨论。尽管我们无法彻底消除冲突，但是合理的组织结构可以帮助我们限制一些因为缺乏清晰度而造成的冲突。作为一个领导者你至少应该清楚在自己的组织内，每个团队的责任和期望的产出。

有关权力下放的注解

　　在讲组织内责任划分问题之前，我们认为讨论一下权力下放是很重要的。当定义一个组织的角色和责任的时候，你其实就是在设计一幅权力下放的蓝图。广义地说，权力下放就是授权别人

做你该做的事情。比如，由架构师或架构师团队来设计系统，就是你把架构设计工作的权力下放给那个团队。根据公司大小和团队的能力，你或许也会把做决策的权力下放给某个团队。

这里有一点非常重要，那就是你可以下放任何权力，但是必须对其结果承担所有的责任。接受你权力下放的个人或团队最多承担连带的责任，虽然你可以解雇、提升、奖励或惩罚团队，但是必须清楚自己要对最终的结果负全责。好的领导本能地明白这个道理，他们总是把赞扬留给团队，承认失败并公开地承担责任。相反，差的领导在失败时找替罪羊，在成功时抢功。

为了帮助你理解这一点，我们来做个"股东利益"的测试。假设你是一个公司的 CEO，你决定把某个业务单元交给一位总经理负责。当你告诉董事会或者股东，这个业务运营的结果和你无关时，请你想象一下股东们会有什么反应。更进一步，如果业务表现达不到预期，你觉得董事们会不会追究你全部或至少部分的责任？

这并不是说要你自己去做所有的决策。随着公司的成长和团队规模的扩大，你根本就不可能对所有的事情都去做决策。在很多情况下，事实上，你可能没有资格去做决定。例如，一个不懂技术的 CEO 或许不应该去做架构的决策，一个 200 人的工程机构的 CTO 不应该去写最重要的代码；这些高管们的工作经常需要由经理们去完成。现实告诉我们，你必须找到最好的人，然后才有可能把权力下放给他，并对这些人以最高的标准来严格要求。这也意味着你应该问最合适的问题，比如那些最为关键的项目和系统的决策是怎么做出来的？

2.3 执行人员的责任

公司的高管，对在公司中营造一种在第 1 章中提到的可扩展性的文化氛围负有最大的责任。

2.3.1 首席执行官

CEO 是公司里负责扩展性的最高官员。和公司里的其他事务一样，对于扩展性，CEO 是最终的决策者和扩展性的仲裁者。一个技术公司，好的 CEO 需要精通技术，但是这并不意味着他必须是一个技术专家或者主要的技术决策者。

很难想象一个升到 CEO 位置的人，读不懂资产负债表、损益表、现金流表。同样，除非有财务背景或者当过 CFO，否则很难理解财务制度里面的复杂逻辑。CEO 的工作就是提出合适的问题，让合适的人参与，并且协调外部的支持或建议来寻求正确的答案。

同理，在技术世界里，CEO 的工作是了解一些基础知识（相当于前面提到的财务报表），知道该问什么问题，知道去哪里和在什么时间可以得到帮助。在技术的组织机构中，我对没有做过 CTO 或 CIO，没有技术学历或工程师经历的 CEO 及其他的管理者有下面一些建议。

1. 提出问题并从答案中寻找一致性

你的部分工作就是寻找真相，只有真相才能使你做出及时和明智的决策。尽管我们不认为团队会说谎，但是对事实经常会有不同的解读，特别是那些涉及可扩展性的问题。当你对一些事情不理解，或者发现事情看起来不太对劲的时候，就要提出质疑。如果你没有办法从不同的理解中甄别出事实，那就在答案的一致性上努力。如果你能够战胜自我或骄傲，提出一些看起来容易被忽略掉的问题，那么就会发现不仅学到了很多东西，而且也磨炼出了发现真相的重要技能。

很多成功的领导都具备"高管盘问"（executive interrogation）这个关键的能力。比尔·盖茨版本的盘问技能叫"比尔·盖茨审查"[⊖]。懂得在什么时候去调查、去哪里调查，直至找出满意的答案，这种技能不仅限于 CEO。事实上，经理和独立贡献者也应该尽早磨炼出这个技能。

2. 寻找外部的帮助

在可扩展性方面，要从朋友或专家那里寻求帮助。别指望着请他们进来，然后让他们帮你打理清楚，如果这么做，可能会产生很大的破坏性。相反，我们建议你与技术公司建立专业或个人的关系，依靠这些关系来帮助你提出正确的问题，并且当你要深究的时候，协助你评估答案。

3. 加强对可扩展性的理解

列个清单，把你自己在技术方面的弱点都罗列出来，特别是那些有问题的，然后寻求帮助使自己变得更聪明。可以向你的团队或者外部的专家提问，阅读与公司或产品的扩展性相关的互联网上的文章，参加那些为没有技术背景的人专门举办的研讨会。你可能已经通过阅读专业书籍，特别是那些普通技术类的书籍来解决这个问题。你没必要去学习程序语言、理解操作系统、搞清楚数据库是怎

⊖　参见 Joel Spolsky. " My First BillG Review." http://www.joelonsoftware.com/
items/2006/ 06/16.html.

么工作的或者理解如何实现"并发的碰撞检测"。相反，你需要的是能够更好地提出和评估问题。扩展性是一个业务问题，但是要解决就必须熟悉相关的技术情况。很有可能，CEO 会把权力下放给团队里的几个人，包括 CFO、独立业务部门的负责人（总经理）和负责工程技术的高管（本书指 CTO 或者 CIO）。

2.3.2　首席财务官

一般来说，CEO 会把预算权下放给 CFO。系统容量规划是成功的可扩展系统中非常大的部分，前面的例子已经提过系统容量规划不力所带来的影响，系统容量规划的结果一般都会通知预算部门。预算办公室责任中的一个关键任务，就是要确保团队和公司能有足够的资金来扩展平台、产品和系统。要有足够的预算，公司才能通过增加或者减少服务器，雇佣更多称职的工程师和运维人员来扩展系统达到预期的需求。在公司的业务还没有那么大规模的情况下，不应该过度预算盲目地扩大规模，那样会稀释公司短期的净收入，收效甚微。适时地采购和部署系统及解决方案会优化公司的净收入和现金流。

CFO 也不太可能有技术背景，但是可以像 CEO 一样，通过构建适合的网络，提出正确合理的问题。CFO 可能需要问清楚，在制订预算的过程中是否考虑过其他的可扩展性方案，在确定预算方案的时候，做过什么样的权衡安排？其目的是要确保团队考虑得多一些。不太好的答案是"这是唯一可能的预算"，其实这不太可能，只有一种可能的事情极少。例如，如果公司面临降低成本的挑战，CFO 就要决定旧服务器和网络设备是否能继续使用，因为折旧会对账面有较大的影响。然而事实上，旧设备通常效率较低而且容易出故障，会造成整体持有成本的大幅上升。比较好的回答是"我们评估了所有的可能性，这个方案用相对较低的成本来水平扩展，为未来的扩展搭好一个框架，使我们可以持续扩展。"

2.3.3　业务部门的负责人、总经理、产品线负责人

负责公司或部门盈亏的人，如业务部门的负责人等，要对平台、产品和系统的业务增长做好预测。在中小公司里，业务部门的负责人很有可能是 CEO，其权力和责任会下放给一些员工。然而，需求预测对确定扩展计划至关重要，这可以避免在公司的实际业务没有发生之前，安排过大的预算。

需求指的是系统承受用户并发请求的数量，我们经常会碰到业务负责人无法对需求进行预测的情况，这是绝对不能容忍的不负责任的行为。如果没有专人根据业务的发展进行需求预测，那么对可扩展性预测的责任就会被转移到技术部门，它们对业务需求的预测能力远没有业务部门的强。预测或许不准，特别是在公司发展的初期，但是开启这个过程至关重要，预测的准确度会随着时间的推移而逐渐成熟。最后，和公司里的其他高管一样，业务负责人有义务帮助营造可扩展性的文化氛围。高管要在技术部门里向同级或者下级提出合适的问题，确保那些技术伙伴们能够得到足够的资金，有效地协助有扩展性问题的业务部门。

2.3.4　首席技术官／首席信息官

CEO 是公司负责可扩展的最高官员。首席技术官主要负责技

术、流程和组织的可扩展性。对以技术为主要产品的公司，特别是互联网公司，常常把这位高管称为 CTO。在对产品的研发和交付中只负责技术支持作用的公司里，常常称其为首席信息官 CIO。如果公司里只有一位 CTO，那么这个人一般就聚焦在产品的科技上。本书混用 CTO 和 CIO 这两个词来指公司的技术高管。这位高管很可能有最强的背景和能力，在业务发展需要的时候，可以确保平台和系统有效地扩展。

对平台可扩展性的成功，CEO 责无旁贷，CTO 从 CEO 那里接过并与 CEO 共同分担这份责任。如果平台无法扩展将会导致 CTO 和部分组织，甚至 CEO 被解职。

CTO 或 CIO 必须要有公司的整体技术愿景，而且这个愿景要包括可扩展性。CTO 除了负责设定愿景中积极的、可度量的、可达成的目标外，同时还负责为团队配置合适的人员以确保其能完成可扩展性的相关使命。CTO/CIO 的责任还包括发展可扩展性的企业文化和过程，以确保公司走在用户需求的前面。

当公司的规模扩大的时候，CTO 或者 CIO 需要把某些有关可扩展性决策的责任下放。当然，如前所述，权力下放也绝不会解除高管确保按时、按预算做好可扩展性工作的责任。另外，在高速发展的公司里，可扩展性对公司的生死存亡至关重要，CTO 绝不应该把制订可扩展性发展愿景的权力下放。在这件事上，没有什么比"身先士卒"更为重要，而且制订愿景并不需要专深的技术。尽管我们所见到的最好的 CTO 有从独立贡献者到系统分析员或项目经理等不同的技术背景，但是我们也曾经见到过没有技术背景的成功 CTO。对没有技术背景的 CTO 或者 CIO 而言，他们必须要有技术的敏锐性，同时具备较好的语言能力，了解技术领域内诸如时间、成本和质量之间的重要关系平衡。让一个初出茅庐的 CTO 来领导技术团队，就像让一个不会游泳的人从船上跳到湖里一样；假如那个人会游泳，你可能很欣慰，但更大的可能是，你要给自己再找个新的伙伴一起划船了。对初来乍到的 CTO 同等重要的是赢得技术人员的信任，没有手下的信任，CTO 无法有效地领导。

　　同样重要的是，CTO 要有一些业务感觉，但不幸的是，这和找一个有电气工程博士学位的首席市场官一样难，这类人存在，但是很难找到。大多数的科技工作者，他们在本科和研究生课程中，不学习商业、财务或者市场方面的知识。尽管 CTO 不必是一位资本市场的专家（那是 CFO 的工作），最好还是需要理解公司业务运作的基本情况。例如，CTO 应该能分析和理解损益表、资产负债表和现金流表之间的关系。在一个像互联网公司这样的以技术为中心的公司，CTO 通常拥有全公司最大的预算。这样一位高管经常负担着非常大的投资任务，购买电信运营商的服务、数据中心的租约、软件的许可权，所以缺乏对财务计划的了解会给公司带来很大的风险，如挪用资金、多付给供应商、无计划、没有预见的支出（定期软件许可费用的调整）。CTO 应当有市场营销的基础知识，至少读过社区学院或公司资助的专门课程。这并不是要求 CTO 是这些领域的专家，而是希望 CTO 对这些方面要有基本的了解，从而为可扩展性做好商业安排，同时可以有效地在商业界沟通。本书稍后会讨论这些方面的内容。

2.4　独立贡献者的责任

这里会对在大多数公司成长和扩展时需要独立贡献者所扮演的角色进行描述。这些角色包括总体架构、软件工程、系统运维、基础工程和质量管理。

我们的目标不是要严格定义组织或功能的边界。如前所述，通过功能组织是设计组织的一种方法。当应用瀑布方法开发的时候，尤为有效。我们将会在第 3 章中讨论，当公司聚焦在产品开发的时候，我们希望组织与公司的产品生产与开发的过程相匹配。

2.4.1　架构师的责任

架构师的责任是确保系统的设计和架构可以随着业务的发展而扩展。这里我们清楚地指出设计和实施之间是有差别的。架构师需要在业务需要发生之前就想好，远在业务部门的预测超过平台的容量之前，就已经对如何扩展系统深思熟虑了。例如，架构师可能已经开发了一个可扩展的数据存取层（DAL）或数据访问对象（DAO），当用户需求在任何一个方面增加的时候，允许通过不同的数据结构，从多个物理数据库存取数据。真正的实施或许只是一个数据库，通过对 DAL 或者 DAO 做的一些修改及迁移脚本的开发来提高效率。当需求发生时，用几周而不是几个月的时间，更多的数据库就可以被部署到生产环境。架构师也负责制定代码设计和系统实施的技术标准。

架构师负责设计系统并确保其设计能解决任何的扩展问题。在第二部分中我们会介绍一个架构团队应该采纳的关键过程，它可以帮助架构师定位跨越所有技术领域的扩展性问题。

架构师也可以负责信息技术的管制、标准和过程，通过第 13 章讨论的架构审查委员会（ARB）和联合架构设计（JAD）执行这些标准。首席技术官会要求架构师履行他们的这些职责。有一些大的公司可能会组织流程 – 工程联合团队，负责对流程的定义和标准的执行。

公司给予那些聚焦在技术架构设计的独立贡献者不同的职衔，包括软件架构师、系统架构师、扩展性架构师、企业架构师和敏捷架构师。不管什么职衔，这些角色基本上都会聚焦在一两个领域。首先是软件架构师，主要关注如何设计和架构软件。这些架构师聚焦在不同的领域，例如，面向服务的架构框架或者代码模板为研发人员提供指导。其次是系统架构师，主要负责解决软件在硬件配置和支持方面的问题。这些架构师聚焦在去除单一的失败点，发现出错点和做好容量规划方面。从客户的角度看，系统的可扩展性是和系统架构最为相关的。本节的后半部分，会更加深入地讨论有关独立贡献者这一重要的角色。

2.4.2　工程师的责任

工程师是战斗在第一线的，真枪实弹的基层人员。工程师是可扩展性使命的首席实施官和系统的首席调优官。工程师遵循公司的架构标准，根据架构进行具体设计，并且最后完成代码的实现。工程师团队是最有可能真正了解系统局限性的仅有的几个团队，他们也是发现未来可用性问题的关键人员。

2.4.3 DevOps 的责任

DevOps 是"Development"（开发）和"Operations"（运维）两个词的合并和缩写，近来常用这个词描述软件研发团队和技术运维团队之间交互和合作的现象。这个词的出现代表着多年来大家所熟知的事实得到了认可，就是系统和服务既需要软件也需要硬件。由此软件研发和系统管理混合成 DevOps。

在 SaaS 和 Web 2.0 时代，DevOps 通常负责配置、运行和监控生产系统。这个团队也应该是本书后续将要讨论的敏捷开发的一部分。即使不想采用敏捷的组织结构或开发策略，至少也应该考虑让 DevOps 的人存在于工程团队中，以帮助研发人员更好地理解如何把研发好的应用配置到生产系统。DevOps 的人员既知道系统日常运行的情况，也了解系统资源的使用情况。只有他们有足够资格发现系统的瓶颈，并且在系统设计的时候时刻想着系统配置。

通常，DevOps 的人员负责研发和测试环境，包括研发和配置脚本、监控、日志和其他系统工具。DevOps 的人员负责输出报表展示一个阶段可用性的发展趋势，分析出问题的根源并给予纠正，确定各类问题的平均解决时间和平均恢复时间。

不管团队的构成情况怎么样，都是 DevOps 负责监控、报告应用与系统的健康情况和服务质量，在解决可用性问题的时候起着关键性的作用。这个部门所采用的管理问题和解决问题的流程会成为其他流程的入口信息，以帮助在系统发生大规模灾难前，确定扩展性问题之所在。运维所收集的数据，对进行系统容量规划、解决系统性及反复发生的可扩展性的问题，有令人难以置信的宝贵价值。架构和工程团队严重依赖 DevOps 来帮他们确定在什么时间解决什么问题。在第二部分第 8 章和第 13 章我们会详细讨论这些流程。

2.4.4　基础设施工程师的责任

负责基础设施的工程师技能独特，在敏捷团队中甚至不必每天露面，但是却横跨很多个敏捷团队。有些大的企业，为了研发端对端的解决方案，把这部分事情放在敏捷团队中。但是在大多数的中小企业中，这部分人集中在基础设施部门中来支撑多个工程团队。这样的团队包括 **DBA** 数据库工程师、网络工程师、系统工程师和存储工程师。常常由他们来确定使用什么系统，什么时候购买，什么时候报废。不论基础设施人员团队的大小，其主要责任都包括设计共性资源的架构（像网络和传送系统），定义全局的存储架构，确定关系型或非关系型数据库的解决方案。

对使用云的公司来说，基础设施团队经常负责管理虚拟服务器、网络和信息安全。基础设施工程师也有助于寻找系统、网络和数据库的容量限制点，支持和帮助其他团队确定解决可扩展性相关问题的合适方法。

2.4.5　质量保证工程师的责任

在理想情况下，质量保证工程师主要是指那些负责应用测试，确保测试结果和公司期望的结果一致的工程师，在可扩展性测试过程中也同样起着重要的作用。新产品和功能会改变系统、平台或者产品的需求特性，最常见的是增加新功能，从而产生对系统资源的额外需求。最为理想的做法是我们掌握新产品的需求的特点，确保新功能和新应用不会给生产环境带来大的冲击。质量保证的专业人员需要了解和掌握其他的变更情况，以确保应用能够及时通过可扩展性相关的测试。质量保证一定要聚焦自动化的测试，而不是手工测试。不仅仅生产系统要可以扩展，而且当添加新功能的时候，测试的过程也要可以高效扩展。

2.4.6　系统容量规划师的责任

有系统容量规划责任的人可以在任何团队工作，但是他们需要能够取得最新的系统、产品和平台的性能数据，系统容量规划是高效扩展和成本控制的关键。如果做得好，对那些很容易做水平扩展的系统可以适时地买进设备，对无法进行水平扩展的系统可以安排紧急购买大型设备，清查系统的可扩展性问题，分优先级逐步予以解决。

你或许注意到了，我们在描述采购大型系统的时候用了紧急两个字，很多的公司把这种按比例放大的方法当成有效的策略。正如我们将从第 19 章到第 23 章要讨论的那样，如果你的扩展策略是依靠更快和更大的硬件设备，那么该解决方案将不具备可扩展性，你的可扩展性取决于供应商。如果说换更大更快的硬件能够扩展系统，那么购买更大更快的车是否可以使你跑得更快？在还没有赚那么多钱之前，你只能和收入水平类似的人开得一样快。可扩展能力与更大更快的系统以及应用服务器的新版本没有关系。

缺乏角色和技能会怎么样

eBay 的故事

你是否曾想过，如果请一位木匠来家里修理水管，会是怎么

样的一种情况？马斯洛的锤子理论预见了这个假设的结局，很有可能，木匠会拎着锤子来完成工作。你很可能以前就听说过马斯洛的锤子理论，通常和另一句一起出现，"如果你手里只有一把锤子，那么所有你看到的都是钉子"。

故事得从 2001 年我们的合伙人汤姆·科文加入 eBay 说起。第一天，汤姆作为负责基础设施的副总裁，走进了运维中心，随便指着挂在墙上显示数据的一些大屏幕问道："这些是做什么用的？"

一位运维操作员转过身来，看了一下汤姆，然后转回身继续做他的事情。"那是我们的控制器"，运维操作员回答道。

汤姆又问道："什么是控制器？"

"接受来自于用户的请求，然后分配到网站的服务器上"，运维操作员回答道。

"哦，是负载均衡设备"，汤姆说。

"我不知道负载均衡是什么玩意"，运维操作员说。

这件事看起来有点儿怪，但却是对 2001 年发生的事件的准确描述。对话的细节或许无意中有些许改变，但是对话的要点确实相差不多。在那个时候，网上交易才只有几年的历史，并不是每个人都能够理解系统基础设施方面的基本概念，当然这在今天已经是司空见惯的事情了。

汤姆所指的以硬件为基础的负载均衡器，当时（2001 年）已经在市场上出现了好几年的时间。这些设备不仅仅用在网站上，也用在各类 CS 架构的系统上，服务于公司的内部员工。我们来讨论一下这个故事说明的问题。

汤姆决定寻找 eBay 当时使用的更多的"控制器",结果发现这些设备已经使用了好几年,在负载均衡之前,eBay 使用 DNS(域名服务)轮询的技术来控制网络的流量。(DNS 轮询技术我们至今仍然还能偶尔在一些客户那里看到,这可不是开玩笑。)此外,原来负责选择解决方案的人,是没有多少基础设施经验的软件工程师。

汤姆对软件和硬件负载均衡都有所了解。例如,他知道硬件负载均衡每秒能处理更多的请求,而且比它的软件表弟("控制器")的故障率更低。因为软件负载均衡是按每台设备或每张许可证收取的,所以成本更高,不过如果把吞吐量也考虑在内,每笔交易的费用一般会比硬件的低。如果再把整体可用性(较低的设备故障率)考虑进去,那么在选择负载均衡解决方案的时候,硬件负载均衡器明显胜出。

汤姆经常表现出他对基础设施架构的奇妙偏好,其实他的洞察力并没有什么神奇魔法。这些洞察力来源于 20 年来在基础设施、运维和解决方案架构的生产第一线。积累起来的知识实属弥足珍贵,来之不易。汤姆重新审查了与软件负载均衡相关的事件以及许可证的费用,结果很快发现,如果把负载均衡换成硬件,不仅可以提高可用性,而且还能降低成本。

这里所学到的是 eBay 缺乏关键的技能,即深而广的基础设施经验和知识。这并不是说 eBay 在汤姆加入前没有特别好的基础设施人才,实际上,eBay 确实有这类人才。问题是在做关键的负载均衡决策的时候考虑的范围不够广泛,没让这类人才有机会参与决策,以避免错误。对 eBay 平台系统容量的管理乏人问津,显而易见，这是个可扩展性相关的错误。

汤姆的决策最后稍微降低了 eBay 每笔交易的成本，提高了系统可用性。尽管结果并不是惊天动地，但是股东（成本降低）和客户（可用性提高）最终都受益了。这正如我们说的，积少成多，集腋成裘。

2.5 RASCI 工具

我们有许多客户在使用一种简单的工具，来清楚地定义项目中的角色。每当我们进入一间需要做可扩展性项目的公司，我们就用该工具来定义谁该干什么，去除浪费的资源，确保全面覆盖扩展性相关的所有需求。尽管这只是一个过程，但因为本章是论述角色和责任的，我们觉得很有必要介绍这个工具。

我们用的这个工具叫 RASCI，是一套用来确定责任的表格，RASCI 是指负责、批准、支持、咨询和知情。

R：负责（Responsible）对项目或者任务的完成负责的人。

A：批准（Accountable）项目关键决策的批准人。

S：支持（Supportive）为项目完成提供资源的人。

C：咨询（Consulted）为项目提供数据或者信息的人。

I：知情（Informed）需要了解项目相关情况的人。

RASCI 可以用在矩阵当中，每个活动或者任务标在 Y 轴上，每个独立贡献者或者组织的名字标在 X 轴上。活动（Y 轴）和组织（X 轴）的交叉将会有（R、A、S、C、I）中的一个字母，如果交叉处什么都没有，那么相关的独立贡献者或者组织就不是这个任务的一部分。

在理想情况下，一个任务会有一个 R 和一个 A。这个工具可以帮我们解决本章前面提到的那个问题，多个组织或个人认为他们对任何工作负责。这样可以明确只有一个人或者组织对任务的成败负责，坚守"职责清楚、奖惩分明"的原则。一种更为温和的说法是分给几个人负责的项目等于没有人负责。

这并不是说其他的人不允许为项目或者任务提供建议。RASCI 模型明确允许并执行对顾问、公司内部或外部可以为任务增加价值的人的使用。A 不应该批准 R 的方案，直至 R 已经就方案的正确性咨询了所有相关的人。当然，如果公司的文化好，R 不仅可以寻求人们的帮助，而且会让那些被咨询的人感觉到自己有价值，其价值已经被考虑到决策支持的过程中。

只要你愿意加，觉得有价值，或者对完成项目来说是必需的，你可以增加多个 C、S 和 I，但是，同时要注意不要过度知会。记住本书前面提到的关于陷入邮件和沟通泥沼中的事例。新的公司往往假设决策应该让每个人都参与或者知会，这种信息的发布机制是没有可扩展性的，结果是大家花时间读邮件，而不是去做他们应该做的，能为股东产生价值的事情。

表 2-1 是一个部分完成了的 RASCI 矩阵样例。根据我们关于不同角色的讨论，让我们来看看如何完成这个 RASCI 矩阵。

早些时候，我们曾指出，CEO 必须对可扩展的文化氛围负责，这是公司可扩展的 DNA。从理论上说，尽管让 CEO 把责任下放给公司的其他人，在客观上是可行的，就像你在关于领导的一章中读到的，这个高管必须践行公司和平台可扩展文化的价值。因为我们在讨论公司如何行动才能实现可扩展性，即使 CEO 授权，也还是必须要对可扩展性负责。因此，我们把 R 放在 CEO 列和可扩展性任务行。很明显，CEO 对董事会负责，因为营造可扩展性的文化氛围和整体的文化氛围有关，所以我们把董事会标成 A。

表 2-1　RASCI 矩阵

	CEO	业务经理	CTO	CFO	架构师	工程师	运维工程师	信息安全	质量保证工程师	董事
扩展性文化	R									A
扩展性的技术愿景	A	C	R	C	S	S	S	S	S	I
产品扩展设计			A		R					
软件扩展实施			A			R	S			
硬件扩展实施			A				S	R		
数据库扩展实施			A				S	R		
扩展性验证			A						R	

对可扩展文化任务而言，谁是 S？应该知会谁？应该咨询谁？在寻找答案的过程中，任何情况都允许有支持者 S 存在，也可以在寻找解决方案的时候有顾问 C 参与。因为 C 和 S 的参与所以才会有结果，因此一般上没有必要包括 I，那个需要沟通决策和执行结果的人。

我们填了可扩展性的技术愿景一行。如前所指，CTO负责制订产品、平台和系统可扩展性的愿景。CTO的老板是CEO，所以CEO要负责审批决策和路线。请注意，在决策中R的老板不一定非得是A。R完全可能代替某个和他不相干的人去完成某个任务。在这种情况下，假如CTO为CEO工作，那么由CEO以外的人去批准可扩展性愿景或者计划的可能性极小。

CTO可扩展性愿景的顾问包括那些需要依赖CTO来实现生产系统可用性或公司运营后台系统的人。这些人需要被咨询，原因是CTO搭建和运维的系统是业务部门的生命线，后台系统是CFO工作必须依赖的心脏。

我们曾经指出CTO的组织（架构、工程、运维、基础服务和质量保证团队）全部都是愿景的支持者，其中一个或几个部门也可能是咨询者。CTO的技术背景越差，就越需要依赖其团队来制订可扩展性的愿景。在表2-1中，我们假设CTO有很丰富的技术经验，但是实际情况并不总是这样。CTO可能也需要从外部引入资源协助，以确定可扩展性的愿景和计划。这种外部的帮助可以是顾问服务公司，或者技术顾问和管制委员会，他们提供与公司董事会一样的技术管制和监督建议。

最后指出需要把可扩展性愿景知会董事会。这或许是董事会的一个会议纪要，或者是围绕着现有平台能支撑什么规模的业务所做的讨论，公司需要什么样的投入来满足来年可扩展性的目标。

矩阵的部分空白已经填好了。和矩阵相关的一个要点是我们已经把任务分割以避免R部分的重叠。例如，基础设施团队的责任已经从软件开发和架构设计团队中分割出来。这样保证责任清楚，符合奖罚分明、职责清晰的思路。然而，这样做的结果是组织向纵向条块化发展，与我们长期的发展方向不符。你要把组织调整成这样吗？要设计出最好的解决方案，就需要不同的团队在一起工作，这一点很重要。矩阵型组织的团队，不但可以避免团队内部存在的围绕功能或组织的责任而产生的独立心态，而且可以从 RASCI 中获益。既要有单一责任的组织，又要确保合作。通过 C 特性的使用来落实 RASCI。

建议你多花点儿时间来完成表 2-1 中的余下部分，直到掌握 RASCI 模型为止。这是一个非常有效的工具，它可以清楚地定义角色和责任，帮助我们去掉重复的工作，减少会引起士气低落的不幸的争斗和发现失踪的任务。

有关角色和责任的最后一个注解：不应该有任何一个团队，把角色和责任作为无法完成工作的障碍。公司里的每个人的主要责任都是为客户和股东创造价值。当然会有这种可能，当员工履行职责时，完成的任务超过了定义好的责任范围。如果能够帮助公司完成使命，那么员工可以，也应该自愿跨越边界去完成工作。重要的是，当这种情况发生时，他们应当和领导一起去找出到底无人负责的地带在哪里，领导应该承诺在未来纠正这些问题。

2.6　结论

定义清晰的角色是领导和经理的责任，不管是独立贡献者还是组织都需要角色的清晰性。本章通过一些案例讲解了怎样清楚地定义角色从而帮助组织实现高可用性的使命。这些例子中提到的组织是众多组织结构中的一部分，根据个人、组织和他们的角色可以产生很多不同的结构。你的组织现实的解决方案或许和这些结构相比差别很大，角色的定义要和公司的文化和需要一致。当你加强角色清晰度的时候，要注意避免责任的重叠，这会造成无效的努力和价值损毁的冲突。在公司内部，我们通过清晰的角色来确保可扩展性，当然也可以应用在公司业务的其他方面。

我们引进了一套叫做 RASCI 的工具，来协助公司内部的组织定义清晰的角色和责任。你也可以尽情地使用 RASCI 工具，定义自己组织的角色和项目内部的角色。RASCI 的应用可以去除重复的工作，使你的组织更加有效、更有力、可扩展性更好。

关键点

- ❑ 角色清晰对可扩展任务的成功极为关键。
- ❑ 责任重叠会造成资源浪费和价值损毁的冲突。
- ❑ 无人负责形成真空地带无法完成扩展的任务。
- ❑ CEO 是公司里负责扩展性的最高长官。
- ❑ CTO 或者 CIO 是公司里负责技术扩展的最高长官。
- ❑ RASCI 是一个可以帮助减少责任重叠，产生清晰角色的工具，RASCI 以矩阵方式出现。
- ❑R 代表负责，指决定要做什么事的人，而且负责任务的实施。
- ❑A 代表批准，指在决策过程中批准任务并验收任务结果的人。
- ❑S 代表支持，指为完成任务而提供服务的任何人。
- ❑C 代表咨询，指在决策前和关于任务完成情况接受咨询的人。
- ❑I 代表知情，指需要通知决策和任务执行结果的人。

第 3 章   组织的设置

孙子说：将凡治众如治寡，分数是也。

本章将讨论组织结构的重要性及对扩展性的影响。我们将讨论
组织的两个关键属性：规模和结构。这两个属性将对我们掌握组织
的运作机制，以及当团队调整时，哪些地方容易出问题大有益处。

3.1   组织对可扩展性的影响

组织中一些最重要的因素会影响沟通、效率、质量、标准和责
任。让我们来分析一下组织是如何影响这些因素的，以及为什么这
些因素对扩展性很重要。通过这些分析，建立组织和可扩展性之间
的因果关系。

沟通和协调，对任何需要多人努力才能完成的任务来说都是必
要的。如果对架构设计的沟通失败、对产生故障的原因和结果沟通
失败、对客户投诉的来源沟通失败、对生产上线后产品的预期值变
化沟通失败，所有这些失败的后果都有可能是灾难性的。想象一下，
在一个 50 人的团队里，如果责任或者组织结构层次不清晰，同事间

很可能不清楚彼此都在做什么。如果不需要去协调变更，那么这种情况还过得去。在无组织的情况下，有问题该去问谁？该如何协调变更？怎么知道你的变更是否和别人的冲突？在大多数情况下，这种沟通不畅会导致一些小麻烦，比如你要给每个人发封邮件去寻找答案。可是时间久了，工程师们都学乖了，他们开始忽略这些邮件。忽略邮件就意味着无法找出答案，更糟糕的是，变更的代码无法合并到代码库，导致关键功能无法发挥作用。错误的根源到底是因为工程师不是一个超级明星，还是因为组织的设置导致无法清楚地沟通和有效地合作？

当组织有利于工作的时候，效率就会得到提高；反之，当出现不必要的结构层次且需要大量交流才能完成工作的时候，效率就会降低。在敏捷开发的过程中，产品负责人往往和工程师坐在一起，确保高效而快速地回答有关产品的问题。如果研发工程师需要澄清产品的功能点，那么他有两种选择，一是猜测该怎么做，二是等产品经理回答。在等待的这段时间里，要不就去做另外一个项目，要不就去做些无价值的事情，比如玩游戏。大量的等待时间可能会造成团队无法完成承诺的任务，把一些不必要的事情带入到未来的迭代中去，所以会延迟或者降低潜在的投资回报。

安排产品负责任人和工程师坐在一起可以使有关的问题很快得到解答从而提高效率。坐在一起是一把双刃剑，它也可能降低效率。首先，完成项目的成本提高了。其次，当资源紧张的时候，资源向面向客户的短期项目倾斜，结果牺牲了长期的稳定性项目。季度目标可能会在短期内实现，但是因为缺乏资源而造成的技术负债增加，结果造成系统故障而中断服务，搁浅新产品的上线计划。

可以通过标准化来提高组织的效率。一个不注重代码、文档、规范和配置标准的制订、发布和应用的组织，研发效率和质量必然低下，生产中出现严重问题的风险很大。要很好地理解这一点，我们可以考虑一个完全矩阵化的组织，该组织只有少数几个工程师与产品经理、项目经理和业务负责人在一起工作。如果不采用共同的标准，那么团队很容易在什么是最佳实践的问题上出现严重分歧。因为研发团队追求能有更大的产出，所以不知不觉地忽略了要按照标准注释代码，但这是以牺牲代码未来的可维护性为代价的。为了避免这些问题，大的机构会帮助工程师理解发布指南、原则和共同规范的价值。

举另一个例子：假如你的公司有一条架构原则，任何一个服务都必须部署和运行在多个服务器上。有个团队无视这个标准，发布了一个既不能水平扩展，可用性又令人难以忍受的解决方案。你认为这样的事不会发生？仔细想一下，你就会发现我们的团队，一直在犯这样的错误。支持这一偏离原则行为的最常见的借口是，这个服务对系统无关紧要。如果真的是这样，那么为什么要浪费时间来研发它？如此说来，团队没能有效地使用研发资源。

如前所述，一个团队如果不能养成遵守规范和标准的习惯，本质上是组织容忍了研发质量标准的降低。举个简单的例子，某组织有一个可靠的单元测试框架和流程，但是由于严重地依赖于团队的组成和规模，以至于无法实际应用。如果一个团队漠视上级组织关于所有功能都必须进行单元测试的要求，很可能，这一决策将导致代码质量降低，增加数个大大小小的缺陷。高缺陷率又进一步导致系统服务中断，引起可用性相关的问题。代码错误和生产系统问题的增加，会削弱本应该投入在新功能编码，或者像分库分表这样的扩展性项目上的工程资源。当资源稀缺时，很难通过延迟短期的面向客户的功能来换取长期的可扩展性任务。

长角

内部代码长角（Longhorn），对外称为 Vista 的微软操作系统，就是在一个机构中典型的标准和质量失控的例子。虽然最终 Vista 成功地发布，成为排名第二被广泛使用的操作系统，但它还是成了微软及其客户的痛。Vista 和前一代操作系统 XP，成为该公司历史上发布间隔最长的产品。

在 2005 年 9 月 23 日，《华尔街日报》的头条新闻上，微软联合总裁吉姆·阿尔钦承认他曾经告诉过比尔·盖茨"长角项目不会成功"。阿尔钦把研发描述成"飞机撞地坠毁"，原因是功能的引入和集成杂乱无章，毫无计划。⊖

微软征召了高级执行人员阿米塔·斯里瓦斯塔瓦来拯救濒临末日的产品。斯里瓦斯塔瓦安排架构师团队来统筹规划操作系统，制订了研发流程以确保高水平的代码质量。尽管这一改变招致很多研发人员的批评，却挽回了失败的产品。

归属权也会影响系统的可扩展性和可用性。当很多人在同一套代码上做研发的时候，如果代码各部分的归属权不清楚，那么就没有人会感觉到自己对此有责任。当这种情况发生的时候，没有人愿

⊖ Robert A Guth. "Battling Google, Microsoft Changes How It Builds Software." *Wall Street Journal*, September 23, 2005. http://online.wsj.com.

意多做一步以确保其他人遵循标准，开发需要的功能，同时维持预期的高质量。这样我们就看到了前面曾经提到的应用的可扩展性问题，这些问题来源于低效率地使用工程资源，产生越来越多生产系统的问题和不流畅的沟通。

从扩展性的角度来观察，我们所关心的组织已经有了一个清晰的基础，现在，是时候来理解有关组织的两个基本决定因素，即规模和结构。

3.2　团队规模

试想有一个两个人的团队，两个人都了解彼此的怪癖，总是知道对方在干什么，永远也不会忘记相互沟通。听起来很完美吧？假设他们没有足够的研发力量按时完成像分割数据库这类的可扩展性项目；无法灵活地把任务交给另一个团队，因为每个人可能都有另一位所不掌握的知识；他们可能有自己的代码标准，和其他两人团队的标准不同。很明显，团队的大小各有利弊。关键是平衡团队的规模为组织寻找最优的方案。

寻找最优方案的重点在于为组织寻找最佳的团队规模，并不存在一个适合所有团队的魔术般的数字。当为组织确定最佳规模的时候，要考虑很多因素。如果硬要给出一个关于最佳团队规模的直接答案，我们希望能给出一个范围以满足一些特定的需要。即使范围再广，也总会有些意外。团队规模的下限是 6 人，上限是 15 人。下限意味着团队不少于 6 个工程师，因为如果少于 6 人，就没有必要把他们分入一个单独的团队。上限指的是一个团队不要超过 15 人，

15 人的规模开始阻碍经理的管理能力，团队成员之间的沟通能力也开始出现问题。上面给出的团队规模范围总会有些意外，重要的是，当你对标自己的组织、人员和目标的时候，考虑下面这些因素。可能还记得第 1 章中的案例，亚马逊把上限叫做"两张比萨饼准则"，即任何一个团队的规模不能大过两张比萨饼所能喂饱的人数。

当确定团队规模的时候，首先要考虑的因素是经理的经验。本章后半部分会专门对经理的责任进行讨论，对目前的讨论，我们先假设经理来自于一线的基层，他们的责任包括三个方面：确保工程师通过自我管理或经理指导，能够在有价值的项目上高产出；确保传达人力资源类似工资、福利或者分配方面的信息，并完成日常的行政管理工作；确保掌握目前进行中的项目和问题的状态，在经理的同级之间以及向上级管理层同步项目的信息。

一个刚从工程师职位提拔的初级经理或许会发现，即使管理仅有 6 个工程师的小团队，行政和项目管理任务也会用掉一整天，很少有时间来处理其他的事情，因为对他而言这些任务很新，相比级别更高的经理，需要很多的时间和精力来处理。比起反复做过多遍的工作，新任务通常要求花费较多的时间和精力。因此，人的经验是确定最优团队规模的一个关键因素。

第二个要考虑的因素是团队的任职时间。任职时间长、经验丰富的团队，并不需要太多的管理，内部沟通的成本也较低。在公司时间的长短和经验多寡对工程团队尤为重要。在职时间长的员工通常需要较少的行政管理（例如，签医保合同、改正工资单中的错误、为某个任务寻找帮助）。与此类似，有经验的工程师不太需要额外的协助来弄清楚规范、设计、标准、框架或者技术问题。

　　当然，个体之间存在差别，必须考虑团队整体的经验程度。如果一个团队高、中、低搭配平衡，那么中等规模的团队也可以有效地运转。通过比较发现，如果一个团队都是高级工程师，比如在基础设施项目上，很可能团队的规模再扩大一倍也不是问题，因为沟通的成本比较低，而且不会为那些普通的工程任务分散精力。当确定团队的规模时，应当考虑所有这些问题，厘清团队规模要多大才能保持高效率，不至于因为规模太大，负担过多而影响生产率。

　　如前所述，每个公司对经理应该负责的任务有不同的期望。基层经理的管理职责包括：

❏ 确保工程师们在有价值的项目上产出高

❏ 确保完成行政管理工作

❏ 确保掌握项目和问题的进展状态

　　显然，我们会给经理们安排很多的管理职责，这包括每周与工程师 1 对 1 的会谈，自己写代码实现一些功能，审阅规范，管理项目，审查设计，协调别人或者亲自进行代码审查，制订标准和确保遵循标准，指导新人，表扬和鼓励好的行为，总结个人表现和业绩。经理处理的任务越多，团队就要越小，以确保经理可以完成所有安排的任务。例如，对 10 个工程师的团队，如果需要为每个工程师每周安排一次 1 对 1 的一小时会谈，就会占用经理 40 小时工作时间的 25%。虽然这个数字可以调整，比如会谈短些，工作时间长些，但是道理是一样的。对一个大团队来说，和每个工程师对话，一定会占用管理者大部分的时间。作为一个管理者和领导，需要不停地和团队中的每个人沟通。显然，当确定组织的最佳团队规模时，任务的数量和完成这些任务所需要的工作量是两个主要因素。对管理层来说，调查一线经理每周在每个任务上所花费的时间是一个有趣而且具有启发作用的事情。一个经理每周的时间很容易被那些看起来十分快的任务所填满，比如，前面提到的 1 对 1 会谈。

前面提到的三个因素，即管理经验、团队在职时间和经理的责任，都是限制团队规模的约束条件。限制团队规模的目的是减少经理的负担，使团队创造价值的时间最大化。

与前面的三个因素不同，最后一个因素是业务的需要，其目的是加大团队的规模。业务负责人和产品经理想总是想要增加收入、击败竞争对手并增加客户数量。为此，他们经常需要研发更多、更复杂的功能。保持团队规模小的一个主要问题是大的项目需要非常多的研发迭代时间。其结果是项目需要更长的时间才能交付给客户。第二个问题是增加工程师的数量需要相应地增加支持人员的数量，同时增加管理人员。把工程类的经理称为支持人员，或许会冒犯他们，事实上，这正是管理所应该做的事情，即支持团队完成项目。团队越大，每个工程师所需要的经理数量就越小。

熟悉《人月神话》的人都知道这个概念，要想加快项目的进度，可以把项目进一步分解，但是这种分解有一个限度。即使考虑到了这个因素，有一点还是非常清楚的，那就是：团队的规模越大，项目交付的速度就越快，这样团队就可以承接更大的项目。

3.2.1　警告的信号

让我们把注意力从影响团队规模的因素，转向当团队规模不正确的时候出现的信号。沟通不畅、生产率低下、士气低落都是团队规模太大的信号。不畅的沟通可能有多种形式，包括工程师们缺席会议、不回邮件、错过规范变更或者多个人问同样的问题。

　　生产率低下可能是团队规模太大的另外一个信号，如果经理、架构师、高级工程师没有足够的时间来指导初级工程师，那么，这些新成员将不会很快上手。如果没有人指导、引领、答疑，初级工程师要比正常情况下折腾得更久。相反，高级工程师们忙于回答太多初级工程师的问题，以至于无法完成自己的工作，也会造成生产效率的降低。生产率低下的一些信号包括错过发布日期、较差的功能点、推迟新功能研发。功能点和场景点是度量功能的两个不同的标准化方法。功能点从用户角度出发，而场景点从工程师角度出发。工程师在本性上对他们认为能够完成的任务过于乐观。如果他们推托一些以前做过的工作，这种无奈的反应或许就是生产率下滑的一个明显信号。

　　前面讨论了由于缺乏支持而导致的沟通不畅和生产率低下两个问题，团队规模过大的第三个信号是士气低落。通常，当一个朝气蓬勃的团队开始出现士气低落的情况时，这种不满情绪就清楚地说明出问题。尽管士气低落可能有很多原因，但是团队规模因素不应被忽略。那么我们怎么才能确定导致士气低落的真正原因呢？这和定位错误类似，从最后的变更开始查起。最近团队的规模增加了吗？士气低落表现在各种行为上，比如上班迟到，更多的时间待在游戏房里，在会议上争辩，在高管会议上不寻常地推托。问题的原因很直接：作为一个工程师，如果他感觉到缺乏支持，被排挤在沟通圈子之外，无法取得任务的成功，那就会情绪低落。很多工程师都喜欢挑战，即使是那些仅仅要搞清楚问题的来龙去脉，就要花好多天的难题。当工程师意识到没有办法解决问题的时候，他就会陷入失望之中。这一点对初级工程师来说更是如此，所以要密切留意团队里初级工程师的行为。

相反，如果团队规模太小，要注意的信号包括不满意的业务合作伙伴、微观管理的经理、过度劳累的团队成员。在这种情况下，最麻烦的信号或许是业务合作伙伴，例如，产品经理或业务拓展人员花很多时间缠着研发经理抱怨，他们需要更多的产品交付。太小的团队无法快速研发和交付规模较大的功能。心怀不满的业务负责人，并不直接抱怨工程师和技术负责人，而是把力气花在增加预算聘请更多工程师上。

正常情况下有效率的经理如果趋向于微观管理将是一个令人担忧的迹象。或许是因为团队太小，经理像在团队成员的头顶上飞来飞去的直升机一样，针对他们的决策做事后评论，要求对项目状态更新这件事本身的进度进行说明。如果情况属实，那么就说明应该给这个经理增加一些任务了，通过扩大经理的聚焦点来解除他对团队的持续关注。在这种情况下可以安排的特别任务包括担任某个标准委员会的主席，负责一个跟踪 bug 的新工具评估活动，建立一个旨在指导工程师的导师计划。

确定一个团队是否太小的第三个迹象是，看是否有工作过度的员工。大多数的团队都会被正在从事的产品研发工作所鼓舞，相信公司的使命。他们希望成功，希望参与能够发挥作用的任何活动。这也包括接受太多的任务并试图在计划的时间内完成。如果某个团队的成员离开公司的时间越来越晚，或周末经常加班，那么你就要看看这个团队是否缺人。这种工作过度的情况对大多数的初创公司而言是可以预见的，甚至是必要的，但是如果持续几个月，最终会消耗团队的干劲，从而导致员工流失、士气低落、质量不佳。最好能留意并分析工作时间的记录，尽早纠正问题，而不是等到大多数工程师递交辞呈时才意识到这个问题。

对此处归纳的种种现象置之不理将导致灾难性的后果。如果对这些现象失察，那么不可避免地会给公司带来人员流失、延迟交付研发的产品等问题。

3.2.2　扩大或者缩小团队

给小团队增加工程师，不能说轻而易举，但是至少也直截了当。比较困难的是拆分一个增长很大的团队。如果拆分得不好，会带来不良后果，比如，搞不清楚代码的所有权，沟通不畅，在新经理管理下工作压力增大。每个团队和机构都不同，没有完美的、标准的、放之于四海而皆准的办法。相反，当对组织进行改革的时候，必须考虑一些因素，以减少影响并使团队成员快速恢复生产状态。

当要拆分一个团队（包括在分解代码）的时候，必须要考虑一些事情，比如，谁出任新经理？每个团队成员的参与度有多高？与业务负责人的关系怎么处理？

首先要根据代码和工作来聚焦。如第三部分会详细讨论的，最佳方案是根据故障域来拆分团队和代码，通过隔离服务来限制故障所带来的影响。

以前一个团队拥有的代码需要分给两个或多个团队。对工程研发团队而言，这种分解通常围绕代码反复思考。旧的团队或许拥有一个应用的管理部分的所有服务，比如账户的建立、登录、收款和报表。再强调一下，这种情况没有标准的分解方法，但有一种可能的解决方案是把服务分成两组或多组，一组负责账户建立和登录，另外一组负责收款和报表。当你深入到代码里去的时候，很有可能接触并决策分配那些基类。在这种情况下，我们想把总的拥有权分给一个团队，甚至一个工程师；通过在代码库中设置预警来通知其他团队，如果那个文件或者类发生任何变更，都会通知每个人，让他们意识到有人在代码中做了改动。

下一个要考虑的问题是新经理的身份。这是一个外聘或内选的机会。外聘的可以带来新思路和经验，内选的熟悉人员和流程。因为这些选择各有利弊，所以不要仓促做出决策。深思熟虑后再决策绝对正确，但是久拖不决可能带来同样多的问题。未知的压力可能使员工士气低落而引发不安。如果候选人来自外部，要尽快地做出公开的决策。在内选和外聘之间摇摆不定、拖延选择过程将增大团队的压力。

拆分团队的三大要素中最后的一个，是对业务部门会有什么影响。如果在工程团队、质量保证、产品管理和业务团队之间有一对一的关系，那么很明显，当团队拆分后这些关系就会发生变化。应该在拆分决策前，与受到影响的负责人讨论清楚这些变化。合作团队将同时被拆分，或者重新分配每个人的工作，以便在新的阵容中彼此合作。组织机构调整有许多的可能性，但最重要的考虑是，开诚布公地在工程技术团队内外进行讨论。

到目前为止，我们已经讨论了与团队规模太大或太小相关的警告迹象，也分析了拆分团队时需要考虑的因素。从本节中可以得到的收获和学到的经验是团队的规模，以及调整规模对组织的士气和生产率所带来的巨大影响。重要的是我们要进一步认识到，团队规模是确定组织对应用扩展有效性影响的主要决定因素。

事项检查表

最佳团队规模的事项检查表：

1. 确定经理的经验水平。

2. 计算每个工程师在公司的工作年限。

3. 询问每个工程师在行业内的工作年限。

4. 根据经理的责任估计其总工作量。

a. 调查经理在不同的任务上花多少时间。

b. 列出你期望经理完成的核心管理职能。

5. 寻找因团队规模太小而无法发挥作用，所以心存不满的业务伙伴和经理。

6. 发现因团队规模太大而造成的生产率低下、沟通不畅和士气低落的迹象。

团队拆分的事项检查表：

1. 确定如何分拆代码：

a. 按照服务拆分。

b. 尽可能把基类平均分割，每个基类由一个人负责。

c. 在代码库中加入提醒，确保当相关代码被修改时每个人都知晓。

2. 确定新的经理。

a. 考虑内选还是外聘。

b. 设定一个紧迫的时间来完成决策。

3. 分析团队和其他部门之间的相互关系。

a. 与其他部门的负责人讨论团队拆分计划。

b. 协调本团队的拆分与其他团队之间的关系，确保平滑过渡。

c. 通过联合通知的方式同时向全体员工公布消息。

3.3　组织结构

组织结构指的是一个组织内部团队之间相互关系的布局。它包括把员工分配到不同的部门和团队，也包括为了发号施令而安排的层次结构。各公司有不同的组织结构，功能型和矩阵型两种基本结构已经使用多年，一种新型的敏捷型结构最近也开始流行。本章将对两种久经考验的组织结构的利弊进行分析，然后介绍近来出现的新型结构，以帮助你选择最适合的组织结构。最常见的情况是，设计一种混合的结构来最好地满足公司的需要。本节将给出每种组织结构的基本定义，并概述每种结构的优缺点，提出如何进行选择的建议。这里要掌握的最重要的内容是如何选择某种形式的组织结构，组织结构又如何随着公司的成熟逐渐演化。

3.3.1　职能型组织

军队和工业界曾经使用过职能型结构的组织形式。如图 3-1 所示，该形式的结构按照主要目的或职能来设置部门。该策略常被称作竖井式方法，就像玉米或谷物按照粮食的不同等级分入不同的粮仓一样，人被编入不同的组别。在技术组织内，按照职能的不同分成不同的部门，如工程部、质量保证部、运维部、项目管理部等。同时，每个部门都有自己相应的管理层级结构。各个部门都有自己的负责人，比如工程部门的副总裁。每个部门都有类似的职责组织结构。向工程副总汇报的经常是其他的工程经理，如工程总监。向工程总监汇报的是高级工程经理，向高级工程经理汇报的是工程经理，以此类推。这种层级结构是通用的，工程经理汇报关系如此，质量保证经理的汇报关系亦如此。

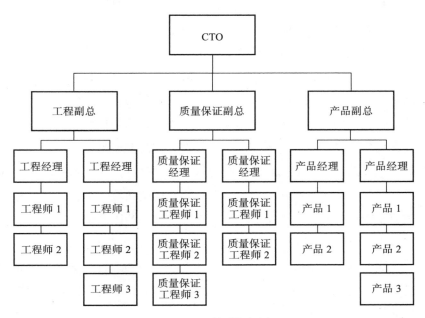

图 3-1　职能型组织图

职能或竖井式方法的组织结构有很多好处。所有的经理几乎都是按照层级提升的，即使他们的业绩表现并不抢眼，他至少清楚如何按部就班地工作。除非时代久远发生了很大的变化，否则根本就没有必要花费时间，向深谙于此的老板们解释这种安排的奥秘和细节。员工在专业性方面也容易取得一致，比如工程师与工程师在一起工作。在这种结构下，同伴们一般会相邻而坐，可以很容易地回答涉及技术方面的问题，整个机构都是按照专业分工来组织的。

用运动来作类比，职能型的组织结构就像在高尔夫球场练球。

高尔夫球手们想要练好和打好高尔夫球，就要和其他高尔夫球手，甚至教练混在一起，切磋技艺。记住这个类比，我们将利用它来对职能型结构和矩阵型结构进行分析和对比。

除了在管理和工作伙伴方面的同质性和共同性外，职能型结构还有其他的优点，这包括职责明确、容易分配任务、更好地遵循标准规范。因为组织结构极其清楚，所以几乎每个人，即使是新入职的，也能很快地掌握谁负责哪个团队和项目。这种简洁性使工作的分配极为容易。在一个采用瀑布型开发方法的职能型组织中，研发的责任显然落在工程团队上。因为软件工程师都向工程部门的负责人汇报，质量保证工程师均向质量保证部门的负责人汇报，所以非常容易制订、发布、遵循和执行标准。所有这些因素解释了为什么军队和工业界长久以来一直以职能型的组织结构为标准。

职能型或直线式结构的问题包括缺乏单一的项目负责人和跨职能部门的沟通效果不佳。项目很少只发生在一个职能部门内。大多数的软件研发项目，特别是通过网络交付的服务，比如，软件即服务（SaaS），总是需要不同技能的人来共同完成任务。即使是研发一个简单的功能，也必须要有产品经理起草产品设计说明书，软件工程师设计和实现代码，质量保证团队完成测试，运维工程师部署到生产系统。项目的整体责任不会全部落在管理层级中某个人的头上，而是逐级上升，直到最后落在技术总负责人的头上，他对产品经理、工程、质量保证和运维人员都负有责任。当产品经理不向 CTO 汇报的时候，这种责任转移现象甚至会更加夸张。显然，直接由 CTO 或者技术副总裁负责项目整体的成败会有严重的问题。如果这么做，当项目出现问题的时候，每个职能部门的负责人就会把项目延迟或者经费超支之类的问题和责任推到其他的部门。

在职能型组织中，事实已经证明跨部门的沟通出奇难。例如，软件工程师想告诉质量保证工程师，必须进行某个测试以验证功能是否正常。为此，软件工程师很可能要浪费宝贵的时间，在质量保证的管理层级中上下求索，直到找到负责分配测试任务的经理，然后请求他指派一个人来完成这项测试。工程师很可能会依赖现有的设计规范文档，通过流程来传递这些信息。可以想象，在研发工程师和测试工程师之间，写一个 20 页的测试规范比面对面的对话要带来多少额外的沟通负担。

职能型组织所面对的另外一个挑战是团队之间的冲突。如果这些团队被赋予交付和支持产品或服务的任务，而这些任务又需要跨部门的合作才能完成，团队之间的冲突就不可避免。"这个团队没能按时完成任务"和"那个团队交付的产品存在错误"，这些都是那些按职能型结构组织起来的团队在合作时经常听到的抱怨。极难听到对职能型团队的挑战或者贡献的感激和赞美。对一个工程师来说，个人认同和社会认同相关联，被视为工程师"部落"的财产。工程师们想要有归属感和被同伴接受。其他不同的人（质量保证、产品管理，甚至技术运维）经常被当成圈外人士，而不被信任，甚至有的时候成为公开的敌对目标。我们见证过由认为相互不同的个人组成的团队之间的冲突，这种冲突在最极端的情况下甚至发展为歧视。

有一个经典的"蓝色眼睛和棕色眼睛"实验，实验说明个体很容易转向攻击那些被视为与自己不同的个体。1968 年，马丁·路德·金遇刺身亡后，艾奥瓦州的一个小学的三年级老师做了一个实验，在实验中，她把班里的同学分成蓝色眼睛和棕色眼睛两个组。

她编造了一些"科学"证据，证明眼睛的颜色决定智力的水平。这位老师告诉一组人说他们是优等的，给他们额外的课间休息时间，让他们坐在教室的前边。相反，不允许另外一组用饮水设备喝水。结果，教师发现那些"优等生"变得傲慢，喜欢发号施令，对同班的"劣等生"不友好不客气。接着，她改变了自己的解释，告诉另外一组的学生，他们才是优等生。爱丽奥特报告说，新的优等生去嘲讽另外一组，就像他们曾经被烦扰的情况一样，只是没有前面那组那么凶恶。

冲突

实战经验和学术研究一致认为，冲突有好坏之分。好的冲突（认知型冲突）是健康的争辩，是团队关于该做什么或者为什么要做而发生的冲突，它涉及更大的视角和更多的经验。坏的冲突（情感型冲突）基于角色，经常涉及怎么做或者谁该做。当然，并不是所有涉及角色的冲突都是坏的，纠结不清的基于角色的讨论往往被认为是政治性或者领地性的，如果处理不当会对组织产生不良影响。

好的或认知型的冲突有助于团队扩大行动的可能范围。不同的见解和经验凑在一起有机会从多角度出发解决难题。头脑风暴会议以及组织适当的事故分析会，都是可控的认知冲突，目的是要产生一套优越的替代方案和行动。团队的规范已经充分地显示出对发展认知型冲突所起到的正面作用。情商高的负责人也会帮助在团队内部产生正向的认知型冲突。但是，如果认知型冲突得不到解决，就会演变成情感型（坏的）冲突。

坏的或者情感型冲突会带来物理和组织的创伤。在物理上，它可以耗尽我们的精力，因为交感神经系统（下丘脑激发，与涉及"打架或逃跑"综合征属于同一个系统）释放压力荷尔蒙，例如皮脂醇、肾上腺激素、去甲肾上腺素。结果，血压上升和心跳加快。随着时间的推移，不断的情感冲突让我们感到疲惫。在组织上，研究表明冲突会造成组织分裂，结果会在战术和战略上限制选择。争斗关闭了我们思维的选择空间，意味着结果可能不是最佳的。

冲突为什么如此重要呢？通过了解冲突的来源和结果，作为领导可以推动健康的争辩，尽快结束有害的情感型冲突。我们的工作就是要建立一个健康的环境，以利于股东利益的最大化。通过营造开放、关爱、尊重的文化氛围，把认知型冲突最大化，情感型冲突最小化。通过设置明确的角色和责任，限制情感型冲突的根源。通过吸纳各类人才在技能和视野上互补，最小化集体思维的机会，最大化策略的选择范围，鼓励机构快速成长。

棕色眼睛和蓝色眼睛

1968 年 4 月 4 日，在发表了《我曾经到达山顶》（I've Been to the Mountaintop）的演讲两天后，马丁·路德·金在田纳西州的孟菲斯被暗杀。第二天早上，在艾奥瓦州赖斯维尔（Riceville），简·爱丽奥特，一个小学三年级的老师，问她的学生对黑人了解多少？接着问学生是否想要体验一下有色人种在美国当时的感受。爱丽奥特是想做个体验实验，不过这个颜色是眼睛的颜色而不是皮肤的颜色。

　　首先，她把棕色眼睛的学生分配到"优等"组。爱丽奥特在报告中提到，起初有些学生对这种分配有些抵触，为了能把实验做下去，她谎称黑色素造成棕色眼睛，与较高的智商和较强的学习能力有关系。接着，那些被归到"优等"组的孩子变得傲慢，喜欢发号施令，对比他们差的"劣等"同学不友好、不客气。爱丽奥特给了棕色眼睛孩子特别的权利，比如午餐时的第二份，可以去新的攀爬架，给5分钟的额外课间休息时间。棕色眼睛的孩子坐在教室的前部。爱丽奥特不允许棕色眼睛和蓝色眼睛的孩子共用一个饮水机。

　　棕色眼睛的孩子在学术上的表现有所提高，而蓝色眼睛的却孩子变得驯服和屈从。有一个棕色眼睛的学生问爱丽奥特她有蓝色眼睛怎么会成为教师。另外一个棕色眼睛的学生回答道："如果她没有蓝色眼睛，她可能早就成了校长或者学区总监了。"

　　下个周一，爱丽奥特把实验反过来，让蓝色眼睛的孩子进入"优等"组。蓝色孩子用类似的方式来嘲讽棕色眼睛的孩子，爱丽奥特在报告中说，他们的行为没有棕色眼睛的孩子表现出的那么强烈。下个周三，爱丽奥特停止了试验，让孩子们把他们学到的东西写下来。关于这个实验的反思发表在当地的报纸上，随后美联社做了转载。爱丽奥特为此有点儿声名狼藉，包括在约翰尼·卡尔森主持的《今夜秀》节目上的露面。对实验的反应好坏参半，既有因为她利用孩子做实验而激起的公愤，也有受邀前往白宫参加儿童与青年大会的荣耀。⊖

⊖ Stephen G. Bloom. "Lesson of a Lifetime." *Smithsonian Magazine*, September 2005. http:// www.smithsonianmag.com/history/lesson-of-a-lifetime-72754306/?no-ist=&page=1. Accessed June 24, 2014.

职能型组织的好处包括经理和工作伙伴的同质性、责任简单清晰、有标准可依。不利的地方包括没有单一的项目负责人和沟通不顺畅。考虑到这些利弊，当其同质性的好处超过整体协调和所有权所带来的问题的时候，可以考虑采用职能型组织结构。比如，采用瀑布式研发的组织，经常能从按职能划分的组织结构中获益。因为该结构恰好与瀑布型方法中固有的阶段控制相匹配。

3.3.2　矩阵型组织

在 20 世纪 70 年代，组织行为专家和经理们开始重新考虑组织的结构。如前所述，尽管职能型组织结构有一些不可否认的优点，但仍然存在弊端。为了克服这些问题，公司甚至军事机构开始试验不同的组织结构。从中演化出来的第二种基本的形式就是矩阵型组织结构。

矩阵型组织结构的主要概念是层级的两个维度。与职能型组织相反，在职能型组织的每个团队有一个经理，每个团队的成员向一个老板报告，而矩阵型组织则包括至少两个管理维度，每个团队的成员或许有两个或多个老板。这两个老板，每人都有不同的管理责任，例如，一位（团队负责人）负责处理行政任务和审查，而另外一位（项目经理）处理安排任务和跟踪项目状态。如图 3-2 所示，传统的职能组织旁边增加了项目管理团队。

图 3-2 的右边和职能型组织很相似。区别主要在左边，即项目管理所在的部分。注意项目管理部（PMO）中背景颜色较暗的项目经理和其他团队的成员。项目经理 1、工程师 1、工程师 2、质量保证工程师 1、质量保证工程师 2、产品经理 1 和产品经理 2 都是淡灰

色背景。这些淡灰色的成员通过矩阵方式组成了一个项目团队来一起工作。项目经理可能对任务分配和项目进度负有责任。在更大和更复杂的组织里，许多来自于不同团队的人可以属于同一个项目团队。

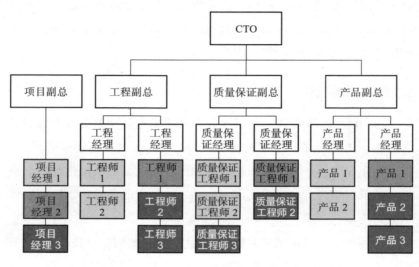

图 3-2 矩阵型组织图

继续讨论负责实施新收款功能的项目团队，我们开始意识到这种矩阵型组织所带来的好处。职能型组织有三个主要问题：没有项目责任人，跨团队沟通不畅，部门间存在情感型冲突。而在矩阵型组织里，项目团队负责解决所有的问题。现在我们有了第一线负责收款项目的项目经理 1。这个项目团队将会每周甚至更频繁地开会，以及采用电子邮件频繁往来，从而解决了职能型组织所面临的沟通问题。如果软件工程师想和质量保证工程师沟通某个测试是否应该包括在其测试桩中，那么就可以通过发邮件或在下次的团队例会中提出来。因此，这种结构避免了在不同的管理层间寻找合适的人的困难。

　　我们再回到用于讨论职能型组织的高尔夫球的例子中。高尔夫球员想要更佳的表现，为此，他和其他的高尔夫球员甚至教练在一起练球。这个例子主要为类比职能型组织的团队，他们希望能把某个特定的功能发挥得更好，所以就和其他也从事类似活动的人在一起做同样的事情。按照运动教练的说法，这种专一性对于发展肌肉的记忆和基本的技能成效显著，但是要真正变得擅长，运动员必须交叉培训。按照这个概念，高尔夫球员应该时常离开高尔夫球场去练习其他的肌肉，比如参加举重培训或者跑步。这种交叉培训的方法和矩阵型组织类似，在不替代高尔夫或工程的基本训练的前提下，通过给予其他的任务比如跑步或项目管理来加强。

　　对那些已经经过交叉培训过的个人，你或许会问："交叉培训是否会阻碍运动员成绩的提高？"事实上，如果你是一个高尔夫球手，也许听说过千万别去玩垒球，因为这会对你的高尔夫挥杆动作带来严重的影响。我们会在研究矩阵型组织弊端的时候讨论这个概念。

　　如果你已经解决或者至少通过实施矩阵型组织已经大幅度地改进了职能型组织的弊端，无疑这种提高是有代价的。事实上，在缓和项目责任和沟通问题的时候，我们也引入了其他的问题，这主要涉及多个老板和个人精力分散的问题。向两个或多个人汇报，矩阵型组织可以非常复杂，需要一个人参与多个团队，收到每个老板各自的指令，所以团队的成员会感觉到更大的压力。工程师陷在工程经理和项目经理之间，工程经理让她按照标准写代码，项目经理坚持必须按时完成任务，工程师面临着压力和忧虑，担心自己的表现不能让经理们满意。另外，和其他团队一样，项目管理团队也需要一些额外的会议或者邮件来沟通。这种额外沟通并不能取代工程师必须参加的工程经理召集的团队会议，所以用掉了其基本代码工作中的一些时间。

　　正如你看到的，当我们解决了一些问题的时候，矩阵型组织结构又引入了新的问题。其实不必太吃惊，因为这是现实的情况，很少能够解决一个问题而不引发另外的一些问题。下一个问题，假如保持矩阵型组织和职能型组织结构的优点，"是否有更好的办法？"答案是"有"，这就是"敏捷型组织"。

3.3.3　敏捷型组织

　　研发独一无二的面向客户的 SaaS 解决方案，或者企业级软件是一个复杂的过程，需要跨部门整合多种技能的合作。在职能型组织里，要交付 SaaS 产品，冲突和沟通的问题在所难免。矩阵型组织通过协调不同技能的人进入项目组解决了这些问题，但同时又催生出其他的问题，比如独立贡献者向多个有不同优先级的经理汇报。SaaS 的独特要求，敏捷开发方法的出现，还有职能型和矩阵型组织弊端的存在，使被称为敏捷型的新组织结构应运而生。

　　2001 年 2 月 17 日，17 位软件研发人员，代表着采用各种以文档驱动的软件研发方法的实践者，齐聚在犹他州的雪鸟镇，共同讨论一种轻量级的研发方法。会上所有的与会代表签署并发表了《敏捷软件开发宣言》⊖。与某些评论相反，这个宣言并不排他，而是通

⊖　Kent Beck et al. "Manifesto for Agile Software Development." Agile Alliance, 2001. Retrieved June 11, 2014.

过给出的 12 条原则试图恢复"方法论"一词的可信度，它概括了如何在深度聚焦客户的前提下开发软件。其中一条原则就是聚焦团队搭建，"最好的架构、需求和设计源于自组织的团队。"这个自我管治、自我组织的团队使人们脑洞大开，感到形成一种全新的组织结构的可能性，它不是以角色为基础，而是专注于满足客户的需求。

中央托管运维商业应用并不是什么新事物，实际上起源于 20 世纪 60 年代以分时为基础的主机系统。到了 20 世纪 90 年代，伴随着互联网的快速扩张，企业家们在市场营销时把自己包装成应用服务提供商（ASP）。这些公司运营和管理着其他公司的应用，每个客户有自己的应用实例。据说其价值是降低了客户的成本，因为 ASP 在运营和管理某个应用方面技能极佳。21 世纪初，又有了另外一个发展，也就是软件即服务（SaaS）的出现。据推测，这个词首先出现在 2001 年 2 月，软件和信息产业协会（SIIA）电子商务分会内部发表的"策略的背景：软件即服务"⊖一文中。像技术世界的很多其他事情一样，SaaS 的定义仍存在着争议，但是大多数人都同意它包括了一个预约定价模式，客户根据用量付费，而不是一个协商好的许可费用。这些应用的架构通常是支持多客户的，这就意味着几个客户共享同一个软件的实例。

随着从提供软件向提供服务方向发展，技术人员开始思考如何做个好的服务者而不是软件开发者。伴随着这一演进，人们开始思

⊖　*Strategic Backgrounder: Software as a Service*. Washington, DC: Software & Information Industry Association, February 28, 2001. http://www.slideshare.net/Shelly38/software- as-a-service-strategic-backgrounder. Accessed April 21, 2015.

考这些交付服务的质量和可靠性。从传统意义上说，当我们提到服务的时候，在脑海中出现的往往是家庭服务，如水、卫生和电力。我们对这些服务的质量和可依赖性有很高的期望值。每次打开水龙头时，我们都期待着干净、适合饮用的水喷涌而出。打开电灯开关时，我们期待着电流流过，伴随着很小的波动。为什么我们要期望软件服务也同样要高质量和高可靠呢？随着客户对 SaaS 期望的上升，技术公司开始尝试通过提供更可靠的服务来应对。但是，传统的组织结构不停地阻碍着它们达到服务标准，结果在职能团队与缓慢的交付之间产生了更多的冲突。

形成敏捷组织概念的最后一个环节，是认识到技术团队的组织结构对软件的质量、扩展性和可靠性都有非常重要的影响。本书的作者通过与客户几年来的接触得出了这个结论。作为技术工作者，当开始提供咨询服务的时候，我们肯定会把精力聚焦在技术和架构上。然而，并不是每个技术问题都应该通过技术手段来解决。当反复验证时会发现，这一问题始终会回到组织结构上，例如团队之间的冲突，一个人汇报给多个经理，而这些经理并不能理解每个人的任务优先级。事实上是人开发了技术，因此，人对过程至关重要。这使我们理解了真正的可扩展系统需要架构、组织和流程的协调一致。这一顿悟的高潮就是在 2009 年出版本书第 1 版。我们当然不想宣称自己是认识到组织结构重要性的第一人，也不想暗示这本书对宣传这一思想影响最大。因为本书的两位作者过去都在高科技公司里担任过负责运维的高管，对这一关键思想都不甚了解，这足以说明，从 2000 年到 2005 年这段时间里，技术社区对该思想缺乏深入的了解。

这三个因素所造成的结果是，技术公司开始试验组织结构的各种排列组合的可能性，试图提高所提供的软件服务的质量和可靠性水平。在职能型和矩阵型组织中，很有可能会出现不同的新组织结构的变种。为了简化，我们把跨职能同时符合服务架构的组织，标示为敏捷型组织。如图 3-3 所示，在这种敏捷型组织中，团队完全是自主管理和自给自足的。在研发的整个生命周期中，从形成概念，到研发，再到生产系统中的服务支持，团队负有全部的责任。跨职能部门的总监、副总裁以及敏捷型团队替代了工程副总裁这样的常规管理角色。

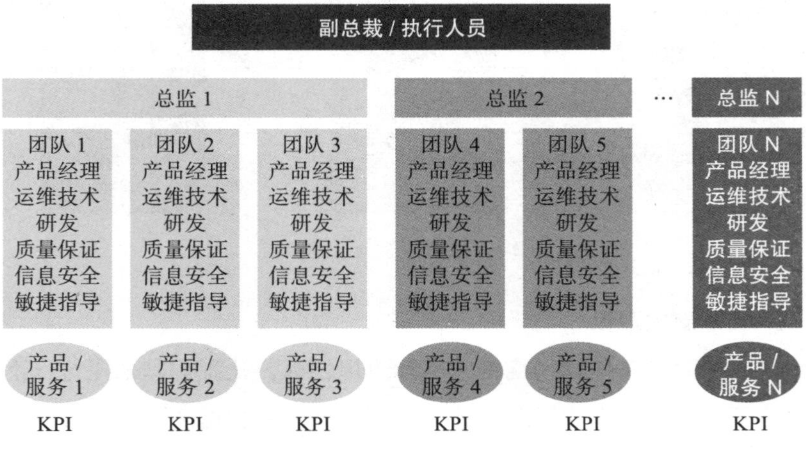

图 3-3　敏捷组织图

第三部分将要讨论如何把系统分割成微小的服务，然后再构建成大的系统。目前，用一个电子商务系统的简单实例来说明这个问题，该系统可以分割成包括诸如搜索、浏览和结算的用户服务。在这种情况下，采用敏捷型组织结构的公司将有三个团队，每个团队分别负责一个服务。这些团队会有全职人员来管理、研发、测试、配置和支持负责的服务。图 3-4 描述了这个示例，其中每个敏捷团队都拥有一个用户服务，并且包括了需要的所有技能。

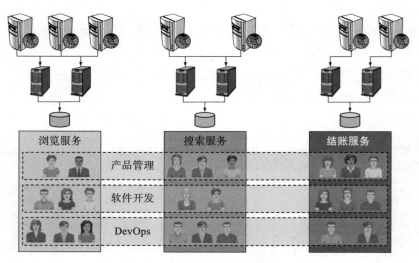

图 3-4　敏捷组织与架构匹配

1. 革新的理论

在深入了解敏捷型结构的实际应用之前，让我们先来探讨一下敏捷型组织为什么能够有效地降低情感型冲突和提高团队表现水平背后的理论基础。首先需要理解如何度量一个团队的表现。在实际的度量中，我们希望看到团队所分担的服务的质量及可用性水平得到提高。在学术研究中，我们可以用"创新"一词来表示团队有增加值的产出。创新一直被定义成一个包含有效表现的标准。长期以来我们一直在寻找合适的答案来回答"什么因素能帮助团队提升创新的水平？"通过大量定性和定量的基本研究，以及与外部研究的结合，我们找到了一些能推动创新的因素。在此，我们将对这些因素进行逐一探讨。

如前所述，冲突可以是建设性的，也可以是破坏性的。认知型冲突可以博采众长，头脑风暴就是认知型冲突的例子，团队聚在一起，希望能想出比个人更优秀的方案。我们每个人都参加过至少一次头脑风暴，往往有意想不到的产出。这种会议一般都由经理先定好议程，确保彼此都认识，确定一些有关时间的限制和彼此尊重的基本规则等等。接着就是一个 60 ~ 90 分钟的过程，大家在彼此想法的基础上制订方案。不需要每个人都同意，但是以相互尊重的方式来交换意见，从而移除影响问题解决的障碍，使方案得到讨论。这种合作方式会带来创造性和创新的想法，这是单打独斗的个人所无法完成的。在会议结束时，每个人都非常高兴能够参加，认为自己付出的时间很值得，甚至希望那周所有的其他会议也都这么顺畅。

与认知型冲突相对的是情感型冲突，这就是所谓的基于角色的、坏的或破坏性的冲突，总是围绕着"谁来做"或"怎么做"这些问题。情感型冲突给团队的成员带来身体上和情绪上的压力。认知型冲突可以提升团队的创造力，情感型冲突则削弱团队的创造力。

情感型和认知型冲突不是影响创新的唯一因素。回想一下头脑风暴的场景，环顾会场，参会的人代表了各种不同的背景。或许有一个人来自于工程部门，而另一个来自于产品管理部门。有些人刚出校门不久，而另外那些已经有数十年的工作经验。这种经验上的差别既会带来感情型冲突，也会引起认知型冲突。有时来自不同背景的人容易产生严重分歧，因为他们从差别巨大的视角来看待和处理问题。如果总是这样，那么我们就要为团队配置背景相似的人员，但是员工的动态不容易掌握。经验的差异也会促进思路的多元化，形成的解决方案远远超越个体所能提供的。所以经验上的多元化加剧了情感型和认知型两种冲突。对领导而言，提升团队创造力的关键在于减少经验差别对情感部分的影响，最大化经验差别对认知部分的影响。

影响创新力的另外一种类型是关系的多样性，可以通过度量团队里的个人与其他的人以及专业领域联系的多寡来衡量。关系的差异对创新很重要，因为所有的项目都会遇到障碍。关系良好，差异大的团队可以更早地发现项目中的障碍和问题。我们可能都经历过这样的情形，团队里有一个和其他人背景完全不同的人，在以前待过的团队里还有些老朋友，他们可以为潜在的问题提供一些清晰的建议。例如，当你在做一个 IT 项目时，需要为一个制造厂安装一套新的软件系统。团队中有人曾经在该厂做过暑期实习，他及早地提醒团队，其中有一条生产线只能在每周的某几天关闭，以安装软件。团队里这种类型的关系差异会使项目获益匪浅。当团队碰到障碍的时候，人脉最广的团队最容易找到外部资源绕过障碍。这种资源可能是上级管理层所提供的支持，甚至可以是额外的质量保证工程师，以帮助完成软件的测试。

还有一个与提升创造力有关且广泛引用的因素是团队的授权感。如果一个团队感觉到被授权实现某个目标，那么这个目标就很有可能会达成。举一个在军队里常见到的有趣反例，降低授权会导致完成任务的动力不足。降低一个团队或个人的授权感，并让他完成任务达成目标，将极大地考验其坚毅勇敢的内在品质。达成目标的一个窍门是移动目标线。

设想你将要参加一个竞争性很强的军队选拔课程，例如，在军官候选学校选择和培训入伍后的士兵成为军官，让其在战场上领导士兵。要达到这个水平，你必须先成为表现优异的士兵，在审查时拿到最高分。还要在未来几个月甚至几年的课程中竞争，通过一系列心理、身体、精神的测试。保持身体强健、头脑灵活，有信心克服面前的任何障碍来完成任务。

早晨，在太阳升起前醒来，穿上训练服、系好鞋带、出去列队。日程表上列出的是通过跑步做体能测试。作为一个不错的跑步选手，或许你会觉得该测试轻而易举。可是教官给你的指令中没有明确终点在哪里。你跑上几千米然后往回转，跑向起点线大多数人认为终点线就是起点线。然而，当到达终点的时候，你转过身再沿着另一条路线跑，跑了几千米后，转身往回跑向起点，你认为这次该是终点线了。别急，教练也跑到了起点，然后带领大家向另外一条路跑去。

这时候，参加跑步的候选人开始崩溃、认输。不知道终点和目标在哪里使人们变得灰心沮丧，怀疑自己的能力。与此相反，如果个人或者团队相信自己被授权，并配备了完成任务所有需要的足够资源，他们的创造力就得到了提升。再回来看一下军官候选学校的例子，如果士兵们相信自己是被授权来锻炼体魄，拥有跑步所需要的适当的衣服和装备，非常清楚地理解了他们的目标，那么他们完成任务并实现目标的可能性就很大。

在创造力模型当中，还需要了解一个和组织结构直接相关的因素，这就是组织边界，它指的是不同团队的个人。有些边界很窄，例如类似的团队之间，有些边界则很宽，比如那些非常不同的团队

（产品经理和系统管理员）。在创造力模型中，跨越组织机构边界的合作必然发生，结果增加了情感型冲突的机会。因此，团队为达成目标要进行合作，这种合作必须跨过的边界越多，其创造力就会降得越低。早些时候我们曾就其结果讨论过。工程师的个人认同感与他在工程师"部落"的归属感密不可分。我们希望有归属感并被同伴接纳。其他那些不同的人员（质量保证、产品管理或者甚至是技术运维人员）经常会被当作不应当信任的外来者。据猜测，形成"人对人是狼⊖"这种情况的原因是生存策略导致的，外来者被当成是争夺稀缺资源和充满敌意的竞争者而不受信任。对外来者的不信任感形成了很强的内部小团体⊜。我们发现很多团体都存在着这类情感上对外来者的疏远感和不信任感⊝。

图 3-5 描述了完整的团队创造力理论模型。在模型中，关系差异、授权感和认知型冲突都会提升创造力，而情感型冲突会降低创造力。经验的差异对认知型和情感型冲突均有加剧的作用，组织边界增大加剧情感型的冲突。现在，依靠这个完整和详细的模型，我们可以清楚地解释为什么职能型和矩阵型组织会降低创造力，而敏捷型组织可以提升创造力。

⊖　"Man is a wolf to [his fellow] man."

⊜　Christian Welzel, Ronald Inglehart, and Hans-Dieter Klingemann. *The Theory of Human Development: A Cross-Cultural Analysis*. Irvine, CA: University of California–Irvine, Center for the Study of Democracy, 2002. http://escholarship.org/uc/item/47j4m34g. Accessed June 24, 2014.

⊝　Peter M. Gardner. "Symmetric Respect and Memorate Knowledge: The Structure and Ecology of Individualistic Culture." *Southwestern Journal of Anthropology* 1966;22:389–415.

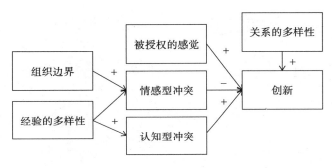

图 3-5　创新模型的理论

在一个职能型组织里，个体被按照其技能组织起来，几乎所有的项目都需要跨团队的协调。特别是对 SaaS 这样的服务提供商，其责任不仅限于研发和测试软件，还包括由公司的技术团队来托管、运维和管理。对那些打包好的商业软件，由于软件由客户自己安装和支持，所以部分的责任就和客户共同承担。在今天更流行的 SaaS 模式中，全部的责任就归属于公司的技术团队。如图 3-6 所示，这会给团队带来情感型冲突。机构的边界增加了情感型冲突，导致创造力的降低。

在矩阵型组织中，每个人都会有多个经理，而且每个经理往往会有不同的优先级，这就会出现"移动的目标"的情况。试图取悦两个领导经常会导致目标不清，降低团队的授权感。

敏捷型组织不存在这两个问题。通过打破组织的边界，解决职能型结构组织的问题，通过团队授权，减少矩阵型组织所面对的问题。

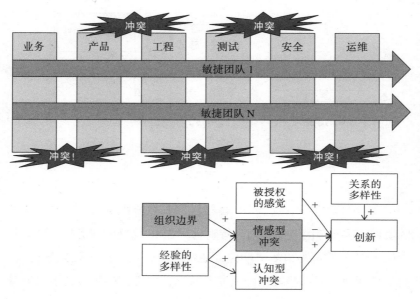

图 3-6　职能型组织增加情感型冲突

2. 敏捷型组织的优势

敏捷型组织的主要好处是提升了团队的创造力。在一个提供SaaS 服务的公司里，往往通过快速响应市场对功能的需求、更大数量的产品和更高的可用性来度量创造力。团队往往在使用敏捷型组织结构后才体会到它的好处。正如所期望的那样，通过改善诸如冲突、授权和组织边界来实现创造力的提升。

团队按照服务组织起来，自主管理并让人员跨越职能部门，结果是大幅度地降低了情感型冲突。团队里的成员共享一个目标，大家荣辱与共，不再需要争辩谁来负责或谁应该完成某个任务。每个人都要对其提供的高质量、高可用性并能满足商业目标的服务负责任。

敏捷型组织在提高团队的创造力方面作用极大，然而这种结构也有一些劣势。下面就讨论这些劣势。

3. 敏捷型组织的劣势

我们听到的主要抱怨不是来自于工程师、产品经理或任何的成员，而是来自于管理层。当改变了一个组织的结构的时候，如果去除了一些传统的管理角色，诸如"工程副总裁"。当然，也可以保留工程副总裁的位置，但事实上那个人是在做技术召集人或者带领跨职能部门的敏捷团队。去除高级管理层的职位，有时使经理或者总监感到心里不安。

敏捷型结构的另外一个劣势是，为了按照计划的方式正常发挥作用，团队需要按照架构设计中面向用户的服务重新组织。如果用高质量的功能和高可用性的服务来度量，当敏捷型结构的团队在代码所有权和责任上出现重叠的时候，团队将无法自治，会导致较低的创新力。当然，这并不意味着敏捷型团队，无法提供通用的核心服务给其他的团队。通常这样的团队会以类似开源的模式为其他敏捷团队提供资源库或者服务。

生产系统中与服务相关的问题，经常要求软件开发、DevOps、质量保证、甚至产品经理值班，这经常被人们认为是敏捷型组织的一个弱点。在我们看来，这其实是该组织结构的好处，因为它为团队提供了闭环的反馈。如果团队的成员经常在半夜两点被叫起来解决生产系统的问题，他们会很快地意识到要研发高质量的服务，以便晚上能睡个好觉。短期或许是痛苦的，但是对长期而言，这是提升团队表现的好办法。

没有一个组织结构是完美的，我们认为对那些正在挣扎着试图解决不良的服务交付、大量的冲突、员工自我驱动力不强和整体上缺乏创新的公司来说，敏捷型组织模式是个理想的选择。

Spotify 组织结构

　　在现实世界里，可以在 Spotify 公司找到一个面向服务、跨越职能的团队。它的组织结构不是按照职能型组织的，而是由小的敏捷团队，公司内部叫做"小组"（squad）的单位组成的。这些自给自足的团队按照业务部门提供的要交付的任务和服务进行组织。下面这些描述来自于汉利科·科内博和安德斯·爱瓦森发表于 2012 年 10 月的论文《部落、小组、章节和公会，发展中的敏捷 @Spotify》（Scaling Agile@ Spotify with Tribes, Squads, Chapters & Guilds）。

　　小组和 Scrum 团队类似，感觉像迷你型的初创公司。小组里的人坐在一起，小组里包括了设计、研发、测试、发布和生产需要的所有技能和工具。他们是自组织型的团队，自己决定采用什么工作方法，一些采用 Scrum 的迭代管理，一些采用看板管理，一些采用混合管理。每个小组根据所支持的服务都有一个长期的使命。

　　小组里有一个专职的产品主人，负责综合考虑产品的业务价值和技术潜力，确定工作的优先级。小组里也有一个敏捷教练负责帮助成员发现障碍，鼓励他们持续优化过程。小组里每个人都知道本小组的长期使命，并了解与使命相关的背后故事。

　　部落（tribe）是工作在相关领域的小组的集合，部落可以被当成是"孵化器"。部落有很大的自由度和自治权。每个部落有个负责人，他负责为部落里的小组提供最好的栖息地。部落里的小组都坐在同一个办公室里，一般座位彼此紧挨着，旁边有休息区可

以促进小组之间的合作。每个部落不多于 100 人。

章节（Chapter）由在同一领域里，工作上有相似的技能，属于同一部落的一小群人组成。每个章节定期开会讨论专业领域的问题或者是特定的挑战。章节的负责人作为经理管理这些成员，负有传统的责任，诸如人员成长和工资。然而，章节的负责人也是小组里的一员，参与日常工作，与每个人保持联系。

公会（guild）是一个更加有机和广泛的"兴趣共同体"，是一组想要分享知识、工具、代码和经验的人。章节总是在部落本地，公会通常跨越整个组织。例如，网络技术公会、测试公会和敏捷教练公会。

3.4　结论

本章重点讨论了可以影响组织结构的因素，解释了这些因素是如何对应用或网络服务的扩展性起到关键性作用的。把组织结构和扩展性关接起来，就像招聘合适的人并把他们放在合适的岗位上一样，围绕着他们建立一个支持性的组织结构也是非常重要的。本章还讨论了决定一个组织的两个关键因素：团队的规模和结构。

对团队来说，规模确实重要，太小的团队无法完成大的项目，太大的团队生产效率低、士气低落。在确定最佳团队规模的时候，必须要考虑四大因素，包括管理的经验、在职的时间、管理的任务以及业务的需要。要监控各种各样的警示信号来确定团队规模是否太大或者太小。不流畅的沟通、降低的生产率和低落的士气都是团队太大的表现。而满腹怨气的业务伙伴、进行微观管理的经理、过劳的团队成员都是团队太小的明显表现。团队规模加大是直截了当的事情，但是拆分团队却是很麻烦的事情。当拆分团队的时候，要考虑的问题包括如何拆分代码库、谁做新的经理、每个团队成员的参与度有多高、如何改变与业务伙伴的关系。

本章讨论了职能型、矩阵型和敏捷型三种团队的组织方式。职能型结构是最原始的组织结构形式，基本上根据员工的基本职能来组织，例如工程部门和质量保证部门。职能型结构的好处包括管理的同质性、责任简单清晰、容易分配任务和很好地遵循标准。职能型结构的弊端包括缺乏单一项目负责人和不顺畅的跨职能部门沟通。矩阵型组织开始时更像是职能型结构，但是增加了第二个维度，包括一个新的管理结构。通常项目经理作为第二个维度。矩阵型组织的优点是可以解决项目负责人和沟通的问题，其弊端包括存在多个老板、个人主要工作焦点分散。最后，敏捷型组织提高团队的创新力，这一点可以通过市场响应速度、新功能的质量以及服务的可用性几个方面来衡量。

关键点

- ❑ 组织的结构既可以阻碍也可以促进团队的产出能力和对扩展应用的支持。
- ❑ 团队的规模和结构是组织的两大关键属性。
- ❑ 太小的团队没有足够的能力来满足业务发展的需要。
- ❑ 太大的团队会造成生产率的下降和士气的低落。
- ❑ 两个传统的组织结构是职能型和矩阵型。
- ❑ 职能型结构的优势是管理的同质性、责任简单清晰、容易分配任务和很好地遵循标准。

❏ 矩阵型组织的优势是项目的负责人明确，跨部门的沟通有所改善。

❏ 敏捷型结构，特别是按照服务和架构组织的，会提高团队的创新力，这可以通过市场响应速度、高质量的新功能和高可用性的服务来衡量。

第4章　领导力秘籍

孙子说：先之以身，后之以人，则士无不勇矣。

为什么一本关于扩展性的书要有一章来讲领导力？答案非常简单，如果你不能领导或不能做出正确的决策，那么就无法按照计划和客户的要求扩展系统。根据我们作为高管和顾问的经验，领导的失败是无法扩展的最常见原因。经常有公司只聚焦在产品功能的研发上，没有意识到在客户的不断要求下，要达到合适的系统可用时间和响应速度需要做什么事情。那么，当第一个需求猛增到来时，生产系统开始变慢直到失败。不相信？没有什么比全球首家交友网站Friendster失败的故事更具有标志意义了。

乔纳森·艾布拉姆斯在2002年创立了Friendster公司。他曾在1998年成功地建立了一家名叫Hotlinks的公司。最初，乔纳森设想把Friendster打造成一个聚焦在以新的和更好的方式约会的网站，连接朋友的朋友和其他的人。在初期，Friendster领先Facebook，它最终成为第一个不面向工作的社交网站的成功案例。用户可以有一个档案网页，然后产生链接指向其他人的档案网页，邀请其他的朋友加入，发表对彼此的评价，以此类推。产品是如此成功，在发布后的 4 个月内达到了 1 百万用户，增长速度确实令人刮目相看！

　　Friendster 的工程师疯狂地聚焦在一个有趣的问题上面，在计算机科学里叫做"朋友图"（friend-graph，f– 图）。浏览任何一个人的网页，f– 图会显示你是怎么和那个人连接到一起的，初始时的隔离度是四，最后的隔离度没有限度。一个用户可以访问凯文·培根的网页，看到底在他和这位演员之间有多少个隔离度，六个朋友隔离度就是六。但 f– 图的计算复杂，特别是当四度隔离的限制被取消后，随着服务器试图计算与每个浏览页相关联的关系，响应时间开始显著增加。不久，Friendster 开始出现响应时间和可用性的问题，影响了用户使用该产品的意愿⊖。

　　Friendster 未能及时解决系统失效的问题。当得知该公司意在要解决和交付 f– 图的业务功能，而不是设计出一个可扩展的解决方案来纠正问题时，用户成群地转向其他的网站。想知道后果吗？在 2009 年，一个马来西亚公司以 26 400 000 美元并购了 Friendster。同年，比它晚成立一年的 Facebook，完成了 IPO，当 Facebook 的第 2 版完成时，市值已超过 1700 亿美元。

　　由于没有描绘一个扣人心弦的愿景，促使团队为客户做正确的事情，并形成一个具备可扩展性和高可用性的解决方案，Friendster 输给了 Facebook。领导人没能解决可扩展性问题，却允许工程师专注于市场上并不急需的解决方案上。（Facebook 在十年后才研发出相同的 f– 图）。如果 Friendster 适当地聚焦在可扩展性上，在研发的生命周期的早期就做出正确的指引决策（如 Facebook 做的那样），那么

⊖　Michael Fisher, Martin Abbott, and Kalle Lyytinen. *The Power of Customer Misbehavior*. London: Palgrave Macmillan, 2013.

Friendster 是否能够击败 Facebook 呢？或许能，或许不能。但是肯定会生存下来继续战斗，或许仍然会保持着较大的市值，在美国的社交网络上起着比较大的作用。

4.1　什么是领导力

本书把领导力定义为"影响一个组织或者个人达成某个特定目标的行为的力量。"顺着"引导活动"这条线去理解领导力或许是最容易的。制订愿景激励一个组织，并引导组织向着目标前进。设定特定的、可度量的、可达成的、现实的、适时的目标，沿着通往愿景的路，设置可以帮助组织在道路上纠正偏差的里程碑。如果 Friendster 的领导层能够尽早聚焦与其愿景关联的可用性和可扩展性，度量这一领域的具体进展，他们很可能早就会抛弃 f- 图的研发，专注于如何为用户提供可以接受的体验。

领导不仅仅指个人或组织的直接报告人。你可以领导你的同伴、来自于其他机构的人，甚至管理层。例如，项目经理可以领导一个项目团队，这个经理没有必要给团队里每个人做绩效评估。一个组织内的榜样或楷模也是领导。你会看到，领导是关于你做什么和如何影响你周围其他人或好或坏的行为。

领导与管理有很大的不同，然而，并不是每个人都善于做这两个事情。通过实践和专注，每个人都可以把两者做得更好。管理和领导对完成大部分的目标均有不同程度的作用。如果考虑到总的目标是确保产品、平台或系统可以扩展，以满足令人难以置信的用户需求增长。你显然想要确定可以满足或超过目标的愿景，但是也要认识到我们所面临的现实世界中的预算限制。另外，也要确保花掉的每一块钱都要产生股东价值，而不是对其形成破坏或稀释。在商业世界里，在预算内也并不那么难，要确保不在近期需求发生前过早地用掉预算的资金，因为闲置的设备和未发布的代码都是对股东价值的稀释。

领导：天生的还是人造的

在没有讨论领导是天生的还是人造的之前，最好不要去讨论领导力。对于这个谜一样的问题，我们的回答是，当你考虑了概念模型（后面会有详述）以后，其实这就不是一个问题了。

一个人的领导能力是直接取决于其影响个人或组织行为的能力。影响行为的能力来自于几个方面，有些是天生的品质，有些是环境熏陶的结果，还有些是日久形成的容易修改的工具和方法。

当人们说某人是"天生的领导"的时候，他们很可能在讲这个人的魅力、仪表甚至长相。但是经常发生作用的是最后一个因素，也就是好的外表被当成是最重要的，但是铁的事实是大多数人都愿意围着长相好看的人转。这就是为什么没有那么多丑陋的政客（记住，我们在讨论长相而不是政治观点）。相比之下，魅力、性格和仪表都是长久形成而且难于改变的。我们相信，人的性格是天生的，这些因素可能不仅是由基因决定的，还由环境养成的。无论如何，我们把那些特性放在人的身上，好像是与生俱来的。然后得出结论：领导必须是天生的，因为长相好、性格好、仪表好、魅力大，对影响其他人的行为绝对有帮助。

事实上，长相、感召力、仪表、魅力和人格只是许多领导因素中的一部分，尽管这些因素有所帮助，其他的因素在形成领导的影响力方面一样重要。如下一节将要讨论的，领导的很多品质可以也应该不断地历练精进并持续改善。

4.2　领导力概念模型

先讨论一个用来描述领导力的模型，这个模型可以用来描述领导力的组成部分，探讨领导力如何影响扩展性。我们相信领导的能力，或者说影响一个人或组织的相关目标的行为，是关于几个特性的函数。我们把这些特性叫做函数的参数。输入参数到领导力函数后，会返回一个结果，这个结果就可以反映出个人有效地改变和影响行为的能力。这并不是描述领导力的唯一办法，而是一个有效的概念模型，它解释了任何一个特定部分的改善不仅不能提高领导力，相反还会抵消那些你不能改变的事情。

有些领导力函数的参数代表着人拥有的特性。有些特性可能是天生的，比如好的长相和外向型的性格。除非花大气力进行外科手术，否则根本无法大幅度改变自己的长相，一般人对此只好望而却步。如果你智商平平，那么不太可能像超级天才那样当即解决技术难题。但这两项中哪一个也不能阻止你成为一位好的领导，只意味着你在领导力公式中的一个因素相对较弱。

领导力函数的一些参数可能是一个人的成长或环境的影响形成的，比如，魅力、感召力、性格和仪表。我们可以也应该讨论这些特性，但是准确地描述这些特性很困难，需要持续地关注以做出显著和连续的修正。比如，一个有破坏性和暴怒趋向的人，或许需要控制自己的脾气。一个不能因为失败而表现出愤怒的人至少需要学会装怒，一个平常快乐的人所表现出的不悦，在一个组织内有着巨大的益处。比如，你可能会说，"我从没见过约翰这么生气"，很可能这在你脑中形成了一个印象，而且会持续很长一段时间影响你的行动。

领导力函数的有些参数，与你能否通过创新或者凭毅力做出什么事情有关系。你是否有足够的创意来产生一个激动人心的愿景？你是否有毅力通过足够多的尝试而产生一个激动人心的愿景？在这里，创新指的是随口说出愿景的能力，而毅力是不断地花时间进行尝试，但产生的效果是一样的。

领导力函数的其他参数与别人如何看待你有关系，你是一个给予者还是获取者？你是一个自私者还是忘我者？你是一个品德高尚的人还是道德败坏的人？这里有两个重点：感觉和感觉的效果对你所领导团队的影响。

大家可能都听说过"感觉就是现实"这句话，你肯定也听说过"领导生活在显微镜下"。如果你是位领导，任何时候都会有人在看着你，他们将在你最弱的时候看着你，并据此形成印象。试着对它习以为常，这种情况或许不公平，但是事实如此。如果有人看见你从供应商手里接受了超级碗的免费门票，那么他很可能得出你道德败坏的结论，或者，至少对你的道德水平有所质疑。你能从一个显然想要影响你并促使你购买其产品的供应商那里接受门票吗？有人不可避免地想要在你一天里最低潮的时候抓住你点儿什么，那些事情甚至不是什么坏事，但是被断章取义。你唯一可以做的就是意识到这个残酷的现实，尽最大可能来限制任何一天里低潮的数量。

对感觉的效果，答案很清楚。再回到超级碗门票的例子，你希望供应商影响你的决策的吗？毫无疑问这会对你影响别人行为的能力产生负面的意义。以后，你和团队有关供应商问题的所有讨论很可能是带污点的。在会上，当你表示要把送你超级碗门票的供应商考虑在内在的时候，在你离开会场的时候你可以想象一下大家对你的评价。你把供应商包括在内或许有很多好的理由，但是这些全都不重要。你先前的行为对你的领导力带来了严重的伤害。

用函数来描述领导力的目的是要告诉你，尽管可能无法改变一些事情，但是你仍然可以努力来当一个好的领导。更重要的是，函数没有最大的边界。你可以奋斗终生来成为一个好的领导，而且时时受益。做一辈子的学生，让生活成为你领导力的实验室。通过做一个好领导，你可以从组织中得到更多，你的组织会做出与你的愿景和使命一致的决策。结果会带来更好的可扩展性、更多的利益、较少的工作（返工）和更快乐的股东。

4.3　自知之明

大多数的人并不像自己认为的那样是个好领导。这是我们根据个人经验和邓宁－克鲁格效应做出的判断。戴维·邓宁和贾斯丁·克鲁格在研究中发现，我们经常过高地估计自己的能力，而且他们注意到，在缺乏经验或者存在高度无知的情况下，这种高估最严重⊖。在大学和工作场所，很少提供正式的领导力训练，忽略领导力的情况大量存在，因此，很多人过高地估计他们的领导技能。

几乎没有人接受过领导力的正规教育培训。然而，许多不称职的人，因为各种错误原因被提升到领导岗位，然后开始模仿和学习先前自己鄙视的行为。我们错了吗？在职业生涯中，你经历过多少次这样的场景并且说过："如果是我，绝不会犯他那样的错。"想一下在你的组织中是否会有人同样地谈论你？答案一定是"有"。这种情况我们曾经历过，未来也很有可能继续发生，我敢保证你也会有体验。

这还不算完，你的领导方式可能是完全错误的，但是仍然成功了，这就鼓励你错误地把成功和你的领导方式联系在一起。有的时候是偶然成功，尽管你给了错误的引导，但是团队把事情做好了。有时候成功是因为你杀鸡取卵，竭泽而渔，但时间久了就会发现你的行为造成了高离职率、无法吸引和留住完成任务需要的最好的人才。

要从好的领导力中受益，必须清楚地掌握现状。在《和谐领导》（Resonant Leadership）一书中，理查德·伯亚兹和安妮·麦基发现

⊖ Justin Kruger and David Dunning. "Unskilled and Unaware of It: How Difficulties in Recognizing One's Own Incompetence Lead to Inflated Self-Assessments." *Journal of Personality and Social Psychology* 1999;77(6):1121–1134. doi:10.1037/0022- 3514.77.6.1121. PMID 10626367; David Dunning, Kerri Johnson, Joyce Ehrlinger, and Justin Kruger. "Why People Fail to Recognize Their Own Incompetence." *Current Directions in Psychological Science* 2003;12(3):83–87.

专注、希望和同情是改变个人的三个要素⊖。专注是自知，包括感情和能力，希望和同情有助于产生愿景，从而驱动改变。但是，有人可能用邓宁－克鲁格效应来辩解，你很可能不是评价自己现状的最好人选。我们都有一种趋向，夸大自己的优点，甚至潜在地错判缺点。

精英军事单位彻底剥夺潜在成为军官的人所拥有的一切，使其明白自己的局限性。剥夺他的睡眠、食物，强迫其生活在严酷的环境里，目的是要此人明白自己的优点、缺点和局限性。你可能没有机会去尝试这个过程，所做的工作当然也不需要你有那么高的自我意识。最好的选择就是有一个来自于老板、同级和下级的工作表现评议，常用的是 360 度评议（360-degree review process）。

员工的工作表现评议听上去是个很痛苦的过程，对吧？但是如果你想知道做什么才能更好地影响团队的行为，怎么更好地向你的团队提出这个问题呢？你的老板会有些见解，你的同伴也一样。无论如何，只有那些可以确切地告诉你如何帮助他们改善表现和绩效评议结果的人，才是你要影响的人。更进一步，如果你想得到准确的信息，这个过程就必须是匿名的。如果他们相信你有可能因此而生气，或因为提出的意见会找他们算账，那么他们就只挑好话说。最后，如果你真的想要（你应该）听到真实的意见，那么就要认真对待这些信息。如果和你的团队坐在一起，说一句："谢谢你们的反馈，这是我所听到的大家希望我改善的地方，"（这会费很大的劲才能赢得大家的尊敬）。如果你能增加一句，"这就是我要自我提升的计划"，效果会更好。

⊖　Richard Boyatzis and Annie McKee. *Resonant Leadership*. Cambridge, MA: Harvard Business School Press, 2005.

当然，如果绩效自评结果不能形成改进计划，那就是浪费你和组织的管理时间。假如领导力是一个旅程，那么绩效评议过程就应该帮助你设定起点。现在，你需要一个目的地和一个计划（途径）去到达那里。有些书建议你依靠并增加自己的优点，另一些书则建议你克服或减少自己的缺点。我们认为你的计划应该包括依赖和发扬优点，我们认为计划应该既包括依赖和发扬优点，也包括克服自己的缺点。没有人因为优点而无法达到目标，也没有人因为缺点而取得成功。关于领导力，我们必须要通过最小化缺点来减少亏损面，通过最大化优点来增加积累面。

在讨论了领导力模型以及需要注意的优点和缺点，现在来看看曾经与我们愉快地共事过的一些最好的领导人所共同拥有的几个特性。这包括以身作则、不刚愎自用、努力完成使命，同时留意和同情组织的需要、及时决策、给团队授权、和股东的利益保持一致。

4.4　身先士卒

我们都听说过"以身作则"，如果你是一个经理，或许你已经在绩效辅导会上使用过这个方法。"树立榜样"到底意味着什么？该怎么做？它是如何影响扩展性的？

大多数的人都会赞同，在较好的工作环境或者文化环境里工作的员工，比在相对较差的工作环境或者文化环境里工作的员工的产出要高。以同样数量的员工得到更多的产出是扩展性的一个因素，因为公司以相对较低的成本获得了更多的产出在本质上也就更加"可扩展"。糟糕的文化会掠夺生产率，在这种有毒的环境里，员工们聚在饮水机周围闲扯最近老板的恶行，或者抱怨老板是怎么滥用其职权的。

评估你对团队期望的文化标准，并再次确定自己的行为举止是否与企业文化标准的要求一致。你期待自己的组织能够抵御供应商的诱惑吗？如果是这样，那么最好不要接受超级碗或其他活动的门票。你期待自己的组织对事件能够快速反应并迅速解决吗？如果期待，你应该有一样的表现。如果有人为了使组织和公司能更好，整夜不眠地工作，你还指望他第二天工作吗？如果是这样，那么你最好自己也熬几天。

这并不是说你的团队不能做你没做过的任何事情。从行为的角度来说，你应该表现给你的团队看，己所不欲，勿施于人。好的领导不会滥用职权，他们不认为自己的职位允许他们拥有某种特权。你其实已经得到高收入待遇作为补偿。

让你的行政助理洗车或者接孩子，看起来或许是你的岗位津贴，但是，在公司其他人看来这是滥用职权的表现。或许你不在乎这样的认知和看法，但是这些看法会毁掉你的信用而且影响到领导力函数的结果。破坏领导力的函数会造成员工浪费时间来讨论滥用职权，甚至让他们误以为类似的滥用职权是可以接受的行为，这些讨论浪费时间和金钱，减小组织的规模。如果这些福利由董事会或者管理层批准，作为你薪酬包的一个部分，那么你应该要求公司单独支付这部分，而且不应当依靠员工来完成这些工作。

从这里所能学到的是，每个人都可以通过"以身作则"来提升领导力。严于律己，不徇私枉法，行为的方式应该和你期望自己的组织的表现一样。如果照此办理，你就会注意到员工在模仿你，个人的产出增加，从而增加了机构的整体可扩展性。

4.5 谦虚谨慎

任何一个公司的任何一个职位都不允许自我意识膨胀。当然，在充满热情的激情型领导和需要讲自己是如何伟大、聪明或者成功的人之间，有着高度的相关性。然而，如果这些人不热衷于抛头露面或者博取公众的认知，那么这些人可能会更加成功。这个概念并不新鲜，事实上，在吉姆·柯林斯的佳作《从优秀到卓越》中 5 级领导力概念对此有详细的讲解。

需要辩解我是"房间里最聪明的人"的 CTO 和说"我正确的时候多过错误的时候"的 CEO，在表现卓越的团队里没有空间和机会。他们竭尽所能地通过说这些话来破坏团队。聚焦在个人而不是团队，不管这个人是谁，都是对扩展性不利的；扩展是有关有效增长的，聚焦在一个人而不是多个人，很明显是关注限制而不是关注扩展。这种说法排斥团队里的其他人，经常把表现最好的个人排斥在团队和公司之外。这些自夸的言行与打造最好的团队背道而驰，随着时间的推移将会侵蚀股东的价值。

最好的领导在为股东争取利益方面大公无私。作为经理或领导，其正确的工作方法是发现如何挖掘出团队的潜力，使股东获得最大的利益。只有你作为团队的领导而非个人来发挥作用的时候，才能成为长期财富产生过程中的一个关键部分。通过一周的课程，花些时间来评估自己和自己的言论。找出在日常的讨论中，你提到过多少次自己和自己的成就？如果你发现自己经常这么做，那么你就要变换思路，多谈和团队相关的事情，而不是和你自己相关的事情。

做出这种改变很困难，我们的身边有太多孤芳自赏和自负的人，有人很容易得出一个这样的结论，就是谦恭是失败的商人所固有的性格特征。要验证这一感觉的对错，你要做的就是回想一下自己职业生涯中所遇到的最好的老板，你对他最忠心，愿意为他做任何事情，那个老板一定会把股东的利益放在第一位，并且总是强调团队。首先想着如何为股东创造更多的价值，而不是如何为个人带来价值，如果你这么做，你也会成功！

4.6　以人为本，使命为先

在美国陆军，作为年轻的领导，在领导和管理上，我们学习了一个重要的概念：领导和经理通过人达成使命。不论是不惜任何代价完成工作，还是关心你的手下，都不能使你成为一个伟大的领导。广义地说，作为上市公司的高管、经理或者独立贡献者，“完成工作”意味着使股东的价值最大化。4.11和4.12节会讨论股东价值最大化。

能干的领导和经理完成使命，伟大的领导和经理则是通过营造文化氛围，使员工感受到赏识和尊重，诚实而且及时地处理绩效相关的反馈。这里的区别是后者（就是营造长期发展和关爱环境的领导）引领未来，必将享受更长的在职时间、忠诚和长期的良好表现。关爱意味着为员工的职业和兴趣着想，及时地把绩效结果反馈给员工，承认即使是一流（Stellar）员工也需要了解他们短暂不良表现的反馈。好的领导会确保那些产生最多价值的人得到最好的奖赏，确保那些表现远在一般人之上的人能够得到应有的休假。

　　关爱并不意味着要在组织内部实行福利或者终身雇用制度。第5 章将会讨论这一点。关爱也并不意味着要去设置容易达成的目标，这么做将无法完成为股东创造更大价值的使命。

　　寻找并确定"使命为先"的领导非常容易，因为他们即使身处逆境也能完成工作。不太容易找到"以人为本，使命为先"的领导。因为检验领导是否营造了激励员工的环境，使表现优异者愿意跟随着关爱自己的人，从一项任务走向另一项任务，要花费非常久的时间才能够测试出来。检验"以人为本"则较为简单，对于成功组织内经验丰富的领导，看看他手下有多少人曾经不断地跟随这位经理升迁就能知道。"以己为本，使命为先"的领导会发现，手下的人很少会在一个或两个组织里为他而工作，"以人为本，使命为先"的领导很容易让自己的手下跟随自己走向职业发展的新阶段。

　　"以己为本，使命为先"的领导把员工当成向上爬的梯子，踩着他们往上走。"以人为本，使命为先"的领导则为所有的一流员工建立好向上爬的梯子。

4.7　决策英明，以德服人

　　团队希望你能做出适当的判断，并快速解决主要的问题。其他的人确信一段时间后你会犯错误。这就是人性。一般而言，你要依靠合适的信息，不浪费时间，迅速行动并做出最佳决策。勇敢和决策是一个领导必然要关注的事情。

　　为什么要把道德感放在这里讨论？没有事情比个人道德有问题对股东的价值或者扩展性的破坏更快了。我们在前面已经强调过，领导总是被放在显微镜下仔细观察，毫无疑问很多细节会被抓住或者看到，会做一些自己都会后悔的事情。我们希望被抓到或者看到的事情，是你前一个晚上因为工作太辛苦，结果白天坐在办公桌前打盹，或者是从办公室跑出去到车里，去办一些因为工作得太晚无法完成的个人事情。最理想的是不要包括像那些接受免费门票去看大型体育比赛的事情。我们也不希望团队里的其他人去做同样的事情。

我们推崇一个信条，"你想让大家做什么，那么就教导什么，你教导什么，你的标准就是什么。"这里面的允许既指其他人也包括你自己。不论大事小情，这一条特别适用于那些违反道义的情况。我们或许不知道美国泰科（Tyco）或者安然公司（Enron）的腐败事件到底是怎么开始的，也不确定麦道夫（Bernard Madoff）的庞氏骗局是怎么发生的，这个经济犯罪活动持续了许多年，破坏了数十亿的财富。然而，我们知道，这些事情本来可以在没有发展到传奇般规模之前，就被发现和制止。我们也知道，每个类似的事件都对这些问题公司的扩展性和股东价值产生了巨大的破坏。

我们不相信这些人一开始就计划好数十亿美元的庞氏骗局，也不相信这些人一开始就计划好对数亿美元的财务收支账目造假，或者贪污、挪用一个公司数千万美元。我们确信这些违法乱纪行为在刚开始的时候，都规模很小而且发展缓慢，然后一点一点地接近他们不应该跨越的底线，最后一步一步走向道德败坏、万劫不复的深渊。

对于如何预防这些问题，我们的答案是永远都别开始。不要拿公司的笔，不要占供应商意在左右你决策的便宜，除非董事长授权把这当成你薪酬包的一个部分，否则不要使用公司的飞机来为个人服务。什么都不能摧毁你内在的可信性和你对组织的影响能力（甚至包括对不正当行为的理解)。绝不能把说谎、欺骗或偷盗与为股东创造财富相提并论。

4.8　用人不疑

赋予团队权力，比任何领导力活动或行为对组织扩展能力的影响都大。授权是分配行为、责任和所有权，可能包括把部分或全部领导权和管理权交给个人或组织。以领导力而言，授权是提升个人、团队、领导和经理对其所负责事项的骄傲感。总体看来，相信自己被赋予权力的个人，比那些相信自己仅仅执行命令的个人，在做决策和管理过程中的效率更高。简而言之，真正的授权管理相当于加倍组织的产出，因为其本身不再成为所有活动的瓶颈。

如果授权仅限于书面安排，比如，一个任务已经交给了某个团队，但是领导仍然继续过问所有相关的决策，其结果将是灾难性的。领导可能明确地把权力赋予其他人，但事实上却通过设定一个瓶颈限制着组织的产出。团队可以明显地看出来，虽然他们负责整个事情，但是却感觉到好像自己仅仅在过程中起到顾问的作用。他们从来没有自己是主人翁的感觉，因此，感觉不到自己是某个项目或某个部门的主人，也感觉不到自己对确保项目正常实施或部门运转良好负责。其结果是士气、产出和信任均遭到破坏。

赋予个人和团队权力并不是说领导对结果不再负责任。尽管领导可以授权，但是对达成的结果，他却要对股东负责。当把任务委托给团队或给团队赋予权力的时候，领导要十分清楚团队有权力去做什么事情。技巧是给团队或个人充分的空间去操作、学习、产生价值，同时提供一张安全网和机会让他们去学习。比如，一个小的公司可能给经理不超过几千美元的决策权，一个属于财富 500 强的大公司的部门负责人或许有数百万美元的管理权。在讨论授权的过程中，大家不要对这些限制感到意外，因为大多数的董事长都会要求对大额资本的支出拥有批准权。

4.9　与股东价值保持一致

作为领导或者经理，你所做的每一件事情都必须和股东的利益保持一致。尽管我们不该说得这么绝对，但是在实践中，我们的确发现有很多公司对这个概念强调得不够。简单地说，在一个以营利为目的的公司里，你的工作就是为股东创造财富。更重要的是，你的工作就是要使股东的财富最大化。如果你和团队的行为可以使股东更加富裕，那么你的工作就有意义，如果能让股东比其他公司的股东赚更多的钱，那么你的工作就是做得最棒的。即使在非营利性的组织里工作，你仍然有责任创造另外一种类型的财富。如果这些非营利机构是由慈善团体捐助或者别人付钱请你做好事的，那么更常见的是创造一种情感财富。不管什么原因，如果不努力把公司确定要创造的那种类型的财富最大化，那么你就不应该在这个职位上继续工作。

像我们讨论过的其他概念，如愿景、使命和目标一样，我们也可以通过一个简单的问题来做个测试："这件事怎么能为股东创造财富并且最大化股东的财富？"你应该可以用相对简单的词来回答这个问题。本章后半部分会讨论所谓的"因果关系路线图"，及其对任何工作中个人的影响。你也应该在工作的不同方面，以不同的方式问，"股东 – 财富 – 创造"这个问题。在工作中，为什么要做不利于为股东创造财富的事情？或者任由自然增长而导致系统不稳定，结果破坏了股东的财富？为什么要雇用一个不想为股东创造财富的人？为什么要安排一个和为股东创造财富不相关的任务？

4.10　变革型领导

有大量的研究分析了效率最高并且可以取得最好结果的领导是如何与团队互动的。最有成效的领导往往通过理念来影响其组织，把团队的利益置于个人利益之上，为团队及其成员提供智能激发，为团队成员的福利和职业发展展现出诚实和个性化的关怀⊖。这些特性与另外一种以结果交换价值的交易型或替代型特性形成了鲜明的对比。有时这种领导方式称为"交易型"或"替代型"，其讨价还价的方式是"如果你完成目标 X，那么我会给你奖金 Y"。以运维为例，其表现方式是"如果能达到 99.99％的系统可用性，我就提升你做副总裁"；以工程为例，则表现为"如果能够按时交付登录和下一代购物车，那么你就能拿到最多的奖金"。我们都曾做过交易型领导。问题不是做不做，而是与更为高尚的领导方式相比你做多少，高尚的领导方式是通过理念的影响来实现，常被称为"变革型领导方式。"

⊖　B. M. Bass. " Two Decades of Research and Development in Transformational Leadership. " *European Journal of Work and Organizational Psychology* 1999;8(1):9–32.

变革型领导方式的扩展性明显更好。不像交易型关注个人，变革型可以关注团队。从与个人讨论，变成与团队研究如何激励大家来完成任务。交易型领导关注个人完成的任务和目标，与此相对，变革型领导集中精力来给大家展现愿景，带领大家走向正确的结果。另外，实践证明变革型的领导方式可以有效地减少情感型冲突（不良的冲突，本书早些时候提到的以角色为基础的冲突）并增加认知型冲突。⊖

4.11 愿景

总的来说，根据我们的经验，领导在愿景和使命上面往往没有投入足够的精力。一般情况下，可以在年度计划会议中，安排一到两个小时有关愿景和使命的讨论。这个讨论团队可以选择，但是领导必须参与。扪心自问：花费一两个小时，讨论引领公司或者组织方向的灯塔，这么做适当吗？愿景就是目的地，它帮助公司激励人心，吸引外部人才，留住最好的人才，帮助大家理解当经理不在背后盯着的时候自己应该做什么。花在计划下一个假期上的时间，很可能会多过你用来沉思整个公司未来前景所花费的时间。希望我们能够说服你，描绘和宣导激动人心的愿景对公司成功的重要性是令人难以置信的。

愿景是对一个公司、组织或者计划的未来前景的描绘。这是一

⊖　Marty Abbott. "Mitigating a Conflict Paradox: The Struggle between Tenure and Charisma in Venture Backed Teams." http://digitalcase.case.edu:9000/fedora/get/ksl:weaedm382/ weaedm382.pdf.

个对理想未来的生动描述，这个一揽子计划清楚地定义了理想的状态或者出路，可以度量并容易记忆。在理想的情况下，愿景会激励团队，也可以单独作为一个指引，在没有管理或者领导的情况下，指引团队向什么方向发展和知道应该做什么事情。愿景应该是可以度量和验证的，也就是说，要有简单的方法来确定是否已经到达预定目标。它也应该包含一部分对组织的存在更有意义的信仰。

美国公民的效忠宣誓

在美国公民的效忠宣誓词中，有一个激励目标或愿景部分。"在上帝的庇护下，这一国家不可分割，全体人民均享有自由与正义。"这是一个对理想未来的生动描述。

誓词在任何时间和地点当然都是可以验证的，把誓词分解后逐一验证，以确定是否得以实现。我们是否是一个国家？显然现在我们是在一个政府的领导下并且在内战中试图分裂国家的企图没有成功。我们是否在上帝的庇护下？如果誓词的原意如此，那么这是可以争辩的，当然不是每个人都信仰上帝。我们会在下一段中专门讨论誓词的这部分。全体人民都享有自由与正义吗？我们有法律体系，每个人在理论上都是在这些法律的统治下，而且被赋予了一些"不可剥夺的权利"。当然，激烈的争论仍然在持续着，比如，法律是否有效？是否能够不分肤色、性别和信仰等平等地适用？但是总体上说，美国的法律体系显然像其他地方一样在有效地运转。至少，你可以同意可以对这一愿景进行检验，争辩之处在于每个检验者都会得出不尽相同的答案。

关于在上帝庇护下这一点，我们不得不提这是在 20 世纪 50

年代，由哥伦布骑士团和其他的宗教组织经过多年的游说后最终加进去的。不管你的宗教信仰如何，公民效忠誓词的修改显示，随着时间的推移，愿景可以被修改以更清晰地定义其最终目标。当国家、组织或计划所期望的出路发生变化的时候，愿景是可以被修改的。愿景不必一成不变，但是也不能因为突发奇想而随意改变。

整个公民效忠宣誓暗示着共同的信仰结构，它包括国家的统一、宗教信仰的方向、自由与正义的平等。其实这里的价值，指的是支持美利坚合众国的公民或成员拥有的共同价值观。虽然这在誓词成文的时候也不是普遍真实，但是大多数的美国人民会同意追求自由和正义的平等就是在创造价值。

美国的《独立宣言》也是一个愿景的例子，尽管宣言中大部分文字描述的愿景是我们不想要的。宣言中大部分的内容聚焦在被英国国王所控制的行动上，这不是在理想的未来我们所期望的。尽管这种方式一定能够激励并有效地打动组织，但是基于未来状态不是什么去定义最终状态耗时太多。因此，我们建议愿景要简洁地定义理想的终极状态。

美国《宪法》序言的开始部分是愿景的另外一个案例："我们合众国人民，为建立更完善的联盟"。尽管这一段描述了一个理想的未来，但是很难确定，当未来降临时你是否真的知道你是否还存在。什么是一个"完善的联盟"？怎么去检验"完善"？完善当然会创造价值，有谁不想生活在和贡献给一个"完善的联盟"？序言在激励人心、容易记忆和价值创造方面得分很多，但是它在可度量方面却得分不高。很难生动地描述它，因为很难确定你如何真的身处在最终的状态。序言暗示了某种信仰，但是没有能够清楚地结合进去。

展现愿景最简单的方法或许是从如何给一个人发出指令的角度来看。当指令发出时，你会同时说明如何确定目标是否达成。假定一对夫妻想以合理的价格购买家庭用品，让我们指一条去百货商店的路。我们想告诉他们最好的地方是当地的沃尔玛。再进一步假定，这对夫妻从没有去过沃尔玛（他们可能是从太空来的外星人或者刚从某个宗教组织的地下防空避难所里出来）。

在这种情况下，我们要做的第一件事情就是向这些相当陌生的人说明，他们怎么知道自己已经成功地到达了目的地。或许我们会说"如果不想跑太远，你们最好去沃尔玛，在 10 英里⊖范围内他们的价格最低。当地的沃尔玛是一个巨大的白色建筑，有着蓝色的装饰，上面写着 WALMART 几个大字。地址是山姆沃顿路 111 号，停车场很大，在同一个地方你还能找到其他的几个店，比如麦当劳快餐店和一个加油站。在马路的对面，你还能看到另外的两家加油站和一间零售店。这样的描述不仅生动，而且给出了一套检验的办法，告诉要去的人如何确定自己是否到达目的地。

在制订愿景的时候，我们倾囊而出。激励要去的人，即"10 英里范围内价格最低"，因为这个激励能够满足要采购的东西不贵以及地方不要太远的要求。我们提供了对最终状态的生动描述，也就是达到沃尔玛和当他们到达目的地时到底是什么样的详细描述。总之我们以生动的描述和明确信念（需要低价格）告诉要去的人如何检验他们的任务是否成功。这个愿景很容易形成记忆。这对夫妇按图索

⊖　1 英里 =1609.344 米。——编辑注

骥，可以确定自己的确到了预定的目的地。

我们建议你先去研究别人的愿景描述，然后再按照我们所给的规则来制订自己的。看这些规则和检验是否适合你的需要。友情提示，一个愿景应该符合下面这些标准：

❑ 对理想未来的生动描述

❑ 为股东创造价值很重要

❑ 可度量

❑ 激动人心

❑ 结合信仰的因素

❑ 大致不变，但可根据需要修改

❑ 容易记忆

4.12　使命

如果愿景是对理想未来或者旅途终点的生动描绘，那么使命就是我们到达目的地的总路线或者行动计划。对使命的描述更聚焦于公司的现状，因为现状对到达理想状态或公司的愿景极为重要。使命应当包括一些目的，一些今天要做的事情和如何达成愿景的方向。同愿景描述一样，使命的描述也应该是可以验证的。对使命描述的验证应该包括是否有决心。如果适当地执行，使命描述将有助于激发主动性，促使组织或者公司达成愿景。

让我们再回到对美国《宪法》序言的分析，看看是否可以找到对使命的描述。全文是"我们合众国人民，为了建立更完善的联邦；树立公正，保障国内安宁，建立共同的防御，增进公共福利，以及为我们自己和我们的后代确保自由的赐福，特为美利坚合众国制定并确立本宪法。"在我们看来，这就是序言中的使命描述。引述的段落用来明确地描述现状。通过确立这些事情，开国先驱们指明，这些目前暂时不存在。美国建立的目的就是确立这些使命。这些行为也同样用于确认"完善的联邦"的产生。然而，其可验证性很弱，问题在于为了进行检验必须要经过主观分析。在建国 200 多年后，美国是否已能确保国内的安宁？我们仍然遭受着与种族、信仰和性别相关的冲突。国家确实已经在防卫上花了很多钱，总的来说，相比其他的国家，我们已经做得很好了，但是我们真的达到最初制订的目标了吗？公共福利又怎么样了呢？不断增长的医疗保健成本又是如何反映在序言中？到现在，可能你已经有答案了。

　　现在，我们再来看看为从没有见过沃尔玛而且相当陌生的旅行者引路的例子。在给了那对夫妇愿景，描述了他们要去的地方，并与我们的使命陈词一致后，我们需要给他们提供到达目的地的指引。需要说明现在的位置、目的地和大方向。使命描述可能就是"从这里出发，向偏西南方向开车大约 7 英里就能到沃尔玛。"

　　我们用一句话描述了使命的全部内容。通过"到沃尔玛"说明了旅行者的目的地，通过"从这里出发"说明了现在的位置，通过"向偏西南方向开车大约 7 英里"说明了大方向。整个使命是可以检验的，因为这对夫妇可以清楚地知道他们是否到了那里（大多数使命的描述应该更详细一些），他们已经知道怎么去确定自己的目的地，而且有了明确的指引，知道该如何确定是否已经走出了边界。使命的描述应该符合下述条件：

❑ 对当前状态和行动的描述

❑ 有目的感

❑ 可度量

❑ 一个大方向或一条通往愿景的道路

你可能会说："但是那并没有真的把他们送到需要去的地方！"你说得对，这是一个绝好的时机来引入有关目标的讨论。

4.13 目标

如果愿景是描述你要去哪里，而使命是一个指引你怎么到那里的大方向，那么目标就是旅行中确保我们走在正确道路上的路标或者里程碑。我们认为最好的目标是通过 SMART 来制订的。SMART 是：

❑ 具体（S）

❑ 可度量（M）

❑ 可达成（但是有挑战性）(A)

❑ 现实性（R）

❑ 时限性（或包含时间因素)(T)

再回到《宪法》的问题上，我们可以把许多的修正案看成是国会想要为实现愿景而设立的路径。举个例子，第 13 条修正案废除了农奴制。愿景中包括建立一个完善的联盟，使命中保证对自由的祝福，这个修正案明显是在通往所承诺的未来平等的道路上的一个目标。现将该修正案的文字引述如下：

第一款　在合众国境内受合众国管辖的任何地方，奴隶制和强制劳役都不得存在，但作为对于依法判罪的人的犯罪惩罚除外。

第二款　国会有权以适当立法实施本条。

第 13 条修正案在用词上非常具体，比如"谁"、"什么"、"哪里"，而且指明"什么时间"。国会（"谁"）有权去施行此条款，每个人（另外一个"谁"）都受到此条款的约束。"哪里"指的是美国，而"什么"指的是农奴制或者任何非自愿的服役，惩罚犯罪除外。

这个修正案的效果是可以度量的，因为农奴制的存在与否是非此即彼的。结果是可以达成的，农奴制被废除后，时不时会冒出部分奇怪的复辟奴隶制的事情，一旦出现就会被执法人员处理。目标是现实的和有时限性的，因为修正案被要求立即生效。

再回到那个引导我们的朋友去沃尔玛的例子，我们怎么给这对夫妻设定目标呢？回想一下，目标不会告诉人们如何做什么事情，但是会指明是否在沿着正确的道路前进。在该例子里，为旅行者定义了愿景或者理想的最终状态，即本地的沃尔玛。也为他们制订了到达那里的使命："从这里到沃尔玛向偏西南方向开车大约 7 英里。"现在我们需要给他们设定一些目标，来确保他们能够在到达最终目的地的旅程中，沿着正确的道路前进。

我们可能给这对夫妇设定两个目标：一个用来确定是否达成愿景或最终的状态，另一个中间目标帮助他们上路。第一个目标或许是："不管你走哪条路，你应该在离开这里 10 分钟的市中心，市中心的标志是唯一的一个交通灯。那是到沃尔玛一半的路程。"这个目标是具体的，描述了旅行者应该在哪里。这个目标也是可以度量的，他们很容易弄明白是否到达。这个目标既是可以达成的，也是现实的，因为如果我们期待这对夫妇的车以每小时 30 英里[⊖]的速度行驶 7 英里，那么他们应该能够每两分钟走一英里，如果超过 10 分钟（5 英里），他们就到了不该去的地方。10 分钟的时间间隔意味着我们的目标是有时限性的。

我们给那两位四处找便宜货的朋友的最后目标是和愿景本身相关的，也是一个简单的目标，正如我们对位置所描述的那样："你应当在 20 分钟内到达位于山姆沃顿路 111 号的沃尔玛。"很好！我们的描述是具体的、可度量的、可达成的、切合实际的，并且具有时限性。

我们是否给了他们成功所必备的所有资源？我们遗漏了什么吗？你或许奇怪，为什么我们没有给他们详尽的指南。你觉得原因是什么？你或许还记着我们比较过领导和管理的定义，领导是"拉"，而管理是"推"。解释或者定义一条通往目标或者愿景的道路是管理活动，我们将在下一章中讨论。

4.14　总结

我们已经用了好几页来描述愿景、使命和目标。或许你会问，这到底和扩展性有什么关系呢？答案是它们息息相关。如果你没有描述要去哪里，不提供一个大方向和一套目标帮助你的团队来确定是否走在正确的路上，那么必败无疑。我们花了一些时间来定义领导力以及作为好领导的一些特性和领导需要考虑的一些问题，所有这些对任何一个项目的成功都意义重大，我们感到有责任来讨论，

⊖　1 英里 / 时 =0.447 04 米 / 秒≈1.609 千米 / 时。——编辑注

即使只是停留在较高的层次上。

实践出真知，让我们来看看，在作者工作过的一个公司里，如何在制订愿景、使命和目标的过程中，综合地运用所学到的知识。Quigo 是 2000 年，在以色列由亚龙·加莱和奥戴德·伊扎克建立的一个私人广告技术公司。在 2005 年，该公司完成了一轮由 Highland Capital Partners 和 Steamboat Ventures 引领的融资，而且把公司迁到了纽约。该公司的第一个产品是一项用来分析网页内容的技术，它可以在基于拍卖的广告网络上，为像谷歌的 AdWords 或者 AdSense 和雅虎的广告搜索平台推荐适合"买"的关键词。这种由 Quigo 开发的俗称为搜索引擎营销（SEM，Search Engine Marketing）的服务，以 FeedPoint 作为产品名提供给那些想购买搜索和上下文广告的公司。

2005 年，Quigo 的创始人兼新任 CEO，迈克·亚文迪特决定利用 FeedPoint 的技术来提供一款具有差异化优势且类似 Google AdSense 的上下文广告产品。和 AdSense 不同，Quigo 的产品（AdSonar）有一套有限的关键词，而 Google 的关键词几乎是无限的。客户购买这些关键词，当有人搜索到这个关键词或者浏览到这个页面的时候（通过上下文和语意分析），相关的广告就会出现。更进一步，这款 AdSonar 产品允许购买单独页面，而且产品是以广告发布人而不是 Qingo 品牌的名义出现。这种"白牌"产品策略背后的原因是它允许广告发布者获得最大的利益，而不是 Qingo 品牌。广告的发布者会为专业体育频道 ESPN 里的关键字"足球"（football）二字，付出比专门做天气预报的频道更多的广告费。这样，内容提供商如 ESPN，可以通过优质品牌的网站和内容，赚取比另一个非白牌的产品更多的广告费。

当 AdSonar 推出时，感觉似乎很有道理。相比那些普通的关键词搜索产品，广告主似乎愿意花更多的钱在垂直聚焦的网站上。但是，Quigo 在最初设计产品的时候，没有计划来满足这些内容提供商对 AdSonar 的突发请求。因此，网站响应速度缓慢，甚至变得不可用，有时还会导致内容提供商的网站页面无法显示。内容提供商抱怨说，如果不尽快采取措施，他们将不得不改用以前的解决方案。

作者于 2005 年夏天加入这家公司，迎接他们的是，在不断增长的需求下一个面临崩溃的新产品。比客户威胁要退出更可怕的是大量的客户正在排队等待接入！很清楚我们所需要的是在一年时间内，建成一个具有更高可用性且可以满足超过现在 10 倍流量的平台。需要为我们的计划描绘一个愿景，向团队、董事会和公司高管们解释清楚，需要大家共同完成这个任务。还记得我们对愿景描述的要求吗？

- ❑ 对理想未来的生动描述
- ❑ 为股东创造价值很重要
- ❑ 可度量
- ❑ 激动人心
- ❑ 结合信仰的因素
- ❑ 大致不变，但可根据需要修改
- ❑ 容易记忆

对产品的可用性和可扩展性我们提出了下列愿景（此处对原来的描述稍加修改）：

AdSonar 衡量对内容提供商或者合作伙伴预期收入的影响，以

99.95% 作为可用性目标，同时承诺永远不会有一个客户因为无法及时扩展而受到影响。

接着，我们聚焦为团队制定一个可用性和可扩展性的使命。是否还记得一个有效的使命由以下几个部分组成：

- ❑ 对当前状态和行动的描述
- ❑ 有目的感
- ❑ 可度量
- ❑ 一个大方向或一条通往愿景的道路

因为涉及可扩展性和可用性（成功道路上最大的障碍），所以我们的使命是：

在两个季度内，通过逐步迭代，演化出一个可以容错的系统，把处于可用性危机中的系统改造为具备高可用性和高扩展性的系统。

这个使命是可以度量的（参考愿景中的 99.95% 可用性），有时间要素去达成（两个季度），并解释了我们怎么去达成（第 19 章将会讨论如何实施可以容错的设计）。

现在我们要沿着通往使命的路径设置目标。还记得对目标的几点要求吗？

- ❑ 具体
- ❑ 可度量
- ❑ 可达成（但有挑战性）
- ❑ 现实性
- ❑ 时限性（或包含时间因素）

但是，Quigo 的运维流程无法给我们提供关于系统中断原因的有用数据。第一个目标，就是要运维负责人建立每日例会制度，加强事件和问题管理，在 30 天内解决数据匮乏问题。我们并没有具体说明如何去做，只提出需要了解事件的影响（例如，持续时间、收入）和事件的根源。所有这些特性都符合 SMART 的要求。

　　我们所拥有的数据显示，许多网络组件和电子邮件服务是不良事件的主要问题根源。这些系统是建立在"廉价的基础上"的，但是搭建的方法不得当。许多网络设备是单点，因此，当这些设备故障时，会造成整个系统瘫痪。第二目标是在 60 天内，确保所有关键的网络服务器有足够冗余，这给了一个小公司足够的硬件采购和配置时间。关于服务的故障，因为我们没有足够的信息，所以也设置了一个目标来确定 30 天内发生的前五大事件的来源并且制订计划逐一解决。

　　大量的信息也说明，运维的响应速度慢是造成宕机时间长的主要因素。特别严重的是，对所发生问题的一无所知，直到客户投诉。如果问题发生在夜里，经常要等客户受到几个小时的影响后，才会有人采取行动。显然，我们需要更好的第三方监控服务，不仅要探测服务器，还要从客户角度通过公共的互联网连接探测这些服务的情况。目标是在 30 天内搭建一个系统，来减少对所有广告服务故障的侦测时间，确保我们先于客户侦知问题。

　　最后，我们希望有一个总体目标，这通常有助于指引成功的道路。虽然该公司此前没有持续跟踪的可用性标准，也根本没有分析过对客户的影响，但是我们认为 Quigo 需要在通往可用性 99.95% 的道路上设置每月递增的目标。虽然我们并不完全清楚 Quigo 的状况，但我们清楚地知道为了客户、业务和股东的利益，公司必须在 6 个月内实现可用性目标。因此，我们把第一个月的目标设定为

99.90%，第二个月 99.91%，第三个月 99.92%，第四个月 99.93% 等等。

如果我们以"扭转公司的局面，然后卖掉公司，给股东带来了一笔可观的利润"来结束 Quigo 的故事，那将是荒谬的和完全不真实的。事实上，许多人的参与才完成了很多繁重的工作，最终才使 Quigo 取得成功。第二部分和第三部分将讨论那些繁重的工作。现在，我们要强调的是最初的愿景、使命和目标的制订绝对是该公司最终成功的关键。

4.15 成功的因果路线图

作为一个领导，你可以做得最好和最容易的事情之一，是确保组织的成功，让大家理解他们所做的日常贡献怎么对实现组织的愿景起作用，进而为股东创造价值。我们把对这种关系的理解叫做成功的因果路线图。通常比较容易确定这种关系，否则我们就要质疑这一岗位存在的必要性。

让我们来看看怎么在一个公司里为不同技能的人确定成功的因果关系。

运维团队（有时称为网络运维团队或应用运维团队）负责保障解决方案或服务可用，以避免公司遭受损失（系统停止服务的时间意味着收入的减少或客户的流失）。他们确保服务在任何时间总是可以使用的，通过支持系统不断地产生收入，使利润最大化，从而为股东带来价值。增加利润来提高股东愿意付出的股价，因此增加了股东的价值。

质量保证人员协助公司减少与产品部署和研发成本相关联的损失。通过确保产品满足客户的需要（包括扩展性的需要），质量保证人员让客户更高兴和更有效率。这会产生更大的产品使用率和更高的客户保留率。更高兴的客户也引来来自于其他客户的更多销售。此外，由于质量保证专业人士专注于测试解决方案，因此软件工程师们腾出更多的时间在工程（而不是测试）解决方案上。与工程师相比，质量保证专业人员的工资相对较低，单位研发成本因此下降。产品成本的降低意味着利润的提高，更高兴的客户意味着更多的购买量和更多的收入。这两个因素的叠加使净利润更大，股东更加高兴。

我们可以轻而易举地描述一个组织如何影响公司的盈利能力，但是要描绘因果路线图确实有点儿复杂。领导要和团队成员之间就这一关系进行一对一的讨论。这并不意味着首席执行官应该与公司的 5231 个人逐个交谈，而是经理应该与每个贡献者一对一交流。副总裁应该和每一个总监交谈，总监应该和每一个经理交谈，依此类推。每一次谈话都应该是专门针对个人的，参与讨论的根本宗旨不变，但是讨论的主体和内容应该完全因人而异。

此外，需要提醒员工他们应该做什么，以及他们的工作如何影响股东财富的最大化。这不是一次性的谈话。也不是真正专注于对其表现提供反馈意见（当然你可以这么做），而是确保此人清楚地了解其工作的目的和意义。这样的提醒对留住员工意义重大，它还可以帮助员工提高产出。毕竟一个快乐的员工是一个有生产力的员工，一个有生产力的员工就能产出更多，帮助公司扩展得更大！

4.16 结论

领导力是对组织或个人完成具体目标的影响力。关于领导力，我们的思维模式是一个由个人特性、技能、经验和行为组成的函数。要成为一个更好的领导，要开始了解自己在领导力函数里缺点在哪里以及优点在哪里。

领导力可以在许多方面影响团队和公司的扩展性。差的领导限制了公司与团队的成长和产出。相比之下，好的领导可以作为增长的加速器，使组织在总的规模上增长，在个体产出上提高。通过成为一个更好的领导，可以增强组织和公司的能力。

成功领导的行为具有一定的特征，这包括以身作则、谦虚谨慎、大公无私，在完成任务的同时照顾好团队。领导如果能专注于更大的利益（变革型领导），而不是和员工进行利益交换，一般都会得到更好的结果。出于所有这些原因，应该总是考虑如何以德服人，认识到你所做的一切都应该与股东的价值一致。

愿景、使命和目标的组成部分都对领导力发挥着作用，而SMART 可以用来在扩展性目标的创建中发挥作用。最后，成功的因果路线图帮助组织把员工的所作所为与公司的目标紧密关联，从而使股东的利益最大化。

关键点

- ❑ 领导力是对组织或个人完成特定目标的影响力。
- ❑ 领导者，无论是天生的还是后天培养的，都可以做得更好。事实上，追求做得更好应该是一个终身的目标。

❑ 领导力可以被看作一个函数，它包括个人特性、技能、经验、行动和方法。提高任何一个方面都会增强领导的能力。

❑ 增强领导力的第一步是要厘清现状，请下级、同级和上级帮你做一个 360 度调查。

❑ 如果你想让别人怎么效仿，那么就要怎么去领导，遵从你希望营造的文化。

❑ 当带领团队的时候不存在自我意识，所以要放下自我意识。

❑ 领导应该大公无私。

❑ 以人为本，使命为先。按时完成工作，确保照顾好手下。

❑ 道德至上。教导你所允许的事情，所教导的就成为你的标准。

❑ 所做的一切要与股东的价值一致。不要做无法为股东创造价值的事情。

❑ 变革型领导注重团队的整体，而不是个人。不参与领导与个人的利益交换，而是聚焦团队协作和合作的成果。

❑ 愿景是对理想未来的生动描述。它包括以下的组成部分：
　　❑对理想未来的生动描述
　　❑为股东创造价值很重要
　　❑可度量
　　❑激动人心
　　❑结合信仰的元素
　　❑大致不变，但可根据需要修改
　　❑容易记忆

❑ 使命是引领你通往愿景的总路径或计划，它包括以下几个组成部分：

- ❑对当前状态和行动的描述
- ❑有目的感
- ❑可度量
- ❑一个大方向或一条通往愿景的道路

❑ 目标是通往愿景的路标，它与使命的路径一致。SMART 目标是：
- ❑具体
- ❑可度量
- ❑可达成（但有挑战性）
- ❑现实性
- ❑时限性（或包含时间因素）

❑ 成功的因果路线图将有助于为愿景、使命和目标设定框架，同时帮助员工了解如何为实现目标做出贡献，如何为股东创造价值。

第5章 管理秘籍

孙子说：地生度，度生量，量生数，数生称，称生胜。

1983 年，斯考特·库克和汤姆·普罗克斯共同创建了 Intuit。斯考特在宝洁公司的经验，使他意识到个人电脑终将取代铅笔和纸[一]。这一觉悟，再加上他想要协助妻子完成繁琐的日常工作任务的愿望，激励他开发了该公司的第一款家庭财务软件 Quicken[二]。随着 Intuit 的发展，他们不断地改善 Quicken，与类似微软 Money 这样的消费者财务软件一起竞争。1992 年，该公司又发布了 QuickBooks，与 Quicken 相对应，是一种为中小企业提供记账服务的软件。1993 年，该公司成功上市，后来又通过换股，与开发 TurboTax 的 Chipsoft 合并[三]。从 1993 年开始，经过 10 多次的并购，公司一直聚焦在消费者和小企业财务系统的解决方案方面。到 2014

[一] S. Taylor and K. Schroeder. *Inside Intuit*. Cambridge, MA: Harvard Business Review Press, September 4, 2003.

[二] "6 Ways Wealth Made This Billionaire an Amazing Human Being." *NextShark*, March 15, 2014. http://nextshark.com/6-ways-wealth-made-this-billionaire-an-amazing-human-being/.

[三] " Intuit and Chipsoft to Merge." The *New York Times*, September 2, 1993. http://www .nytimes.com/1993/09/02/business/intuit-and-chipsoft-to-merge.html.

年，Intuit 成为一家非常成功的全球公司，每年收入达 40 亿美元，净收入达 8.97 亿美元，而且拥有 8000 多名雇员。

经验告诉我们，在每个成功的故事里，最为核心的是在关键的时刻，领导、经理和团队能否在挑战和机遇的面前崛起并使公司获益。Intuit 的故事始于 20 世纪 90 年代末消费者购买习惯的变化。Intuit 的第一款产品全部都是基于台式或者笔记本电脑，但是，在 90 年代末消费者的行为开始发生了变化：用户期望曾经在他们系统上运行的软件，可以成为在网上可以交付的服务（SaaS）。Intuit 很早就发现了这个趋势，而且研发了多款基于互联网的产品，包括 Quicken、TurboTax 和 QuickBooks。

当 Intuit 的业务从传统转向 SaaS 的同时，其研发实践基本上保持不变。由 VP 和 CTO 泰勒·斯坦斯伯里领导的产品与技术团队在快速成长，他们负责定义软件运营的基础设施。直到 2013 年，该公司还在以传统的方式继续开发在线软件。

斯坦斯伯里说："那个时候我们有些开窍了，在几个方面我们做得相当不错，但是似乎有几个相同类型的痛点问题反复出现。负责软件和基础设施的同事们面面相觑，周边的世界已经发生了变化，但是我们开发产品的方式却没有做出相应的调整。我们仍然在开发软件，但是却在售卖服务。我们确实需要改变目前的方式，来适应新的世界秩序，软件和硬件是开发服务的原材料。我们需要重新思考机构、流程、激励和项目管理。"

如前所述，当面临重大的挑战和机会的时候，好的公司和优秀的经理会应运而生。Intuit 目前还在快速发展，那么，他们是怎么来迎接挑战的呢？我们将要讨论如何为在挑战中取得成功配备人员，指导他们如何达成愿景下的目标，是否要接受扩展性的挑战，这种扩展是由于系统以令人难以置信的速度快速增长造成的。

我们将在本章定义管理，并定义良好的管理所应有的特性。也会描述团队对持续改善和升级的需要，同时提供一个概念性的框架来完成这一任务。另外，我们将解释指标的重要性，并提供一套把指标和为股东创造价值相关联的工具。最后，通过强调领导要为团队扫除障碍以便达成目标来结束本章。

5.1　什么是管理

《韦氏词典》中对管理是这样定义的，"执行或者监督某些事情"或"以执法手段完成某件事情"。对这一定义，我们将略加修改，融入道德因素，更新后的定义是"以明智和合乎道德的手段来完成任务"。为什么要融入道德因素？道德因素如何对扩展性起到负面的影响？举几个例子，例如知识产权被盗取、第三方产品的许可证被复制以及有关平台的扩展性和活力的公开言论。每个例子都涉及道德问题，包括通过说谎和偷盗来损人利己、损公肥私。道德因素对我们如何待人作用重大。本来是一个表现不太好的人，如果我们告诉他，其表现是可以接受的，那我们同时欺骗了股东和员工，我们的所作所为就是不道德的。因为这位雇员有权知道他的表现如何。使命完成的方式与使命的实际完成一样至关重要。

AKF 对管理的定义

管理是以执法和道德手段来完成某件事。

如前所述，管理和领导有许多区别，但两者都很重要。如果领导是承诺，那么管理就是行动。如果领导是目的地，那么管理就是方向。如果领导是激励，那么管理就是动机。如果领导是拉力，那么管理就是推力。对于成功地最大化股东财富，需要两者兼备。表5-1 帮助我们回忆在第 1 章中阐述的领导与管理活动的比较。

表 5-1　领导与管理活动比较

领导活动	管理活动
制订愿景	评估目标
定义使命	绩效考核指标
设定目标	项目管理
营造文化	绩效考核
绩效考核指标选择	员工指导
激励	员工培训
制订标准	评估标准

管理包括度量活动、目标评估、指标制订。也包括人员配备中的人事责任、人事评估和团队建设（包括技能和其他的特性）。最后，管理包括项目管理中的所有活动，例如驱动团队完成任务，设定有挑战性的项目进度等等。

好的经理需要具备什么素质

领导与管理之间有着显著的不同，很难发现同时擅长两者的人。这两个方面同时做得好的人很可能是原来擅长一个方面，后来通过努力学习懂得如何做好另一方面。从领导的角度看，管理是一个有几个参数的函数，其中有些参数也适用于领导函数。比如，人性化、幽默感对领导者和管理者来说都非常有用，有助于影响个人和组织完成任务。

其余的参数是管理所独有的。最好的经理在看到细节的同时，又能令人难以置信地面向目标和任务。一旦分配到一个任务或目标，他们就能把任务或目标分解。这个分解的活动不仅涉及行动，也包括沟通、组织结构、合理的薪酬、后勤和资金等。这种细节取向常常与能产生令人信服的愿景的创新品质相左。有的时候，人们可以通过自我调整把两件事都协调好，但要消耗大量的时间和精力。

好的经理练就了一身管理人的技能，这有助于他们把组织内每个人的最大潜力都发掘出来。最好的经理不说自己有什么风格，相反，他们清楚地知道可以采用任何有效手段激发个人。有些人对精炼的描述和就事论事的方式很适应，其他的则更喜欢别人的呵护和感情支持。有些人需要项目经理，有些则需要干妈来照顾自己。

最后，即使最好的经理也承认自己需要不断地提高，而能够意识到提高的唯一办法是度量。"度量、度量、度量"是他们赖以生存的基础。他们度量系统的可用性、组织的产出和任何事情的效率。

5.2 项目和任务管理

好的经理在预算内按时完成项目，并且符合为股东创造价值的预期。优秀的经理，甚至能在面对逆境的时候亦能如此。两者都是通过把目标分解成具体的任务来支持项目的。为了项目，他们从组织内部或者外部，寻找并任用合适的人才，并且持续地度量进展情况。尽管本书不是一本项目管理的著作，我们也不会详细讨论如何才能有效地管理大型项目，但是，理解如何成功地完成那些项目所需要采取的行动也非常重要。

让我们再回到 Intuit 的故事，看看 CTO 泰勒·斯坦斯伯里和他的团队是如何抓住改变业务的机会，将其分解为通往成功而必须完成的任务。Intuit 对开发软件却售卖服务这一矛盾的觉醒促使他们下决心重组，将公司内部的技术团队统一纳入首席技术官 CTO 的管辖范围。此外，基础设施的个人贡献者，如存储工程师和数据库管理员被分配到产品团队，成为产品团队的一部分。这一安排是期望从事基础设施的专业人士把自己当成产品团队的一部分。无论是以软件还是以硬件为核心的产品，每个以业务为导向的产品团队都有着共同的目标，这包括收入、可用性和市场响应时间。现在，硬件和软件团队在一起工作了，斯坦斯伯里解释道："团队不再有你是我客户的心态决定的"，"同一个团队、同一个 Intuit、同一个客户"。

该团队进一步发现，他们没注意到所有应该监控的指标。软件思维模式的副产品是 Intuit 和许多其他 SaaS 公司一样，不太注重其产品的可用性。在斯坦斯伯里的领导下，这种情况很快就得到了改变。联合小组开始在每天早晨召开电话会议，共同讨论前一天的服务质量和任何尚未解决的跨产品线问题。积极跟踪和解决与事件相关联的问题。该小组开始报告涉及整个企业的一些全新的指标，包括解决突发事件的平均时间、修复问题的平均时间以及确定生产事故的平均时间。为每个团队制订具有挑战性的系统可用性和用户响应时间的指标，并由软件和基础设施团队共同承担。斯坦斯伯里的观点是："共同的目标是成功地创建同一个团队、同一个 Intuit、同一个客户心态的关键。"

斯坦斯伯里及其团队，觉得 Intuit 过去的组织结构带给公司大量的技术负债："当需要两个团队来研发同一款产品的时候，如果从开始两个研发者就不合作，那么可以想象很难拿出到最好的设计。"斯坦斯伯里认为，整个产品的某些部分研发过度，而其他的部分相对于个别产品需求来说却研发不足："我们需要提高产品整体架构设计的目的性，在设计过程中，通盘考虑软件和基础设施，取长补短。"反过来，斯坦斯伯里及其团队从税务部门开始，按照计划和预算重新设计每个产品组的服务。集成故障隔离的架构元素，使产品可以独立运行，针对其需要和预期的结果，把软件和硬件集成起来。通过制订精确的项目计划，及召开每日例会，查明在计划实施过程中阻碍成功的障碍。

虽然这不是一个包罗万象的清单，但是 Intuit 的活动，清楚地说明了在公司愿景指引下的管理团队如何取得成功。斯坦斯伯里及其团队发现，成功的途径和分解后的组成部分之间存在着差距。团队并没有像预期的那样共同工作，因此他们重组了跨越职能、面向产品的团队。这种调整充分体现了第 3 章中描述的管理的组织结构。总的来说，Intuit 团队并没有尽其所能专注于可用性，公司围绕着可用性制订了指标和结构，包括每日绩效评估。最后，联合团队为相关服务确定了架构的优化点；定义了结构、预算和项目计划，并指定了执行人，以确保这些新的解决方案的可以成功交付。

Intuit 的服务可用性得到了显著的提高，这归功于专注目的性强的设计，以及与可用性相关的具有挑战性目标的实施，还包括强有力的问题和事件管理。如果没有管理层关注目标分解和围绕服务的组织结构调整，那么要想显著提高可用性是不可能的。

在这里，讨论将快速过渡到项目管理中最常被忽略的问题，即关注突发事件。普鲁士名将赫尔穆特·冯·毛奇有句非常出名的话，"没有万全的作战计划"。这句话对管理复杂产品的研发尤为正确。在复杂产品的交付过程中，无数的事情可能出错，包括设备交货延误、元件和软件之间复杂的相互作用以及在项目中关键人员病倒或离职。在整个职业生涯中，我们从来没有看到过一个项目在计划的第一次迭代中就完全按照最初的设想去执行。最初的交付日期可能会满足，但所走的路径却根本就不是像计划者最初乐观规划的那样。

经验告诉我们，虽然项目计划很重要，但是创造价值的部分却不是最初的计划，而是在过程中对项目及其可能路径的深入思考。不幸的是，在我们接触过的客户中，太多人把原来制订的计划看成是通往成功的唯一路径，而不是众多可能路径中的一个。毛奇的这句话警示我们要把关注点从最初计划的执行，转移到具有重要价值的应急上。与其像激光一样聚焦在计划的精密性上，我们更应该考虑选择哪条路径以取得项目的成功。因此，在 AKF 我们实践了5-95 规则：即用 5% 的时间制订一个充足、保守和详细的计划，同时承认这个计划不是完备的，把其余 95% 的时间投入到应急演练，以应付突发事件。如果在数据中心建设的过程中，网络设备不能按时到货该怎么办？如果在应用发布的当天，最为关键的工程师生病无法工作该怎么办？当发现在应用执行过程中，忘记加载一个重要的资源该怎么办？

项目计划的价值是在思考的过程中理解可能的执行选项，从而更好地为股东创造价值。还记得 AKF 5-95 规则吗？ 5% 的时间用在制订计划，95% 用在处理紧急事务上。

AKF 5-95 规则

大多数的团队把大部分的时间用在制订最初的项目计划上，太少的时间用在应急计划和应急演练上。扪心自问，项目计划从开始到结束始终保持不变的有多少次？依据我们的经验，答案是"很少甚至没有"。

5-95 规则是根据赫尔穆特·冯·毛奇的真知灼见"没有万全的作战计划"而制订的。

❏ 用 5% 的时间制订一个保守的计划。

❏ 用 95% 的时间做好应急准备以应付突发事件。

❏ 不要增加制订计划的时间，但是可以用 5-95 规则来分配时间。

根据 AKF 的 5-95 规则分配计划时间，将有助于做好应对产品应急的准备。

5.3 团队建设：球队类比

专业的橄榄球教练都知道，一个好的球队对于完成在任何一个赛季都能打进超级碗的使命是至关重要的。此外他们清楚地知道，今天好的团队未必适合下个赛季。参赛的新秀比例比以往任何时候都更强和更快；进攻策略和需求的变化；损伤折磨着某些球员；封顶的工资；这对任何一支球队人才的总价值都会产生压力。

　　管理团队的技能决定了职业体育的专业水平，这是一个不断变化的工作，需要管理的事情包括人才的不断升级、人员的流动、管理的深度、管理层的实力、团队负责人的选择、新人的招募和技能的辅导。

　　想象一下，在队员的集体工资已经到了规定的工资上限的情况下，球队的教练或者总经理要招募一名新球员来增强团队，这是一项困难的任务。在这种情况下，只能解雇一名球员，与一名或多名球员重新签约，为新球员让出空间，还有一种选择就是不为这个关键位置雇佣需要的球员。假如那个教练不采取行动，不雇佣新球员，你觉得结果会怎么样？如果球队的老板发现这样的事情，会立即开除这位教练。如果球队老板对此不知不觉，球队可能会因此萎靡不振，季度赛始终表现不佳，导致门票销售收入减少和股东的不满。

　　作为管理和执行人员，我们的工作和职业橄榄球队的教练真的没有什么不同。我们的工资限额是由行政管理团队预算并经董事会批准的。在成本可控的前提下，为了确保最大的产出和最高的质量，我们必须不断地寻找负担得起的最好的人才。大多数人并不积极地管理技能、人员和团队的组成，其结果相当于欺骗公司和股东。职业体育的扩展性指的是可以扩大个人的产出。例如，职业橄榄球不允许在场上增加第十二名球员。在组织中，人员扩展与此类似。组织的产出取决于个人的产出和团队的规模。效率是高性价比可扩展性的一个组成部分，用来度量以同样的投入取得更多或更好的产出，或者以较少的投入取得更多的产出。人的扩展性是与个人、规模和组织相关联的。

考虑一个不肯花时间来提高球员水平的教练。你能想象这样一个教练怎么能保住自己的工作吗？同样，你能想象当你向董事会汇报自己负责的那部分工作没有增长，并且没有保持最佳团队的可能吗？请把最后这个问题仔细想几分钟。在第 4 章中，我们曾经提到你所做的任何事情，都必须专注在为股东创造价值上。这里有一个测试，可以帮你确定是否在为股东创造价值。你有什么重大的计划要交给董事会做出决策吗？记住，不做某事的决定意味着你决定了做某事。此外，忽略了一些应该做的事情其实等同于决定不去做。如果你没有花几周的时间与团队的成员们相处，那相当于你已经决定不花时间与他们相处。这是绝对不可原谅的，而且当与董事会讨论这些问题的时候，你的感觉可能也不会太好。

职业体育与企业高管团队职责非常相似，但经常被忽略。要完成工作，我们必须要有预算允许下最好的人才。我们同时要不停地评估和辅导团队，以确保每个人都能提供与其预期的薪资水平相匹配的价值。寻找新的和更高水平的人才，并对其进行辅导使我们能达到更高的绩效水平。

5.4　优化团队：花园类比

即使是一个初来乍到的园丁也知道，园艺不仅仅是翻土、撒种、祈雨这么简单。不幸的是，翻土、撒种和祈雨是大多数的管理人员在管理团队时所做的事情。我们的团队是一个花园，花园期待的不仅是不时地施肥。同样重要的是，组织的扩展在很大程度上依赖于人才，而这又取决于人均产出及在企业文化影响下行为的一致性。

花园应该是经过精心设计的，团队也同样如此。设计团队意味着要找到符合组织愿景和使命所需要的合适人才。在播种新种子之前，会评估不同的植物和花卉之间的相互作用。我们应该对团队做同样的评估。会有团队成员偷偷地吸收太多的营养成分吗？土壤（我们的文化）会很好地支持他们对业务发展的需要吗？如果要使花园更加令人赏心悦目，我们只种植鲜艳的花朵，还是也包括一些生命力强盛和健康的其他植物？

在快速增长的公司里，管理者通常会花很多时间来面试和挑选候选人，但通常花在每个候选人身上的时间却很少。更糟的是，这些管理者通常不会花时间去分析和总结以往招聘决策的好坏。要为某个特定的岗位找到合适的人，需要重视和纠正过去招聘中的失败，复制以往招聘中的成功。然而，在面试中常常只关注技能，而忽略其他更重要的方面，如企业文化的适应性及团队的配合度。自问：为什么你要舍弃某人？为什么有人决定要离开？

要从生产力和质量的角度来考虑组织的人员需求。是否需要增加另一位工程师或产品经理？运营效率低表明公司需要定义额外的流程，是否需要增加工具工程师或质量保证人员？

我们经常只用 30 到 60 分钟来面试候选人，然后做出招聘决定。鼓励尽可能花更多的时间与候选人互动，力争第一次就找到合适的人。在面试时，用你增加信任的面试官和掌握面试技巧的人来帮助自己。在背景调查时，打电话给候选人过去的经理和同事，认真仔细地询问候选人的优缺点。不要只关注其技能，还要确定团队是否愿意和候选人一起长期地工作。通过面试来确定此人是否适合公司的企业文化，其行为是否符合公司的期待。

企业文化面试

在所有的面试中，最常被忽略的是企业文化的适应性。建议选读一本书或上一门课，以提高对行为面试的理解。你可以在下次面试中尝试下述方法，以寻找适合企业文化的人：

- ❑ 清楚地列出公司对于人的理念，这些理念也许印在工卡的背面或可以在公司内网上找到。围绕这些理念出一些问题，然后发给参加面试的团队成员。
- ❑ 选取团队里表现好，而且和公司在文化、信仰上匹配度高的人做面试官。
- ❑ 面试后，召集所有的面试官讨论候选人对问题的答案和大家对此人的感觉。

在招聘中，考察企业文化与技能同等重要。你是否愿意每天花9到12个小时与其一起工作？团队的其他成员是否亦愿意如此？能从候选人其身上学到东西吗？候选人是否愿意接受团队的教导？要想了解更多关于招聘和面试的建议，可以找一本杰夫·斯玛特的书籍，例如《招聘的方法》（Who: The A Method for Hiring）。

照顾花园与优化团队异曲同工。所有与管理团队相关的事情，常常因为时间不足而被忽略。我们可能会花工夫来摘新花，但是却时常忘记，花园里那些已经盛开的花朵也同样需要滋养。

培养的目的是让团队成员成长，以满足股东的期望。这包括指导、赞扬、正确地掌握技术或方法、调整薪酬和股权以及任何使员工更强大和更优秀的办法。

　　照顾花园也意味着把在某个位置上表现得不太好的人，放到能发挥其作用的地方。然而，如果你发现自己不止一次地调动某个员工，很可能你是在避免适当的除草行动。

　　最后，照顾花园意味着提高团队的整体水平，帮助员工在更高水平上取得成功。好的团队喜欢积极的、可以实现的挑战，作为经理，你的工作就是挑战他们，使他们成为最杰出的员工。

　　虽然，你应该尽可能多地投入在播种和施肥方面，我们都知道表现不佳和无法表现的个人会扼杀团队的生产力，就像花园里的杂草窃取花朵的营养。在这种情况下，营养就是你用在指导表现不佳的个人使其达到可以接受的表现水平的时间，是团队花在补偿表现差的个人所造成的不良结果的时间。对大多数执行人员和管理者来说，给花园除草是最痛苦的活动，因此，这往往是我们最后的手段。

　　虽然你必须遵守公司淘汰员工的有关要求，但是想办法尽快淘汰妨碍大家实现目标的人极为重要。越早淘汰这些表现差的人，就能越快找到合适的替代者，让团队向前发展。

　　当以表现差作为解职的理由时，应该包括对一个人行为的评价。有时，某个人比团队里的任何其他成员完成更多的工作，但其行动和表现出的行为却降低了团队的整体产出。当一个员工制造出充满敌意的工作环境时，这种情况会更加明显，当这个员工和团队里的其他人根本合不来的时候，这种表现反而不那么明显。例如，一个员工可能会做很多事情，但是以这样的方式，绝对没有人愿意与他合作。结果可能是你花掉很多时间来舒缓安慰那些员工被伤害的感觉，或设法找出如何分配不需要合作的任务。如果员工的行为限制了团队的产出，最终限制了可扩展的能力，那么你应该立即行动纠正这种情况。如图 5-1 所示，使用二维坐标轴定义的行为——表现图对评估非常有用。在这里，横轴代表行为，纵轴代表表现。员工的绩效评估如果做得适当，可以确定纵轴上的表现，但可能没考虑对横轴行为的影响。图的右上角是要留住的员工，图的左下角是那些应该立即淘汰的员工。图的左上角和右下角是应该辅导的员工，但如果这些员工在辅导后无法做出改善，那就要准备好去除草。当然，你希望所有的种子或者新员工都能在坐标图的右上角。

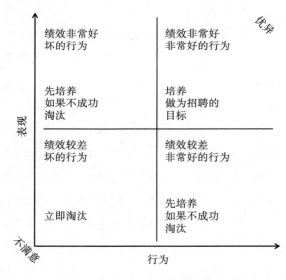

图 5-1 评估行为与表现

长期的实践让我们领悟到，对表现差的人要尽早淘汰。有许多原因，包括出差、急需办理的事情、会议等使你不能迅速采取行动。不必浪费时间苦苦思考是否行动得太快，这样的做法不必发生。在完成淘汰的时候，你总是希望这一决定应该做得更早。

通过播种、施肥和除草获得成功

如果团队要持续提升或改善表现，那么就需要不断地进行下面三项活动：

- ❑ "播种"就是增加新的、更好的人才。
- ❑ "施肥"就是培养和发展要保留的人。
- ❑ "除草"就是淘汰掉表现不佳的个人。

作为经理，我们通常花在面试和选用新员工上的时间太少，发展和培养表现好的员工的时间也太少，太迟淘汰行为与企业文化不一致或缺乏动力为股东创造财富的员工。

5.5 度量、指标和目标评估

记不清是谁先说出的这句话，但我们最喜欢的一句是"不去度量就无法改善。"对这句话，令人惊讶的是我们自己在互相争论。这些争论包括："度量的代价太昂贵了"，"凭直觉我就知道是否已经有所改善"。如果你是公司唯一的股东，上面的两个陈述都不是问题，尽管我们仍然认为结果不是最理想的。如果碰巧你是一家有外界股东的公司的经理，那么就必须证明，你的所作所为是在为股东创造价值，而唯一的证明方法就是度量。

我们确信要营造一种企业文化，支持度量任何与创造股东价值相关联的活动。然而，对于可扩展性，我们认为要按照某些主题来度量。通常我们建议度量成本、可用性、响应时间、生产率以及质量。

如前所述，成本直接影响平台的扩展性。无疑，公司的工程计划预算，如果不是有人发给你，就是你自己制订。理想的情况是，一个成长型公司有专门的部分预算用在平台或服务的扩展上。这个百分比就是一个有趣的、需要跟踪度量的指标。好的管理者能够随着时间的推移，降低平台扩展的成本，这可以用每笔交易的成本来衡量。假设你接手了一个有扩展问题的平台，其问题主要表现在可用性方面。你可能会决定花费工程时间的 30% 到 50% 和大量的资金，在 24 个月内解决这些问题。然而，如果你不能逐渐投入更多的资源到业务上去就会出问题。因此，我们建议以工程总支出的百分比和每笔交易的花费，作为度量扩展的成本。

在扩展的成本中，工程量的百分比应当随着时间的推移而逐渐减少。当然这个数字很容易被操控。假设在第 1 年，你有一个 20 名工程师的团队，其中 10 位专门做与可扩展性相关的项目；在这一年，你把 50% 的工程人员用在可扩展性项目上。假设在第二年，你又雇佣了 10 名工程师，但只把原来的 10 名工程师投入在扩展性相关的项目上，现在你把 33% 的预算用在扩展性上。虽然百分比显示扩展性的成本降低了，但是仍然保持了原来的成本水平，对采用相对成本还是绝对成本来度量和报告可扩展性的成本存在着争议。

与其只报告扩展的绝对成本（例如，10 名工程师，120 万美元），我们经常建议客户，在为股东创造价值的基础上，将这种价值规范化。如果你的组织是软件即服务（SaaS）平台提供商，通过每笔交易赚钱，无论是通过收取广告费还是交易手续费，这种规范化可以通过报告每笔交易的扩展性成本来完成。例如，假设你的公司每年有 120 万笔交易，在扩展性上每年花 120 万美元的人力成本，那么每笔交易的扩展成本就是 1 美元。哎哟！如果每笔交易不赚至少一美元，那么真的会很痛苦啊！

当要寻找度量的目标时，可用性是一个必不可少的选择。如果扩展性任务的首要目标是消除宕机时间，那么必须度量可用性，报告宕机时间中有多少与平台或系统的可扩展性问题相关联。目的是彻底消除因为用户无法完成交易而丧失业务机会的现象。在互联网的世界里，这个因素经常对收入有直接的影响；相反，在后台的信息技术中，它可能会造成运维成本的上升，因为当系统恢复后，人们需要加班完成工作。

与可用性密切相关的是响应时间。在大多数系统中，响应时间的增加经常会升级到网络限流，接着就是宕机。限流通常是因为系统执行缓慢，大多数的用户无奈放弃了请求而造成的，宕机是大量用户的需求同时冲击系统，使其完全无法应付而导致最终瘫痪。即使没有服务水平协议（SLA），响应时间的度量应该和服务水平协议互相对照比较。在理想的情况下，响应时间所涉及的用户交易，应该是与实际的终端，而不是代理之间的互动。对关键的交易，除了绝对度量内部或外部服务水平以外，还应该包括跟踪月度环比的相对度量。假如收入和放弃率与某个关键交易的响应时间变长紧密相关，这些数据可以解释可扩展性项目的作用。

生产效率是另外一个重要的度量指标。试想一下，一个组织度量和提高工程师的生产率，而另外一个根本没有这种度量指标。可以预期，前者将以等同的成本开始生产更多的产品，完成更多的项目，或将以较低的成本开始生产相同的产品。两种结果都会对可扩展性工作有所帮助。如果同样的工程团队产出更多，那么就可以做得更多更快，从而减少未来的可扩展性需求。此外，如果我们能以较低的成本生产相同数量的产品，我们将会增加股东的价值，因为成本结构的净降低可以产生一个可以扩展的平台，意味着公司有更强的盈利能力。

在考虑如何度量生产效率的时候，真正的诀窍是把它分成至少两个部分。第一部分讨论工程团队是否用尽可能多的时间来解决工程相关的任务。通过计算可以完成对这个部分的度量，假设一个工程师每年有 200 个工作日，减去病假、休假、培训时间等，剩下的就是有效的工作时间。也许你的公司每年有 15 天的带薪休假，10 天的培训，这样工程师每年的工作时间就剩下 175 个工作日。这个数字是我们等式中的分母部分。然后，分子就是从这个分母中减去所有花在相关事件上的时间，诸如构建环境无法使用，测试环境无法工作，工具或代码编译环境出问题，缺少源代码或文档等。如果你还没有开始度量这些破坏因素，那么你可能会惊讶地发现工作日的有效使用率只有 60% 至 70%。

生产率第二部分的重点是度量每个工作日的产出。这件事更困难，因为它需要从一套不起眼的选项中进行选择。可以选择的度量范围包括千行代码量（KLOC）、场景数、故事点数、功能点数或者用例完成数。所有这些选项的吸引力都不大，因为在具体的使用过程中都有失败的例子。例如，你每天可能写 100 行代码，如果完成同样的工作其实只需要 10 行呢？比较而言，计算功能点数十分困难而且代价很高。场景和用例在很大程度上是主观的，因此都不是很好的选择。当然，一个更糟糕的选择是不度量。毕竟，培训旨在帮助增加个人的产出，如果不对其有效性做某种度量，就无法向股东们证明在培训上的投入是值得的。

质量不在可扩展性管理的度量范围之内。质量对许多其他的度量可以有正面或者负面的影响。低劣的产品质量会带来生产环境中的可扩展性问题，从而增加宕机时间和降低可用性。低劣的产品质量会增加成本、降低生产效率，因为要满足可扩展性的需要就不得不返工。显然需要了解像错误数量这样的典型指标，生产系统和版本发布中的 KLOC 量，整个产品中错误的数量和产品质量工作的成本，我们建议围绕着影响可扩展性，把这些因素进一步分解。例如，有多少的缺陷会导致可扩展性问题（响应时间或可用性）？这些缺陷中有多少是随着版本的发布而出现的？以及随着时间的推移如何减少这些缺陷？这些缺陷中有多少是质量保证测试出来的？又有多少是在生产中发现的？几乎可以肯定你会想到更多可能的细分方法。

5.6　目标树

通过目标树的方法，可以很容易地把一个组织的目标和公司的大目标结合起来。目标树的根是一个或者多个公司或组织的大目标，将其分解成次级的目标，通过达成这些次级目标进而实现大目标。用一个广告技术公司 Quigo 的修改过的目标树来说明一下（图 5-2）。在 2005 年，该公司希望能在 2006 年第一季度前开始盈利。以此为目标，我们把一季度前盈利作为目标的根。产品团队有两个方式对盈利产生影响，一是创造更多可以赚钱的机会，二是通过降低成本来增加收入。

质量和可用性都会影响产品变现的机会。系统不可用意味着失去赚钱的机会。许多的缺陷都会产生类似的结果：例如，有一个缺陷使我们传递了错误的广告信息或者放错了广告发布人，我们就不能通过广告位置赚钱。从可用性方面看，如果广告服务和注册系统的可用性超过 99.99%，那么来自于可扩展性方面的问题对可用性不产生影响，也就可以达到理想的服务水平（广告投放时间少于 1 秒钟）中规定的响应时间。我们的质量度量指标范围覆盖很多方面，包括解决不同优先级的错误有多快，版本发布时有多少每种类型的错误，在生产环境中每千行代码（KLOC）有多少缺陷。

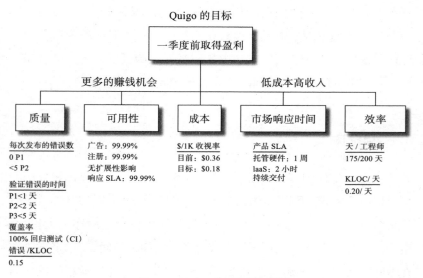

图 5-2　Quigo 公司的目标树

从成本的角度看，我们专注于把每千页的成本降低至少 50%（虽然专注点是真实的，这里给出的数字完全是虚构的，如果你有自己的广告解决方案，这对你没有什么价值！）。我们也希望缩短产品上市的时间（TTM）以及降低交付的成本。

5.7　为成功铺路

到目前为止，我们描绘了一张经理的画像，他同时是工头、战术家、园丁和测量师，还不止这些。除了负责确保团队完成工作外，还要决定选择哪条路径，达成什么目标以及如何度量工作的进展，经理必须要确保已经用推土机把通往目标的路径推平铺好。经理可以先铺好路，确保团队在通往目标的路上，不必翻越那些不规则的地形，结果造成团队的产出减少。产出的减少意味着团队不能有效地扩展，效率低下意味着股东的投资回报率低。

当然，推土机是一个相当积极的词。在这种情况下，我们不认为经理应该是一个后卫，试图安排一个中后卫球员来让中卫球员触地得分。虽然可能时常需要这种类型的攻击性游戏，但它可能会损害你作为一个理想合作者的声誉。此外，这种行为在某些文化中是无法接受的。我们的意思只是管理者负责为组织扫清通往目标成功道路上的障碍。

人们很容易把这种想法和"任何挡在路上的都是阻碍成功的障碍，必须移除"混淆起来。有时，路上的障碍起着确保你表现正常的作用。例如，如果你需要在生产系统发布应用，那么你就把质量保证看作障碍。这一观察与我们所定义的障碍是不一致的，因为质量保证的存在有助于确保满足股东对高质量产品的要求。在这种情况下，障碍实际上是你自己和你心中的偏见。

真正的障碍是出了问题，但没有处理。例如，合作伙伴不能按时提供软件或硬件，项目难以得到测试或者流动资金的支持。当你遇到这些障碍时，记住这个团队不是为你工作，而是与你一起工作。你可能是团队的负责人，但也是团队成功的关键部分。好的管理者实际上会亲自上手，帮助团队完成目标。

5.8　结论

管理是有关执行和实现组织目标、愿景和使命必需的所有活动。它是"以明智和合乎道德的手段来完成任务"。要在管理上成功，成为一个奋发向上的领导，需要专注和致力于学习和成长。也需要安排好任务、人和度量以实现预期的目标。

项目和任务管理是成功管理的关键。这方面的努力包括分解目标到相关的项目和任务，再把这些任务分配给个人和组织，度量进展的情况，沟通状态和解决问题。较大的项目将包括任务之间的关系，以确定什么任务应该从什么时候开始，建立项目的时间进度表。

人力资源管理与组织及其雇用、解雇、培养和发展相关。我们经常在表现差的人身上花太多的时间，未能及时淘汰。结果没有足够的时间去培养和发展那些真正给公司带来价值的人。在一般情况下，我们需要用更多的时间把他们的表现及时地反馈给团队和个人，以确保他们有足够的机会来为股东创造价值。我们也用大量的时间来面试新的候选人，但往往没有留给每一个候选人足够的时间。通常，在做出雇用决定之前，参加面试的六到七人面试官与团队的新成员只面谈 30 分钟到一个小时。应该留出足够的时间来面试，以确保对候选人将来的加入感到放心。

度量是管理成功的关键。如果没有度量和指标，就无法改善，如果无法改善，为什么要聘用管理人员？本书在"度量、指标和目标评估"小节提供了一些度量建议，我们高度推荐在制订扩展性计划的时候时常回顾一下这些内容。

管理者需要帮助团队完成任务。这意味着尽可能防止问题发生，并确保任何障碍一旦出现可以及时解决。好的管理者会立即消除障碍，甚至把障碍消灭在萌芽中。

关键点

- ❑ 管理是明智和合乎道德地使用手段来完成任务。
- ❑ 作为领导，追求卓越管理是一个毕生的目标，如其定义所言，是一个旅程。
- ❑ 同领导一样，管理可以被看作一个由个性、能力、经验、行为和方法为参数而组成的函数。提高这些参数的任何方面都会增加你的管理"商"（quotient）。
- ❑ 忘记"管理风格"，想办法适应团队、公司和使命的需要。项目和任务管理是成功管理的关键。这些活动需要有能力来把一个目标分解成多个部分，确定部分之间的关系，分配任务和确定时间点，并基于这些日期度量进展。
- ❑ 项目管理用 5% 的时间制订详细的计划，用 95% 的时间做好应付突发事件的准备。在适当的时间聚焦取得结果，而不是生搬硬套原定的方案。
- ❑ 人和组织管理活动被分解为"播种、施肥、除草"三个部分。
  - ❑播种是雇佣新人，目的是选拔更好的人。多数管理者在面试上花的时间太少，而且目标设的不够高。在新员工的面试中，应包括企业文化和行为。

❑ 施肥是培养组织内的员工。要不厌其烦地给员工提供高质量的反馈。

❑ 除草是淘汰表现差的员工。这件事很少做得快，总觉得有义务先反馈表现的评估结果。

❑ 不度量就不能提高。可扩展性的度量应包括可用性、响应时间、生产效率、成本和质量。

❑ 目标树可以有效地把组织与公司的目标匹配，并帮助创建"通往成功的因果路线图"。

❑ 管理者为成功铺路。成功的管理者把自己视为团队的关键部分，向共同的目标努力。

第6章 关系、思维和商业案例

孙子说：凡用兵之法，将受命于君。

迄今为止，在第一部分中，我们已经对下述几个问题的重要性进行了讨论，让合适的人在合适的岗位上工作，优秀的领导和管理的理论与实践，确定正确的组织规模和结构。现在我们把注意力转向另外三个扩展性难题上：

❑ 在业务主管和产品团队之间建立有效的合作关系

❑ 以正确的"思维模式"研发产品

❑ 改善产品可扩展性的具体业务案例

6.1 业务与技术之间的鸿沟

我们相信，许多负责经营的总经理和技术团队之间存在大量的问题，这是两者在教育和经验方面已经存在并不断扩大的巨大鸿沟所带来的结果。从教育的角度看，技术主管可能有数学、科学或者工程方面的学历，而总经理则可能有一个较弱的数学背景。个性风格也可能差异显著，技术主管有点内向（"把他独自放在一个黑暗的房间里，他什么都能做"）总经理更加外向和友好，有点儿像销售。他们的工作经验也可能不一样，总经理通过达成交易，完成销售方案和建立关系而被提升到这个位置。相反，技术主管可能是因为其技术技能或者能够准时完成产品而被提升到这个位置。

　　教育和经验中的这种差距导致了沟通上的困难，这里有几个原因。首先，缺乏共同点，往往没有什么工作以外的原因能使两人沟通或者有交往。他们可能不喜欢同一个活动，可能不知道同一个人。如果没有这种工作外的共同关系，建立信任的唯一途径就是通过共同的成功。成功可能最终建立和维持一个可以共渡难关的关系。但如果没有共同的成功，擦出的火花会点燃不信任，没有信任，团队注定失败。

　　其次，没有前提和基础，沟通不会顺畅。问题往往理所当然地从商业的角度提出，而答案却常常是在技术方面。例如，总经理可能会问，"为了披露收入，我们什么时候可以发布 Maxim 360 网关？"技术主管可能这样回答，"目前存在射频调制和功率消耗的问题，现在还不能确定问题是由软件实现的电位计，还是硬件变阻器电位器引起的。所以我认为交付 QA 测试的时间，会比原定计划有不超过 2 个星期的推迟。"虽然技术主管在这里给出了全面和完整的答案，但是这只能让总经理感到茫然。她很可能对 soft-pot、变阻器、甚至射频一无所知。信息来得如此之快，与其他重要的信息混杂在一起，显然对她毫无意义，只是变得更加混乱。

　　这种不对称的沟通往往会让位给更有害的交流形式，我们称之为破坏性干扰。问题从指责开始，如"你要做什么来确保平稳进行"，或者"你为什么会让它延迟了一周"。而不是以一种解决问题的沟通方式，比如，"让我们来看看，可否能够一起努力，确定如何把项目延迟的时间抢回来。"当然，我们应该对管理团队保持和抱有很高的期望，但这样做不应该对团队的合作产生破坏力。既要有很高的标准，也要作为领导和主管实际上参与、支持和帮助。

6.1.1　业务主管的问题

通过对一些问题的回答，我们可以确定沟通不良的罪魁祸首是否是业务主管。不要担心，我们也会给技术主管提供一组类似的问题。最有可能的情况是，业务和技术主管都存在某些问题。认清现实是向解决问题和改善沟通迈出的重要一步。

- ❑ 技术负责人至少被更换过一次吗？
- ❑ 技术团队中不同的人分别给了业务主管同样的解释，但是他仍然不相信？
- ❑ 因为技术主管已经在学习阅读财务报表了，作为业务主管，是否用尽可能多的时间去了解技术？
- ❑ 业务主管是否懂得，应该如何询问项目日期是否积极和可以实现？
- ❑ 业务主管是否在产品开发生命周期刚开始的时候，想办法弄清楚如何度量成功？
- ❑ 业务主管是否能够以身作则，还是彼此相互指责？

注意前面的这些问题可以很容易地追溯到教育和经验。例如，如果你从团队中得到了一致的回答，也许你不明白他们到底在说什么。解决这个问题的方法有两种：要么你能更好地理解他们想要告诉你什么，要么你可以与他们合作，这样他们就能更好地理解你所说的话。更好的是，两者兼有！

这些并不意味着业务主管是问题的唯一来源。然而，不肯认错往往是一种警讯。也许某个人（如 CTO）需要被替换，以打造一支沟通更顺畅的团队，其实 CTO 的不断流失是一个明确的迹象，真正的问题在招聘经理。

6.1.2 技术主管的问题

下面是类似的专门询问技术主管的问题清单：

❑ 技术团队是否可以对项目的关键日期提供早期反馈？

❑ 反馈一直不正确？

❑ 业务在生产或者产品的时间表中反复遇到同样的问题吗？

❑ 技术团队成员用什么指标来衡量其工作对业务的意义？

❑ 技术方案的选择是基于商业利益还是技术优点？

❑ 技术团队是否了解是什么在驱动业务？竞争者是谁？他们的业务是否会成功？

❑ 技术团队是否理解业务所面临的挑战、风险、障碍和策略？

❑ 技术领导可以阅读和理解资产负债表、现金流量表和损益表吗？

我们经常遇到根本就不懂商业语言的技术高管。最好的技术高管定义具有业务重要性的指标：收入、利润、成本、上市时间、壁垒、客户保有率等等。技术高管理解赚钱的业务手段、收入的驱动力、目前的财务现实、竞争格局和当年的财务目标非常关键。只有具备这种知识和能力的 CTO 才能够制订出合理的技术战略来实现企业的目标。

首席技术官因为技术能力而被提升到这个岗位是一个常见的事情。然而，要在这个职位上成功就必须想办法大幅度地提升其商业的能力。有许多快捷、在线和兼职的 MBA 班，可以帮助技术高管在技术团队和行政团队之间搭起桥梁。CTO 需要更好的商业头脑，这可以通过寻找高管教练和阅读更多专业的业务书籍，尤其是在财务、发展战略和资金计划 / 预算方面来提高。

6.2 击败 IT 思维模式

技术组织有两种基本模式：IT 组织模式和产品组织模式。

IT 组织通常给其他组织提供咨询和实施服务，其目的是为了降低成本，提高员工的工作效率等等。它们往往把重点放在实施企业资源规划解决方案（ERP），通信系统（电信、电子邮件等）和客户关系管理的解决方案（CRM）。通常，它们的工作会带来内部客户（其他员工）的需求，并通过实施套装或自主研发的解决方案来满足这些需求，以实现组织的目标。IT 部门往往被当作成本中心来运营。它们的主要目标是通过采用技术手段而非增加人员来解决问题以降低公司的成本。反过来，可以根据给企业带来的成本对 IT 组织进行评估。这可以通过成本占收入的百分比，成本占运营成本的百分比（非毛利），或者公司内人均成本来计算。大多数公司都需要一个 IT 部门，IT 工作是为公司做贡献的一个很好的方式，同时也可以帮助股东创造价值。

技术组织可以用来构建自己的第二个模式是产品模式。产品模式的技术组织定义和创建产品推动了业务增长和创造股东价值。因为其使命与 IT 组织模式不同，产品组织模式的团队在职能、行为和思路上区别于其他的 IT 团队。对产品组织模式团队的主要评估不是以成本为基础（例如人均成本，IT 成本占运营成本的比例），而是把它视为盈利中心。这并不是说该种组织的成本无关紧要，而是要评估成本所带来的收入和利润。IT 组织模式的团队经常把其他员工作为他们的客户，产品组织模式的团队则专注于外部市场的分析，把公司产品的用户当作自己的客户。

在思维方式、组织、指标以及方法上，IT 和产品组织模式之间的差异是巨大的。让我们通过一个类比来更好地理解两者之间的差异。假设你是一个 NFL（美国国家橄榄球联盟）球队的进攻教练。如果采用 IT 的思维方式组织进攻阵容，你会告诉队员，他们的客户是四分卫和跑卫。在这个比喻中，进攻线为跑卫和四分卫提供"堵服务"。问题是，根据定义，客户和供应商并不是来自于同一个团队。他们有不同的目标和目的。客户想要公平的价格，而供应商则希望能吸引到大量的客户并以最高的价格出售其产品和服务，以实现股东利益的最大化。虽然两者都可以成功，但是他们有着不同的目标。

然而，橄榄球队很清楚他们必须团结一致才能成功。进攻阵容的队员们了解，他们的工作是一起扔球，拿尽可能多的分，同时尽可能零失误。如果配合得好，那么他们就是一个团队，而不是作为群体的一个成员为另外一个成员提供服务。虽然进攻阵容的收入取决于橄榄球队设置的工资顶限，但是评估他们成功的主要指标是得分、失误和最终的胜利。他们的客户是球迷，不是自己的队友。

成功的公司，诸如 eBay、PayPal、亚马逊和谷歌，从基因里就认为技术是产品的一部分，而产品就是他们的业务。这些公司不用 IT 的指标或方法来开发产品。产品和管理团队认为客户是外面的人，购买他们的解决方案，不是自己公司的人。他们考虑的是收入的增长和为产生这些收入所必需的成本，而不是在公司内部每个员工的成本。在这样的组织中，业务主会说"产品架构"，而不是"企业架构"。他们寻求并隔离产品中的故障点，而不是四处寻找如何通过共享资源来降低成本。

当公司采用面向内部 IT 而制订的流程，为真正的客户创造产品时，问题就会出现。这类方法对需求文档的要求，往往会扼杀产品开发中新概念的发现。企业技术管制会显著放缓关键项目的上市时间。从内部客户发起的自上而下的创新削弱了第 3 章中描述的用途广泛的创新来源优势（参见图 3-5）。公司继续寻求内部解决方案，而不是去感受市场的需求，了解客户如何与产品互动。本质是 IT 的思维模式对内部技术的发展非常好，但对外部的产品开发却是灾难性的。

好的产品都是由那些深谙客户需求的公司创造的。好的产品团队直接与客户互动并创新，而不是从其他员工那里获得需求。好的公司清楚地了解产品团队在聚焦市场的产品创新和聚焦内部效率提升之间的差异，并能够妥善地处理。

6.3 为扩展性加大投入的业务理由

本章目前为止，已经涵盖了在技术和业务主管之间，为什么会有沟通障碍以及如何解决该问题的内容。也探讨了为什么传统的 IT

思维模式和方法不适合面向市场的产品开发。在理解了这些问题及其解决思路后，现在把注意力转向说明为什么要在扩展性和可用性上加大投入。

我们的解释从如果不推动任何项目开始。业务与收入、成本、利润和损失相关。确保一个项目得不到任何资金支持的办法，是用收入和成本以外的东西来说明项目的重要性。换句话说，没有人会在意你要做的那个项目是否将采用最新的和最好的技术。你的工作是解释清楚，如何以及为什么它能最大限度地增加收入和降低成本，从而使股东的价值最大化。业务有其独特性，因此每个业务案例（如销售包装）都针对平台或产品进行定制。

举例来说，让我们转向讨论如何设计业务框架来提高可用性的投入。宕机时间通常意味着失去收入和引起客户不满意。以交易为基础收入模型的网站，承担着季度或月度的预计收入，并计算每分钟产生的收入。即使是最简单的网站也可能经历每分钟收入的剧烈波动，这个直线计算是一个好的开端。对于按期收取许可费用的产品，以客户预付或合同回报金额计算每分钟的成本。对通过广告赚钱的产品，可以用每分钟的广告收入，或者确定损失的展示次数乘以每个页面的价值来计算。这些计算的结果，无论是收入还是损失都与每分钟或每页的宕机时间紧密关联。

举一个更为准确的计算宕机时间成本的实例，找一张某个网站正常日和周的流量图。然后对比上周的流量图（假设上周是一个正常周），把本周或今天的流量中断的情况画出来。两条线之间所夹的面积就是宕机的时间损失。这个方法对部分宕机的情况特别有用，如果你遵循第 19 章中给出的方法实施，那么就会有机会避免全部宕机。

图 6-1 中，假设实线是上个周一的以 10 分钟为间隔的收入曲线。虚线是本周一的收入曲线，其中从大约 16:30 到 18:20 有间歇的服务问题。

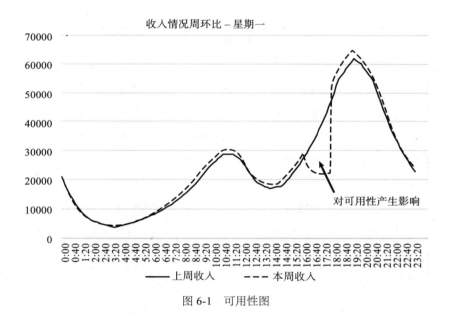

图 6-1　可用性图

该图有多种用途。首先，如果数据是实时的，它将有助于识别什么时候出现了问题。大流量网站的经验证明这些图表的预测是相当可靠的。虽然流量或收入可能会增加（如图 6-1 中虚线比实线略高），曲线上的第一和第二个起伏（上升超过正常的运行幅度）显示每周或每日的流量模式。用另一种方法，大部分的虚线和实线显示同样的模式。在大约 16:30 事件发生前，两者的变化情况是一致的。如果一个团队正在观察这条曲线，那么就有可能给他们一个早期的警示，使他们能对发生的事情做出快速的回应。

另一个目的是度量中断对交易或收入的影响。如前所述，曲线之间的面积非常接近中断的影响程度。在这种情况下，通过计算两条线之间的面积，可以确定收入到底有多大损失。

亚马逊中断

宕机时间转换成以美元计算的收入是一个极端的例子，让我们来看看亚马逊服务及其停机的代价。单说亚马逊并没有什么负面的意思，因为通常亚马逊有非常好的健康运行纪录，几乎所有的其他大型互联网服务都有相同或者更多的宕机时间。但亚马逊确实是一个很好的案例，因为它规模很大，而且是上市公司（纳斯达克：AMZN）。

据纽约时报科技博客，"Bits"报道，"2008年6月6日，亚马逊提供的网站经历了持续一个多小时的宕机。2008年第二季度的预期收入是40亿美元，以直线规划方法计算，每小时的销售额损失将是180万美元。有人可能辩解说，在那个小时内买不到商品的客户仍然会回来，但事实是他们在别处购买了商品。即使公司最终的损失仅为50%或25%，这仍然是一个非常可观的金额。

我们应该对这种类型的收入损失进行计算，不仅是要让技术团队理解保持系统可用性的重要性，而且可以利用这些数据向业务主管们解释，要对合适的人和项目上做适当的投入，以保持网站的可用性和扩展性。

捕捉平台问题的另一种方法是度量与客户获取成本相关的业务指标。如果业务花了市场营销的钱来吸引用户访问网站，获取每个

客户都有一个成本。掌握这个成本，可以帮助营销团队确定从哪个渠道或用什么方法获得用户的成本最低。当网站瘫痪时，营销活动并没有停止，通常这些活动不可能立即开始和停止。相反，营销费用继续支出，用户被带到瘫痪的网站上。被诱惑来的潜在新客户，因为体验极差感到不满而离开，使你失去了把他们转换为可支付客户的机会。每个宕机时间都将成为未来收入的损失，这相当于在宕机时间内所有没有转换的用户的终身价值。把这个理解延伸一下，如果你继续跟踪回头客户，那么另一个指标是有多少客户在服务中断后停止返回。如果 35% 的用户每月返回网站一次，那么请在宕机后再观察这个指标。如果数据下降了，那么你可能永远失去了这些客户。

另一个用于描述中断或潜在中断的业务手段是将中断转化为组织内的成本。这些可以通过运维人员、工程师或客户支持人员的成本来计算。客户支持人员在业务上是最明显而且最容易引起注意的。当宕机发生时，工程师和运维人员必须参与解决问题，他们因此无法参与像客户功能研发方面的活动。先确定工程的总预算（例如，工资、支持），然后计算出宕机时段参与工作的工程师人数和所花费的时间占总预算的百分比。如前所述，在宕机时，最接近业务的将是客户支持人员，由于支持工具不可用他们谁都不能工作，或者是在宕机期间及其后的几个小时内，必须处理额外的客户投诉。对于拥有大量支持人员的公司，这些工作量如果加起来将会是相当可观的一笔金钱。

对技术人员来说，尽管确定宕机的实际损失可能是一件非常痛苦的事情。但是它有几个目的，首先，它量化了以美元计算的宕机实际成本。当你为扩展性项目的支持和人员配备讨价还价的时候，这个数据应该很有帮助。其次，这个计算有助于教育技术人员理解平台不可用的真正代价。了解如何盈利、奖金、预算、招聘计划等等都与平台的性能相关，这对工程师来说是一个巨大的动力。

6.4　结论

在这一章中，我们讲解了扩展性组织链条上的最后一环：如何通过给出有利的业务理由以获取资源，分配资源和把扩展性当作业务去关注。以此来结束本书的第一部分。大多数的科技人员和业务伙伴之间常常存在着经验的鸿沟，前者很可能也包括 CTO，当各方均有企业的思维模式时，业务将受益。有关如何跨越鸿沟和重塑企业的思维模式，使企业可以回应聚焦扩展性的需要，特别从人和组织的角度来看，包括招聘合适的人，安排他们担当合适的角色，展示必要的领导力和管理能力，围绕团队建立适当的组织结构。

关键点

- ❑ 由于大多数的非技术管理人员的职业生涯缺乏相应的技术教育和经验，技术人员和其他的业务主管被经验的鸿沟隔开了。
- ❑ 技术人员必须负起跨越鸿沟进入业务领域这一责任。
- ❑ 为获得对扩展性的理解和支持，必须要用业务的语言来说明任务以使业务主管能够理解。
- ❑ 计算中断和宕机时间的代价是证明需要把企业文化关注在扩展性上的有效方法。

第二部分

构建可扩展的过程

第7章 过程是可扩展的关键

孙子说：莫难于军争。军争之难者，以迂为直，以患为利。

也许没有人比 NCAA 的橄榄球教练尼克·萨班更了解在正确时间有正确过程的价值，尼克是阿拉巴马州赤色风暴队的教练。他是第一个在 1 区的两个不同的学校（路易斯安那州立大学和阿拉巴马州立大学）获得过全国冠军的大学橄榄球教练。在我们写这本书的时候，他已经获得四个全国冠军了。尼克成功靠的是什么？聆听他的采访，你会听到他以同样的方式一遍又一遍地回答这个问题："关注过程"，"好的过程产生好的结果"，"过程保证成功"[一]。尼克的过程不是关注输赢，而是重复的活动和基础训练，如果做得好，结果就是一场胜利。在健身房里，过程是坚持在复合抬举机上的严格训练。在球场上，过程是针对每个球员位置的重复性的动作。尼克对过程的定义是，"我们希望每个人都始终坚持达到的标准"[二]。

[一] Jason Selk. " What Nick Saban Knows About Success. " *Forbes*, September 12, 2012. http:// www.forbes.com/sites/jasonselk/2012/09/12/what-nick-saban-knows-about-success/.

[二] Greg Bishop. "Saban Is Keen to Explain Process." *New York Times*, January 1, 2013. http:// thequad.blogs.nytimes.com/2013/01/05/saban-is-keen-to-explain-process/?_php=true&_ type=blogs&_r=0.

为了扩大工程资源的产出，我们需要个人在团队中工作。为了团队能够有效地交付产品，我们需要过程来帮助他们协调、管理和指导他们的努力。我们也需要帮助团队学习和避免重蹈覆辙，并帮助他们重复以前的成功。第二部分将分析各种基本的过程及其在组织中扮演的角色。本部分中的过程包括以下的内容：

- ❑ 在生产环境中，如何适当地控制和发现变更？
- ❑ 当出现问题或者发生危机时，该怎么应对？
- ❑ 如何在产品设计伊始就把扩展性考虑进去？
- ❑ 如何理解和管理风险？
- ❑ 什么时候该自建系统？什么时候该外购系统？
- ❑ 如何确定系统的规模？
- ❑ 什么时候发布产品？什么时候等待发布？
- ❑ 什么时候回滚？如何应付突发的情况？

在讨论这些主题之前，我们认为应该先大致讨论一下过程如何影响可扩展性，这是很重要的。首先看过程的目的，然后讨论如何根据组织的规模和成熟度适当地落实过程。

7.1　过程的目的

根据维基百科，业务过程的定义是，"为特定的客户产生特定的服务或与产品相关的结构化活动或任务的集合。"这些过程可以是直接为客户提供产品或者服务，如制造，或者是支持性的过程，如会计。软件工程研究所把过程定义为整合了组织里的人、方法和工具三个关键维度。根据软件工程研究所发布的能力成熟度模型研发 1.2

版，过程帮你解决可扩展性问题，并提供如何吸收知识把事情做得更好的方法。过程让团队可以迅速应对危机、查明故障的根源、确定系统的容量、分析扩展的需求、实施扩展的项目、解决可扩展系统和组织的许多基本问题。如果希望系统随着组织的增长而不断扩展，那么这些活动是至关重要的。例如，当系统服务中断时，如果你依赖随机的现场响应来恢复服务，那宕机时间将不可避免地延长。相反，如果有一套明确的步骤指导团队来响应、沟通、调试和恢复服务，宕机时间将相对较短。

　　经理工作的一部分是帮助团队解决问题，但这并不是他们唯一的责任，也就是说，经理不能整天站在那里等待解决问题。举个例子，假设一个工程师正在向源代码库检入代码，但是他不确定应该放在哪个分支。这种情况很可能会多次出现，因此不需要反复让经理来解决这一难题，这似乎也并不划算。相反，也许工程团队就可以决定，错误修复进入维护分支，新功能进入主干。为了确定团队中每个人都知道这件事，可能有人把这一原则形成文档发给周围的人，发布在团队的维基网页上，或者在接下来的全体会议上告诉每个人。恭喜：这个团队刚刚开发了一个过程！本案例说明了过程的主要目的，即完成这种管理工作不需要管理者，这样不但可以降低成本，还可以提高重复性任务结果的价值。良好的过程是管理的补充，能够增强其影响力，确保质量结果的一致性。

　　回到前面工程师向源代码库检入代码的例子：如果工程师没有标准的过程作为指导，也找不到负责的经理，没有一个处理不确定问题的过程，事情会怎么样？今天，她决定将错误修复的代码检入维护分支。这似乎符合乎逻辑，因为该分支名就是"维护"，望文生义地认为错误修复是维护应用的活动。几天后（足够长的时间让工程师忘记自己在哪里检入了错误修复的代码），她被指派修复另外一个错误。她很快就确定了这个问题，并修正。现在准备把新的修复代码检入到源代码库，她又面临着同样的问题：哪一个分支？她又去找经理，还是没有找到，这个经理一定有个非常聪明的藏身之地，悄悄地躲在那里看他最喜欢的球赛。工程师不记得上次自己做了什么。但是她确实记得，代码将在今晚上线，产品团队和她的老板都希望错误修复的代码尽快上线。结果，她把错误修复代码检入到主干，然后接着开发新的功能。

　　看到问题了吗？是的，没有一个清楚的过程，每个人都可能会有自己的决定。当每个人自己做出决定后，结果和产出就会有变数。这种变数意味着我们无法避免过去的错误，重复过去的成功。因此，创建和维护过程的关键原因是把如何执行任务标准化，以及在出现过程不确定性的时候应该把什么标准化。

　　我们在咨询实践中，经常会面对团队的错误思想，他们认为建立过程会扼杀创造力。同样，让组织去拥抱过程的变化可能更加困难。例如，一个变更管理过程最初可能会被看作一种对研发速度的减缓和版本发布的控制。现实情况有很大不同：妥善实施的过程会培养团队的创造力。每个工作日都有这么多的任务，工程师可以集中精力的时间也只有这么多。以变更管理为例，过程的结果应该有助于工程师更安全地发布代码，在由变更所引起的突发事件上花更少的时间。同样重要的是，人们的创新力是有限的，必须"充电"，如果一个工程师必须花费宝贵的时间和一定数量的创造性思维在琐碎的任务上，那么他就失去了时间和创造力，这些时间和创造力本来可以去完成一些更重要的任务，例如设计一个新的用户界面。一个结构良好的工作环境可以消除干扰，让工程师有更多的时间和精力专注于创意。

讨论过程的目的，是让我们把注意力转移到确定应该实施多少个过程上。虽然过程有助于增加组织的产出和规范重复性或不明确的任务，但太多的过程会拖累组织并增加成本。

CMMI

软件能力成熟度模型（Capability Maturity Model, CMM）的起源，可以追溯到一个军方资助的在卡耐基 – 梅隆大学软件工程研究所进行的研究项目，其目的是寻求一种评价软件承包商的方法。本来是纯粹的软件工程模型，结果后来 CMM 发展成通用的能力与成熟度评估过程，应用到许多不同的技术领域如系统工程、信息技术和公司的收购。CMM 的传播催生了能力成熟度模型集成（Capability Maturity Model Integration, CMMI）项目，其目的是创建通用的 CMMI 框架。该框架支持 CMMI 群，是 CMMI 的组成部分。目前 CMMI 有三个群：研发、服务和收购。

CMMI 采用级别来描述过程改进的进化路径，对采用持续改进的组织体现在能力级别的提高上，对那些使用阶梯式表达方法的，体现在成熟级别的提升上。对这些级别的描述见图 7-1、表 7-1 和表 7-2。

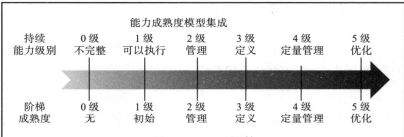

图 7-1　CMMI 级别

表 7-1　能力水平

水平	成熟度	描述
0	不完整	过程不完善或者部分完善
1	可以执行	可以按照过程执行并能满足目标的要求
2	管理	当过程有基础设施支持而且这种支持可以持续
3	定义	严格定义了标准和步骤
4	定量管理	过程靠统计数字和其他定量方法
5	优化	通过增量和创新的进步完善过程

表 7-2　成熟级别

级别	成熟度	描述
1	初始	过程的特征是被动和混乱
2	管理	有项目管理和一些过程规范存在
3	定义	过程形成文档并制度化
4	定量管理	用定量评估来完善
5	优化	基于增量和创新的进步持续完善过程

7.2 正确的时间和正确的过程

组织是由不同的经验、背景和关系的人组成的。正如没有两个人完全相同，也没有两个组织是完全相同的。组织处于一种不断变化的状态。正如时间改变人，时间也改变一个组织。一个组织可以从过去的错误中学习如何避免重蹈覆辙，或者学习如何重复过去的成功。组织的成员可能增加他们在某些特定领域的技能，并改善他们与组织以外的关系。有些人加入组织，也有些人离开组织。

如果所有的组织都是不同的而且处于一种不停变化的状态，这对组织的过程意味着什么？必须首先对这些过程进行评估，以确定其严谨性、可重复性及其与组织的匹配度。小型组织可能需要较少的过程，因为团队成员之间的沟通比较容易。然而，随着组织的发展，过程需要更多的步骤和更高的严谨性，以确保高度的可重复性。例如，当公司初创时，员工只有你和另一个工程师，使用产品和服务的客户也很少，危机处理的过程很简单，就是半夜起床重启服务器。因为可能没有客户会在半夜使用服务，所以如果错过了警报，可以在天亮时重启。当团队由 50 名工程师组成，公司有成千上万客户，如果采用相同的过程，必然会导致客户的焦虑和收入的损失。在这种情况下，就需要定义过程，给出过程的每个必要的步骤。当重大事件发生时，可以不断重复使用这个过程。

7.2.1 过程成熟度框架

作为讨论过程严谨性和可重复性的指南，我们想参考能力成熟度模型集成（CMMI）框架中的能力和成熟级别。本书无法对

CMMI 框架做全面或完整的解释，也不建议你采用和实施 CMMI。相反，我们引入这个框架来规范过程改进和可重复性相关的术语。CMMI 的分级是一个讲解过程为什么存在很多状态的好方法，从定义很差到使用定量信息进行改进。这些极端状态都标记在图 7-2 中，并且用 O 和 X 点沿梯度描绘了能力和成熟度级别。要了解关于 CMMI 的更多信息，可以访问软件工程研究所的网站 http://www.sei.cmu.edu/

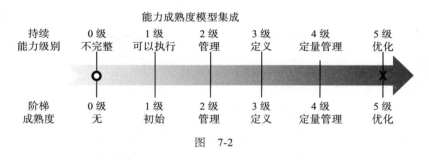

图　7-2

　　如 CMMI 的工具栏介绍的那样，级别用来描述一个过程改进的演进路径，对采用持续改进的组织体现在能力级别的提高上，对那些使用阶梯式表达方法的，体现在成熟级别的提升上。虽然最为理想的状态是业务里所有的过程都是 5 级，但是这不太可能，因为要做到这样需要有足够的资源投入到制订、管理、记录、度量和改进上，尤其是对初创公司。事实上，关注过程改进的机会很小，因为初创公司的真正价值是快速把产品发布到市场上，迅速发现要研发的合适的新产品。接下来，我们会提供了一些指导方针，帮助确定你的过程是否满足需要。

7.2.2　什么时间实施过程

回想一下，过程有助于团队和员工的管理，如果管理者时常通过类似的任务来管理人，那么这就是一个过程的明显迹象。通过不断重复的任务管理人是一个迹象，表明你可以围绕着这些任务通过定义这些过程从中获益。

如果一项共同的任务由团队中的几个人分别执行，结果迥异，则是过程需要改进的另外一个迹象。也许一个工程师把错误修复的代码检入到主干，而另一个则检入到维护分支。其他工程师可能根本就不把代码检入到源代码库，而是留在自己的机器上。这种方法上的差异必然意味着结果的差异。在这种情况下，研发过程可以帮助我们规范代码控制的方法、度量和改进预期的结果。

员工由于琐碎任务而负担过重，是第三个需要提高过程严谨性的迹象。这些事情会分散员工的注意力、影响时间、精力和创造力。这些问题的早期迹象可能包括越来越多的工程师抱怨他们的时间花在什么地方。如果技术人员觉得工作中有障碍，或有更好的方法去完成某项任务，他们通常不会保持安静。

7.2.3　过程的复杂度

过程的复杂度不是一蹴而就的事情，而是需要不断地调整确定当下过程的复杂度。

针对选择确定过程复杂度的方法，我们有两个建议。在探讨这两个方法之前，我们先考虑下面例子中过程复杂度的区别。图 7-3 描述了另一个梯度，用事件管理过程的两个实例解释复杂度从简单到复杂的过程。左边非常简单的三步骤过程最适用只有少数几个工程师的初创公司。右边的过程非常复杂，更适合大型的有运维团队的机构。正如梯度所表示的，很多不同的复杂度可以满足任何一个过程的需要。

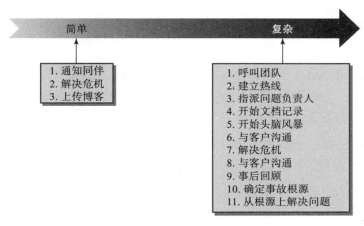

图 7-3 过程的复杂度

同一个过程可以有许多不同的变化，在理解了这一点的基础上，探索哪些选项更适用于我们的组织。这里建议用两个方法来确定过程的级别，过去的经验证明这两个方法都行之有效，它们可以组合也可以分开使用：

❏ 第一个方法是从过程的最小复杂度开始，周期性地迭代到高复杂度。这个方法的优点是，新过程比需要的简单或可以容忍，团队因为新过程太复杂而招架不住的机会较小。这种方法的缺点是，锁定最优状态需要时间，而且必须记得定期审查，要在员工频繁使用的基础上进行修改。如果你觉得缺点太多，可以考虑使用第二个方法。

❑ 第二个方法是让团队自行决定锁定组织的最优状态。这个方法可以是民主的，每个人都会有机会发言或选择通过代表发言。无论如何，这个方法可以更快地接近最优的状态，比前面的方法速度更快。它的优势是使团队成员有一种主人翁的感觉，使过程更容易被接受。

你可以选择使用一个方法或者采用混合方法直到找到最佳的过程。在混合方法中，让团队决定这个过程，但随后你可以稍微下调一级，以确保过程可以被迅速地采用。如果团队成员觉得他们需要一个非常严格的代码分支管理过程，你可以建议他们在最初的时候放松一点，允许在命名约定和分支管理时间要求上有一定的灵活性，直到每个人都熟悉了这个过程为止。过程完全建立后，经过一两个迭代，你可以修改这个过程，纳入原先的命名约定和时间控制建议。

7.3　当好的过程变坏的时候

到目前为止，我们只对过程好的一面进行了讨论。正如我们所希望的那样，在定义和实施过程的时候不存在任何不利因素，现实是过程本身可以带来问题。一个设计不良的监控系统，可以由于生产环境服务器和服务的过载而引起宕机事件。与此类似，如果没有仔细考虑过程的复杂度和严谨度，过程就会带来问题。这些挑战都不是过程本身的错误，甚至与过程实施无关。相反，原因在于过程和团队之间的匹配度。你经常可以看到在技术、设计和架构上的这种不匹配的情况。技术和方法很少是一贯正确或者总是错误的：扁平化网络（我们当然可以找到使用案例）、有状态的应用（可以有一个特别的目的）和单件（有这种场景）。但是如果把它们应用在错误的地方，肯定会有问题。

造成过程不适应或不匹配的最大问题之一是文化冲突。当一个狂野的西部文化遇到了一个非常复杂的有 100 个步骤的过程，火花四溅是必然的。结果是团队会忽略这个过程，在这种情况下，它实际上带来了更多的问题，员工或许会花很多时间来抱怨。这两种结果都可能比没有这个过程更糟。一旦发现这种情况要立即采取行动。这样的过程不仅在短期内伤害团队，也会增加团队对过程和改变的阻力，这使得未来任何过程的实施都变得困难重重。

另一个在组织和过程之间不匹配或者不适合的相关问题是官僚主义。韦氏在线词典把这个词定义为："一个以官僚习气和繁文缛节为标志的行政系统"。在任何过程定义和实施中，我们最不想做的事情就是繁文缛节和官僚主义。如你所料，官僚主义的结果是降低生产力和士气。如前所述，工程师们喜欢挑战，如果要求他们去做困难的事情，那么他们会茁壮成长。当工程师前进受阻无法成功时，他们很容易变得沮丧。这就是为什么工程师们通常很容易告诉你是什么事情降低了他们的能力，使他们不能有效工作。经理和领导所面临的挑战是要分清哪些抱怨是不喜欢改变或者是真的有问题需要解决时脾气很坏。区分这些情况的最好方法是了解这个团队和它通常对事情的反应。

假定你那里已经有了官僚主义作风，为了防止文化冲突和官僚主义的扩散，要关注三个关键领域。首先，倾听你的团队。了解每个团队成员个性的细微差别，如果你有一个多层次的组织，包括那些经理，那么你就会知道是真的打扰了他们，还是仅仅是轻微干扰。

其次，采用本章前面描述过的两个方法之一来实施过程，无论是从小到大的过程迭代，还是让他们自己决定建立合适数量的过程。如果你选择这些方法中的一个或两个，综合使用，那么应该会形成与团队配合良好的过程。

最后，定期维护过程。不论过程处在 CMMI 成熟度的哪个级别，都要坚持进行。正如我们一再声明的那样，没有正确的或错误的过程，只有在正确的时间为正确的组织实施的合适过程。而且，随着时间的推移，所有的组织都在变化。组织发生变化后，必须重新评估过程，以确保它们仍然是最佳的选择。为了保持过程的不断更新，每个过程都指定一个所有者会有所帮助。当过程的归属确定并众所周知后，改进过程的责任归属就很清楚了。最后，在检查过程的有效性时，应该经常考虑如何使过程自动化。对过程进行定期维护是至关重要的，以确保它不会成为文化冲突的根源或开始成为官僚主义噩梦。

7.4 结论

过程有三个主要的目的：助力团队和员工的管理，规范员工执行重复性任务时的行为，把员工从日常琐事中解放出来，专注于更大和更多的创意。例如过去没有危机管理或容量规划的过程，没有在复杂性和可重复性方面与团队匹配的过程，就不能有效地扩展系统。

复杂度和过程成熟度方面存在着许多差异。同样，组织之间也有所不同，组织本身随时间的推移也有所差别，因为组织总有人离开和加入，或者变得成熟。真正的挑战是与组织匹配的正确的过程、适当的过程数量和正确的时间。为了实现这个目标，你可以从少量过程开始，然后慢慢地增加颗粒度，并建立更严格的定义。这种引入过程的方式可以有效地降低进入过程世界的难度。你可能会让团队决定要完成某个特定的任务，合适的过程是什么。也许指定一个人来想清楚，也许让整个团队坐在在会议室里冥思苦想几个小时来决定。

造成过程不适应的部分问题是文化冲突和官僚主义。在本章中，我们指出了这些问题存在的迹象和相应的一些纠正措施。过程的定期维护对有效规避这些问题很有帮助。对每个过程的匹配性进行审查，这种审查可以年为基础或者当组织发生显著变化的时候进行，比如大批新员工入职，审查将确保组织在正确的时间拥有合适的过程。

第二部分中余下的部分将讨论我们觉得对可扩展性非常重要的具体过程的细节。对于每一个过程，你应该记住本章中所学到的，并思考它们如何对引进和实施过程产生的影响。

关键点

- ❑ 过程，如应用设计或解决问题，是应用扩展的一个关键。
- ❑ 过程协助任务的管理和标准化，解放员工，把精力聚焦在更具创造性的工作上。
- ❑ 过程存在着多样性，几乎任何一个过程都面临着选择。
- ❑ 对任何过程，确定实施都是第一步。决定后，下一步是确定要实施的最佳过程数。
- ❑ 确定最佳过程数的方法是：（1）从小到大的周期迭代；

（2）让团队决定。

❑ 过程和组织之间配合不好可能导致文化冲突或官僚主义。

❑ 为避免过程和组织之间的问题，你可能会让团队确定合适的数量或者随着时间缓慢增加。

❑ 每个过程都应该指定一个人或团队作为所有者。

❑ 过程维护是保证组织规模与过程匹配的关键。

第8章　管理故障和问题

孙子说：久暴师则国用不足。

复发性故障是可扩展性的大敌，它浪费团队的时间，这些时间本可以用来创建新的功能和为股东创造更大的价值。本章将讨论如何避免故障复发和如何创建一个学习型组织。

我们用故障和引起故障的潜在问题描述过去的表现，过去的表现是未来业绩最好的背书。近期发生的故障和出现的问题预示着系统现在和未来的局限性，假如系统目前在满足最终用户的需求上存在着可扩展性问题，就会使我们对系统未来的扩展能力产生忧虑。我们可以通过定义适当的过程来捕捉和解决事件，大幅度地提高系统的扩展能力。不能发现和解决过去的问题就无法从架构、研发和运维过去的错误中学习。不认识过去的错误并从中吸取教训，以确保不重蹈覆辙，其结果将是灾难性的。为此，本章讲专门讨论故障和问题管理。

本章将依靠英国政府商务办公室（Office of Government, Commerce, OGC）信息技术基础设施库（Information Technology Infrastructure Library, ITIL）体系所定义的某些术语和过程来讲解。由信息系统审计与控制协会所建立的 ITIL 和 COBIT（信息及相关技

术的控制目标）体系是最常用的与 IT 软件、系统与组织相关的开发和
运维过程的框架。本章无意对 ITIL、COBIT 进行系统性审查或背书。
相反，我们将总结体系中涉及故障和问题管理及其相关问题的最重要
部分，讨论无论组织或公司的规模和复杂度如何都绝对需要的部分。

　　不管你在一家计划要全面实施 ITIL 和 COBIT 的大公司，还是
一个正在寻找快速和有效的过程来帮助识别和消除反复发生的与可
扩展性相关问题的小公司，下列活动是必不可少的：

　　❑ 区别故障和问题并相应地跟踪。
　　❑ 根据故障管理的生命周期，适当地分类、关闭、报告并跟踪
　　　故障。
　　❑ 开发问题跟踪和生命周期管理系统，确保适当地反映和关闭
　　　与可扩展性相关的问题。
　　❑ 建立日常故障和问题审查机制来支持故障和问题管理的过程。
　　❑ 建立每季故障回顾机制，从过去的错误中学习，以确定反复
　　　影响扩展能力的问题。
　　❑ 建立强大的事后处理机制，以发现所有问题的根源。

8.1　什么是故障

　　ITIL 对故障的定义是："可能会造成服务中断或者服务质量下降
的非标准服务操作事件。"这个定义有些"打官腔"。更容易理解的
定义是："任何降低服务质量的事件。"⊖故障包括宕机、导致用户响

⊖　"ITIL Open Guide: Incident Management."http://www.itilibrary.org/index.
php?page= incident_management.

应时间增加、返回给用户不正确或意外的结果。

ITIL 定义的问题管理是："以对业务或用户的影响尽可能少而且经济有效的方式，尽快恢复正常操作。"因此，问题管理真正成为对问题影响的管理。我们喜欢这个定义也喜欢其中提到的方法，因为它分离原因和影响。即使不了解根源，我们也希望尽快解决问题。对扩展而言，迅速解决故障是关键。一旦发生可扩展性相关的故障，人们就会开始认为系统缺乏可扩展性。

现在，我们明白了事故是系统中不希望发生的事件，因为它影响可用性或者服务水平。故障管理要求快速有效地把系统恢复到正常状态。接下来我们讨论问题和问题管理。

8.2　什么是问题

ITIL 对问题的定义是："不明原因引起的一个或多个故障，往往被确认是多个类似故障的结果。"它进一步明确了"已知错误"是问题的根源，并指出，"问题管理的目标是尽量减少问题对组织的影响"。[⊖]

我们已经看到了有目的地分离事件（故障）及其根源（问题）。从定义上区别事故和问题，使我们在日常运维过程中寻找不同的策略。如果每次恢复服务前都要先找到问题根源，可用性就会降低。此外，恢复系统和确定根源所必需的技能迥异。如此说来，两个过程串行不仅浪费时间，也会进一步破坏股东的价值。

⊖　"ITIL Open Library."http://www.itilibrary.org/index.php?page=problem_management.

假设一个网站的数据库是紧密耦合的架构，而且数据库失效时会导致网站服务不可用。在上午 11 点到下午 1 点的交易高峰期，因为数据库宕机，结果所有的进程死掉，引发数据库故障。一个非常保守的方法是在搞清楚失败原因之前，绝不重启数据库。通过查看日志和核心文件，甚至依靠数据库供应商的分析，需要好几个小时，甚至几天才能确定原因。这个方法背后的意图显而易见，就是当重启数据库时，不希望有任何的数据损失。

实际上，现在大多数的数据库都可以在宕机后，在没有严重数据损失的前提下恢复服务。通过内核和日志文件，可以快速地检查并确定有没有正在运行的进程，实际上重启数据库可能帮助了解到底遇到了哪种类型的问题。或许你可以启动数据库并运行几个简单的"健康检查"脚本，像插入和更新一组测试数据来验证业务和数据库服务是否已经恢复。重新启动数据库会涉及中断服务，但宕机时间显然比按部就班地先定位问题根源，然后再恢复服务要短得多。

我们刚刚强调了两个过程之间非常真实的冲突，本章稍后将讨论这两个过程。具体而言，故障管理（与恢复服务相关）和问题管理（与查找问题根源和解决问题）往往是互相矛盾的。快速恢复服务经常与问题管理需要的数据取证冲突。重启服务器或服务或许真的会破坏关键数据。我们将讨论如何处理这种情况。承认恢复服务和解决问题需要不同的措施，认识到这一点已经让我们获益匪浅。

8.3 事故管理的组成部分

ITIL 定义了事故管理过程中必不可少的活动：

❑　监控和记录事故

❑　分类和初步支持

❑　调查和诊断

❑　解决方案和恢复服务

❑　关闭事故

❑　事故所有权、监控、跟踪和通信

　　这个列表暗示着一个次序，首先是监控事故，调查和诊断事故之前要先分类，解决事故的方案和恢复服务必须要发生在初步调查之后等。我们完全同意该清单所列的必要行动。然而，如果你的组织不严格遵循 OGC 的管治体系，那么你不需要任何 OGC 的相关认证，可根据该清单做一些简单的改变，从而加快解决问题和恢复服务的速度。首先，我们希望创建属于自己的简化版的活动列表。

　　事故监控和记录是识别影响用户或系统操作并记录的事故的一种活动。监控和记录都非常重要，许多公司可以进一步努力，把事故监控和记录做得更快和更好。事故监控是所有关于监视系统的活动。除此之外，是否有客户体验监控来确保在第一个客户投诉之前发现问题？我们所安排的测试和客户使用的情况一致吗？根据我们的经验，在系统中进行实际的客户测试交易非常重要，可以用测试交易的结果与期望的返回结果和响应时间比较。

监控成熟度框架

　　我们经常看到客户实施监控解决方案，目的是发现潜在问题的根源。这听起来很好，但这种监控的万能药却很少奏效。下面

两个原因导致了它的失败：

❑ 要监控的系统在设计时并没有考虑到要被监控。

❑ 对监控缺乏有计划、有条理的迭代发展方式。

　　如果平台在设计的时候没有考虑到监控，那么就不应该期望监控系统能够正确地识别平台的故障。设计最好的系统把监控和事件通知集成在代码里。世界一流的实时监控解决方案可以记录针对服务的每个内部调用的时间和错误。举个例子，世界级的实时监控解决方案有能力记录每个内部服务调用的次数和错误。在这种情况下，服务可以是一个数据库调用或者另一个有关账户信息的网络服务等。由此产生的次数、频率和错误类型可以实时绘制在统计过程控制图上（SPC），突出显示那些在约束条件以外的数据点，作为某种监控面板的警报。

　　设计一个可以被监控的平台是必要的，但不足以快速识别和解决事故。你还需要一个从顾客的角度来发现问题的系统，该系统同时也可以帮助识别导致问题的基础平台组件。

　　太多的公司忽略了从客户的角度监控系统。理想情况下，你应该建立或集成实时监控和报警系统，该系统可以模拟客户如何使用平台并进行最关键交易的场景。当系统的表现超出内部定义的响应时间和可用性服务水平时，发出警报。

　　其次，建立过程和实施支持工具，以帮助确定究竟是哪些系统造成这一事故。理想情况下，可以建立一个故障隔离架构，创建故障域以隔离并定位故障（在第19章将讨论建立故障域和隔离故障的架构）。监控至少让我们可以看到平台活动的重要信息和了解平台关键组件的运行情况，如负载、CPU、内存利用率或网络活动。

请注意，监控的第一步不仅是识别问题，而且也包括记录问题。许多公司可以正确地识别问题，但却未能在采取行动前立即记录问题，或者是没有可以记录问题的系统。最好的办法是有个自动化的系统，立即记录问题及其时间戳，让运营人员有时间处理其他事。

ITIL 的下一步是分类和初步支持，但我们相信这在许多公司实际上只是"让合适的人参与"。分类是发生在问题解决后的一种活动。

调查和诊断之后是解决和恢复。简单地说，调查和诊断确定什么东西出现故障了，然后采取适当的措施恢复服务。例如，确定 5 号应用服务器没有响应（调查和诊断），立即尝试重新启动（解决）使系统恢复。

关闭事故是记录与事故相关的所有信息。最后的步骤包括指定一个人进行跟进、沟通、跟踪和监控。

在实施事故管理时，我们经常推荐一个容易记住的缩写（见图 8-1）。不管是否采用 ITIL 体系，这个缩写支持 ITIL 体系和规模较小的公司。这个缩写就是 DRIER：

- ❑ D（Detect）：通过监控或与客户联系检测事故。
- ❑ R（Report）：报告事故，记入负责跟踪全部事故、失效或其他事件的系统。
- ❑ I（Investigate）：调查事故以确定该做什么。
- ❑ E（Escalate）：如果事故在规定的时间内没能解决，尽快升级。
- ❑ R（Resolve）：通过恢复最终用户需要的功能和记录所有的信息，为解决事故做跟进。

在总结 DRIER 时，我们已经尽力使客户更容易理解如何有效地实施问题管理。请注意，尽管缩写中删除了问题的分类，但我们仍然期待完成分类活动以积累系统数据，并帮助通知其他的过程。我们建议在每日事故例会上讨论分类的问题（在本章后面会讨论）。

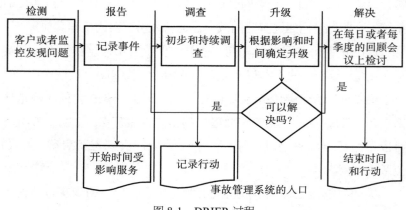

图 8-1 DRIER 过程

8.4 问题管理的组成部分

ITIL 定义的问题管理比事故管理更难掌握。ITIL 的定义描述了一些过程以控制其他的过程。对于一个大型组织，这可能有点麻烦。本节试图将这些过程提炼成更易于管理的东西。请记住，问题是事故的根源，并有可能是造成大量可扩展性问题的罪魁祸首。

在我们的模型中，问题与事故同时发生，并持续到确定事故根源。因此，在大多数情况下，问题比事故持续的时间更长。一个问题可能是许多事故的原因。

和事故一样，我们需要一种类型的工作流来支持解决方案。我们需要一个系统或地方来保存所有的公开问题，并确保这些问题可以和它们触发的事故相关联。我们还需要跟踪这些问题的关闭。"关闭"的定义是问题一直存在，直到它不会再造成事故。

问题有大有小。小问题可以交给一个人去处理。在问题解决后准备关闭时，要先在 QA 系统验证确定是否满足测试标准。经过适当的管理人员或发生事故系统的负责人的确认后，问题可以关闭。较大的问题更为复杂，有专门的程序帮助确保问题得到快速解决。一个大的问题可能与事后处理主题相关（在本章稍后描述），这些反过来又会推动更多的调查或解决问题的任务。对这些任务的结果，应该采取下列方法之一进行定期审查：1）负责解决问题的项目经理团队，2）负责跟踪问题解决的经理，3）在一个专门处理事故跟踪和解决的会议上，如我们推荐的每日事故例会。

8.5　解决事故和问题管理之间的矛盾

以前，我们提到过在事故管理和问题管理之间存在着明显的和现实的紧张关系。通常，恢复系统服务所需要的行动将有可能破坏确定问题根源的必要证据。我们的经验是，事故的解决方案总会战胜问题根源确定，除非找不到问题根源和没有解决方案导致事故继续高频复发。

就是说，我们认为重要的是先想清楚自己的方法和策略，在你面临尴尬境地之时，需要做出艰难的决定，何时恢复服务，何时继续分析问题根源。对此，我们有一些建议：

❑ 确定系统恢复前需要收集哪些信息。

❑ 确定你愿意在恢复服务前收集多少诊断信息。

❑ 确定当你需要问题根源分析比系统恢复更重要时，你允许系统失败几次？

❑ 如果有冲突，什么时候应该恢复系统，确定谁应该做出决定？

在某些情况下，由于缺乏取证数据，可能找不到清晰的问题根源。在这种情况下，最好对事故预先做出相应的安排，确保所有相关的人员都做好参与的准备，当事故再次出现时，可以快速捕捉到更好的诊断数据。

8.6　事故和问题的生命周期

在事故与问题之间有一个隐含的生命周期。一般情况下，事故处于开放或处理阶段，直到系统恢复。有时候，在有些生命周期中，系统恢复可能会把事故的状态变成"关闭"，而在其他一些生命周期中，系统恢复则会把事故的状态变成"解决"。问题与事故相关，一般在事故发生时"开启"，在根源确定后"解决"，在生产环境上纠正和验证后"关闭"。取决于你所采用的方法，有些情况下恢复服务后可以关闭问题；如果一个问题引起了几个事故，那么除非相关的问题得到解决，否则那几个事故最终都不可能关闭。

无管你在生命周期的不同阶段使用什么词，我们通常推荐用以下几个简单的术语来追踪、收集与事故和问题及其相应代价相关的高质量数据：

事故生命周期

开启　　　　当事故或生产中事件发生时

解决　　　　当服务恢复时

关闭　　　　当生产中的问题被关闭时

问题生命周期

开启　　　　当与一个事故关联时

定位　　　　当确定问题根源时

关闭　　　　当问题已经在生产环境中得到解决并获得验证时

我们的做法是确保事故一直保持开启状态，直到在生产环境中确定问题的根源并予以解决。请注意，这些生命周期并没有解决其他与事故和问题相关的数据问题，例如，我们曾建议在每日运维事故例会上加入分类数据。

我们反对重新开启事故，因为这样做会使从事故跟踪系统查询和确定事故复发频率变得困难。如果有办法"重新开启"问题还是有用的，只要你确定这么做的频率。问题复发说明没有真正找到问题的根源，问题复发情况统计对任何组织都是重要的数据。定位问题根源持续失误导致事故不停发生，浪费了宝贵的资源，这对扩展性来说是灾难性的。不能有效定位问题根源，结果导致面向客户的服务多次失败，造成股东财富的损失，并阻碍所有与可用性和服务质量相关的项目。

8.7　施行每日事故例会制

我们鼓励大家尽快施行每日事故例会制。在以交易为核心，快速增长的公司里，可以通过这个每日例会把事故管理过程和问题管理过程有机地结合起来。

在每日例会上，要逐一审查前一天发生的所有事故，并把问题指定给某个人或某个团队。根据问题发生的频率及其对服务的影响来确定定位问题根源及解决方案的优先级。我们建议在每天的例会上，结合公司的情况，考虑问题的严重程度、受影响的系统、对客户的影响等因素为事故分类。最重要的是在未来对事故进行总结的时候，分类系统要有助于确定系统的哪个部分对公司带来了最坏的影响。这对于确定系统的扩展性问题特别重要。

未关闭问题是与事故相关的问题处在打开或定位，但还没有到彻底关闭的程度。在每日例会上，都要对未关闭的问题进行审查。确保优先级正确，确定在向前推进，不存在障碍。如果一天时间审查不完所有的问题，可以安排轮流审查，从影响最大、优先级最高的问题开始。问题分类的方式要与业务需求一致，并且要能够反映出哪种来源（内部还是外部供应商）、哪个子系统（存储、服务器、数据库、登录应用、购买应用）、哪类影响（可扩展性、可用性、响应时间）。分类特别重要，如果从中能抽取出有意义的数据，将有助于正在进行中的扩展性项目。问题应该继承由事故带来的影响，这包括累计宕机时间、响应时间等。

我们回顾一下本节中讨论的工作流程。我们已经确定了需要关联事故和系统，讨论了其他更多的分类方式，认识到关联问题和事故还需要随着时间的推移审查更多的数据。此外，要为每个问题，甚至事故指定负责人，同步与问题相关的所有状态信息，直至问题关闭。大多数读者可能已经清楚，如果有一个系统来帮助管理这些信息将是非常有用的。大多数的开放源码和来自第三方的系统稍加配置，都可以提供问题管理所需的大部分功能。我们不认为必须在问题跟踪系统完备后，才能实施事故管理过程、问题管理过程和每日事故例会制。当然，如果你能在施行这些管理过程后不久就搞定问题跟踪系统，那肯定会提供不少帮助。

8.8　施行季度事故总结制度

需要一个回顾和总结的机制来检查事故和问题管理过程的完备性和有效性，以确保可以成功地解决那些反复发生的事故和问题。

我们在 8.6 节中提到，有可能会发生错误定位问题根源的事情。这种事几乎不可避免，但是需要想办法阻止。犯这种错的是同一个人吗？如果是这样的，那么需要对这个人进行辅导、换岗甚至淘汰。这种误判总是发生在某个子系统上吗？如果是这样的，也许要加强培训和文档，确保对系统了如指掌。问题总是发生在某个合作伙伴或供应商身上吗？如果是这样的，你就要采取记分制或向供应商反馈他们的表现。

此外，为确保扩展性项目资源使用得当，需要针对每个系统或子系统评价和回顾过去的表现、事故的频率及其影响。这有助于确定未来架构项目的优先级，成为确定系统容量预留空间过程的输入参数。

季度事故回顾的输出还为扩展性投入定义业务提供数据。向业务领导展示依据影响确定的优先级，在哪里和为什么投入资源。这具有强大的说服力，可以帮助你锁定资源，确保系统运行良好和股东财富最大化。此外，利用这些数据来描绘如何通过努力减少扩展性相关的系统中断，改善用户的响应时间，使过去的投入有了产出，这将有助于提升你的信誉，使你继续做好工作。

8.9　事后处理

本章早些时候我们注意到，需要一种特殊的方法来帮助解决一些比较大的问题。大多数情况下，这些问题需要一个跨部门的头脑风暴会议，通常称为一个事后处理会议。事后处理会议是有价值的，它可以帮助找出问题的根源，如果组织得当，也可以帮助确定与过程和培训相关的问题。千万不要把这个会议开成相互指责的论坛。

实施事后处理过程的第一步是确定什么规模的事故需要进行事后分析处理。虽然事后处理非常有用，但是它需要好多人放下手头的工作，帮助确定到底是哪个地方失效，从系统、过程或组织的角度看，怎么能做得更好。要从这个会议得到最大的产出，必须确保与会者有充裕的时间，了解事故中所有可能的细节。在第 5 章中，我们讨论过指标和度量，把事后分析处理的工作指派给某些人，这将会降低生产效率，因为这些人不得不暂时放下产品开发和系统扩展上的责任。

参加事后分析处理过程（如系统容量规划）的应该是一个跨部门的团队，包括软件工程、系统管理、数据库管理、网络工程、运维和其他所有能提供有价值信息的技术组织。会议应该由一位曾经参加过会议组织训练且有一定技术背景的经理来主持。

事后处理过程的输入包括导致最终用户事故的数据和时间戳，影响用户事故的实际发生时间和在事故中采取的所有行动，以及事故发生后直到开这个会之前的相关活动。最理想的情况是所有的行动包括在事故中恢复服务的行动和事后的其他行动及其时间戳，都被记录在同一个系统或在其他地方，覆盖收集诊断数据和修复问题根源的所有活动。日志应该解析清楚，并抓取所有与事故相关的带有时间戳的数据。图 8-2 介绍了团队在事后处理会议上应该遵循的过程和要讨论的问题。

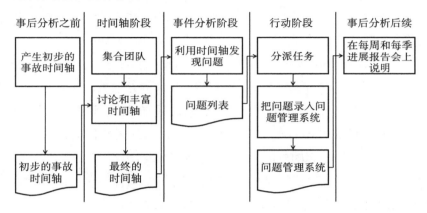

图 8-2　事后分析过程举例

事后处理过程的第一步称为时间线阶段，参与者回顾初始时间线，并确保它的完整性。参加事后处理的人可能会发现缺少了关键的日期、时间和行动。例如，团队可能注意到应用发出的警告，但并没有在事故发生后的两小时内采取任何行动，直到事故发生后的第一个影响被捕捉到。注意在这一阶段的过程中，只应该记录时间、行动和事件，而不应该定位和讨论任何问题。

事后处理过程的第二步是事件阶段，按照时间线审查，并定位事件、错误或问题，这个阶段的数据多多益善。检视每一个方面的记录，但不讨论该做什么事来解决，直到讨论完整个时间线，并确定了所有的问题。在这一阶段，会议的主持人需要营造环境，鼓励与会者发言，不必担心报复，毫无顾虑地说出心里所有的想法。会议的主持人还应确保不要提及具体的人名。例如，不应该在事后处理会上说："约翰执行错了命令。"相反，应该说："上午 10:12，错误地执行了命令 A。"如果发现有人违反公司的政策，多次犯同样的错误或者需要一些辅导，那么管理层可以追究个人的责任。事后处理会的目的并不是要公开惩罚犯错的人。事实上，如果把它当作这样一个论坛，那么过程的有效性将大打折扣。

在完成对时间线的第一次审查后，生成问题列表，在对时间线进行第二次审查时，要聚焦确定是否及时采取行动。假设从上午 10 点开始，系统的 CPU 使用率开始上升，没有人采取任何行动。中午，客户开始抱怨响应时间太慢。在对时间线进行第二次审查时，可能会有人注意到，早期的处理器使用率升高可能与客户抱怨的响应时间太慢有关，为此提出一个问题。

在对时间线进行至少一次审查（最好是 2 次）并完成一个完整的问题列表之后，我们准备进入行动阶段，创建任务列表。任务列表是根据问题列表产生的，每一个问题至少对应一个任务。如果团队不能就采取某个特定的行动来解决某个问题达成一致，那么可以创建一个分析任务来确认应该安排什么样的方案和任务来解决这个问题。

我们坚信，一个事故总是有多个根源，这里强调的是"多个"。换句话说，没有任何一个事故是单一问题引发的。我们鼓励客户设置严格的事后处理标准，解决人员、过程和技术方面的问题。此外，我们推荐的任务包括最小化事故监控时间、最小化事故解决时间、确保事故不复发以及最小化事故风险。

遵循事后处理过程，并关注我们所期望的产出，即与人员、过程和技术相关的任务，我们可能会给出一个像下面这样的问题列表：

❑ 人 / 解决问题的时间：团队不清楚负载均衡可以检测并剔除失效的服务器。

❑ 人 / 解决问题的时间：因值班工程师不在或对警报没反应，结果造成宕机时间延长。

❑ 过程 / 解决问题的时间：NOC（Network Operations Center）人员无足够的培训或权限从负载均衡上移除失效的服务器。

❑ 技术 / 避免事故的能力：在负载均衡上没配置健康监控来确定和移除失效的服务器。

❑ 技术 / 监控到问题需要的时间：服务器 Ping 测试失败的警报没能立即通知 NOC。

❑ 技术 / 避免事故的能力：一个磁盘失效不应该造成服务器的失效。

在任务列表创建后，要为每个任务指定负责人。必要时，使用 RASCI 方法明确谁负责完成任务，谁负责批准任务等。在定义任务时要符合 SMART 原则，即特定的、可测量的、积极的 / 可实现的、现实的和及时的。虽然 SMART 原则最初设定的目的是设定目标，但是 SMART 原则也可以帮助我们确保任务的时间限制。在理想情况下，这些事项会被记录到问题管理系统中以备后用。

8.10　融会贯通

总的来说，问题管理和过程管理的某些组成部分，如每日事故例会、每季度事故审查例会，再加上一个明确的事后管理过程，以及能对所有系统和问题进行跟踪和报告的系统，为定位、报告、调整优先级并采取行动解决扩展性问题奠定了良好的基础。

任何事故都遵循 DRIER 过程来检测问题、报告问题、调查问题、升级问题和解决问题。问题会被立即输入一个跟踪事故和问题的系统。调查结果会立即带来一系列的行动，如果需要帮助，会根据升级过程升级情况。解决问题会把问题的状态变为"解决"，但不关闭事故，直到我们确定根源，并在生产环境中解决。

除非事故严重，需要立即分配，否则会在每日事故例会上把问题指定给某个人或团队。在每天的审查中，我们还回顾前一天发生的事故，以及未解决的高优先级问题及其状态。此外，在每日例会上，我们也验证关闭的问题，并为事故和问题分类。

团队或个人按优先级解决分配的问题。当问题根源确定后，问题的状态就改为"定位"；问题在生产环境中解决并被验证后，其状态变成"关闭"。比较大的问题经过一个明确的事后处理过程，以查清所有可能的技术和过程问题。我们在同一系统中跟踪一般的问题，并在每日例会中审查。

我们定期在每个季度对事故和问题进行回顾，以确定现有过程是否正确地关闭了问题，并确定最常发生的事故。收集并使用这些数据来调整公司在架构、组织和过程方面项目的优先级，以帮助我们实现提高扩展性的使命。更多的数据可以帮助我们确定在减少扩展性问题方面哪些做得很好，也有助于为扩展性相关的项目说明其业务必要性。

8.11　结论

在任何技术组织中最重要的过程之一是对事故和问题进行解决、

跟踪和报告。事故解决及问题管理应该被当成两个独立的、有时相互竞争的过程。此外，也需要相应的系统来帮助管理与这些过程相关的关系和数据。

几个简单的会议制度有助于融合事故管理和问题管理过程。每日事故例会帮助管理事故、问题的解决和进展情况，而季度总结会可以帮助团队成员形成一个持续的过程改善循环。最后，支持性的过程，如事后处理过程可以帮助推动主要问题的解决。

关键点

- ❑ 事故是生产环境的问题。事故管理聚焦在及时有效地恢复生产服务的过程。

- ❑ 问题是事故的原因。问题管理聚焦在确定问题的根源和解决问题的过程。

- ❑ 事件的管理可以浓缩为 DRIER，它代表检测、报告、调查、升级和解决。

- ❑ 事故管理和问题管理之间有一种天然的紧张关系。快速恢复服务可能会导致丢失一些取证数据，而这些数据对问题管理极为重要。思考应该给多少时间来收集数据以及收集哪些数据，将有助于缓解这种紧张关系。

- ❑ 事故管理和问题管理有各自的生命周期，例如，事故可以有开启、解决、关闭三种状态，而问题则是开启、定位、关闭三种状态。

- ❑ 每日事故例会组织审查事故和问题的状态、指定负责人、做出业务分类。

❑ 季度事故总结会是对本季度发生过的事故和问题进行回顾和总结，它有助于验证那些首次关闭的问题，从理论上分析事故和问题，以帮助调整与扩展性相关的架构、过程和组织工作的优先级。

❑ 事后处理是一个头脑风暴的过程，用于对比较大的事故和问题的管理，可以帮助推动问题的关闭和确定支持任务。

❑ 事后处理应该聚焦在识别造成事故的多种根源上。这些根源可能涉及产品开发过程中包括人员、过程和技术在内的所有维度。在理想情况下，事后处理的结果将确定如何在未来避免类似的事故，如何更快速地监控事故，以及如何推动事故更快地解决。

第9章　危机管理和升级

孙子说：夫兵久而国利者，未之有也。

你可能从未见过 Etsy 网站上（www.etsy.com）的 404 错误（页面未找到）。错误页是一幅卡通画，描绘了一个女人在织一件三只胳膊的毛衣（见图 9-1）。Etsy 是手工或古董物品市场，这样看来，似乎只能说公司受委托加工三只胳膊的毛衣，用来奖励那些把网站搞瘫痪的工程师们。这个有趣的事实表明了 Etsy 的技术团队有着惊人的繁荣文化，比这个 404 页更有趣的是几年前网站发生的事故。负责 Etsy 技术运维的高级副总裁约翰·阿尔斯帕瓦，是《系统容量规划的艺术》（The Art of Capacity Planning，O'Reilly Media，2008）和《网络运维：确保数据准时》（Web Operations: Keeping the Data on Time，O'Reilly，2010）的作者。Etsy 的 404 网页就展示了约翰讲的故事。这一切都始于一个 CSS 文件的删除。这个 CSS 文件支持过时的 Internet Explorer 浏览器版本（IE 版本低于 9.0）。该文件被删除后的几分钟里，似乎一切正常，但在所有的 80 台网络服务器上 CPU 使用率飙升至 100%。

图 9-1　Etsy 和 404 错误页面

　　阿尔斯帕瓦和他的团队一直非常专注于监控；监控访问次数超过 100 万次的应用，如注册和支付。这些数据给了运维和软件开发人员对系统令人难以置信的洞察力。在阿尔斯帕瓦的故事里，监控系统几乎立即发现系统有些不对劲并开始报警。技术运维和软件工程师们聚集在一个虚拟的 IRC 聊天室以及 Etsy 在布鲁克林办公区的会议室里。团队形成几个假设，并很快开始验证。安东尼，因为这个事故最终获得三只胳膊毛衣的那个工程师，发现在 rsync 静态资源和执行代码之间的时间空挡抛了一个错误。有问题的代码不只在浏览器，而在每个请求上都被执行，服务器消耗了所有可用的 CPU 资源。

　　现在，阿尔斯帕瓦的团队已经发现问题的根源，通过放回丢失的 CSS 文件应该很容易解决。但是实际上无法快速解决：因为无限循环消耗了所有的 CPU 资源，甚至不允许通过 SSH 连接到服务器。系统管理员通过连接到 iLO（integrated-Lights Out）卡重启服务器，但当服务器重启后，CPU 又再次飙升。团队开始从负载均衡上摘掉服务器，然后重新启动，这给他们时间通过 SSH 连接到服务器并替换了 CSS 文件。系统管理员和网络工程师能够如此迅速地完成这些操作，是因为阿尔斯帕瓦的团队对此操作演练过很多次。因为团队已经有了一个适当的沟通计划，对这一事件的全过程，他们可以通过网站 EtsyStatus（http://etsystatus.com/）和推特账号 @ etsystatus 与客户沟通，确保客户了解 Etsy 正在解决问题。

在行业里，Etsy 是准备得最好和执行得最好的团队之一。即使这种执行能力和完备的准备，也无法避免公司出现问题，以致需要"奖励"工程师三只胳膊的毛衣。Etsy 的团队理解当事故发生时，迅速和适当的反应至关重要。本章将讨论在事中和事后如何处理重大危机事件。

9.1　什么是危机

《韦氏词典》把危机定义为"急性病或发烧的好转或恶化的转折点"和"一种突发性的疼痛、痛苦或紊乱的发作"。危机既可以是泻药也可以是电疗。这可能是你的尼采事件，让你如神话般的凤凰涅槃。可以一举解决在第 6 章中描述的许多事情，并迫使公司聚焦在可用性上。如果你读到了这里并且采取了正确的行动，你的组织会有显著改善。

怎么判断一个事故是否已经上升到足以成为危机的程度呢？要回答这个问题，你需要了解一个事故对业务的影响。也许凌晨 1 点到 1 点半之间发生的一个 30 到 60 分钟的故障，对公司而言并不构成真正的危机，而中午 3 分钟的故障却是一个重大的危机。圣诞节三周的业务可能会占公司年收入的 30%。因此，在这三周时间内宕机可能比在一年内其他时间的代价更加昂贵。在这种情况下，在 12 月的第一周到第三周之间发生的任何宕机事故应该属于危机，而在一年的其他时间段，你可能愿意容忍 30 分钟的宕机时间。企业可能依赖于一个数据仓库在上午 8 点和下午 7 点之间的时间来支持数百名分析师，但在下午 7 点后或周末的任何时间几乎没有人使用。在这种情况下，如果数据仓库在工作时间宕机将造成分析师在工作时间闲置，这会成为一个危机。

当然，并不是所有的危机都是一样的，显然也不是所有事故都该被视为危机。当然，在网站从周一到周五的高峰时间段，3 分钟的部分服务停止，与在用户活动水平相对较低时段 30 分钟的宕机相比，算是一种危机。我们认为，每个公司都有自己独特的危机阈值，这需要你自己确定。超过这个阈值的任何事故都应被视为危机。失去一条腿比失去手指更坏，但两者都需要立即的医疗照顾。同理，在危机发生时，要以同样的方式进行处理。

回顾一下第 8 章，复发性的问题浪费时间，摧毁服务和组织的扩展能力。因为危机占用大量资源，所以瓦解扩展性。允许危机的根源不止一次地出现会浪费大量的资源，使组织和服务无法扩展，也会带来摧毁业务的风险。

9.2 为什么要区分危机和其他的事故

你不可能像处理正常事故那样来对待危机，因为危机对你的影响与正常事故不同。这需要比往常更快地恢复服务，然后继续努力寻找问题的真正根源。时间的流逝、客户的满意度、未来的财务收入甚至业务的活力全都系于此。

尽管我们相信为一个项目增加资源要有度，否则会减少回报，甚至带来负面的影响。在危机发生时，我们要在最短时间内解决问题，而不考虑资源的回报和效率。在处理危机时，不要考虑产品的未来交付问题，因为这样的考虑和导致的行动会增加危机持续的时间。相反，要身体力行，出现在危机现场，屏蔽任何干扰。危机持续的每一分钟都在破坏股东的财富。

你的工作就是阻止危机对业务带来负面影响。如果你无法召集足够的人手快速解决问题，会发生三件事情。首先，危机将延续。事故会复发，你会失去客户、收入甚至业务。其次，危机会长时间吞噬宝贵的业务时间，最终会使你失去对其他项目的吸引力。即使你想要避免全体人员紧急应对的情况，最终无论如何还是会发生，只会让事故的影响时间更长。最后，你会失去信誉。

9.3　危机如何改变公司

危机是不好，但是如果能够妥善处理可以给公司带来长期的利益。针对一个或者一系列的危机，如果公司能因此而改变过程、文化、组织结构和架构，就能够从危机中受益。在这种情况下危机就是催化剂。

当然，由于危机对股东和员工带来的不良影响，我们的工作就是要尽可能避免危机。但当危机发生时，我们必须牢记一句格言："浪费危机是一件可怕的事情。"这句格言指出了一个强烈的愿望，要通过事后处理、分析尽最大可能从危机中学习，以此改善我们的人员、过程、技术和架构。

---

eBay 的扩展性危机

以 1999 年的 eBay 为例说明危机可以改变一个公司。eBay 在早期是互联网的宠儿，直到 1999 年夏天，公司在用户、收入和利润方面经历了指数级的快速增长。然而，1999 年的整个夏天，eBay 经历了许多次服务中断，包括 6 月的一次 20 多小时的事故。这些事故至少要对 eBay 股价的动荡负部分责任，该公司的股价从 1999 年 4 月 26 日的 25 美元左右的高位跌到 1999 年 8 月 2 日的 9.47 美元的低位。⊖

这些服务中断的原因与此后在 eBay 所发生的事情相比无关紧要。公司引入了新的高管来确保工程组织、过程和技术本身可以随着 eBay 社区用户的需求发展而不断扩展。在开始阶段，在系统和设备上增加额外的投入。采用新的过程确保所设计的系统具有扩展能力，强化工程团队在高可用性、扩展性架构和设计方面的意识。那个夏天的教训至今仍在 eBay 被提起，从那以后，扩展性成为 eBay DNA 的一个组成部分。

尽管 eBay 时不时还出现不少危机，但是这些危机的影响时间都比 1999 年夏天的那次短。eBay 把架构、人员和过程的改变与扩展性文化交织在一起。这种改变使 eBay 采用本章所描述的方法聚焦管理每一个危机。

⊖　August 4, 1999. http://finance.yahoo.com/q/hp?s=EBAY&a=07&b=2&c=1999&d=08& e=6&f=1999&g=d.

9.4　混乱中的秩序

在危机中，管理从几个不同的组织汇集的人员很困难。大多数组织都有自己独特的亚文化，这些亚文化常常不讲同一种技术语言。完全有可能一个应用开发人员使用的术语是系统工程师不熟悉的，反之亦然。

在危机情况下，如果没有统一的管理，大量来自不同组织的人会造成混乱。这种混乱会造成恶性循环，延长危机事件，甚至由于某人以不明智的行动恶化危机。事实上，如果你不能有效地管理危机中的各部分力量，你就要尽可能少用人。

公司的危机管理过程可能包括电话和 IRC（即时通信）沟通。如果你加入电话会议中，就会听到其中不同的人和组织的声音，寻找问题起因过程中的讨论和陈述都是漫无方向的。可能会问到没有答案的问题，或尝试做一些未授权的事情。就像学校的课间休息，不同的孩子在做不同的事情，完全没有什么协调性。但是危机并不是课间休息，而是一场战争。在战争中，这种缺乏协调的结果导致"友军误射"，增加了伤亡率。在技术危机中，这些误伤表现为长期停机、丢失数据、加剧对客户的影响。

混乱的局面必须控制，你希望看到的不是小学的课间休息，而是高中橄榄球队的比赛。理想的情况是你见到一群满怀信心的专业人士在寻找途径恢复服务，然后定位问题的根源。

不同的团队根据其专业有自己具体的目标和指南。对于所有的人，我们期望他们以固定的时间间隔，明确而简洁地报告自己的进展情况。假设应当被提出，很快地据此讨论，并排定优先级去分析或否定。然后应该迅速重申这些假设，把需要确定有效性的任务交给相应的工作小组，并清楚地沟通结果和时间要求。

在电话会议或者危机解决会议里的人应该负责准确地描述事故的影响、已经尝试过的步骤、考虑过的最好假设和完成现有行动的时间。技术团队的经理和经验丰富的技术骨干要集合起来，共同帮助解决问题。后面会详细介绍对这些人的角色和位置。当平台发生危机的时候，其他的工程师应该待在各自的团队或跨职能的团队里深入分析自己负责领域的问题。

9.4.1 问题管理者的角色

前面的内容已经为这个职位做了定义。我们给这个职位想了很多名字：服务中断指挥官、问题管理经理、事故管理经理、危机勇士、危机管理经理、战斗队长。不管怎么称呼，都需要有能力负责主持电话会议。遗憾的是，不是每个人都适合坐这个位置。我们并不是要雇佣一个人来管理生产中主要的事故，直到得到解决，相反，应该确保至少有一个人有能力来管理这样一个混乱的环境。

有能力成功管理混乱环境的人有着相当独特的性格。与领导一样，有些人天生就有能力在混乱中建立秩序，而其他人则需要时间来学习这项技能。更多人在危机发生时既没有欲望也没有技能来领导。把这些人放在危机管理的领导地位可能是灾难性的。危机管理团队绝对需要懂技术的人，但未必是会议室里技术水平最高的人。这个人应该能够用他的技术基础来提出与危机相关的问题并评估答案。问题管理经理不需要是主要的问题解决者，而需要在危机中有效地管理主要的问题解决者所遵循的过程。我们需要这个人"内在"有令人难以置信的平静，而"外在"有说服力。这可能意味着问题管理经理有种自然的亲和力，或可能意味着他不害怕在房间内或电话会议里大声吆喝，以引起人们的注意。

问题管理经理需要能在业务方面发言和思考。他需要非常熟悉业务模型，并在上级领导不在的情况下做出决策，事故解决的过程中数据可能被破坏，这些数据可能会在解决问题的过程中有用（记住第 8 章中的定义区别）。问题管理经理还需要能够根据发生的技术混乱写出与业务相关的简洁总结，以保持其他的业务部门了解危机管理团队的进展情况。

在缺乏秘书记录事件的时候，问题管理经理负责确保把危机中发生的行动和讨论以书面形式记录下来以等待未来分析。因此，问题管理经理需要保留危机的历史，并确保其他人也保留自己的历史记录，以待日后合并。一个带时间戳的聊天室是这类文档的一个非常好的选择。

对《星际迷航》的人物和金融大师们而言，理想的问题管理经理是由 1/3 的斯科特、1/3 的柯克船长和 1/3 的巴菲特组成。他的三分之一是工程师、三分之一是经理、三分之一是业务经理。他有武装部队的军事背景，以及工商管理硕士学位和工程硕士学位。显然，很难找到有综合经验、魅力和商业头脑的人去履行这一职能。当你找到那个人时，他可能不想要这份工作，因为这是一个无底的压力池。然而，正如一些人享受做急诊室医生的快感，一些运维人员享受带领团队渡过技术危机的感觉。

虽然我们轻率地提到 MBA、MS 和军事作战背景，这只是半开玩笑。这样的人确实存在！正如我们之前提到的，军队里有一个管理战斗（危机）的角色。军事作战部门吸引了许多领导者和管理者，他们在混乱中茁壮成长，接受训练，并依个性来处理这样的环境。虽然不是所有以前的军官都有合适的性格，但是他们的比例明显高于普通人群。作为一个群体，这些领导往往是受过良好的教育，他们中的许多人有一个或多个研究生学位。理想的候选人是有经验的工程领导，同时也是有军事作战背景的领导。

9.4.2　团队管理者的角色

在危机情况下，团队管理者负责向其团队传达行动指令，向危机管理者报告进展、主意、假设和总结。不同的公司有不同的做法，有的公司由各技术领域的"高级"或"主任"工程师负责此事。

团队管理者的作用仅限于在危机处理过程中管理团队。团队的大部分人都在危机处理中心以外的某个地方或者接入电话会议。这意味着团队管理者要和团队沟通，监督团队的进展，并与危机管理者互动。尽管听起来有些奇怪，但正是这种多渠道沟通的层次型结构保障了这个过程的可扩展性。这种层次型结构以下述几种方式影响着可扩展性：如果每个管理者可以沟通和控制 10 个或更多的下级经理或独立贡献者，那么从人力资源角度看他的能力很强。另外一种选择就是在一个会议室里通过一个渠道沟通，显然这是不具备扩展性的。在这种情况下很难沟通，几乎不可能协调人员。人们和团队很快把对方淹没在辩论、讨论和喋喋不休中。在这样一个拥挤的环境中很难做事。

此外，这种让管理人员同时使用两个渠道沟通的方式，已经在军队里使用多年并被证明是非常有效的。连长在一个频道与营长互动，在另一个频道向多个排长发出命令，并回答他们的问题（在图 9-2 中的左上部分人物是连长）。然后排长和排里的其他人做同样的事；每个排长在专门为该排设置的频道上和排里的各个班通话（参见图 9-2 的中心）。因此，虽然有些人对同时听两个电话，或在一个房间里通过电话或聊天应用发出指令感觉有些尴尬，但是这个概念在无线电出现后已经在军队里应用得很好了。军队飞行员飞行过程中同时听四个不同频道的电台是很常见的事情，这四个频道包括：两个战术频道和两个空中交通管制通道。在咨询工作中，我们曾经在几家公司里成功地使用了这个方法。

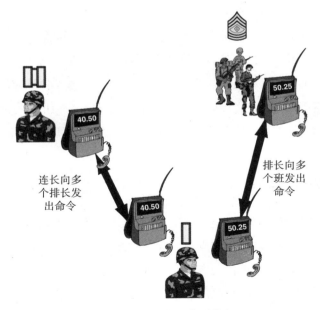

图 9-2　军队的通信系统

9.4.3　工程领导的角色

每个需要处理危机的工程团队都应该有人既能管理团队也能回答高层危机管理团队提出的技术问题。此人作为首席独立调查员，在危机管理领域有丰富的经验，并负责帮助高级团队审查信息、澄清思路、排列不同假设的优先级。这个人既可以代表他的团队，也可以代表危机管理团队，其主要职责是与其他高级工程师和危机管理者互动。帮助制定适当的行动计划以结束危机。

9.4.4　独立贡献者的角色

团队里指定参加危机管理的独立贡献者，他们在不同的聊天室或者电话会议里，或者坐在另外一个会议室里。专门负责在自己的团队里发现和过滤线索，并与危机管理团队的高级工程师和经理们一起工作。独立贡献者及其团队也负责对可能引发事故的潜在问题进行头脑风暴，相互交流从而形成各种假设，并快速验证这些假设。这个团队应该能够通过危机管理团队或者直接与其他领域的团队沟通。应该把所有的定位和解决问题的状态传达给危机管理小组负责信息沟通的团队经理。

9.5　通信与控制

要有效和快速解决危机必须共享沟通渠道。理想情况下，在危机开始时，团队将被安排坐在一起。这意味着危机管理领导小组的成员在同一个房间里，所有支持处理危机的团队坐在一起，以方便快速头脑风暴，解决问题的假设，分配工作和报告状态。然而，危机经常发生在非工作时段，因此，应采用同步语音通信会议（如电话会议）和异步聊天室。

应该使用语音通道来发布命令，停止有害的活动，并引起相关团队的注意。这是绝对有必要的，每个团队都要有人加入危机管理的电话会议，同时控制团队。在多数情况下，经理和高级工程师应该加入电话会议。在同一个房间里，在人员分散的情况下由他们充当指挥和控制沟通渠道。这个渠道成为公司临时变更管理控制中心。除了进行无损调查外，这个控制中心在危机管理过程中可以进行任何变更调度，确保活动不会互相竞争，导致系统受损或无法确定到底是什么行动解决了问题。

根据我们的经验，在任何危机中，保持电话会议和聊天室开放是绝对有必要的。聊天室允许危机恢复活动不被打断，允许每个人了解自己负责的任务与整个任务之间的活动状况。聊天室的通信方法可以确保该参与的人都能够参与，而电话会议可以立即指挥和控制不同团队使其能根据指令立即采取行动。如果能让每个人都在一个会议室里，就没有必要组织电话会议，使无法在现场的专家可以向业务经理提供状态更新。但是，即使每个人都在同一个会议室里，聊天室也应该向所有的参与应急的人开放并分享。假如一个命令被误解，它可以被所有其他的危机参与者检查，甚至"剪切和粘贴"到共享聊天室进行验证。生产系统或应用输出的结果，可以通过剪切和粘贴到聊天室，实时地与该组的其他成员共享，同时立即记录下日志。

9.6　作战室

电话会议是一个不太好但有时必需的"作战室"（War Room）或

危机会议室的替代品。当人们在一个会议室里的时候，可以传达更多的信息，因为身体语言和面部表情在讨论中非常有用。有多少次当你听到有人讲话的时候，看着他的脸，意识到所说的并不真实？也许这个人并不是在撒谎，而是在传递一些他没有完全相信的信息。例如，有些人说："这个团队相信问题可能与登录代码有关。"但她脸上的愁容表明有些不太对劲。一个电话对话不会发现这种差异，但你可以质疑团队的成员。她可能会回答说，她不相信这是真的，因为近几个月登录代码并没有任何改变，因此你可能会降低对这一假设调查的优先级。另外一种情况，她可能会回答："我们昨天刚改了那该死的代码。"这将增加调查的优先级。

在理想情况下，作战室配备电话，一张大的桌子，能够访问危机涉及的系统的终端，工作空间很大，可以显示关键运维指标或任何个人终端的投影仪和大块的白板。虽然包括白板似乎与需要登录聊天室的要求相左，实际上通过白板可以快速画图并共享来支持聊天活动涉及的图形、符号和主意。这些概念可以浓缩成几句话或白板上的一张图发送到聊天室里。许多新型白板系统甚至能立即浓缩内容成图画。作战室应该离运维中心很近，这在危机处理过程中非常方便。

建立这样一个作战室将是一个非常昂贵的计划。你也许会说："太贵了，我们不可能为危机管理提供这样的空间。"我们的答案是，作战室不必那么昂贵，或专门为危机情况准备，只需要在危机中给予优先考虑。因此，任何会议室至少配有一条，最好是两条或更多条的电话线。此外，作战室是第 6 章中描述的通过体验来说服的情况。如果你想说服管理层为什么要投资建立可扩展的组织、过程和技术平台，那就邀请一些业务高管参观运行良好的作战室，见证解决危机所需要的工作。一句忠告：如果你不能处理好危机，恢复服务，不要邀请人们加入战局。相反，集中精力寻找一个可以管理危机的领导和管理者，当你对危机管理系统信心十足时，再邀请其他的高管参观。

作战室成功的诀窍

　一个好的作战室具备下述条件：

❏ 大量的白板空间

❏ 能连接生产系统和实时数据的电脑及显示器

❏ 用来共享信息的投影仪

❏ 与作战室外的团队通信的电话

❏ 连接聊天室

❏ 为几个人工作而准备的工位

　作战室里声音很大，危机管理者必须保持控制以确保沟通简明有效。可以而且应该进行头脑风暴，但是在讨论的时候要有每次一个人发言的限制。按部就班地定位问题根源然后再恢复服务。

9.7　升级

在危机过程中，及时升级至关重要，其原因有几个。第一个原因最为明显，公司工作的目的就是要使股东的价值最大化，确保股东的价值不在这些事故中受到损失。因此，CTO、CEO 和其他高管需要尽快了解那些有可能需要大量时间才能解决的问题，或者对客户有显著负面影响的问题。对上市公司而言，高管们知道危机的来龙去脉就显得更为重要，因为股东要求他们知道，事实上，他们有可能需要向公众陈述。此外，消息灵通的高管可能要管控所有必要的资源以协助解决危机，包括与客户、供应商、合作伙伴等的沟通。

工程团队有一种自然的倾向，他们相信自己能在没有外界或者管理团队的帮助下解决问题。这可能做得到，但仅仅解决是不够的，更需要快速和有效地解决问题。这通常超过工程团队能够掌握的，尤其是在涉及第三方供应商的时候。此外，在整个公司内，沟通是很重要的，因为系统是支撑公司业务的关键部分，对网络公司而言，系统就是公司。需要有人来与股东、合作伙伴、客户甚至是媒体沟通。没有参与危机处理的人是进行这种交流的最佳选择。

认真思考升级策略，在重大危机发生之前获得高管的支持。危机管理者的工作就是要根据这些升级策略，在合适的时间请合适的人参与危机处理工作，无论升级后解决问题可能有多快。

9.8　情况通报

在危机过程中，应该在预定的时间间隔，以某种安全的方式发布或传达危机情况。这样，相关的组织就可以了解问题解决的进度和预计彻底解决的时间，从而采取相应的行动。情况通报不同于升级。升级是为了获得额外的帮助，而情况通报是把情况告知相关的人。按照 RASCI 框架，需要把事故升级到 R、A、S 和 C，把情况通报给 I。

情况通报应该包括事故开始的时间、事故发生后的进展状态以及期待的解决时间。解决时间很重要的原因有几个。假如你所支持的是制造中心，生产经理就需要知道是否要让时薪员工先离开工厂。假如你提供的是基于 SaaS 的客户支持服务，那么这些公司就要搞清楚销售和客户支持部门员工应该怎么办。

危机处理过程中应明确谁负责与谁沟通，危机管理者有责任确保按照预先定义的时间进行沟通，确保通过沟通适当地告知需要知情的人。图 9-3 为情况通报电子邮件示例。

致：危机管理者升级列表
主题：九月二十二日登录故障
问题：从 9 月 22 日星期四上午 9:00 开始，网络客户登录 100% 失败。已经登录的客户可以继续工作，除非他们退出或关闭浏览器。
原因：目前不知道，但可能与 8:59 代码上线有关系。
影响：从上午 9 点开始，所有的登录失败，用户活动量指标与上周相比下降了 20%。
更新：经过分析，已经找到可能的三个潜在原因，期待在未来 30 分钟内确定根源。
恢复时间：期望修复代码问题，在 60 分钟内生成新的代码，并更新到网站上。
后备计划：如果不能在 90 分钟内恢复服务，我们将在 75 分钟内把代码回滚到以前的版本。
约翰尼
危机管理经理
AllScale 网络

图 9-3 情况通报

9.9 危机事后处理与沟通

危机犹如类固醇，危机的事后处理内容丰富而且生动，需要特别用心照顾。你帮助创建和管理的系统，刚给许多人带来了巨大的问题。这不是进行辩解的时候，而是重生的机会。要充分地认识到，事后处理过程，可能会充实团队，也有可能会破坏团队，要树立正确的意识，修复完善有问题的过程。

在事后处理过程中应该对一切进行评估。第一次的事后处理会被称为"总体事故处理"，其首要任务是确定子事后处理的任务。其目的不是找出或解决所有导致事故的问题，而是要找出所有相关的领域。例如，你可能在事后处理过程中专注于技术、过程和组织的失败。可能有几个不同的事后处理方面，一个专注于沟通的过程，一个聚焦在危机管理过程，一个试图弄清楚为什么某个团队不能及早参与。

就像在危机中有一个沟通计划一样，在事后处理过程中，也必须有一个持续有效的沟通计划，直到发现和解决了所有的问题。确保所有在 RASCI 图中的成员获得情况通报，并允许他们更新各自组织的构成。整个过程要完全透明。用业务的术语解释出现的一切问题，并在行动计划中提供积极的、可实现的日期，以解决所有的问题。通过参加员工会议、老板会议、董事会的会议，积极沟通。通过电子邮件和任何适合的渠道与所有的人沟通。对于非常大的事件，员工的士气可能因此受到影响，可以考虑召开公司的全员大会，然后通过电子邮件或博客的方式每周更新状况。

向客户道歉的说明

一定要真诚地与客户沟通，抵制表面道歉但是实际上不道歉的坏习惯。真心实意地表达对破坏了他们的业务、工作和生活的歉意！有太多的公司使用消极的语气，指责别人，误导客户。如果你发现自己写的东西像"上个星期，我们公司经历了一个短暂

的 6 小时宕机时间，对由此引起的任何不便，我们深表歉意"，那么就别再往下写了，再试一次。尝试用第一人称"我"而不是第三个人称"我们"，丢掉像"可能"和"简短"这样的词，承认自己搞砸了客户的计划，并立即发布信息。

很可能危机会对客户有重大的影响。此外，这种负面的影响不太可能是客户的过错。承认错误，明确计划，确保不再发生。客户会欣赏你的直率，并相信你可以实现承诺，那么长此以往，你就会有更多快乐和满足的客户。

9.10 结论

每个事故都有其特殊性，有些事故需要更多的时间才能真正地定位和解决所有潜在的问题。你应该有一个从开始到结束，专门处理这些危机的计划。危机管理过程中的结局是所有在事后处理和分析中发现的问题都已经得到了解决。

技术团队负责应对、解决和处理危机管理方面的问题。角色包括来自每个技术团队的问题管理者/危机管理者、工程经理、高级工程师/主任工程师和独立贡献工程师。

在危机解决和关闭的过程中，有四种类型的沟通是有必要的：内部沟通、升级、危机状态报告和危机后状态报告。危机处理过程中也可以使用一些方便的工具，这包括电话会议、聊天室和作战室。

不常参加危机处理或者是新加入的人应该考虑参加危机管理演

练。练习当危机来临时，每个人都应该怎么做，让团队对危机的有效处理有充分的准备。

关键点

❏ 危机犹如类固醇，既可以使公司更强大，也可以破坏业务。如果不积极管理危机，会毁掉公司在客户、组织及其技术应用平台与服务方面的扩展能力。

❏ 要尽快和有效地解决危机，必须采取某些措施来控制混乱。

❏ 最有效的领导人在危机中保持冷静，在整个危机管理的过程中能有力地维持秩序。他们必须有敏锐的业务头脑和技术经验，可以承受压力。

❏ 危机处理小组由危机管理者、工程经理和高级工程师组成。此外，向工程经理报告的工程团队也参与解决问题。

❏ 危机管理者的角色是维持秩序和遵循危机解决问题、升级和沟通的过程。

❏ 工程经理者的角色是管理其团队，并向危机管理团队报告进展情况。

❏ 工程团队里高级工程师的角色是帮助危机管理团队提出和审核有关问题原因的假设，并帮助确定最合适的快速解决方案。

❏ 个人贡献者工程师的角色是跟着自己的团队，确定快速的解决方法，建立和评估问题原因的假设，向自己的经理报告进展状态，他的经理应该是危机管理团队的成员。

❏ 危机管理团队成员应该在作战室面对面地沟通，如果不可能进行面对面地沟通，团队应该使用电话会议和聊天室。

- ❏ 作战室最好紧靠运维中心，以帮助处理危机。
- ❏ 在危机管理过程中要清楚地定义升级和情况通报。危机发生后，在处理过程中应定期提供状态更新，直到确定和修复所有问题的根源为止。
- ❏ 在危机的事后处理过程中应该积极检查、发现和管理一系列的后续问题，并以主事后处理和子后事处理的形式分主题进行，针对所有发现的问题全面出击。

第 10 章　生产环境的变更管理

孙子说：不知彼不知己，每战必殆。

在工程和化学领域，稳定性（stability）这个词被定义为对恶化的阻碍，或者有恒定的外表和组成。不管系统内的实际活动率如何，如果组成发生变化，它是"高度不稳定的"；如果组成部分保持不变，而且不瓦解、不恶化，它是"稳定的"。对托管服务和企业的系统而言，保持稳定服务的方式是干脆不允许针对它的活动，并限制系统变更的数量。在前句中提到的"变更"一词，是指工程团队对系统可能进行的活动，例如修改配置文件或更新系统的代码。减少系统的变更，会潜在地提高系统的稳定性，不幸的是，它将限制业务的增长。因此，在允许变更并拥抱变更的同时，实施变更管理过程，以管理变更对系统可用性带来的风险。

经验告诉我们，生产环境中发生的事故，有很大一部分是由软件和硬件的变更引起或触发的。如果不主动地管理变更，有意识地降低风险，服务将恶化或瓦解。所以必须对变更进行管理，以确保可扩展的服务和有快乐的客户。

实施有助于提高变更效果的管理过程是可扩展性成功的关键。

在连续交付的世界里，这些过程甚至变得更为重要，在很短的时间内形成行动计划并实施，如此迭代，结果使变更持续发生。缺乏变更管理过程对变更所带来的风险进行有效的管理极其危险，它可能会造成你和客户都心痛不已。回想一下我们的"股东"测试，你是否真的可以自己走到最大的股东跟前说："我们将永远不会记录和管理变更，因为这样做完全是浪费时间"？如果想要保住自己的工作，你不太可能这么说。如此说来，让我们探索一下变更管理的世界。

10.1　什么是变更

团队有时候把变更定义为任何有可能打破服务、系统或应用的行动。这个"经典"定义的主要问题是，它没有认识到对于任何一个希望进化和成长的系统，变更是必要的。这个定义的基调是贬义的，其逻辑是变更有风险，而风险总是坏的。实际上变更确实代表着风险，但风险的本质并不是坏的。没有风险，我们的投资不可能有一个好的回报。换句话说，没有无风险的回报。有幸体验到快速增长的产品，需要增加更多新的服务器和容量，以满足增长的用户和交易需求。正在寻求增加功能以提高用户参与度的产品团队，需要添加新的服务或修改现有的服务。成功的产品团队可能想要增加产品或服务的收费。所有这些行动都是变更，都有一定程度的风险，也代表了潜在的未来价值。

我们对变更的首选定义是变更既具有不可知的风险，也有创造价值的内在要素。更改是为修改产品或服务所采取的任何行动。修改产品价格是一个变更，因为它改变了在关系型数据库中支持这些产品的模式。变更是调整产品或系统，以提高价值或扩大容量的行动。

变更包括配置修改，如改变操作系统、数据库、应用、防火墙、网络设备等启动或运行时的参数。也包括任何修改代码、添加硬件、减少硬件、连接网络电缆和网络设备及启动或关闭系统电源。作为通用的规则，员工任何时候动、弄、转或戳任何硬件、软件、固件这都是变更。

10.2 变更识别

要限制变更的影响，首先应该确保每一个生产变更都要有以下的数据记录：

- ❑ 变更的准确日期和时间
- ❑ 将要发生变更的系统
- ❑ 实际的变更
- ❑ 变更期待的结果
- ❑ 变更人员的联系方式

表 10-1 包含了一个变更日志的最小必要信息示例。要了解为什么应该包括所有五个项目的信息，让我们看一下 AKF 网站（www.akfpartners.com）的一个假设性的事件。虽然它不是一个产生收入的网站，但是公司依赖该网站推广服务并带来新客户。我们还在产品团队里组织了一个博客，内容丰富并聚焦在帮助当前和未来的客户解决许多迫切需要。登录 AKF 网站，通过身份验证之后，允许客户查看白皮书、专有的研究报告、技术使用情况的统计数据。我们内部对危机的定义是任何关键子系统的故障率大于 10%。当超过阈值

时，AKF 的危机管理者迈克尔·费舍尔会收到通知，开始召集危机
管理团队。迈克尔完成召集工作后，他的第一个问题该问什么？

表 10-1　AKF 变更日志样例片段

日期	时间	系统	变更	期望结果	执行人
1/31/15	00:52	search02	在 init.d 中添加 watchdog.sh	监控进程在重启后可以自动运行	mabbott
1/31/15	02:55	login01	重启 login01	如果系统瘫痪，重启可以恢复服务	mfisher
1/31/15	03:10	search01	安装 key_word.java	安装和启动新服务，可以统计并报告搜索关键词到 key_terms.out	mpaylor
1/31/15	12:10	db01	在 config.db 上添加 @autoextend	当预定义的表空间耗尽后，可以自动延展	tkeeven
1/31/15	14:20	lb02	运行 syncmaster	从主负载均衡器同步状态	habbott

常见答案包括"发生了什么事"，"影响了多少客户"，"客户的
体验怎么样"，这些都是很好的问题，绝对应该问，但却不是最有可
能减少宕机时间和影响的问题。迈克尔应该问的第一个问题是"最
近有什么变更"。根据我们的经验，变更是生产事故的主要原因。

这个问题让人们思考他们做了什么可能会造成现在的问题。它
专注于让团队快速回滚任何与事故相关的变更。这对任何的事故都是
一个最好的开局提问，不论是对小客户有影响的事故，还是重大危
机。它聚焦于恢复服务，而不是解决问题。

对"最近发生了什么变更"这个问题，我们遇到的最幽默的答
案之一是这样的："我们只是改变了什么服务配置但那不可能是造成
这个问题的原因！"在职业生涯中，我们几百次甚至上千次听到过这

句话。根据这个经验，我们几乎可以保证，当听到这个答案时，你已经找到了事故的原因。聚焦变更，将其视为最有可能的事故根源！在我们的经验中，有人可能会说，"对不起，这个问题是我造成的！"

当你处理危机的时候，引起危机的那位变更者在场的机会极小。因此，你确实需要一个工具可以很容易地收集早期发现的信息。存储这类信息的系统不必是一个昂贵的第三方变更管理系统。它可以是一个简单电子邮件群组，邮件的主题行写上变更的请求，完成变更的人在实际变更要发生时把邮件发送到该邮件群组。我们已经见过规模几百人的公司以电子邮件群组的方式有效地沟通和管理变更。大公司可能需要更多的功能，包括查询受影响的子系统，变更的类型等等。所有的公司都需要记录变更，这样就可以很快地从那些对客户或者股东利益有负面影响的危机中恢复服务。变更管理日志，无论存储在什么系统，都应该对"最近有什么变更"这个问题提供明确的答案。

10.3　变更管理

变更识别是更大和更复杂的变更管理过程的一个组成部分。变更识别可以通过关联变更和事件开始发生的时间，从而确定变更是引发事件的概率，把变更的影响限制在一个范围内。这种对影响的限制会提高扩展的能力，因为它确保把更少时间浪费在破坏价值的事故上。变更管理的目的是通过控制生产代码的发布和记录进入生产的变更，来限制变更酿成事故的机会。大公司实施变更管理，可以提高变更的速度，从变更中受益，同时最大限度地减少相关的风险。

变更管理与航空管制

联邦航空管理局（FAA）的空中交通管制（ATC）系统是变更管理的很好类比。ATC 的存在降低了飞机在机场起飞、着陆和滑行时事故的影响和频率，变更管理的存在减少了与变更有关的事故对平台、产品或服务的影响和频率。

ATC 在指导飞机的降落和起飞时考虑飞机可用性、特别的需求（例如，飞机因为低燃油宣布进入紧急状态）、起降顺序。因为一些原因，包括前面提到的紧急情况，可以变更顺序。

正如空管为了安全给飞机发出指令，变更管理过程也是为了安全而去控制变更。变更管理考虑交付日期、商业利益、相关风险、与其他变更的相互关系，其目的是在最大限度地创造价值的同时，把变更相关的事故和冲突降低到最小。

变更识别是在一个时间点上活动，有人表示一个变更已经发生，然后就去做其他的事情去了。相比之下，变更管理是一个有生命周期的过程，变更管理的活动包括：

❏ 提出

❏ 批准

❏ 计划

❏ 实施

❏ 验证

❏ 报告

变更管理过程可以早在项目通过其业务验证（或投资分析的回报）时就开始了，或者也可能晚在项目准备进入生产环境之前才开始。变更管理还是一个持续不断改善的过程，收集过程中遇到的有关事故和造成的影响，以完善变更管理的流程。

请注意，从提案到报告的所有这些活动都不需要人工处理。在连续集成和连续交付的世界中，每一个活动都可以是一个自动化的任务。例如，一旦产品变更（例如，代码提交）已经通过了所有适当的测试，连续交付的框架可以自动批准并安排变更，避免与其他的变更冲突。该系统可以实施变更、自动验证和记录变更的确切时间。我们的一些客户将这个概念扩展到"标准化的变更"，包括配置变更和系统容量增加等活动。这些变更是普通的和可重复的任务，但仍然有一定的风险，因此，必须记录下来以备识别。在这里使用"过程"一词并不说明需要人为干预，事实上，所有这些活动，每一步都可以自动化。

持续交付

在许多网络产品团队，持续交付（CD）是一个越来越流行的方法。在理想的情况下，功能上的小变更，像错误修复或几行代码的修改，先由研发人员检入版本控制系统，然后引导通过构建过程，在自动化验收测试阶段进行评估，成功地完成所有的测试后，自动发布到网站或系统服务。

持续交付方法受到欢迎的原因是更小、更频繁的发布，比更大、更复杂的发布，带来的风险较低（见第 16 章）。因为失效的概率随着规模、复杂性和工作量的增加而增加，较小的发布本身不太可能导致失效。因为该解决方案是自动的，过程中的人为失误故障，如忘了记录发布时间几乎是完全可以避免的。

适当实践持续交付的方法对组织还有许多其他的好处。要采用持续交付的方法，组织的自动化测试系统必须保持一个高比例的代码覆盖率。跟踪的发布时间和相关的事件变得更容易自动化。开发人员常常发现他们的效率变得更高，因为他们不必浪费时间等待变更管理团队的反馈。最后，鼓励开发人员适当考虑变更的整体风险，对个人工作所产生的利益和负面影响承担更多的责任。

有一个例外情况是要审查随着时间的推移变更的效果和影响。虽然精心设计的持续交付过程可以是完全自动化的，但是仍然必须对其进行评估，以确保符合组织的需要。可以做哪些改进？持续交付过程中有哪些地方不符合最终目标？调整哪里可以更有效地管理风险和创造最大价值？

变更管理和 ITIL

ITIL（Information Technology Infrastructure Library）定义变更管理的目标如下：

变更管理过程的目的是确保在有效和及时处理变更的过程中采用标准化的方法和过程，以减少变更中相关的事故对服务质量的影响，从而提高组织的日常运作水平。

变更管理负责管理变更的过程，涉及下列要素：

❑ 硬件

❑ 通信设备和软件

❑ 系统软件

❑ 所有与运行、支持和维护生产系统相关的文档及过程。

ITIL 作为公认的行业标准，如果你决定要实施强有力的变更管理过程，ITIL 是一个很好的信息咨询来源。我们将描述一个适合中小企业的轻量级变更管理过程。

10.3.1 变更请求

如前所述，可以在变更管理生命周期的任何一个环节提出更改请求。IT 服务管理规范（IT Service Management, ITSM）和 ITIL 框架暗示识别可以发生在生命周期的早期，即业务分析的阶段。在 ITIL 框架内，对变更的建议被称为变更请求。ITSM 的反对者，实际上以在变更过程中包括了业务效益的分析作为依据，证明 ITSM 和 ITIL 不是好的框架。这些批评者坚持认为，商业利益分析和产品功能选择与变更管理毫无关系。虽然我们同意这是两个独立的过程，但我们也认为，应该在某个时候对业务效益进行分析。如果企业不把效益分析包括在另外一个过程中，那么把它放在变更管理过程中是一个很好的选择。也就是说，本书涉及的扩展性，与产品功能选择无关，所以，这样的利益分析应该在某个地方进行。

要记住的最重要的一点是，变更请求是所有其他活动的起始。在理想情况下，很早就提出变更的请求，从而允许针对变更的影响以及与其他变更的关系进行评估。对于实际上被"管理"的变更，我们需要了解关于拟议中变更的一些信息：

- ❑ 变更涉及的系统、子系统和组件
- ❑ 变更预期的效果
- ❑ 如何进行变更
- ❑ 了解变更相关的风险
- ❑ 与其他系统和近期或计划中变更的关系

你要跟踪的信息可能比这个列表还要多，但我们认为上述信息是妥善制订变更计划的最低要求。如前所述，在本质上没有一个需要手动操作，没有一个数据元素是在持续交付的过程中突然出现的。

很容易在提交产品集成、测试和部署的时候，确定这些信息。

　　发生变更的系统很重要，因为我们希望在某个时间段内限制某个特定系统的变更数量。把系统想象成机场的跑道。我们不想让两个变更在同一系统中碰撞，因为如果出现问题，我们将无法立即知道问题是由哪个变更引起的。同样，我们希望能够监控和测量每个独立变更的效果。因此，变更管理过程或持续交付系统需要知道变更的细节，知道实际上到底修改了什么。例如，如果对软件进行了修改，一个大的可执行程序或脚本包含了 100% 的修改代码，那么就只需要确定正在修改的可执行程序或脚本是变更的主体。相比之下，如果我们修改了几百个配置文件，我们就要确定哪些被改了的文件是变更主体。如果我们改变的文件、配置或软件涉及具有类似功能的整个服务器群，那么这个服务器群就是变更的主体。

　　架构在帮助我们提高变更速度方面发挥着巨大的作用。如果技术平台包括多个离散的服务，那么就为变更增加了许多场地，相当于为飞机增加了机场或者跑道的数量。其结果是总变更有更大的吞吐量：飞机现在有更多着陆的机会。如果服务是异步通信的，会有更多的问题，但我们也会更愿意承担风险。相反，如果服务是同步通信的，比如紧密耦合的单体系统，那就没有太多的容错性（见第 19 章）。如果服务 A 和服务 B 进行同步通信产生一个结果，我们不能同时改变这两个服务，因为如果那么做我们将无法知道究竟是哪个变更与潜在的事故相关。回到飞机类比上，降落的机会不会增加变更管理的机会。变化的预期结果很重要，因为我们希望能在变更完成后验证变更的成功。例如，如果变更是在一个网络服务器上进行，其目的是在网络服务器中允许更多的线程执行，我们应该以此作为预期的结果。如果修改专有代码来纠正一个错误，其中的大写字母"Q"显示了十六进制值 51，那么结果是符合预期的。

关于如何执行变更，不同组织和系统有不同的做法。如果变更需要时间或大量的工作，那么可能需要定义更精确的步骤。例如，如果服务器需要停止和重启，可能会影响同时发生的其他变更。为变更提供步骤，在未来需要重复变更或推出类似变更的时候，可以允许复制步骤和改进过程，这将减少准备变更的时间，也将减少错漏步骤的风险。生产变更的规模越大，步骤越复杂，越要清楚地考虑和阐述变更的步骤。

确定变更的已知风险是经常被忽视的一步。变更请求者通常很快地输入一个常见的风险来加速通过变更请求的过程。在这方面花费一点时间，可以避免危机从而获得巨大的收益。例如，如果数据库表不"干净"或在变更前清空，那么可能会发生数据损坏的风险，这个风险应该在变更前清楚地指出。被识别的风险越多，变更就越能得到适当的管理监督，风险也会得到适当的规避，变更成功的概率就越高。我们将在第 16 章中更详细地讨论风险识别和管理。随着自动化持续交付过程和系统的发展，风险识别水平或风险值有助于系统确定有多少变更可以在给定的时间段执行。我们将描述这个过程，并考虑如何把它用于本章后面"变更计划"小节讨论的自动持续交付系统。

这些过程很容易产生自满情绪，团队很快就认为识别风险无非是常规演习走过场。鼓励适当行为的方式是奖励那些分析识别和规避风险的团队成员，对那些在风险识别范围之外造成事故的变更请求人进行辅导。这不是什么新技术，而是靠得住的管理技术。另一个好的策略是用来自于生产环境的数据，向团队说明变更是如何导致事故的。提醒团队，花一些时间去管理风险可以节省大量浪费在处理事故上的时间。

取决于最终制订的过程，你可能会决定要求包括发生变更的日期。我们推荐变更管理的过程允许每个人设定变更的时间。然而，变更审批和计划部门应根据其他变更的情况、业务重点和风险确定最终的变更时间。在持续交付的情况下，建议的变更日期可能通过确定在任何给定间段的最佳风险水平来决定。

10.3.2　变更审批

变更审批是变更管理过程中的一个简单部分。审批的过程可能只是验证所有变更需要的信息确实存在（或变更请求所需的字段已经全部填写妥当）。在某种程度上，你已经实现了某种形式的 RASCI 模型，你也可能决定需要有一个合适的 A，即系统的主人，已经签署了变更请求，了解将要发生的变更。可能加快审批程序的另一个轻量级步骤是包括同级评审或同级批准。在这种情况下，同级可能要求审查步骤的完整性和帮助识别依赖关系是否缺乏。在变更控制过程中包含这一步骤的主要原因是为了验证在更改发生之前应该准备好的一切确实发生了。相对于其他变更的优先级会受到质疑，这也是可能会受到质疑的地方。

在这里批准不是要验证变更是否会达到预期的效果，它只是意味着在变更发布到系统、产品或平台之前，与其相关的一切都已经讨论过，并得到了所有其他过程的适当批准。例如，与实现整个产品、平台或系统的全面实施相比，错误修复或许只需要快捷批准过程。错误修复是解决当前的问题，可能只需要 QA 批准，并不需要其他部门的介入，而全面系统变更很有可能需要 CEO 的最终批准。

持续交付系统可以基于预定义的类别或风险水平，暂时把其他类型的变更放在一边，自动批准大部分类型的变更（例如，数据定义 [DDL] 的变更、复杂数据结构的修改）。由于在这样的系统中 QA 通常是完全自动化的，QA 批准那些成功地通过自动化回归测试的变更请求。其他的主要风险因素是由持续交付系统的算法来评估的，把存在问题的变更甩出来进行人工审核，而其他的变则更排好计划进入生产环境。

10.3.3　变更调度

与变更识别所获得的好处相比，变更调度会获得变更管理所带来的大部分好处。这是"空中交通管制"的实际关键作用所在。变更调度是一个负责确保变更不会发生碰撞或冲突的团队，他们利用一套由管理团队制订的规则来最大化变更的利益，同时最小化变更的风险。

业务规则很有可能会限制在平台或系统的高峰期进行变更。如果在早上 10 点和下午 2 点之间是系统的高峰期，在这段时间内，进行最大的和最混乱的变更没有意义。事实上，如果风险承受能力很低，可能会在这个时间段内限制或完全禁止变更。一年中特定的繁忙季节也是同样对待。有时，在大量变更的环境中，虽然风险很高，但根本不可能在一天中的某些时段禁止变更的发生，因此，我们需要寻找其他的方法来管理变更的风险。

业务变更日历

　　从大型到小型企业，其中不少把未来三到六个月，甚至明年值得建议的变更日期共享到日历上供内部查看。这种做法有助于与各种组织沟通变更，同时降低变更的风险，因为团队开始要求把变更日期放在变更不多的日子里。考虑实施变更日历，并把变更日历作为变更管理系统的一部分。在非常小的公司，变更日历可能是唯一要落实执行的事情（还有变更识别）。

　　这套业务规则还可能包括在第 16 章中讨论的风险类型的分析。我们并不是争辩是否需要对变更的风险进行深入的分析，甚至指出变更过程绝对需要有风险分析。我们想要说的是，如果能够开发一个高水平、易于使用的变更风险分析系统，那么你的变更管理过程将会更加强大，也可能会产生更加好的结果。在变更请求阶段，每个变更的风险预测等级可能分成高、中、低三档。该公司可能会做出决定，希望每周完成不超过 3 个高风险的变更，6 个中等风险的变更和 20 个低风险的变更。为变更分配高、中、低的风险水平也容易关联事故的风险水平，进而改善风险评估的过程。很显然，随着变更请求数量的增加，公司接受任何时间、任何类型更多风险的意愿需要增强，否则，变更会大排长龙，对市场响应的时间将延长。要帮助限制变更风险和增加的变更速度，必需实施故障隔离架构，具体描述见第 19 章。

　　变更调度过程中另一个考虑因素是变更对业务带来的有益影响。最理想情况是在其他的一些过程中进行这种分析，而不必在变更过程中完成。也就是说，某个人在某个地方会为了公司的利益而决定请求变更。如果你在变更的过程中能以轻松的方式予以说明，就很有可能会在变更调度的决策过程中起到作用。如果风险分析是用失效概率乘以失效损失的积来度量风险大小，那么估益分析就是用成功概率乘以成功效益的积来计算效益大小。公司将会把价值高的变更请求排在队列的前面，同时留意那些低价值的变更活动。

一个更好的方法是两个过程同时实施，两个过程以成本效益分析的形式相互对照。风险和回报可能会互相抵消，为公司带来某些价值，在权衡风险和回报的基础上，根据已经建立的指引来确定变更时间并执行变更。我们将在16章中涵盖风险和收益分析的概念。

变更调度的关键环节

变更调度是为了尽量减少冲突及其相关的事故。大多数调度考虑下述因素：

- ❏ 变更宕机时间安排在高峰期或收益产生期间
- ❏ 使用风险与回报分析的方法确定变更的优先级
- ❏ 分析变更的依赖关系和冲突关系
- ❏ 确定和管理每个时间段及变更数量的最大风险，尽可能减小事故的概率

变更调度不会成为额外的负担。事实上，它可以被包含在另一个会议里，在小公司可以快速和容易地实现，而不必增加人手。

10.3.4 变更执行与日志

变更实施与日志基本上是在生产环境中根据变更建议定义好的步骤执行变更，同时符合在变更调度中提出的限制或者要求。此阶

段由两个步骤组成：记录变更开始的时间和记录变更完成的时间。这比在本章早期提到的变更识别的过程更为有力，但在变更频繁的环境中也会产生很多结果。如果变更请求中不包括完成变更人姓名，变更实施和日志步骤必须明确与该变更相关的人到底是谁。显然持续交付系统可以很容易地做到这一点，建立一个很好的变更管理日志系统将有助于事故和问题管理。

10.3.5　变更验证

如果你无法验证完成了期望的任务，那么这个过程是不完整的。虽然对普通的观察者来说，这似乎很明显，你常问自己："苏珊为什么不先检查一下，再说自己做完了呢？"这种问题既存在于技术世界，也存在于我们的生活中：电气承包商完成了你新家的工作，但你却发现有几个电路不通；有人告诉你杂货店已经部分可以使用了，但是你却发现有 5 种商品找不到；系统管理员声称完成了系统重启和修复，但是你的应用仍然不工作。

我们认为，除非知道变更期待的结果，否则不应该执行变更。反过来，如果没有得到预期的结果，你应该考虑回滚或至少暂停变更，讨论其他的替代方案。也许你已经做了期待结果的一半，如果这是扩展性相关的性能调优，那么可以暂时先停在这里。

在高可扩展性环境里，验证变得特别重要。如果你的组织是一个高速增长的公司，我们强烈建议对每个重大的变更增加可扩展性验证。是否由于你的变更改变了关键系统的负载、处理器或存储器的使用率？如果是这样，当高峰期来临时，是否会把你置于危险的境地？验证的结果应该是一个输入，当变更人完成验证时，如果变更不符合验证标准那就要回滚，或升级以确定是否需要回滚。

在持续交付系统中，可以通过扩充有效载荷交付的组件来包括测试脚本验证新系统，类似于在单元测试套件里的验证。此外，当新变更交付到运行环境后，DevOps 或运维人员应该监控关键的性能指标。可以沿着 X 轴不断地绘制指标，监控人员可以实时监控系统行为的变化与进入生产环境的新变更之间的相互关系。

回滚计划

我们常常发现企业变更管理的过程没有把回滚计划作为其变更请求的一个部分。这个问题很常见，无论使用轻量级变更管理过程的小公司，还是有非常成熟过程的大公司。通常，我们发现变更者要么没有认真思考，要么没有写出记录回滚步骤的文档，更有甚者，采取"回滚非常困难，如果遇到问题，我们将解决它继续前进"。

当产品或服务的目标是高可用和高可扩展时，快速回滚的能力很关键。如果变更产生不了预期的结果，或者造成了事故，一旦确定变更是事故的根源，第一反应就应该是回滚和恢复服务。你永远都有机会再试一次解决这个问题。许多公司花了几个小时甚至几天时间来解决生产变更所带来的问题，经常因为它们没有回滚计划。

回滚计划有几个优点：

❑ 允许运维和事故管理团队聚焦恢复服务。

❑ 强迫工程师思考并用文档记录所有回滚的步骤。这在变更后特别有用，例如，在深夜或变更实施几天后，在找不到

> 这位工程师的时候，变更文档清楚地说明事故的回滚方案。
>
> ❑ 为实现自动化部署和回滚类似的变更提供了机会。当事故发生时，两者都将加快服务的恢复。
>
> ❑ 为逐步回滚变更来观察效果提供了更多的灵活性，比如把配置或软件变更发布到服务器群组里。

10.3.6　变更回顾

变更管理过程应包括对其有效性的定期回顾。正如第 5 章所解释的那样，如果你无法度量，那么你根本就不可能提高。在回顾变更管理过程中分析的关键指标包括：

❑ 提交变更请求的数量

❑ 提交成功变更请求的数量（没有事故）

❑ 提交失败变更请求的数量（没有事故但变更不成功且未进入到生效阶段）

❑ 因为变更请求而引起的事故的数量

❑ 由于未能验证，中止变更或回滚的数量

❑ 执行一项变更需要的平均时间

很显然，我们要寻找数据来验证变更过程的有效性。如果变更频繁，失败和事故的比例也很高，那么变更管理的过程肯定是有问题的。此外，组织、架构或者其他的过程也可能有问题。一方面，失败的变更应该是组织骄傲的来源，确认验证步骤发现了问题并避免事故再次发生。另一方面，可以作为未来过程或者架构修正的依据，主要目标应该是实现成功的变更。

10.4 变更控制会议

我们已经多次提到负责批准和调度变更的会议。ITIL 和 ITSM 把这样的会议和参与的人作为变更控制委员会或变更审批委员会。不管如何称呼，我们建议组织一个固定人员的定期会议。赋予组织内若干经理和独立贡献者额外的责任是完全正确的。在通常情况下，来自于各个方面的代表，包括技术团队，甚至业务团队，可以有效地审核变更。

根据变更的频率，应该考虑每天、每周或每月举行一次这样的会议。如果能认真填写变更请求所要求的数据，这样的会议可以短而高效。在理想情况下，参会者应该来自于每个技术组织和可以代表业务和客户需求的至少一个非技术组织。在通常情况下，由基础设施或运维团队的负责人主持会议，因为通常此人拥有必要的工具来对新的变更请求、已经完成的成功和失败的变更进行审查。

变更控制小组应该有权限访问存储新变更请求和已经完成变更的数据库。也应该有一套规范来分析变更，并合理地安排这些变更进入生产系统的时间。本章前面讨论了一些相关的指南。

如果使用持续交付系统，就没有必要经常开会，会议的讨论主要集中在被自动化交付系统拒绝的变更。在这样的环境中，会议也可以解决持续交付中的效率问题，通过增加控制参数和其他的修改，着眼于调整系统，容纳更多的风险。

变更控制会议的部分功能，应该是周期性地使用确定的指标来审查变更控制的过程。当然可以增加更多的指标。必要时，也可以召开事后处理会议对变更控制过程中的失败情况进行分析。这些事后处理活动应与第 8 章中确定的事后处理过程一致。这些事后处理过程的输出应该是要纠正与变更控制过程相关的问题，或者是针对架构变更或者其他过程变更的要求。

10.5　过程的持续改进

在"变更控制会议"小节，除了进行周期性的变更控制内部评审外，还应该组织一个季度或年度的变更控制过程回顾。是否因为过程太复杂造成变更实施周期太长？与变更相关的事故百分比是增加了还是减少了？风险是否被正确地识别？验证是否持续进行？验证结果是否正确？与任何其他的过程一样，变更控制过程不应该被假定为正确的或者永远正确的。虽然可能在一定的环境中、一定的变化速度下、成功地运行一年或者两年，但随着组织复杂性的不断增长、变更速度的变化和交易规模的变化，这个过程很可能需要不断地调整才能满足需要。正如在第 7 章中所讨论的那样，为什么过程是扩展的关键，没有万能的过程可以适应公司发展各个阶段的需要。

变更管理事项检查表

变更管理过程应该至少包括以下几个阶段：

❏　变更请求

❏　变更审批

❏　变更调度

❏　变更执行与日志

❏　变更验证

❏ 变更回顾

变更管理会议应该包括来自所有技术团队的代表和负责与客户或股东合作的业务人员。

变更管理过程应该是一个持续改进的过程循环，随着公司的成熟，帮助改善管理过程。这个过程也推动了其他的过程、组织和架构的改善，而这些可以从变更的度量指标体现出来。

在完全自动化的环境中，持续交付控制了大部分的变更，变更控制会议更专注于提高持续交付的解决方法以及批准或修改被持续交付拒绝的变更。

10.6　结论

变更识别是初创小公司里的一个轻量级的流程。当变更不顺利的时候，它可以帮助限制对客户的负面影响。然而，随着企业的发展和变更率的增长，它们往往需要一个更为强大的接近于空中交通管制系统的过程。

变更管理是公司试图控制变更的过程。这个过程的目的是为了安全地管理变更，而不是为了减缓变更。变更管理流程可以从轻量级，试图管理变更进度和避免相关的冲突，到非常成熟，试图管理在任何一天或小时内系统的总风险回报权衡过程。随着公司的成长，管理变更相关风险的需要也在增长，你可能会从一个简单的变更识别过程演进到一个非常成熟的变更管理过程，考虑到风险、回报、时间和系统的依赖性。

关键点

- ❑ 当员工需要触摸、旋转或者戳碰任何的硬件、软件或固件时，变更发生。

- ❑ 变更识别对小公司来说是简单的过程，专注于寻找最近的变化，如果发生事故可以回滚。

- ❑ 有效的变更识别过程的最低限度应包括变更时间、目标系统、预期结果以及联系方式。

- ❑ 变更管理的目的是通过控制生产发布和记录活动，限制变更的影响。

- ❑ 变更管理包括以下几个阶段：请求、审批、调度、执行与日志、验证、回顾。

- ❑ 变更请求是过程的起始，应该包含以下信息：系统或子系统、预期结果、如何执行、已知风险、已知的依赖关系以及与其他变更或子系统的关系。

- ❑ 在更先进的变更过程中，变更请求还包含有关风险、回报、建议的日期等信息。

- ❑ 变更审批验证所有信息的正确性，只有提出变更请求的人才有权力做出变更。

- ❑ 变更调度是通过分析依赖性，评估子系统和组件变更率以限制风险的过程，目的是减少事故的风险。成熟的过程包括风险和回报分析。

- ❑ 变更执行与变更识别过程类似，但包括变更数据库中的开始和完成时间的记录。

- 变更验证确保变更满足预期效果。如果失败可以回滚，如果取得部分效果，可以升级。
- 变更回顾是变更管理团队对变更过程和结果的内部评审。它分析数据，从而了解变更的速度、失败率、对响应市场时间的影响等。
- 在变更控制会议上，会对变更进行审批、调度和执行后回顾。该会议通常由运维主管或基础设施负责人主持，每个工程团队和面向客户的业务团队作为成员参与。
- 变更管理过程应由变更管理小组以外的团队来评审，以确定其有效性。每季度或年度审查是适当的，审查应该由首席技术官／首席信息官和公司高管进行。
- 在实践持续交付的公司里，变更管理把规则通过代码集成在自动化测试系统中，以完成自动化发布。在持续交付解决方案中，风险分析、变更识别、变更审批和风险水平都是内在的。

第 11 章　确定应用发展的预留空间

孙子说：故知战之地，知战之日，则可千里而会战。

任何人最不希望看到的一件事是他的公司因为某种失败而被人们记住。本书的作者牢记着在 eBay 早期的这种感觉，当时公司因为技术故障而名声在外。最近，至少到 2012 年，这类故事中最著名是关于推特和臭名昭著的"失败鲸"（Fail Whale）。早期的推特，当系统出现重大问题时，网站会显示一条鲸鱼从水中被一只小鸟吊起[⊖]，并显示"推特超载"的说辞。这一事件似乎发生得太过频繁，以至于人们开始售卖印着巨大鲸鱼和小鸟图案的衣服。失败鲸鱼说辞所隐含的系统过载的原因是完全可以通过正确的过程和适合的投入来避免的。不幸的是，除了给推特带来大量难堪的媒体关注外，这类事件仍然是我们在咨询实践中所看到的最常见的故障之一。当然这种事情也曾经发生在我们自己身上。

本章将介绍确定产品预留空间的过程。我们从简短讨论预留空

⊖　Sarah Perez. "How an Unknown Artist's Work Became a Social Media Brand Thanks to the Power of Community." July 17, 2008. http://readwrite. com/2008/07/17/the_story_ of_the_fail_whale.

间的目的开始，探索在什么地方使用。接下来，描述如何确定系统中常见组件的预留空间。最后讨论你想寻找的在组件的负载或性能方面的理想条件。

11.1　目的

确定产品预留空间的目的是要明白，相对于预期需求，从系统容量的角度看，目前产品的能力处在什么状态。预留空间可以回答"在系统开始出现问题之前，系统还有多大的容量"这个问题。在产品开发周期的几个阶段，预留空间的计算非常有用。

例如，应该根据对产品预留空间的理解来制订年度预算。要了解需要购买多少设备（例如，网络设备、数据库软件许可证、计算节点、存储），你必须要先掌握对未来需求的预测和系统目前的能力。没有这些理解，你只能依靠过度购买或购买不足的等概率来做推测。许多组织做过粗略的估算，例如，今年增长了 X%，并花费了 Y 美元，因此，如果希望明年仍然增加 X%，那么还应该花 Y 美元。虽然许多组织把这作为预算计划通过，它是我们敢担保这个逻辑是错误的。没有考虑不同类型的增长，没有考虑现有的空间容量和优化，预测怎么可能准确？这纯粹是在靠运气。

招聘是另一个预留量可以发挥作用的领域。不掌握现在的预留空间和未来产品的增长预期，你怎么会知道招多少不同技能的人（例如，软件开发工程师、数据库管理员）。如果你知道应用服务器和数据库有充足的预留空间，但防火墙和负载均衡器遇到了的带宽瓶颈，那么你可能需要添加网络工程师，而不是系统管理员。

预留空间在产品规划上也很有用。在产品开发生命周期中，当设计和规划新产品的功能时，你应该考虑这些新功能的系统容量需求。如果正在构建一个全新的服务，你可能会计划为此配置专门的服务器群组。如果这个功能是另一个服务的加强，那么你应该考虑新的功能需要增加当前服务器的预留空间。新的功能是否需要更多的内存、更大的日志文件、CPU 密集型操作、外部文件存储空间或更多的 SQL 调用？所有这些因素都可能会影响对整个应用预留空间的预测，无论是网络、数据库还是应用服务器。

了解预留空间对扩展项目至关重要。你需要有办法来确定和调度可扩展性和技术负债项目的优先级。如果没有这样一个优先级的机制，"宠物项目"（那些没有明确价值创造定义的）将排在最高的优先级。调整项目优先级最好的和唯一的办法是进行成本－效益分析。成本是工程和运维完成该项目的估计时间。效益是增加预留空间或扩展性将带来好处，有时候是计算如果不投入会带来多少业务或交易的失败。读完风险管理一章后，你可能会增加第三个比较因素，风险。项目对客户影响有多大的风险？项目按规定时间完成有多大的风险？项目对未来业务发展影响有多大的风险？

通过将预留空间数据整合到预算、规划和优先级调度，你会开始做更多数据驱动的决策，计划和预测工作也会做得更好。

11.2　结构

确定产品的预留空间非常简单，但需要努力和毅力。做得好需要研究、洞察和计算。在过程中的每一步中，越注意细节，越能更好、更准确地预测预留空间。你必须考虑未知的用户行为，不确定的未来功能和更多不容易确定的变量。不要再因为偷懒而增加更多的变数。

　　在确定预留空间过程中的第一步是确定该产品的主要成分。基础设施如网络设备、计算节点和数据库，需要在适当的粒度水平上进行评估。如果是 SOA 架构，不同的服务在不同的服务器上，那么要分别对待每个服务器群。列表可能看起来像下面这样：

- ❑ 账户管理服务应用服务器
- ❑ 报表和配置服务应用服务器
- ❑ 防火墙
- ❑ 负载均衡器
- ❑ 带宽（数据中心内部、数据中心之间以及公网连接）
- ❑ 数据库、NoSQL 解决方案和持久层引擎

　　把产品分解成组件后，分配某人来确定每个组件的使用情况，最好是过去一整年的情况，以及测量到的最大能力。对于大多数组件而言，多次测量将是必要的。例如，数据库的测量将包括一些 SQL 交易、存储、服务器负载（比如，CPU 使用率）。分配处理预留空间计算任务的人，应该尽可能是负责组件健康的人。数据库管理员是最理想的分析数据库系统的候选人；系统管理员是负责测量应用服务器的能力和应用服务器使用情况的最佳选择。理想情况下，这些人员将利用一段时间内从每个设备和服务上采集到的系统使用情况数据。

　　下一步是量化业务的增长。这一数据通常是从业务部门的总经理或财务人员那里收集来的。业务增长通常由许多部分组成。一个

因素是自然的或内在的增长，除了基本的维护以外，没有其他的产品或业务（没有交易、没有营销、没有广告等等）。这样的测量可能包括新用户签约率，现有用户使用率的增加或减少。另一个因素是预期的增长，这些增长是业务活动带来的，如开发新的或更好的功能、营销或签署新协议所带来的更多的客户或客户活动。

　　自然增长可以通过分析没有任何新业务活动时期的增长情况来确定。例如，如果六月的应用流量增加了 5%，但前一个月没有任何新的签约或面向客户的新功能发布来解释交易的增长，我们就可以使用这一数额作为有机增长的速度。如果要确定业务活动的增长，那么需要掌握计划中的功能开发项目，业务部门的增长目标、营销活动、广告预算的增加以及任何可能会潜在地影响应用使用率增长的指标或目标。在大多数企业里，企业利润和亏损声明、总经理或业务发展团队要达到来年客户获取、收入或使用量等具体指标。为了满足这些目标，他们提出了一个计划，包括签署与客户的分销协议，开发产品以吸引更多的用户，增加使用量，或开展营销活动宣传其神话般的产品。这些计划应该与公司的业务目标有一定的相关性，可以作为基准，确定它们将如何影响应用的使用和增长。

　　在你有了非常可靠的自然和人为预测的增长目标后，你可以接下去了解季节性的影响。有一些零售商在每年最后的 45 天假日期间获得全年 75% 的收入。也有一些零售商经历过夏季的低迷期，因为人们愿意把更多的时间花在假期上，很少有时间浏览网站或购买书籍。不管你的产品是什么情况，都应该考虑到这个周期，了解所处的季节性波动阶段和你期望这条曲线能在多大程度上增加或降低对产品和服务的需求。如果你有一年的数据，那么你就可以开始预测季节变化的周期。方法是从众多数据中抽取平均增长数，观察流量或使用量逐月变化的情况。你会发现如图 11-1 所示的正弦波。

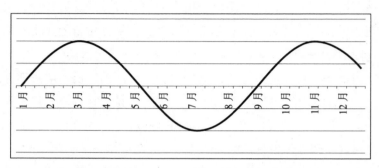

图 11-1 季节性变动趋势

现在你有了季节性的数据、增长数据和实际使用量的数据，你需要确定明年的可扩展性项目要准备预留多少空间。类似于以面向客户的业务增长为特征的方式，你需要确定通过完成可扩展性项目能取得多少的预留空间。这些可扩展性项目可以包括分割数据库或增加缓存层。为此，你可以采用不同的方法，例如根据历史上的类似项目估算，或由几个不同的架构师分别估算，就像用故事点估计项目规模一样。把信息组织成一个时间表，这些项目将显示出全年预计增加的预留空间。有时，不能确定未来 12 个月要完成的项目。在这种情况下，你可以用类似于估算业务驱动增长的方法来估计。使用历史数据来估计未来项目最有可能的结果，与对系统最为了解的架构师或首席工程师的估计数据加权平均。

最后一步是把所有的数据放在一起计算预留空间。如图 11-2 所示。该等式表明系统某个组件的预留空间等于最大容量的理想的使用率减去目前的使用量，减去一个时间段（这里是 12 个月）的增长总和，减去优化的总和。我们将在本章的下一节中讨论理想的使用率，现在我们暂时用 50%。如果预留空间是正数，那么在那个时间段你有足够的预留空间。如果预留空间是负数，那么你在那个时间段就没有足够的预留空间。

$$预留空间 = （理想使用率 \times 最大容量） - 当前使用量 -$$
$$\sum_{t=1}^{12} （增长（t） - 优化项目的收益（t））$$

图 11-2　预留空间公式

让我们练习一下计算预留空间的过程。假如有人要在生产环境中以 SQL 语句数量来计算数据库预留空间的大小。假设有一个包括读、写、使用索引等的组合语句，数据库每秒可以执行 100 个这样的组合语句。分析发现影响这个估计的最大制约因素是数据库服务器和存储阵列。目前在数据库高峰期，每秒处理 25 个语句。根据从业务部门负责人那里得来的信息，有机增长和业务驱动下的增长，可能会在每年交易的高峰期增加每秒 10 个语句的额外处理量。考察了过去的交易情况后，你知道公司的业务和交易是高度季节性的，交易的高峰时间往往发生在年底假期。你和团队进一步决定，可以通过整合语句和语句调优来每秒减少 5 个语句处理。

为了评估预留空间，把这些数字输入到图 11-2 所示的预留空间计算公式，用 0.5 作为理想使用率。结果如下，q/s 代表每秒执行的语句数量，tp 代表时间段，在本例中，tp 是 1 年或者 12 个月：进一步简化公式，结果如下：

预留空间 q/s=0.5 × 100q/s–25q/s–(10–5)q/s/tp × 1tp

预留空间 q/s=50q/s–25q/s–5q/s=20q/s

因为结果是正的，由此可知你有足够的预留空间来度过未来的 12 个月。

预留空间 20 q/s 意味着什么？严格地说，相对于你的理想使用率系数，你有每秒 20 个语句的多余系统处理能力。另外，如果把这个数字和其他因素结合（成长、季节性和一段时期的优化），就可以告诉团队在应用耗尽预留空间前还有多少时间。总结的公式如图 11-3 所示。

$$预留时间 = 预留空间 / \sum_{t=1}^{12} ((增长 (t) – 优化项目的收益))$$

图 11-3　预留空间时间公式

按公式计算，预留时间 =20 q/s ÷ 5q/s/tp=4.0tp。因为时间段是 12 个月或者 1 年，如果预期的增长率为常数（每年 10q/s），那么数据库就有 4 年的预留时间。

这个公式中有不少变动的部分，包括关于未来增长的假设。所以，要定期反复使用才能更准确地反映系统的情况。

11.3　理想使用率

理想的使用率是用来描述应该计划使用系统某个组成部分多大

百分比的资源。为什么不是 100% 的能力？不论是数据库服务器还是负载均衡器，不计划用尽系统组成部分的全部能力有几个原因。第一个原因是你可能错了。即使预期的最大使用率是基于试验的，不管你的试验多么完美，测试本身是人为的，与真实的用户使用经验相比，不可能提供准确的结果。我们将在第 17 章中讨论压力测试的问题。同样可能的是，你的增长预测和改善预测也可能会有偏差。这两者都是基于推测，因此将不同于实际结果。不管怎样，你应该在预算中留出一些空间。

不想用 100% 能力的最重要原因是，当系统接近 100% 使用率时会有不可预知的事情发生。例如颠簸，过多数据或程序指令在内存和本地存储之间的交换，会发生在计算节点上。以硬件和软件的不可预测性作为理论概念讨论的时候可能很有趣，但当它发生在现实世界中，就没有什么特别有趣的了。随机发生的行为是使问题难以诊断的一个重要因素。

颠簸

作为不可预知行为的一个例子，让我们来看看颠簸或者叫过度的内存交换。你可能很熟悉这个概念，但这里只是一个快速的回顾。

如果正在运行的程序或者数据大于分配到的物理内存时，几乎所有的操作系统都有能力把程序或数据从内存中交换进去或者交换出来。有些操作系统把内存分割成很多页，这些页被换出并写入磁盘。这种能力非常重要，原因有两个。首先，在启动过程中使用的一些数据或者指令是不常被访问的，应该从活动内存中

删除。其次，当程序或数据大于物理内时储页，将需要的部分换进存储页，使执行速度更快。磁盘和内存之间速度的差异实际上带来问题。内存的存取用纳秒来计算，而磁盘存取一般用微秒计算，这个差异是数千倍。

当颠簸发生时，存储页被换出到磁盘，但如果很快就需要这些数据，就必须要交换回来。在内存当中，存储页被交换出去让别的应用可以有可用的内存空间。与内存相比，存储页的读写速度非常慢，因此，整个执行过程开始缓慢下来，而进程等待相关的页重新换回到内存。有许多因素影响颠簸，但是内存使用率接近能力的极限是一个很可能的原因。

对于一个特定的组件，容量的理想百分比是多少？答案取决于许多变量，其中最重要的一个是组件的类型。某些组件，最明显的是网络设备，当需求增加时有非常高的性能可预测性。相比之下，应用服务器的可预测性要小得多。这并不是因为硬件质量差，而是反映了它的本质。应用服务器通常可以运行各种各样的程序，也可以专用于单一服务。因此，对于负载均衡器，你可能会决定在预留空间公式中采用高百分比的理想使用率，而对于应用服务器，会采用相对较低的百分比。

作为一般的经验法则，我们希望理想使用率从 50% 开始，逐步调升。应用服务器可能是变数最大的组件，有些人会辩解说专门用于 API 请求的服务器变数较少，可以设置更高的理想使用率，如 60%。网络设备或许感觉较放心，可以把理想使用率设置为 75%。对这些变化我们持开放的态度，但是作为指引，我们推荐从 50% 开始，而且要求团队或你自己为比较高的理想使用率说明理由。我们不建议超过 75%，因为你必须考虑到增长估计的错误。

另一种确定理想使用率的方法是通过数据统计。采用这种方法，先弄清楚在特定组件上运行的服务的多变性，然后以其作为指南来缓冲最大的容量。如果打算采用这个方法，就应该考虑经常重新审视这些数字，尤其是在主要版本发布后，因为服务的性能会随着用户行为的改变或代码的更新发生显著的变化。在采用这种方法时，我们会看数周或数月的性能数据，例如服务器的负载，然后计算出该数据的标准偏差。我们把最大的容量值减去 3 倍的标准偏差，用结果替代预留空间公式中的理想使用率 × 最大容量。

表 11-1 提供了三周以来应用服务器的最大负载值。该样本数据集的标准偏差为 1.49。如果我们取标准偏差的 3 倍，那就是 4.48，从已经形成的服务器的最大负载容量中减去 4.48，这样就得到了可以计划使用但不超过的负载容量。在这个例子里，系统管理员认为 15 是最大的负载，因此，15–4.48 = 10.5 是可以计划使用的最大负载数量。我们将用这个数字来替换预留空间公式里的理想使用率 × 最大容量。

表 11-1　平均负载

周一	周二	周三	周四	周五	周六	周日
5.64	8.58	9.48	5.22	8.28	9.36	4.92
8.1	9.24	6.18	5.64	6.12	7.08	8.76
7.62	8.58	5.6	9.02	8.89	7.74	6.61

预留空间计算表

遵循下面这些步骤完成预留空间的计算：

1. 识别主要的组件。

2. 指定人去决定实际使用量和最大容量。

3. 确定内在的或自然的增长。

4. 确定基于业务活动的增长。

5. 确定季节性峰值效应。

6. 估计预留空间或者基础设施项目取得的容量。

7. 进行预留空间计算：

❏　如果结果是正的，在选定的时间段内，系统有足够容量。

❏　如果结果是负的，在选定的时间段内，系统没有足够的容量。

8. 把预留空间除以（成长＋季节性－优化）的值可以得到用尽剩余容量的时间。

11.4　使用电子表格的快速示例

让我们通过一个简单的例子，介绍如何使用表格和图表来计算预留空间。读者卡尔·荒尾（Karl Arao）制作了一个电子表格并上传到推特上，我们以此为基础进行了相应的修改。为简洁起见，我们省略了预留空间相关的具体计算，只显示如何通过电子表格产生优雅的预留空间图形。

卡尔的重点是要确定 CPU 使用率的预留空间。首先，他完成了所有的基础工作，包括确定业务增长率和运行了一些测试。其结果是，现有 CPU 的使用率为 20%，综合考虑业务部门预测的增长和其他的因素，CPU 使用率将以每月 3.33% 的速度增长。正如在我们的公式中描述的那样，这样的增长是以百分比表示的绝对增长率，不是过去月份的复合增长或相对增长。卡尔把他的设备的理想使用率设定为 80%，并创建了如图 11-4 所示的表格。他根据三年的交易数据计算了表中的值，我们略作删减。你很可能从这个缩减的版本中看到相关数据要表达的意思。

以绝对增长为基础，3.33% 意味着 CPU 每个月刚好增长 3.33%

相对于 80% 理想使用率的剩余预留空间

基准线的 20% 加上每月的绝对增长率

CPU%使用率	月	初始使用率 + 绝对增长率	预留空间
3.33%	Jan-14	23%	57%
3.33%	Feb-14	27%	53%
3.33%	Mar-14	30%	50%
3.33%	Apr-14	33%	47%
3.33%	May-14	37%	43%
3.33%	Jun-14	40%	40%
3.33%	Nov-14	137%	−57%
3.33%	Dec-14	140%	−60%

图 11-4　预留空间计算表

使用此表可以很容易地绘制出相对于理想利用率的预期交易增长，并可以用图形化的方式来确定现有系统可以持续使用的时间。图 11-5 来自于卡尔·荒尾公开的文档，同时做了相应的修改以符合本书的目的。很容易地看到例子的系统将在 2015 年 6 月达到理想的限制。

电子表格的方法也适用于复合增长率。例如，如果总经理表示交易量可能每月增长 3%，假如每笔交易都有大致相同的 CPU 使用率，那么可以通过修改表格来处理复合的增长率。在据此产生的曲线中，向上增长的速度增加，每月的交易量比上一个月的都大。

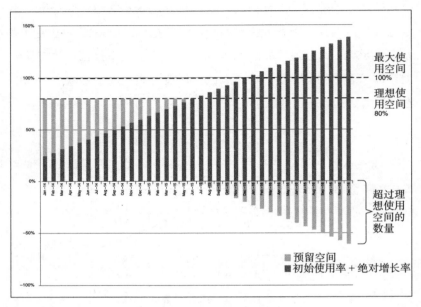

图 11-5　预留空间图

11.5　结论

在这一章中，通过研究制订预留空间过程的目的开始了我们的讨论。你应该考虑在预算、人力规划、功能开发以及可扩展性项目四个方面采用预留空间的预测方法来规划。

预留空间的过程包括许多步骤，而且高度注重细节，但总体来说非常简单。这些步骤包括确定主要的组件，指定具体负责人来确定组件的实际使用情况和最大能力，确定内在以及商业活动造成的增长情况。最后，考虑季节性和基础设施项目中使用率的改进，综合所有的数据进行相关的计算。

本章最后一个主题是组件的理想使用率。在一般情况下，我们喜欢简单地使用 50% 作为计划使用的最大容量百分比。多变性、在确定最大容量时的失误以及在增长预测中的误差，是确定这个比例的主要考虑因素。如果管理人员或工程师能对系统有非常好的理解，并且能对不易变化的原因做出合理的解释，那么可以调整百分比。确定最大容量的另外一种方法是从最大使用容量中减去三倍的实际使用量标准偏差，然后利用该数字来规划最大容量。

关键点

- ❑ 掌握各个组件的预留空间非常重要，因为你需要这个信息来做预算、制订招聘方案、确定软件发布计划、调整可扩展性项目的优先级。
- ❑ 要为系统的每个主要组件计算预留空间，如每个应用服务器群组、网络设备、带宽和数据库服务器。
- ❑ 我们建议任何组件的最大容量不要超过 50%，如果没有以事实为基础的好理由，那就不要偏离该经验法则。

第 12 章　确立架构原则

孙子说：故其战胜不忒。不忒者，其所措胜，胜已败者也。

公司经常把"价值观"张贴在工作场所，以提醒员工公司期望的行为和文化。本章将类比公司价值观，提出可扩展性的架构原则。这些原则既指导技术团队的行动也形成对技术架构进行评估的标准。

12.1　目标和原则

回顾在本书第 5 章中所定义的高层次目标树，如图 12-1 所示，你可能还记得，这棵目标树代表的主题是：在降低成本基础上创造更多的盈利机会和更大的收入。这个主题可以进一步分解为：质量、可用性、成本、市场响应时间（time to market，TTM）和效率，同时分别为其确定了具体的 SMART 目标。

理想情况下，架构原则将基于高层次的目标树主题，而不是具体的目标。目标可能会随着时间的推移而改变，因此，原则应该广泛地支持未来的和当前的目标。

我们的客户经常发现设定原则的会议如果以头脑风暴的方式开

始会非常有用。例如，你可以从图 12-1 中的目标树开始，在白板上
写上每个主题。确保目标在整个会话中一直保持显著，时时提醒参
会人。对于每一个主题，例如质量、可用性、成本、市场响应时间
和效率，聚焦寻找通用的原则，来验证任何一个给定的项目。也就
是可以根据原则确定所提出的架构设计变更是否符合选择的标准。
架构原则非常抽象，以至于实际上无法直接应用在设计或架构审查
上，无法协助驱动性价比高、可扩展性好和高可用的架构。同样，
在本质上原则是高高在上的，在实践中，常常为了便利或者其他的
原因而把这些原则置之不理。

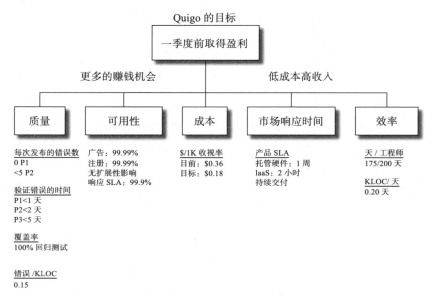

图 12-1　Quigo 的目标树

在协调这些会议的时候，我们让客户聚焦在原则的探索上，根

据每个主题写下尽可能多的原则。讨论是有价值的，因为对所提出原则的含义，每个人都应该能够有自己的解释。通常这些讨论可以改进原则本身的措辞。例如，当提出"水平扩展"原则的时候，大家可能开始讨论团队是否不要再实施"垂直扩展"（采用扩大解决方案或服务器能力的方法）。大家可能决定把标题从"水平可扩展性"改成"扩展，不是向上"，以表达提倡水平扩展，尽可能限制垂直扩展的愿望。

在组织与上述描述类似的架构讨论活动时，团队经验的多样化是很重要的。回忆第 3 章的内容，经验的多样性增加了认知冲突的水平，因此提高了结果的创新和战略价值。头脑风暴的过程中应该包括具有软件开发背景的人、总体架构的人、基础设施的人、DevOps、质量保证的人、项目管理的人和产品的负责人。在特定领域里经验不足的会议参与者最初提出的问题中，经常会发现有价值的见解。

重要的是，每个待选原则尽可能多地体现在第 4 章中讨论过的 SMART 特性。一个值得注意的例外是，原则并不是真的受时间限制，当我们讨论架构原则时，SMART 中的 T 缩写的意思是 Test，即原则可以用来测试设计，验证它是否符合要求。高高在上的原则不符合这个标准。

一个经常被提到，高高在上的不幸的架构原则是"无限可扩展"。无限可扩展是根本无法实现的，因为那将需要无限的成本。此外，这一原则不允许验证。没有部署架构可以满足定义的目标。最后，我们必须考虑架构原则在指导组织工作习惯中的作用。在理想情况下，原则应该有助于设计，并指出一条通向成功的道路。像

"无限设计"这样高高在上的理想原则不提供通往目的地的地图，使其作为一个无用的指南。

好的架构原则

原则应该影响团队的行为和文化。它们应该帮助指导设计，并以此测试和确定这些设计是否符合公司的目标和需求。有效的架构原则与公司的目标、愿景和使命紧密地结合在一起。一个好的原则有以下几个特点：

- ❑ 具体的。原则不应该被混淆在它的措辞中。
- ❑ 可度量的。原则不应包含"无限"这样的词汇。
- ❑ 可达到的。尽管原则应该是鼓舞人心的，它们应该能够在设计和执行上实现。
- ❑ 现实的。团队应该有能力达成目标。有些原则是可以实现的，但是需要时间或天赋。
- ❑ 可测试的。修改后的原则可以用于测试设计，以验证它是否符合需要。

12.2　架构选择

我们都可以举出例子，在一个问题上工作了一段时间，但就是不能找到正确的解决方案，然而睡一小会儿后，解决方案神奇地来临。头脑风暴活动往往遵循类似的模式。出于这个原因，在组织讨论原则会议的时候，我们喜欢在第一天进行原则探索，在第二天进行原则选择。每个活动不需要花费完整的一天。对于小公司，每天几个小时就够了。对于规模较大、比较复杂的公司，考虑到架构原则将带来的高价值回报，分配更多的时间和精力到这些活动中去就很有意义了。

在第二天的开始，回顾你写在白板上的架构原则，和团队一起回顾前一天的讨论。一个方法是让参与者展示白板上写的每一个原则，并围绕其优点组织简要的讨论。以这种方式开始第二天的活动将刺激团队的集体记忆，在当天剩余的时间里开启创造价值的工作。

在第二天的后半部分进行原则选择，我们喜欢使用群众选举技术（crowd sourcing technique）。做法是让每个与会者对限量的原则进行投票。使用这种技术，每个参与者都走到白板前投下自己的票。最好控制原则数量在一个易于记忆和易于使用的数字上，例如 8 至 15；我们通常把每个人的票数大约限制在期望架构原则总数的一半。如果少于 8 个原则，那么可能无法覆盖整个范围，以达到期望的效果。相反，如果超过 15 个原则，那么过于繁琐难以审查和记忆。选择原则总数的一半作为投票配额，通常很容易把候选原则的数量缩小到可以管理的规模。

投票结束后，可能会出现明确的赢家、平分秋色，或是接近总票数的大赢家三种情况。如果结果超过预期原则的数量，你可能会组织一些讨论和辩论，把候选架构原则缩小到需要的数量。一旦投票结束，就开始考虑"原则进入市场"的策略。

我们喜欢把原则以一种简单的方式呈现出来，在原则和期望实现的目标之间存在着明确的因果关系。方法之一是在维恩图上，把原则纳入它们要支持的区域。我们很喜欢用维恩图来展现原则，因为许多原则会影响到多个领域。

回到前面的例子，Quigo 目标树的主题包括效率、进入市场的时间、可用性、成本和质量。当我们为 Quigo 制订原则的时候，效率和成本紧密关联，并呈现在维恩图上的一个区域内（高效率和低成本关联）。虽然可扩展性不是目标树的一部分，但它与可用性密切相关，理所应当标在图中。质量与可用性也明显高度相关；因此，质量、可用性和可扩展性在一起显示。考虑到这些关系，我们把维恩图减少到三个区域：可用性／可扩展性／质量，成本／效率，TTM（市场响应时间）。图 12-2 显示了据此绘制的维恩图。

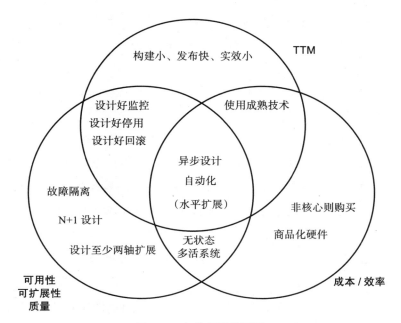

图 12-2　架构原则维恩图

逐步孵化的原则

你希望团队能够拥有指导可扩展性项目的架构原则。达成此目的最好方式是让他们参与原则的制订和选择。一个好的制订原则过程涉及下述步骤：

- ❏ 确保所有参与方应用这些原则。
- ❏ 通过将这些原则与公司的愿景、任务和目标关联，创建一个成功的因果图。
- ❏ 为原则拟定主题，维恩图对显示重叠的原则很有用。
- ❏ 把大团队分成小团队，然后由每个小团队分别提出他们的原则。虽然所提出的原则可能措辞不同，但是你会惊讶有这么多重叠原则出现。
- ❏ 把团队集合起来做个小型展示，然后再分成小团队来修改他们的原则。
- ❏ 进行另一轮的陈述，然后选择那些重叠的原则。
- ❏ 把剩下的原则写在白板上，让每个人去投票选择。
- ❏ 根据投票结果对原则进行排序，设置一些容易记住的原则数量（8 至 15），包括选择早期重叠的原则和余下原则中排名前多少位的来匹配预设的数字。
- ❏ 允许对其余的原则进行辩论，然后安排最后的原则排名并由团队批准。

在架构原则制订的过程中一定要应用 RASCI 方法，因为你不希望团队认为没有最终的决策者。如果在制订架构原则的过程中只有架构师参与，而没有包括关键的团队成员，那么可能会形成"象牙塔"架构文化，工程师们认为架构师没有适当地掌握客户的需求，架构师认为工程师不拥有和不遵守架构标准。

12.3 AKF 采用的最普遍的架构原则

在这一节中，我们将介绍 15 个客户最常用的架构原则。在咨询中，我们经常将这 15 个架构原则像种子一样种在客户的架构花园里。然后，要求他们开始架构原则的制订过程，想采用多少就采用多少，抛弃不起作用的并按需增加。如果客户提出一个特别巧妙或有用的原则，我们也更新这个列表。图 12-2 的维恩图所展示的就是这些原则，保证它们与可扩展性、可用性和成本相关。我们将概括地讨论每个原则，然后深入挖掘那些对扩展性有影响的原则。

12.3.1 N+1 设计

简单地说，这个原则所要表达的是要确保任何你所开发的系统在发生故障时，至少有一个冗余的实例。应用三规则，我们将在第 29 章中讨论，有时把这个原则描述为一个为自己，一个为客户和一个为失败。该原则广泛地应用在从大型数据中心设计到网络服务实施的一系列活动中。

12.3.2 回滚设计

回滚设计是提供网络、Web 2.0 或者 SaaS 服务公司的一个重要架构原则。无论你构建什么，都要确保它可以向后兼容。换句话说，如果你发现"修复"服务要花掉很多的时间，那么一定要回滚，一些公司会在一个特定的时间窗口内回滚，一般回滚可以在变更后的最初几个小时内完成。不幸的是，一些最坏的和最具灾难性的事故往往要在部署后好几天才能出现，特别是那些涉及损坏客户数据的事故。理想情况是在产品或平台仍然"正常"的情况下，通过预先的设计允许产品或平台回滚、发布或部署。更详细的讨论参见第 18 章。

12.3.3　禁用设计

当设计系统，特别是与其他系统或服务通信的高风险系统时，要确保这些系统能够通过开关来禁用。这将为修复带来额外的时间，确保系统不因为错误引起的诡异需求而宕机。

12.3.4　监控设计

如果监控做得好，不仅能发现服务的死活，检查日志文件，还能收集系统相关的数据，评估终端用户的响应时间。如果系统和应用在设计和构建时就考虑好监控，那么即使不能自我修复，也至少可以自我诊断。如果系统在设计时做好监控和日志收集，那么会很容易确定系统的预留空间，并采取适当的行动尽早纠正可扩展性问题。

例如，在系统设计时，如果你知道哪些服务和系统需要进行交互。或许有问题的服务频繁地在某个数据库或者数据源存取数据。也许应用异步调用其他的服务。有时候也会把诊断信息，甚至错误信息输出到存储系统。所有这些要点可以用在系统设计过程中，满足未来扩展性的需求，并提高系统的可用性。

我们认为，所构建的系统要有助于确定潜在的或未来的问题。回到前面我们的示例系统和它的数据库调用，系统应该记录数据库的响应时间、获得的数据量和可能的错误率。我们所设计的系统，不仅要采集前面提到的这些数据，而且应该依据此前 30 个星期二（假定今天是星期二）的每 5 分钟间隔取样平均数所绘制的流量图，标示出"超过范围"的那些数据点。如果发现这些数据出现显著的标准偏差，那么就可以发出警报，根据偏差的值采取立即的或者未来的行动。这种方法依据的是基于统计控制过程的控制图。

我们也可以用错误率，其他服务的响应时间等来实现。我们可以将这些信息反馈到我们的容量规划过程中，以帮助定位可能会出现需求与供给问题的地方。反过来，可以确定哪些系统未来要做架构变化。

12.3.5　设计多活数据中心

必须拥有多个数据中心，以便向股东保证可以渡过任何在地理上可以隔离的灾难和危机。开始考虑数据中心运维策略的时间，不是在部署数据中心的时候，而是在设计数据中心的时候。各种设计权衡将影响是否可以很容易地在地理上分散生产数据中心以提供数据。应用是否需要或期望所有的数据都存在于一个整体的数据库中？应用期望所有的读写操作都发生在同一数据库结构吗？所有客户都必须共享同一个数据结构吗？对其他以同步方式调用的服务都是不能容忍延迟的方式吗？

确保产品设计允许通过托管服务多地独立运维，这对实现快速部署至关重要。这样的设计也允许公司避免单数据中心而受电力和空间的限制，也使云基础设施的部署成为可能。可能有一个令人难以置信的可扩展的应用和平台，但如果物理环境和运维合同限制了可扩展性，那么就需要对空间和平台重新进行架构设计。可扩展性不仅仅是系统的设计，它要确保企业的运维环境，包括合同、合作伙伴和公司的能力可以扩展。因此，架构必须允许可以按需使用已有和新建的几个设施。

12.3.6 使用成熟的技术

我们都喜欢学习和实施最新和最吸引人的技术。采用这样的技术通常可以帮助我们降低成本、减少上市时间、降低开发成本、提高可扩展能力、减少终端用户的响应时间。在许多情况下，新技术甚至可以创造一个短暂的竞争优势。不幸的是，新技术也往往有较高的故障率。因此，如果应用在架构的关键部分，可能会导致对可用性有显著的影响。如果可用性对解决方案或服务很重要，那就要应该采用可靠的技术。

在许多情况下，你可能会被新技术的竞争优势所诱惑。对此要谨慎：作为一个早期的采用者，你也许会处在寻找软件或系统漏洞的前沿。如果可用性和可靠性对客户很重要，那么对服务、产品或平台的运维很关键的系统，要争取成为该技术的早期多数或晚期多数的采用者。把新技术用在对解决方案的可用性要求不高的新功能上，一旦证明它可以可靠地处理日常的交易，就可以把此技术移植到关键任务领域。

12.3.7 异步设计

简单地说，同步系统比那些异步行为设计的系统具有较高的故障率。此外，同步系统的可扩展性被在通信链中最慢的和最不具备可扩展性的系统所限制。如果系统或服务减慢，整个链条的速度减慢、吞吐量降低。因此，同步系统更难以实现实时扩展。

异步系统对速度减缓更加宽容。例如，一个同步系统可以同时提供 40 个并发请求。当所有 40 个请求都在处理过程中的时候，必须要等至少一个请求处理完成后才能处理更多的请求。与之相反，异步系统可以立即处理新请求，不阻碍响应。在处理下一个请求时，有一个服务在等待响应。虽然吞吐量大致相同，但它们更能容忍慢速的处理，因为可以继续处理请求。在某些情况下，反应可能会有所减缓，但整个系统不会停顿下来。因此，如果只有一个周期性的缓慢，异步系统将允许交易缓慢通过而不是停止整个系统。这种方法可能会给你几天的时间来"解决"一个扩展性的瓶颈问题，而不像一个同步系统那样需要立即采取行动。

然而，在许多地方，你似乎是被迫使用同步系统。例如，如果进行异步传递，许多数据库调用将受到阻碍，结果可能会出现问题。例如，他们都要取得关于一辆汽车当前的竞拍出价，想象两个服务器从数据库中请求类似的数据，如图 12-3 所示。

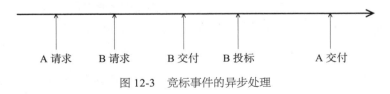

图 12-3　竞标事件的异步处理

在图 12-3 中，在系统 A 发出一个请求后，系统 B 也发出一个请求。B 先接收数据，然后出价竞标，从而改变汽车的价格。然后系统 A 接收数据，显然这个数据已经过时。虽然这似乎是不可取的，我们可以在逻辑上做一个小的改动，在不显著影响到整个过程的前提下，允许这种情况的发生。

我们只需要改变 A 随后出价竞标的情况。如果 A 的投标价低于 B 的报价，我们只是表明该车的标价已经改变，并显示当前的价格。A 可以决定是否愿意继续投标。以这种方式，我们采取的方法把大多数人认为需要是同步的处理变成异步。

12.3.8　无状态系统

状态系统中的操作都是在前后关联的情况下进行的。因此，对任何给定的执行或系列的请求，其过去的操作信息必须要暂时存储在某个地方。在维持交易状态的过程中，工程团队通常开始收集并保存大量有关请求的信息。状态耗费资金、处理能力、可用性和可扩展性。尽管在许多情况下，状态是有价值的，但是应该密切评估其投入产出效益。状态通常意味着需要额外的系统和同步调用。此外，它使多活数据中心的设计更加困难：当状态信息存储在数据中心 X 和 Y，而且 XY 之间无法同步状态数据时，你如何能够处理交易？复制不仅需要实时发生（这意味着数据中心的进一步要求比较接近），而且还需要存储短暂数据所需的存储空间加倍。

只要有可能，就要避免开发需要状态的产品。在必要的情况下，可以考虑存储在用户端，而不是在系统里。如果这是不可能的，考虑一个集中的状态缓存机制避免把状态数据分散存储在多个服务器上。如果确实有理由，需要在多个地方存储状态信息，尝试把状态信息按照客户或交易类别分割以便于更方便地分布存储在多个数据中心，并尽可能把某个客户或某交易类别的数据存储在一个数据中心，只需为灾备复制数据。

12.3.9　水平扩展非垂直升级

这本书很大一部分是在讨论如何进行水平扩展。如果你想达到近乎无限的扩展，那么就必须分散系统、组织和流程以利于扩展。迫使交易必须通过一个人、一台计算机或是一个过程来实现扩展将是灾难。许多公司依赖越来越快的系统，遵循摩尔定律来扩展，不断强制用户的请求进入一个单一的系统。摩尔定律并不是一个定律，它只是预测，可以放置在一个集成电路的晶体管数量每两年会翻一番。预期的结果是晶体管的速度和能力将在同样的时间段内加倍。但是如果像 eBay、雅虎、谷歌、脸书、聚友网等这样公司，其增长率比这还快，那该怎么办？当摩尔定律无法维持时，难道你真的想成为有限增长的公司？

谷歌、亚马逊、雅虎或 eBay 能在单一的系统上运行吗？它们中的任何一个能在单一数据库上运行吗？这些公司中不少都在开始的时候是这样，但那样的技术根本无法跟上用户对它们的要求。其中一些面临着与试图依靠更大、更快的系统相关的扩展性危机。所有那些不做水平扩展，而做垂直升级的人都会面临这些危机。

当利用 IaaS 服务商提供的弹性和自动扩展功能时，水平扩展，而不是垂直升级的能力非常重要。如果不能很容易地添加只读数据库或额外的 Web 和应用服务器，租用云端能力的好处（IaaS）就无法完全实现。可能没有什么其他的架构原则比确保重要产品可以永远水平扩展更重要的了。

12.3.10 设计至少要有两个步骤的前瞻性

领导者、管理者和架构师都要考虑未来。你的设计不只是为了今天，而是要搭建一个可以使用和修改的未来系统。因此，我们认为，你应该总是在考虑如何进行下一组的水平分割，即使还没有见到需要。为此，我们将在第 20 章中介绍 AKF 扩展方块。现在，只要说有多种方法来分割应用和数据库就够了。每种方法都将对扩展性有不同程度的帮助。

水平扩展而不是垂直升级说明了第一组分割的实现。也许你把交易量分散在克隆系统上。你可能有五个应用服务器带有五个复制的只读缓存，上面包含了系统启动信息和变动不大的客户信息。以这样的配置，你可以把系统扩展到每小时处理一百万笔交易和一千客户，提供登录、退出服务及其之间的所有的交易。但是当你有七千五百万个客户时，该怎么办？应用的启动时间会受到影响吗？内存访问时间开始降低吗？更令人担忧的是，你还能在内存中保留所有的客户信息吗？

对于任何服务，应该考虑如何进行下一个分割。在这种情况下，可以将客户分为 N 组独立的客户组，由 N 个独立的服务器群组提供服务，每组服务 1/N 的客户。或许可以将一些类型的服务请求（登录、退出、更新账户信息）迁移到独立的服务器群组，这么做可以减少启动时在缓存中的记录数量。无论你决定做什么，对于主要系统的实现，你应该在最初设计的时候就考虑它，即使开始时只实现一个维度的扩展性。

12.3.11　非核心则购买

我们将在第 15 章中讨论这一原则。虽然非核心则购买是一个成本效益原则，它也影响可扩展性、可用性以及生产力。基本的前提是，无论你和你的团队是多么聪明，你不可能什么事都做得最好。此外，股东希望你能关注真正创造差异化竞争，进而提高股东价值的事情。做你真正擅长的事情，形成在产品、平台或系统方面的显著差异。

12.3.12　使用商品化硬件

这一原则常常受到抵制，但它与其他的原则很匹配。类似于使用成熟技术的原则。硬件，特别是服务器，迅速商品化，基于成本以市场购买为特征的趋势很明显。如果能设计好架构，那就可以轻松地实现水平扩展，应该购买最便宜的硬件来做练习，假设拥有商品化硬件的总成本低于拥有高端硬件的总成本。

12.3.13　小构建，小发布，快试错

小版本的失败率较低，因为失败率与解决方案中的变更数量直接相关。在投入大量资金前，构建小迭代也有助于我们了解是否需要，以及如何去调整产品和架构的方向。当我们开发的系统运行不好时，失败的代价很小，我们可以忽略掉无法发挥作用的项目。虽然我们可以而且应该目标远大，但是我们必须要有原则，迫使我们聚焦在以小型和迭代的方式实施。

12.3.14　隔离故障

这个原则是非常重要的，我们有一整章专门讨论它（第 19

章）。这个原则的核心内容是，我们要认识到工程师们懂得该如何把事情做得很好，但是往往很少花时间去思考清楚系统是怎么失败的。有一个故障隔离的实例存在于家庭或公寓的电气系统。当使用电吹风用掉大量电的时候会发生什么事？在精心设计的房屋里，断路器会跳闸，电路上的电源插座和电器会停止供电。通常电路位于房子的一个区域，故障排除相对容易。例如，一个电路通常不是仅仅为冰箱供电，也包括为浴室里的电源插座、客厅里的灯供电，它覆盖一片连续的区域。断路器可以保护家中的电器免受伤害。

故障隔离的原则类似于建立一个有断路器的电气系统。细分你的产品、服务或子服务，确保服务或者子服务的故障不会影响其他的服务。另外，把客户分入不同的组里，如果系统出现任何问题，不至于影响到全体客户。

12.3.15　自动化

人常犯错误，更令人沮丧的是，他们往往会以不同的方式多次犯同样的错误。人们也倾向于关注不足，导致他们对琐碎的项目失去兴趣。最后，虽然人对任何企业都是非常有价值和重要的，但好的人才是昂贵的。

相比之下，自动化则比较便宜，而且每次都会以同样的方式，或取得相同的成功，或犯同样的错误。因此，可以调整机器去完成简单重复的任务。因此，我们认为所有系统都应该在开始设计的阶段就要考虑自动化。自动部署、构建、测试、监控甚至报警。

架构原则

总结 AKF 最常用的 15 个架构原则如下：

1. N+1 设计。永远不少于两个，通常为三个。

2. 回滚设计。确保系统可以回滚到以前发布过的任何版本。

3. 禁用设计。能够关闭任何发布的功能。

4. 监控设计。在设计阶段就必须要考虑监控，而不是在实施完成之后补充。

5. 设计多活数据中心。不要被一个数据中心的解决方案把自己限制住。

6. 使用成熟的技术。只用确实好用的技术。

7. 异步设计。只有在绝对必要的时候才进行同步调用。

8. 无状态系统。只有当业务确实需要的时候，才使用状态。

9. 水平扩展非垂直升级。永远不要依赖更大、更快的系统。

10. 设计至少要有两个步骤的前瞻性。在扩展性问题发生前考虑好下一步的行动计划。

11. 非核心则购买。如果不是你最擅长的，也提供不了差异化的竞争优势则直接购买。

12. 使用商品化硬件。在大多数情况下，便宜的是最好的。

13. 小构建，小发布，快试错。全部研发要小构建，不断迭代，让系统不断地成长。

14. 隔离故障。实现故障隔离设计，通过断路保护避免故障传播和交叉影响。

15. 自动化。设计和构建自动化的过程。如果机器可以做，就不要依赖于人。

12.4 结论

在本章中，我们讨论了架构原则，并看到这些原则是如何影响公司文化的。每个公司的架构原则应该与该公司独特的组织愿景、使命和目标相一致。要与团队共同制订这些原则以达成共识。这些原则将作为聚焦扩展性活动的基础，如联合架构设计和架构审查委员会。

关键点

- ❏ 根据公司的目标制订架构原则，应该和公司的发展愿景和使命相符。
- ❏ 原则应该足够宽泛，避免不断地修改，应该符合 SMART 要求。
- ❏ 如果要确保架构原则得到团队的认可，应该考虑与团队一起来制订。
- ❏ 确保团队在制订和修改原则的过程中遵循 RASCI。
- ❏ 原则的数量要控制好，确保容易记忆并增加利用率。我们建议不要超过 15 个。

第 13 章　联合架构设计和架构审查委员会

孙子说：是故胜兵先胜而后求战，败兵先战而后求胜。

本章将介绍两个积极主动的过程：联合架构设计（Joint Architecture Design，JAD）和架构审查委员会（Architecture Review Board，ARB），这两个过程本质上是跨部门并交织在产品或软件开发的生命周期中。JAD 是一个协同设计的过程，所有的工程人员一起共同设计和开发一些符合架构原则的主要的新功能。ARB 是一个审查委员会，负责选择和决定每一个新功能或业务领域的架构，在架构设计得到最终签署之前，要由该委员会确定设计符合公司所有的架构原则和业界的最佳实践。

13.1　修复组织的功能障碍

大多数软件开发团队至少有一位工程师，他相信架构师、数据库管理员、系统管理员和网络工程师要么是不了解编码，要么就是不完全理解软件的开发过程。这种现象也存在于其他的领域，至少有一位架构师或管理员认为软件工程师只知道如何写代码，不理解更高层次的设计或系统的整体概念。更糟的是，每一方都认为对方的安排与自己要做的完全相反。经常可以听到运维人员喃喃地说，"如果开发人员停止修改代码，我们可以保持服务器的可靠性"，开发人员咕哝着回应，"如果不让我们遵循愚蠢的政策，我们的开发和调试速度可以更快"，这些看法和疑虑对应用和组织的可扩展性有破坏性的作用。

在存在功能性障碍的组织里，虽然实现跨部门的 JAD 具有挑战性，但这对帮助治疗组织功能障碍是绝对必要的。正如我们在第 3 章所讨论的那样，以功能为基础的组织往往会经历情感型冲突（在第 1 章中描述的那种不好的冲突）。团队成员对职能团队有社会认同感，而不是对提供产品或服务的跨部门团队。这就自然产生了一个"我们对他们"的心态。不同的团队也可能遭受"经验鸿沟"，在第 6 章中，我们讨论了人际关系、心态和业务的案例。同样，掌握不同技术功能的人，可能发现相互之间很难沟通，他们可能有大为不同的技术技能，从而产生隔阂，这就像业务团队和技术团队之间的隔阂一样。当一家公司的分支机构按照职能进行组织，通过一个过程把不同的团队组织起来共同设计产品就是必不可少的。（我们将在下一章讨论敏捷组织在没有过程帮助的情况下，如何解决这个问题。）

13.2 跨部门的扩展性设计

JAD 是一个协同设计过程，它集中所有工程需要的资源共同完成开发新功能或进行架构修改所需要的设计工作，这些设计必须符合公司的架构原则和最佳实践要求。当团队不是按照跨部门方式组织起来的时候，其完成的设计应该经过 JAD 审查。在按照功能组织起来的团队里，大家聚焦在所研发产品的共同产出上，JAD 的目的就是通过跨部门的认知型冲突增加创新。涉及的相关概念可以参见第 3 章的解释或对这些概念的复习。

JAD 团队应该包括一位未来负责编码的软件工程师、一位架构师、至少一个运维工程师、产品经理、项目经理和质量保证工程师。如前所述，每个人都会给团队带来其独特的知识、观点、经验和目标，与团队里的其他人互补。在跨部门的团队里，队员们除了掌握自己的需求以外，还会发现更多来自于其他人的需求。例如，虽然运维工程师仍保持自己组织的目标，也就是保持可用性，她同时也有设计满足业务需求功能的目标。保留原部门的目标与拥抱跨部门的目标相结合确保她对生产环境的变更保持高度警觉。

JAD 并不限于瀑布开发方法，一个阶段的产品开发必须在另一个阶段开始之前。JAD 已成功地应用于所有类型的开发方法，如迭代或敏捷方法。在敏捷开发方法中，随着产品规范、设计和开发的演进，可以获得对产品功能更深入的了解。每一次的设计修改或扩展，都可以召开 JAD 会议帮助审查。架构类型的不同也并不妨碍 JAD 的使用。无论是传统的三层网络架构、面向服务的架构或者简单的单体应用，工程工程师、运维工程师和架构师之间的合作可以形成一个更好的设计，原因是团队达成的解决方案要比个人所产生的方案更好。团队成员的背景越多元化，整体解决方案就越好。

JAD 团队的实际组成没有规律。在团队分配到任务后，一个人负责协调设计，这个人通常是软件工程师或项目经理。通常会举行多次设计会议，会议时间可以是一个或几个小时，取决于大家的日程安排。对于非常复杂的功能，不同组成部分的设计需要安排几次会议。例如，应该分别安排聚焦数据库的 JAD 会议和另外一个关于解决缓存服务器会话的 JAD 会议。

通常，JAD 会议从讨论功能背景和业务需求开始。在这个阶段，最好先让产品经理讲解，然后再由他回答任何需要澄清的问题。在讨论了产品要求之后，审查与此相关的架构设计是否符合架构原则。下一步，团队进行头脑风暴形成几个可能的解决方案。在会议结束时，把这些选项写出来并发出，供相关人员去思考。关于该功能的最佳设计通常只需要一两个会议就能达成一致。把最后的结论写下来并记录在案，供 ARB 审查时使用。

JAD 清单

　　下面是一份关于召开 JAD 会议的清单。在掌握了这个过程后，你可以对此进行修改，形成自己的清单：

　1. 指定参与者。

❑ 强制的：软件工程师、架构师、运维工程师（数据库管理员、系统管理员或网络工程师）。

❑ 可选的：产品经理、项目经理、质量保证工程师。

　2. 安排一个或多个会议。如果可能的话，分成数据库、服务器、缓存、存储等。

　3. 从讨论产品需求规范开始会议。

　4. 回顾本次会议相关联的架构原则。

　5. 头脑风暴。没有必要彻底确定所有的细节。

　6. 列出每一个方法的优点和缺点。

> 7. 如果需要多个会议，记录下所有的想法并发送到参会的每一个人。
>
> 8. 要对设计达成共识。使用投票、评价、排名等每个人都可以支持的决策方法。
>
> 9. 为 ARB 讨论制订准备文档。

13.3　JAD 的准入和退出标准

我们建议必须要满足具体的标准，才能开始一个功能开发的 JAD 过程。同样，也必须满足某些标准，功能开发设计才能够离开 JAD。通过保持这些入口和出口标准，你可以保持设计过程的完整性。某人可能建议绕过这些标准，理由包括引入的功能还没有大到足以需要一个团队的努力来设计，另外的理由是先允许一个功能的设计过程开始，因为没有运维工程师参加 JAD，他们都在处理系统的危机。对这种一次性的请求让步最终将使 JAD 贬值，与会者将认为他们可以不必参加会议，或不用对结果负责。不要开始从这个斜坡上下滑，高标准要求准入和批准，毫不动摇，毫无例外。

JAD 的准入标准如下：

- ❏ 功能的重要性。功能的重要性足以引起跨部门团队的关注。对重要性的准确内涵可以讨论。我们建议用三种方法来衡量：
  - ❏ 项目规模。以开发所需的工作量为衡量标准。凡超过 10 个工程日的为重要项目。
  - ❏ 潜在影响。如果涉及核心组件，那么就被认为是重要的，需要跨部门设计。

❑复杂程度。如果该功能需要使用诸如缓存或存储等不太常
用的组件，那么应该通过 JAD。如果功能和网站上其他应
用使用同类型的应用服务器，就不需要通过 JAD.

❑ 成立团队。必须有从工程、架构和运维（数据库、系统管理
员、网络管理员）来的不同代表参与。如果需要，质量保证、
项目管理和产品管理领域的人员也要参加。如果这些必要团
队的成员没有出席会议，不应允许该功能经过 JAD。

❑ 产品要求。功能必须有产品要求和业务案例才准许使用
JAD。团队要能分别出哪些是关键需求，哪些事最好根据不
同的架构解决方案做出权衡。理解收入产生的来源也将有助
于团队决定该为不同的解决方案投入多少。

❑ 赋予权力。要赋予 JAD 团队必要的决策权，避免来自于
其他工程师或架构师的不必要的猜测。唯一可以批准或拒
绝 JAD 设计的是 ARB，ARB 负责进行最后的架构审查。
用 RASCI 术语来描述，对于设计，JAD 团队是 R（负责），
ARB 是 A（责任）。

JAD 退出的标准如下：

❑ 原则。最终设计的功能必须遵循在组织中确立的架构原则。
如果有例外情况，例如在设计中可能出现的拒绝，应做好记
录并由 ARB 质疑。我们将在下一章中讨论更多关于 ARB 的
细节。

❑ 共识。整个团队应该一致支持最终的设计。对设计方面有异
议的讨论是在会议期间，而不是会后。如果有 JAD 小组的人

对决定产生质疑，那么就需要 JAD 对架构的设计重新进行审查，相关项目的任何发展都应该立即停止。

❑ 文档记录权衡取舍。如果在设计的需求、成本或原则有任何重大的权衡，那么要向 ARB 明确陈述和记录，以备未来回顾功能设计的时候参考。

❑ 文档记录最终的设计文件。最后的设计必须记录在案以供参考。无论在未来会不会被 ARB 审查，但是设计必须要为所有小组提供可供未来审查和参考的文档。这些设计将很快成为系统文档以及设计模式文档，工程师、架构师和运维工程师可以参与，作为他们参加未来 JAD 过程的参考。

❑ ARB。JAD 过程的最后一步是要确定项目是否要得到 ARB 的最后审查和批准。有关哪些设计需要经过 ARB 的审查，我们将在下一章中做更详细的讨论，这里我们推荐下列标准：

  ❑不符合架构原则。如果违反任何架构原则，项目应该通过 ARB 的审查。

  ❑不能达成共识。如果团队无法就设计问题达成共识，那么项目就可以被分配到一个新的 JAD 团队，或发送到 ARB 对有争议的设计做最终决定。

  ❑重要的权衡。如果在产品需求、成本或其他非架构原则方面妥协，就标志着项目需要通过 ARB 的审查。

  ❑高风险。我们将在第 16 章中更详细地讨论如何进行风险评估。现在只需要知道如果项目具有高风险，其设计应该通过 ARB 的审查。一个快速识别风险高低的方法是看项目修改了多少核心组件，或该项目所涉及的核心组件与其他项目相比，差异度有多大。核心组件修改的越多或者差异度越大，风险越高。

13.4 从 JAD 到 ARB

在组成 ARB 的时候，最重要的考虑因素是成员的个人特质。首先，必须是在组织中受人尊敬的人。可能会因为他们的地位、任期或在特定领域的技术或业务专业知识而受到人们的尊重。

某个特定位置的人的参与，可以确保 ARB 的郑重决定受到广泛的尊重。ARB 需要合适的人做出正确的决定，并被赋予做最终决定的权力。ARB 需要高管的参与。如果副总裁授权经理或架构师 ARB 的责任，那么副总裁需要支持并且不能质疑自己的下属。在这些问题上，ARB 会被认为是 RASCI 过程中的 A（负有责任）。

组织内的许多领导人没有经理或其他行政头衔。这些人经常在会议上发表意见，以改变方向和提供指导。这些具有同行领导力特点的人是 ARB 想要寻找的。

ARB 的参与者要展示自己的专长，无论是在工程、架构还是业务方面。这样的人通常是架构师、高级工程师、业务负责人或者产品负责人，虽然他们可能在其他地方还负有责任。当要回答一个困难的问题或者解决危机的时候，要寻求这些人的帮助。他们的专业知识包罗万象，包括在平台上由于长期工作而积累的产品知识、特定的技术如缓存方面的专业知识，甚至与特定大客户打交道的业务经验。

理想情况下，ARB 成员是受尊重和拥有技术专长的领导人。一些成员可能比另一些有更多的特性。例如，一位工程的高级总监可能很受人尊敬并显示出巨大的领导力，但却不具备真正的专业知识。高级总监仍然可以是 ARB 优秀的候选人。在评估 ARB 候选人资格的时候，可以考虑组织内的一些职位：

- ❑ 首席架构师
- ❑ 可扩展性架构师
- ❑ 基础设施架构师
- ❑ 工程副总裁或董事
- ❑ 运维或基础设施的副总裁或董事
- ❑ 高级系统管理员、数据库管理员或网络工程师
- ❑ 高级工程师
- ❑ CTO 和 CIO
- ❑ 事业部总经理
- ❑ 产品或业务负责人

　　这个列表并没有穷尽，只是为你出些主意，了解应该从哪里寻找受尊重、有领导力和有技术专长三个关键特质的人选。正如前面讨论过的大多数主题，真正的考验是 ARB 的方法是否适用于你的组织。ARB 成员的数目可以根据组织、可供选择使用的候选人数量和各种需要的技术技能所决定。我们建议 ARB 由 4 到 8 名成员组成。

　　ARB 的活动应被视为每个成员的额外工作。因为 ARB 的工作是自愿的，所以如果有必要的话，有些成员是可以豁免参加的。在理想情况下，我们希望看到 ARB 成员能在相当长的时间内坚持评估项目和设计。你可以有许多方式修改永久或临时会员的身份，在决定谁是永久性成员与谁去填补轮流席位时有几个因素要考虑。

一个要考虑到因素是组织里有多少合适的 ARB 成员。如果只有四个人显示出 ARB 成员必需的特性，这些人应该都是永久性委员。另外一个用来确定永久、半永久性或轮流成员的因素是 ARB 审查项目的频度。如果组织有足够的工程师和足够的 JAD 项目，ARB 委员会必须每周召开至少一次会议，你可能需要成员们轮流参加 ARB，甚至考虑建立两个 ARB 委员会来履行这一责任。除了候选人的数量和 ARB 的会议次数外，第三个因素是成员的专业特长。如果有多种技术、技术堆栈或不同的应用，那么你应该考虑根据 ARB 要讨论的项目特点轮换 ARB 的成员。

可以使用几种不同的办法来轮换 ARB 委员会的成员。一个直截了当的方法是每季度调整一次 ARB 委员会。根据 ARB 候选人数量，可以每六个月甚至一年轮换一次。另一种方法是保持一部分人为永久的 ARB 成员，例如架构师，轮换管理层的代表（例如，工程副总裁、运维副总裁、CTO）和团队成员（例如，高级工程师、高级系统管理员、高级网络工程师。）只要团队做决定的过程保持一致性，这几种方法中的任何一个都可以很好地起作用，团队被赋予权力去批准或拒绝 JAD 的提案。

13.5　举行会议

我们的经验是 ARB 的参与者可能与一线工程师、数据库管理员和其他初级人员非常熟悉。因此，我们更喜欢会议是非正式的。任何通过或者不通过的决策都是基于架构审查的事实。每次会议都要包括以下内容：

1. 简要介绍。如果工程组织很大，设计团队的一些成员可能不认识 ARB 的成员。

2. 阐述目的。ARB 成员中应该有人出来阐述此次会议的目的，以使每个人都明白会议的目标。建议指出 ARB 委员会将根据会上所提出的架构做出判断，而不是针对设计团队的人。如果设计被退回，而且要求做出或大或小的修改，那么不应视该决定为对个人的攻击。组织中每个人的任务都应该是确保遵循 IT 指南和支持系统的可扩展性。

3. 展示架构。设计团队应该将设计展现给 ARB。一个组织良好的架构展现应该让 ARB 成员明白设计思考从业务需求开始。顺着这个思路，概要说明设计中的折中，其他的架构设计策略等，最后推荐的设计方案包括它的长处和短处。

4. 问答环节。ARB 应该花些时间来澄清关于设计的问题。

5. 审议。ARB 成员应该在不考虑设计团队的情况下审议提案设计的优点。这种评审可以有多种形式。例如，ARB 成员可能会先做初步投票，再确定每个成员的立场，或者他们在投票表决之前，指派某个人带领大家逐项讨论设计的利弊。

6. 投票。ARB 应该有现成的标准来确定项目被批准或者被拒绝。我们经常可以看到很多项目因为一位 ARB 成员投反对票而被拒绝。如果认为达成 100% 一致的结果是个艰巨任务，那么可以采用 3/4 制。在这种情况下，最好重新考虑组成 ARB 委员会的候选人。成员应该最大程度支持与倡导公司的最大利益。更换掉滥用权力或刁难设计团队的 ARB 成员，因为他们不为公司的最大利益着想。

7. 结论。在做出决定时，ARB 应该召回设计团队并解释其决定。决定可能有四种：

- ❏ 批准。ARB 可以批准设计提案，允许其继续向前推进。
- ❏ 拒绝。ARB 可以拒绝设计提案，要求重新设计。这绝对属于罕见的选择。因为设计中几乎总有可取之处。
- ❏ 有条件批准。ARB 可以批准设计向前推进，虽然有些地方需要修改。这一选择表明该团队不需要重新提交设计方案，可以在自我检讨的情况下向前推进。
- ❏ 部分拒绝。ARB 可以拒绝提出的设计，要求提供更多的信息或重新设计某些部分。第四种决定最常见，要求在设计上提供更多信息或改变设计等具体要求通常来自某位 ARB 成员。这样的决定确实需要重新向 ARB 提交设计方案，在获得 ARB 的最终批准后才能开始进行功能研发。

可以根据团队的规模、专业知识和文化对这些步骤进行修改。但要记住，最重要的事是 ARB 成员应该把公司价值放在首位，而不是个人喜好、厌恶或项目是否会为自己的团队带来更多工作。当然，对公司最好的是在保证客户获得更多产品的同时，确保系统可以扩展。

13.6　ARB 的准入和退出标准

与 JAD 类似，我们建议项目必须先满足基本的标准，然后才能进入 ARB 过程。因此，必须建立某些标准以确定项目是否得到 ARB 的批准从而进入研发阶段。要严格坚持这些标准，以确保 ARB 过程受人尊重，委员会的决定被人接受。如果做不到这个，其结果是 ARB 的过程被削弱、浪费了大家的时间，以加快产品设计和研发为借口，项目最终绕过 ARB。

从 JAD 进入 ARB 的审查标准如下：

❑ 成立委员会。架构审查委员会（ARB）必须建立在前面提到的成员应有的角色和行为基础之上。

❑ 设计的完整性。项目应满足 JAD 所列出的批准标准：

　❑共识。整个团队应该一致支持最终的设计。如果做不到这一点，可以承认分歧，然后分别提交自己的设计提案。

　❑文档记录权衡取舍。如果对设计的需求、成本或原则存在任何重大的权衡，这些具体的权衡要记入文档。

　❑最终设计文件。最后的设计必须记录在文档中以供参考。

❑ 项目选择。完成设计的项目成为 ARB 的审查候选。如果该项目有任何一个以下的具体问题，那就应该经过 ARB 的审查：

　❑不符合架构原则。如果违反任何架构原则，项目就应该经过 ARB 的审查。

　❑不能达成设计共识。如果团队未能就设计达成共识，可以把项目分配到另一个新的设计团队或发送给 ARB 存在争议的设计让其做出最终决定。

　❑重要的权衡。如果在产品需求、成本或其他非架构原则方面进行了权衡，这种妥协意味着该项目应该经过 ARB 的审查。

　❑高风险性。我们将在第 16 章中更详细地讨论如何进行风险评估。现在只需要知道如果项目有高风险，其设计应该经过 ARB 审查。一个快速识别风险高低的方法是看项目修改了多少核心组件，或该项目所涉及的核心组件与其他项目相比，差异度有多大。核心组件修改得越多或者差异度越大，风险越高。

取决于 ARB 的决定，审查会有几种不同的结果。以下是四种可能的决定和在 ARB 会议之后必须做的事情：

❏ 批准。祝贺——ARB 已经不需要团队提供更多信息了。现在困难的部分才真正开始，团队必须按照设计制订计划和实施项目。

❏ 拒绝。如果设计被完全拒绝，ARB 要提供拒绝的理由。在这种情况下，设计团队可能会被要求重新设计，或组成新团队进行二次设计。如果现有团队有设计需要的合适专长和成功的动力，可以保留团队。

❏ 有条件批准。如果 ARB 有条件地批准设计，团队应将委员会提出的条件纳入其设计中并开始研发新功能。如果出现任何问题需要 ARB 提供进一步的指导，团队可以重返 ARB 或通过电子邮件通知 ARB。

❏ 部分拒绝。如果 ARB 拒绝某些组件的设计，设计团队应该提出对这些组件的替换方案。由于 ARB 的审查常被当成是讨论，设计团队要对组件为什么被拒绝和如何能满足要求有充分的了解。在这种情况下，设计团队需要为 ARB 安排随后的展示以获得最终批准。

清单：ARB 成功的关键

为确保 ARB 审查的成功，应当遵循下述要点或行动：

❏ 合适的 ARB 组成

❏ 成功完成团队设计

❏ 确保正确的项目被送到 ARB

❑ 不允许施加政治压力，以绕过 ARB 的审查

❑ 确保每个人都理解 ARB 的目的，通过严格的设计改进可扩展性

❑ 设计团队应该为演讲和问答环节做好准备

❑ 提前建立通过 ARB 的标准（我们推荐全员通过）

❑ 对委员会的决定不允许请愿上诉

13.7　结论

在本章中，我们涵盖了联合架构设计和架构审查委员会的细节。

技术组织的功能障碍经常导致闭门设计。这些问题特别容易出现在基于功能的组织及存在经验鸿沟的组织。解决这个问题的办法是迫使团队为共同的目标一起努力，这也可能发生在 JAD 的过程中。

JAD 的会议包括必须参与者和可选参与者。设计会议应以组件为基础，确保每个成员都熟悉业务功能的要求，以及适用的架构原则。

JAD 清单有助于很快熟悉 JAD 的过程。我们建议按照清单所列的标准步骤开始，把清单中的检查表填好，让它成为组织的一部分。当然，你也应该记录这个过程，这样它就固定在组织的文化和过程中。

JAD 的准入标准聚焦在准备好 JAD 所需要的材料，以确保 JAD 的成功和保持过程的完整性。在所需的 JAD 成员不到位的情况下，让项目进入 JAD 一定会失去过程的焦点及有效性。JAD 的审批标准解决了必须所有成员都同意才能批准的问题，如有必要，可以请

ARB 评审。

成为 ARB 成员的三个必不可少的特质是：尊重、领导力和专业知识。ARB 审查过程中的形式取决于组织的文化，但我们建议尽可能保持非正式，以避免恐吓设计团队成员，培养健康、高效的设计讨论。

ARB 审查准入标准的重点是确保把正确的项目送到 ARB，以形成适合的 ARB 团队，同时项目准备妥当以通过 ARB。选择正确的项目并不总是那么容易。认识到这一事实，我们建议使用四个测试来确定项目是否应该继续经过 ARB 审查：不符合架构原则，为了业务需求做出重大权衡，JAD 成员无法达成共识和项目存在高风险。

最后一点，Shutterfly，一个位于加州红木城的基于互联网照片发布服务的公司，他们实施了 JAD 和 ARB 审查。利用 JAD 的目的是要引起其他团队的注意。如果研发人员能够实现一个功能而没有引起任何人的注意，JAD 被认为是没有价值的。如果另外一个团队注意到，或许可以考虑 JAD 是有价值的。类似的，如果一个项目够大，大多数或所有的团队将注意到它的实现，那么是值得考虑经过 ARB 审查的。如此简单的标准很容易让每个人都明白，但在实施的时候要严格执行，以确保需要的项目能得到应有的关注。

通过采用 JAD 和 ARB，可以更好地保障设计，其目的是为了提高可扩展性。

关键点

- ❏ 闭门造车带来问题，最好是由跨部门并能提供不同观点的组进行设计。
- ❏ JAD 是集中跨部门团队成员能力的最好方法，否则，这些人可能没有机会一起工作。

❏ JAD 的成员来自于工程、架构和运维（数据库管理员、系统管理员或网络工程师）。

❏ JAD 成功的关键在于过程的完整性，严格坚持准入与批准标准。

❏ 对应用架构进行最后审查的目的是要确保设计得到认可，防止日后相互抱怨。

❏ 如果要坚持 ARB 是终审，而且要使决策被大家尊重的话。候选人的条件是关键。

❏ ARB 成员应被视为领导人，受到应有的尊重，并有某些应用或架构领域的专业知识。

❏ ARB 会员可以轮换，但该职位通常被视为每个成员在当前职责基础上增加的额外负担。

❏ 所有的 ARB 应该开始探讨 ARB 的目的，确保设计支持本组织的业务需求和可扩展性。

❏ ARB 审查应只授予那些有充分准备的项目。

❏ ARB 的决定应被视为最终决定。一些组织如有必要，可能包括上诉程序。

第 14 章　敏捷架构设计

孙子说：不用乡导者，不能得地利。

回顾第 9 章，Etsy 是我们最喜欢的一个从事手工艺品或古董在线市场的科技公司。该公司拥有稳定的技术团队，技术运维由约翰·阿尔斯帕瓦掌舵，其网站偶尔也经历网站中断。2012 年 7 月 30 日，发生了这样一件事，员工为支持多字节字符集的语言进行了数据库升级[○]。一切都是按照计划进行的，他们先升级了一个生产数据库。数据库升级，尤其是改变静态数据的编码，存在着数据破坏或丢失的风险。为此，该小组精心制订了一个在一段时间内把剩下的服务器缓慢升级的计划。他们只升级一台服务器，而让其他服务器的升级基本上准备就绪。

Etsy 往往有许多变更在排队进入生产环境。网站在夜间备份的

○　One byte can represent 256 characters, which is enough for the combined languages of English, French, Italian, German, and Spanish. The character sets of other languages, such as Chinese, Japanese, and Korean, include a larger set of ideographic characters that require two or more bytes to represent such a great number of these complex characters. The term for mixing single-byte characters alongside two-or-more-byte characters is "multi-byte".

时候速度缓慢，更快的备份方案正在排队等待实施的时机。为了推出解决备份问题的修复代码，Etsy 的工程师们使用了自动化的工具，以确保服务器的一致性。经过测试后，他们使用该工具将修复的应用版本发布到备份中，在不干扰网站性能的基础上，期待着稍后确认备份的成功。他们当时并不知道部署改进备份的部分也同时升级了数据库的语言。

当意识到大约 60% 的 Etsy 的数据库服务器在升级字符集的同时仍然在服务用户时，他们迅速地关闭了网站，以防止数据损坏。回应这一事故的团队由多个部门的人员所组成。正如阿尔斯帕瓦说的那样，"不只是一个团队在响应事故"。在 Etsy，很多人参与了 24/7 值班小组。没有问题管理者存在的必要，因为每个团队拥有自己所研发的服务。在某些情况下，如搜索团队，由来自不同领域的员工组成的敏捷开发团队作为一级响应。搜索团队首先接到警报，在必要的时候，把问题升级到的技术运维。

团队一旦能够确认数据库是正确的而且表现正常，就恢复网站的服务。同时，他们与社区通过 EtsyStatus 网站（http://etsystatus.com/）⊖沟通。这个例子显示出敏捷团队（5 到 12 人的跨部门团队，由经理、工程师、QA 人员、团队和 DevOps 人员组成）如何从架构设计开始到生产支持一直拥有自己的产品或服务。

上一章讨论了两个过程，联合架构设计（JAD）和架构审查委员会（ARB）。使用这些过程的目的是确保有跨部门的团队来设计产品（JAD），由来自于多个部门的高级工程师及管理人员共同确保标准的

⊖　This case study was taken from John Allspaw's posting "Demystifying Site Outages," https://blog.etsy.com/news/2012/demystifying-site-outages/.

一致性（ARB）。本章将以一种不同的方式，探讨功能和系统设计。将解释敏捷组织是如何实现系统相关的设计，以及独立的敏捷团队如何遵循标准。

14.1　敏捷组织中的架构

让我们先回顾在第 3 章中详细介绍过的敏捷组织。在功能型组织里，个人是按照技能、领域或专业组织起来的。然而，几乎每个项目都需要协调整个团队，这意味着跨部门协调。对 SaaS 提供商尤其如此，因为 SaaS 的责任不仅是软件开发和测试，还要运维和支持，所以属于公司的技术团队。这导致一定程度的情感型冲突。冲突的程度取决于许多因素，但我们希望尽可能减少这些因素。回想一下，情感型冲突是"坏"的，冲突集中在角色和所有权方面，涉及的问题往往是"谁"拥有或任务应该"如何"做？

这种类型的冲突具有破坏性，会导致团队成员身心疲惫。在身体上，它可以让交感神经系统（与下丘脑激发的打架或逃跑综合征相同的系统）释放压力激素皮质醇、肾上腺素和去甲肾上腺素。在组织上，团队可能会因为争夺产品和服务的所有权，导致封闭的思路和不良的结果。相反，敏捷组织打破功能型组织的斗争，并授权于团队，消除矩阵组织结构所面临的组织边界问题。

敏捷组织是由 5 至 12 人组成，拥有设计、开发、交付和支持面向客户的产品或服务所必需的技能。这些团队是跨部门和自成一体的。他们有权做出自己的决定，而且不需要外界的认可。他们有能力处理产品或服务的全生命周期。当团队以服务为主线跨部门组织起来，同时具有自主权，就可以显著减少情感型冲突。当团队成员拥有共同的目标，并且不再需要争论谁负责什么或谁应该执行某些任务时，团队就会荣辱与共。每个人都会负责确保所提供的服务符合业务目标。

回想一下在第 3 章中讨论过的创新理论，提出建设跨领域的团队来驱动更高水平的创新。在 SaaS 产品服务方面，创新的增加往往是通过度量更快的市场响应时间、更好的产品质量和更高的可用性来确定的。这种创新的驱动力降低了情感型冲突，提高了认知型冲突、多样性和授权管理的水平。敏捷的组织结构提供了所有这些驱动力，其结果往往是创新的显著增加。

14.2　架构的所有权

创新、更大的自主权和更少的情感型冲突听起来很棒。然而，与更大的权力伴随而来的是更大的责任。这些敏捷团队拥有服务或产品的架构。换句话说，他们不依赖独立的架构团队，而靠自己完成产品的设计和实施。在实践中这是如何实现的呢？

敏捷团队由拥有所需全部技能的人员组成，确保团队能进行产品的自主研发。典型的团队成员包括产品经理、几个软件开发人员、质量保证工程师和 DevOps 工程师。如果该公司有软件架构师，架构师也被放在敏捷团队里。这样的团队构成应该让你想到第 13 章的 JAD 过程。如果敏捷团队设计和研发高可用和可扩展的产品与服务，其成员需要任何完成同样任务的其他团队相同的技能。JAD 像一个乐队助理，在以功能为导向的团队里，创建跨领域设计是敏捷团队的内在特质。

我们知道经验、技能和关系的多样性，有助于更好地解决问题——架构功能、场景、解决方案、错误修复或提供产品。最好的解决方案来自于包括多个领域代表的团队，他们利用各自不同的观点和经验来解决这个问题。如果请软件工程师设计一个门，他或她会马上开始思考门的工作原理，铰链如何运作，门把手如何转动，等等。如果请产品经理设计门，他或她可能开始考虑门应达到的效益，其他竞争对手的门都有什么功能，最后一轮用户测试的结果。如果请系统管理员设计门，他或她会开始思考如何确保安全，如果插销或锁出现常见的故障应该如何恢复。当我们把这些不同的观点都集中起来，就可以设计出一个更强大、更具可扩展性以及更高可用性的产品。

关系的多样性用来衡量团队成员的个人或专业关系网络。这对创新很重要，因为几乎所有的项目都会遇到不同的阻碍。关系广泛的团队能够在项目早期更好地识别潜在的障碍或可能遇到的问题，因为他们可以咨询各种各样团队以外的人。当团队确实遇到了障碍，这种多样化的关系使他们的易于发现和取得资源并绕过障碍。

14.3 有限的资源

当一个灵活的团队有多样化的技能、广泛的人脉关系以及各种各样的经验借鉴后，团队成员设计、研发、部署和支持高度可靠和可扩展的产品的能力会更强。如果公司不能为每个团队配备一位架构师，或者六个敏捷团队只有两个 DevOps 工程师会怎么样？这个问题的不仅出现在资金有限的初创公司，也同样存在于现金充沛的高增长型公司。在第一种情况下，公司无法雇用很多架构师、DevOps 工程师和其他想要的专业技术人员。在第二种情况下，公司可能无法如愿吸引和留住许多架构师或 DevOps 工程师。团队的成长常常是非同步的，先招聘软件开发人员、然后是产品经理、再后是质量保证工程师、DevOps 工程师，最后是架构师。填补团队的周期可能花费一年到 18 个月的时间。没有一家公司会让软件开发人员闲下来等待架构师的加入。但是在这种情况下，团队该怎么做呢？

当面对有限的人员和资源时，团队通常会试图以现有的有限资源来对付。这种方法可能会为公司带来相当大的风险。试想一下没有足够的产品经理的情景。结果可能是仓促编写的用户场景描述和调度很差的项目优先级，结果导致严重的错误。

敏捷团队的第一步是确保他们有必要的资源来完成项目。一旦关键资源缺失，这个团队就会处于危险之中。争取必要资源的办法是使用看板来直观地显示研发过程中的资源瓶颈，说明需要资源的业务理由。另一种方法是跨团队共享资源。有限的资源，如 DevOps 工程师，可以在整个团队共享。这些人应该被分配给多个团队，但不是所有的团队。就像有多个房客但不是所有的房客。例如，如果你有两个 DevOps 工程师和六个敏捷团队，把 DevOps 工程师 1 分配给敏捷团队 A、B 和 C，把 DevOps 工程师 2 分配给敏捷团队 D、E、F。这样，团队会感到与 DevOps 工程师有某种程度的关联性。他们开始思考 "DevOps 工程师 1 是和我一起配合的人"而不是"我们有两个 DevOps 工程师的资源池，要找他们帮忙就要提交请求来排队"。看到区别了吗？一方面我们打破了壁垒，另一方面可以确保他们和团队一起成长。

14.4 标准

在多个团队情况下，如何保持标准，是一个不变的主题。如果我们允许每个敏捷团队自主决定哪种模式、基础库、框架甚至技术，公司如何受益于规模的扩展？工程师如何在团队之间调动的过程中共享知识？在很多情况下，这些问题的答案是"那要看情况"。这取决于组织、领导和团队成员。让我们看一些不同的方法。

规模经济

"规模经济"一词是指企业因其经营的规模而实现的成本优势。基本的概念是，因为固定成本分散在更多的输出单位，每单位的输出成本随规模的增加而减少。这种思想可以追溯到亚当·斯密（1723～1790）和通过分工获取更大的生产效益的概念。

对于工程团队，规模经济来自于诸如有关技术或经营方式的知识共享。如果从项目的角度把软件研发服务的成本分解成固定成本的和可变成本两个部分，我们可以得到如下的结果。固定成本包括软件开发人员的知识和技能。我们在每个迭代为此付出，无论是为一个场景写代码还是为 50 个场景写代码，成本都一样。每个迭代的代码完成量越多，固定成本的分摊就越小。如果只完成一个场景的代码，这个场景就消耗固定成本的 100%，如果我们的写 20 个场景的代码，每个场景就只负担 5% 的固定成本。如果每个软件开发团队（敏捷团队）必须是不同的语言、技术或过程的专家，这个知识的固定成本只由负责那些场景的单一代码团队负担。如果所有的团队都可以利用彼此的知识，那么成本就可以由所有的团队来分担。

一些组织认为应该允许团队对所有的事情独立做决定，最好的想法就会渗透到整个团队。其他组织采取不同的方法，把团队成员集中在一起制订出大家要共同遵守的标准。我们先来看看 Spotify 的数字音乐服务是如何解决敏捷团队的架构设计问题的。然后我们将以此方法与 Wooga 作对比，Wooga 是一个社交游戏公司，其采用的方法稍有不同。

我们在第 3 章中重点介绍了 Spotify 的敏捷团队结构，希望回到那个案例，深入研究如何协调整个团队。如果你还记得，Spotify 把每个团队称为小组，类似于一个 Scrum 团队（敏捷团队）。小组类似一个微型的初创公司，包含设计、研发、测试和配置管理服务全部所需的技能和工具。2012 年 10 月，科内博和爱瓦森发表了论文，《扩展性敏捷 @ Spotify，部落、小组、章节和公会》（Scaling Agile@ Spotify with Tribes, Squads, Chapters and Guilds）。"不论什么事都有不好的一面，完全自主不好的一面是亏损的规模经济。A 小组负责测试的工程师正在想办法解决 B 小组的测试人员上周刚解决了的问题。如果所有的测试人员可以跨越小组和部落的边界聚集在一起，那么他们可以互相分享知识和研发对所有人都有益的工具。"他们继续探讨这个问题，"如果每个团队都是完全独立的，不与其他队员沟通，那么为什么要成立公司？"正是这些原因，Spotify 开始用章节和公会的办法。

一个章节就是一小部分人，他们有相似的技能。每个章节都会定期开会讨论其专业知识和遇到的挑战。章节的领导作为一个业务线经理以及一个小组的成员，参与到日常工作中。一个公会是一个更加有机的和更加广泛的兴趣社区，一组想要分享知识、工具、代码和实践的人。章节存在于当地的部落中（小组在部落中工作），而公会通常跨越整个组织。利用章节和公会，Spotify 可以保证在整个机构共享架构标准、开发标准、图书馆、甚至是技术。章节和公会负责任协调和促进讨论、实验、并最终做出决策，所制定的标准被所有的团队所遵守。章节和公会成员参与这些过程，负责把知识和决定返回自己的团队，确保团队的同事遵守决定。这种方法在专制的自上而下的方法和民主的自下而上的方法之间取得了很好的平衡。即使如此，对大型组织中的小型和独立的敏捷团队而言，在设计服务和产品的过程中，这也并不是唯一的方式。

　　在李希特的文章，《用独立的团队来扩展小的公司：游戏公司 Wooga 是如何运作的》[⊖]，2013 年 9 月 8 日发表在在"下一代网络"（http://thenextweb.com/）上，作者概述了他培养独立团队的方法，以及向 Spotify 挑战的想法。李希特是成立于 2009 年的社交游戏公司 Wooga 的工程负责人。Wooga 已经从第一年的大约 20 名员工，成长到 2013 年超过 250 名员工。李希特说道，"在公司的早期，大家紧密地结合在一起，不必因为等待审批而放缓。通常随着公司的增长，管理层增加，工作就变得不那么有效率了。我们是怎么坚持这种文化的？我的答案是：一切围绕着独立的游戏团队。"

　　类似于 Spotify 和我们的模型敏捷团队，李希特组织了小型的自治、跨部门团队负责独立的游戏。这些团队自己编写和运维游戏本身，不依赖于集中的技术运维团队或框架。"工程师不是被迫共享或复用代码"是李希特对每个团队运作的独立水平的描述。关于社团

　　⊖　http://thenextweb.com/entrepreneur/2013/09/08/using-independent-teams-to-scale-a- small-company-a-look-at-how-games-company-wooga-works/.

以外个人的影响，包括公司的创始人，"这完全取决于团队是否想听或无视外界的意见。"

　　然而在 Wooga，要利用知识并取得一定的规模经济，团队要积极地分享知识。他们通过每周的工作状态更新、闪电会谈、便餐会和其他的互动来完成这个任务。这种知识共享的优势帮助团队避免重复同样的教训。正如李希特所描述的，"这样我们可以在游戏中尝试新东西，当新东西奏效时，再把知识传播到其他的团队，这个机制很有效。"应当指出的是，团队有共享的结果，如关键绩效指标（KPI），但这些不构成团队间的竞争。

　　Wooga 的方法与 Spotify 的方法有很大的不同，章节和公会领导人的任务是确保整个团队共享知识和标准。那么哪一个是最好的？这两种方法都是必要的，公司需要评估整个团队需要建立哪些标准，各团队可以自行建立哪些标准。这取决于组织的文化、成熟度和过程。作为一个领导，你觉得哪个方法更好？你是否有一种企业文化的组合，包括有经验的个人为了公司的最佳利益可以独立行事，或者需要更大的监督？对这些问题的回答将引导你在一个特定的时间，为组织找到最佳答案。随着组织的成熟和发展，这种方法也可能需要改变。

14.5　敏捷组织中的 ARB

　　如前所述，敏捷团队提供 JAD 试图实现的跨团队设计。因此，当员工被组织成真正的自治、跨部门团队时，JAD 就显得没有必要。下一个问题是，"敏捷组织是否需要 ARB？"答案还是"不一定"。

许多我们曾经提供过咨询服务的公司尽管有跨部门的团队，但仍然还有 ARB。ARB 的主要好处是它为团队提供了第三方的观点，因此不会被容易传染的自治团体思维左右。然而，如果我们把 ARB 放在产品的生命周期中，那么就会影响自主性和敏捷团队产生的市场效益。在迭代后进行 ARB 审查是一个增加优点和减少缺点的潜在方法。另一个选择是召开 ARB 每日例会（也许在午餐），讨论需要审查的任何项目。这样，团队就不必花相当长的时间来等待 ARB 的召开。

在敏捷组织里使用 ARB 时，主要的目标是确保制订的架构原则得到尊重。这有助于确保团队在技术标准和架构原则上保持一致。ARB 的第二个目标就是通过互动来教导工程师和架构师。随着团队规模的快速增长，或收购具有不同标准的新公司的时候，ARB 变得越来越重要。最后，ARB 有助于评估每个团队成员如何理解和执行标准。评估团队如何实现共同设计，并帮助纠正缺陷。

14.6　结论

敏捷团队作为一种小型和自治的组织，可以独立负责服务和产品的架构和设计。在设计方面，如果团队要尽可能灵活，这种自主权就至关重要。JAD 可以有效地确保完成跨部门的设计，跨部门的敏捷团队依靠其本身的组成确保这个结果发生。

有时组织面临有限的资源，比如 DevOps 工程师的人数比其他团队要少。我们建议将每个 DevOps 工程师分给几个团队共用。理想情况下，团队应该知道和他们配合的人的名字，而不是必须提交请求到队列上。这有助于打破组织架构的壁垒。

　　当我们与客户讨论敏捷团队的时候，经常有人会提出的问题是，如果团队是完全自主的，如何确保标准可以跨团队共享。一种方法（Spotify 采用）涉及跨越敏捷团队的章节和公会来确定并实施这些标准。另一种不同的方法（Wooga 采用）是团队很独立而且积极通过各种论坛分享知识。最后，你可以考虑使用 ARB 来验证架构原则的采用和合规情况，通过定期召开会议来回顾最近发布的设计。

关键点

- ❑ 敏捷团队应该自主行动，这意味着他们应该拥有自己的服务和产品设计。
- ❑ ARB 和 JAD 确保跨团队的服务设计。敏捷团队通过自身的构成确保这个结果。
- ❑ 当运维资源如 DevOps 工程师或架构师有限的时候，把他们分配给多个团队。不要恢复取票排队等候 DevOps 资源池。
- ❑ 跨团队共享标准和知识，以实现规模经济仍然可以通过敏捷团队来完成。在这种情况下，可以使用各种方法。为组织选择正确的方法取决于多种因素，包括团队的成熟度、产品的复杂性以及对分布式命令和控制的舒适度。

第 15 章　聚焦核心竞争力：自建与外购

虽然我们已经提出了一个观点，不应该依赖供应商的解决方案来扩大产品的规模，但是这并不意味着第三方的解决方案不能在产品中占有一席之地。事实上，正如本章将要讨论的那样，我们相信那些专门开发特定组件的公司应该提供产品中的大部分组件。允许供应商提供产品扩展的方案和允许供应商提供组件之间的区别很简单：作为产品的主人，你必须构建产品以实现其商业目标，并满足终端用户对扩展性的需求。不会有人比你更在意产品。每个公司都要满足股东的期望。让我们把注意力转向什么时候和如何从第三方供应商那里获取产品的组件。

15.1　自建与外购及可扩展性

我们在产品中构建的一切对产品的支出都有一个长期的成本和效益影响。对于构建的每一个组件，我们都要花费一小部分未来的工程资源来维护或支持。随着构建组件数量的增加，如果得不到额外的资金，那么建立新解决方案的能力将开始下降。很显然，如果你构建从电脑到操作系统和数据库的一切，就会发现自己几乎没有能力来研发那些有差异化竞争力的产品新功能。

　　这些决定对扩展性的影响是明显的。组织花在支持现有解决方案上的时间越多，花在创造增长性和扩展性项目上的时间就越少。架构可扩展的解决方案的两个关键是确保水平扩展和未来不可知。扩展的未来不可知性要求我们在设计解决方案的时候确保组件可以被替代。换句话说，我们应该能够从多个供应商那里获得认证过的解决方案、数据库、负载均衡和数据持久化引擎。当设计水平扩展和未来不可知的架构时，构建或购买问题成为差异化的竞争点、公司关注点和成本。

　　当决定外购而不是自建时，释放的工程资源可以用在发展具有差异化竞争力的业务。工程师是最珍贵和最关键的资源，为什么会想到把他们用在不创造股东价值的项目上？

　　你可能会记得过去受过的教育，甚至从本书较早的讨论中了解到，与公司的利润关系最密切的是股东的价值。不断上升的利润往往引起股息的变动和股票价格的上涨。利润是收入减去成本的直接结果。因此，我们需要沿着降低成本和增加收入的思路聚焦自建与外购的讨论，专注于战略和差异化竞争。

15.2　聚焦成本

　　对自建与外购的分析，要以降低公司的总成本为中心。这些方法包括对该时期总资本的直接分析和贴现现金流的分析，同时随着时间的推移关注资本的成本因素。财务部门对如何确定最低成本可能有他们偏好的方法。

我们在这方面的经验是，大多数的技术组织对构建组件存有偏见。这种偏见经常出现在不正确的或不完整的分析上，构建某个系统实际上比外购相同的组件更便宜。在这种类型的分析中，最常见的错误是低估了构建组件的初始费用，漏掉或低估了未来维护和支持的成本。公司对未来支持的成本低估一个数量级是经常可以见到的，因为它们没有历史或机构的 DNA，所以也就无从知道如何才能真正地研发或支持以 7×24 为基础的关键基础设施。

如果你在任何系统的自建和外购分析中采用聚焦成本的策略，检验策略是否有效的方法是评估决策中有多少是自建的。如果几乎所有的决策都导致购买，那么你的决策过程很可能是正确的。这条规则的例外是产品由你的公司生产。很明显，你是在做生意赚钱，而赚钱就必须为别人生产产品或提供服务。

聚焦成本策略的主要弱点是不能专注于战略或差异化竞争。重点是靠减少或限制因为技术确实需要公司产生的费用。通常该策略由集团的后台信息技术系统实现。现成的商业软件或供应商提供的系统实际上绰绰有余，如果只注重成本可能就会导致自建系统的决策。

15.3　聚焦策略

聚焦策略的方法从组织的愿景、使命、支持战略和目标的角度来看待自建与外购决策的问题。在大多数情况下，聚焦策略的方法会问一个有两个部分的问题：

❑ 我们是否是相关技术里最好的（前两名或三名）供应商或开发商？

❑ 研发或提供相关技术是否有助于可持续的差异化竞争？

要能够回答第一个问题，你需要确信自己有合适的和最好的天赋，你做的是最好的。不幸的是，我们发现太多的技术组织相信自己可以提供最好的，随便什么东西！没有人能把什么事情都做到最好。如果你的公司不能专注于某件事，你做什么都不会是最好的。如果相信自己做什么都是最好的，我敢保证，由于缺乏焦点，你在很长的一段时间里什么都做不到最佳。在现实世界中，每个行业只有两个或三个供应商可以说是最好的或者至少在前两到三位。几乎任何服务或组件提供商都有大量的备选公司，除非你的公司在某个服务行业里是排在第一位的服务提供商，你的团队是真正最好的机会渺茫。你的团队可以是好的，但它可能不是最好的。

要能够回答第二个问题，你需要解释如何通过构建系统来提高转换成本、降低退出门槛、增加进入壁垒等。如何使你的竞争对手更难与你竞争？如何建立系统帮助你赢得新客户，保持现有客户，并比任何竞争对手都更有效地运营？用什么来避免他们拷贝你的业务？

15.4　一切自建的现象

在这一章里，我们确实有点儿消极。我们看到了很多企业因为错误的自建与外购决策而损害了价值。在我们的咨询实践中，AKF的合作伙伴已经有运行电子商务网站的客户，从无到有自己建立了数据库！这并不是稍微修改一下开源数据库，而是全新的只有该公司拥有和使用的数据库解决方案。经常会发现软件研发人员自己建立负载均衡而不使用任何来自专营这一技术的供应商。大多数情况下的理由是"我们研发得更好"或者"我们需要更好的，所以要自己研发"，紧随其后的理由是"研发比购买更便宜"。

我们称之为"一切自建"（Not Built Here, NBH）现象。这种NBH态度不仅从扩展性的角度看是危险的，而且从股东的角度看后果也是严重的。对于非常小，只需要部分开发能力的事情，它只是一个小烦恼。当出现在关键基础设施上的时候，这种心态往往成为公司可扩展性危机的根源。过多的时间花费在管理专有的系统，提供"令人难以置信的股东价值"，太少的时间用于研发业务功能和致力于真正可扩展的平台。

让我们用真实世界众所周知的 eBay 为例来说明。如果 eBay 有避开使用第三方或现成商业软件产品的文化，它可能会研发应用服务器等关键软件基础设施。应用服务器通常是一种可以用非常小的代价获取和实现的商业软件。假设 eBay 本来应该把收入的 6% 到8% 花费在与购买和销售相关的应用上，现在如果把其中的部分费用用于建立和维护专有的应用服务器。结果将是那 6% 到 8% 的投入无法产生新的产品功能，或者是 eBay 可能需要花费超过 6% 到 8% 的收入来维持其现有产品的路线图并建立专有的应用服务器。无论哪种方式，股东遭殃。顺便提一下，eBay 没有这样的文化。事实上，它有一个非常强大的自建与外购分析过程，以避免类似问题的发生。

15.5　合并成本与策略方法

我们已经给出了两种最常见的方法来分析自建和外购决策，现在想提出我们认为最合适的解决方案。以成本为中心的方法没有考虑潜在的自建决策如何支持公司的目标，没有考虑到把有限的资源应用到非差异化竞争的技术上而失去发展的机会。以战略为中心的方法无法完全理解其决策的成本，因此最终可能摊薄股东价值。

正确的做法是把两种方法合并，并制定一套可以应用到几乎任何自建与外购决策的决策过程。我们也要承认团队和公司有自建的天生倾向，要不惜一切代价去保护它。我们已经开发了一个非常简单的、非时间密集型的四部分测试，以帮助决定是应该自建还是外购。

15.6　该组件是否会形成战略性的差异化竞争优势

在自建与外购分析过程中，这是最重要的问题。这个问题的核心是股东价值的概念。如果不能产生差异化的竞争优势，那么就更难赢得交易或获取客户，为什么你会想要自建这样的系统呢？通过构建组件，使系统更快或者减少200毫秒的客户可感知的响应时间，听起来可能很好，但竞争对手要取得同样的结果有多难？换句话说，是否是一个可持续的竞争优势？200毫秒真的在客户体验上有很大的不同吗？

你是否增加了客户的转换成本，使他们更难离开你的产品或平台？是否增加了供应商的转换成本？是否改变了客户或供应商使用替代品而不是你或竞争对手的产品的可能性？是否减少了竞争者退出的壁垒，或者让新的竞争对手更难与你竞争？这只是部分你应该很有自信能够回答的自建与外购决策的问题。在回答这些问题或通过更正式分析的时候，要认识到自己可以产生差异化竞争的自然偏见。本节标题这个问题的答案经常应该是"不"而非"是",也不要再分析下去了。没有理由把工程师的时间和精力投入到无法为公司取得明显竞争优势的项目上而使公司丧失市场机会。

15.7 我们是这个组件或资产的最佳所有者吗

简单地说,你是否真的有合适的团队来开发和维护这个项目?当解决方案出现问题时,支持人员能及时提供支持吗?你能确保总不出问题吗?经常真正验证这个能力的问题是这样的:"如果你是这个资产的最佳所有者,你会考虑出售吗?"对这个后续问题很多人冥思苦想,因为许多人的答案是错误的,或者说最多一半是正确的。

如果你回答"不,我们不会卖掉它,因为它产生了差异化,我们想靠主要的产品赢得市场",你只答对了一半。完全正确的答案也包括"销售抵消不了试图出售它的成本价值",或沿着这个思路可以得到的其他答案。

还有一些要考虑的事情:假设在任何特定的"事情"中做得最优秀只有一个公司、一个团队或者一个实体,那么团队如何既是最擅长赚钱的,又是组件研发得最好的呢?如果是个小公司,答案是"非常不可能"。如果在统计上公司的主业不是做得最好的,那么怎么可能在新老两个事情上同时是最好的?

如果你的组织是一家在线的商务公司,物流规划完全有可能做得最好或者向用户展示商品做得最好。它绝不可能同时是最好的数据库研发者,最好的欺诈检测系统和最好的特殊防火墙研发人员,或最棒的负载均衡研发者。最可能的情况是,别人会比你做得更好。

15.8　这个组件的竞争力是什么

如果你已经有了这个问题的答案，就说明你相信所构建的组件会形成竞争性差异，而你的公司是该组件的最佳拥有者和开发者。现在的问题是"我们到底能形成多大的差异？"要回答这个问题，你真的需要去挖掘，找出谁在这个领域里做什么，并确保你的组件比竞争对手有足够的差异，同时证明值得使用宝贵的工程资源来开发和维护。要认识到随着时间的推移，大多数技术将成为商品，这意味着年复一年功能集收敛与差异化逐渐变小，购买者主要是比较价格。有竞争力的提供商会以较低的成本把组件提供给你的主要竞争对手，这个成本将低于你需要维护的专有系统的成本，在这件事发生之前，你有多少时间？

15.9　我们能有效地构建这个组件吗

我们的最后一个问题是关于成本的。在现有新组件的竞争分析中，我们曾经暗示过成本部分，但我们在这里谈论的是全面成本分析。确保你正确了解将要承担的所有维护费用。记住，你至少需要 2个工程师来维护任何东西，即使是兼职，因为你需要确保另一人在度假时，有人在解决问题。评估过去的项目交付时间，确保不要过度承诺。你一般是差 10% 还是差 100%？把这个包括在成本分析的因素里。

确保你把分析当成盈亏声明。如果工程师专门做这个项目，那么哪个项目要推迟？对收入的影响有多大？哪个可扩展性项目无法完成？这会如何影响业务？

清单：4 个简单的问题

用 4 个简单的问题来帮助你做自建或外购的决策：

❑ 自建的组件是否能形成具有战略性差异化的竞争优势？我们是否有长期可持续的差异，例如转换成本、进入门槛或者其他什么别的东西？

❑ 我们是该资产最好的所有者吗？是否有最好的条件做好此事？如果自建是否应该出售？

❑ 该组件的竞争情况如何？竞争者需要多久能追上我们，然后向市场提供类似的产品？

❑ 自建的成本效益如何？能否减少成本并创造额外的股东价值？可否避免失去收入的机会？

记住，你总是倾向于自建，所以尽最大的可能避免这一倾向。自建比市场上现有产品更好的机会很渺茫。相反，应该调整思路，继续做今天做得好的主要业务。

15.10　最佳的购买决策

西雅图电脑产品（SCP）是第一个基于英特尔 8086 处理器的计算机系统制造商，1979 年发行了第一款 CPU 主板[一]。或许你从来就没有听说过该公司。但是我们敢保证，你至少知道故事的一部分，

一　Seattle Computer Products. *Wikipedia*. http://en.wikipedia.org/wiki/Seattle_Computer_Products.

因为 SCP 在创建最大规模、最成功技术公司的过程中起到过根本的作用。

在 1980 年，当 IBM 开始寻找合作伙伴生产新电脑软件时（项目代号"象棋"，Chess），IBM 找到微软的比尔·盖茨，问微软是否愿意把自己的编程语言（例如，Basic、Fortran、Pascal、COBOL）的许可卖给 IBM。IBM 还询问了微软是否愿意开发一款操作系统。那个时候，微软没有任何的操作系统，公司专注于研发编程语言，他们把 IBM 介绍给了当时最大的操作系统供应商 DRI。为什么最初 DRI 没有赢得合同呢？在负责人不在场的情况下，公司里的大多数人原地打转不停地讨论。在匆忙中，IBM 回到了微软，请他们开发操作系统⊖。

盖茨和保罗·艾伦讨论了这一商机。在 IBM 给出的时间框架内，微软内部没有构建操作系统必需的专业优势。大多数拥有计算机科学学位的人都会明白，研发语言编译器或解释器与研发操作系统有着显著的差别。但艾伦认识 SCP 的提姆·帕特森，与其等待 DRI 把微机控制程序（CP/M）移植到 8086 处理器上，提姆·帕特森更愿意研发自己的被称为"QDOS"（快速和肮脏的）的操作系统。对该系统，微软最初订的软件授权价格为 10 000 美元，最终以 50 000 美元将该系统买入，同时帕特森离开 SCP 加入微软。

我们猜你知道了故事的后续部分：微软继续控制着个人电脑行业。通过我们的问题，你可以看到几个要素。虽然这明显是微软的

⊖ The rise of DOS: How Microsoft got the IBM PC OS contract. *PC Magazine*, August 10, 2011.
http://forwardthinking.pcmag.com/software/286148-the-rise-of-dos-how-microsoft-got-the-ibm- pc-os-contract.

战略举措，该公司的领导人知道自己内部没有做这个事情的合适技能。因此不去自建，而是外购。在这种情况下，他们买下了整个产品和与其相关的经验。

15.11　自建失败剖析

并不是每一个坏的自建决定都会立即导致失败。事实上，在数年内大多数这样的错误不会开始真正对公司产生影响。维护旧产品或组件开始盗取为推动新业务增长所必需的工程资源。这些资源的流失导致公司无法聚焦。大约在1996年，苹果电脑和史蒂夫·乔布斯的NeXT公司都在遭受以前坏的自建决策所带来的长期恶果，表现是公司缺乏焦点和重点工程受到资源约束。

从1984年发布到20世纪90年代初，经典的MAC操作系统开始变得臃肿缓慢。除了慢，它还缺乏一些重要的功能，如内存保护和抢先多任务处理。除了在原有的Macintosh基础上专注于硬件和操作系统以外，作为一个公司，苹果可能别无选择。但苹果的注意力转移到创建多个版本的Macintosh和其他一些外围设备上，造成失去焦点和把稀疏的资源应用于任何单个产品上⊖⊜。苹果曾几次试图升级其MAC操作系统，包括20世纪90年代初失败的柯普兰计划。到1996年，首席执行官吉尔·阿梅里奥已经很明确，苹果需要购买下一代的操作系统。

⊖　The real leadership lessons of Steve Jobs. *Harvard Business Review*, April 2012. http:// hbr.org/2012/04/the-real-leadership-lessons-of-steve-jobs/.

⊜　Avoiding Copland 2010. *ARS Technica*, September 27, 2005. http://arstechnica. com/ staff/2005/09/1372/.

NeXT 是乔布斯在被苹果驱逐后成立的公司。NeXT 也经历着缺乏聚焦的问题。决定了要创建世界上第一个图形界面的 UNIX 操作系统和创新的硬件解决方案，但是受各种问题困扰，结果许多产品延迟上市。市场营销的失败使公司无法说服客户采购新的硬件解决方案。曾经是个人电脑最大零售商的 Businessland，与 NeXT 建立了分销的关系，但是不久该公司申请破产，造成 NeXT 没有任何重要的分销合作伙伴[⊖]。NeXT 主要是由乔布斯自己资助的；鉴于公司的现金燃烧速度，他需要集中精力去做一件事。虽然认为这是个人的失败，但他决定专注于 NeXT 操作系统（NeXT Step），和其他的平台建立操作系统许可关系。在 1993，NeXT 退出硬件业务市场。

NeXT 的运营和财务问题与苹果公司对下一代操作系统的需求发生了碰撞。两家公司都遭受到了缺乏聚焦所带来的问题困扰。NeXT 是一个资源有限的初创公司，试图创建一个全新的硬件和操作系统。苹果是延伸跨越多个平台、软件和设备的科技巨头。两家公司在尝试做的每一件事都不成功。资源的流失引起人们对这两个公司增长和生存能力的关注。正如乔布斯转述给沃尔特·艾萨克森的话，"决定不做什么与决定做什么是同等重要的"。苹果公司在 1996 年宣布并购 NeXT，最终创造机会使乔布斯回归，控制并"修复"了苹果[⊖]。

⊖ Loss could force Businessland into bankruptcy. *New York Times*, May 15, 1991. http://www .nytimes.com/1991/05/15/business/loss-could-force-businessland-into-bankruptcy.html.

⊖ Apple acquires NeXT, Jobs. *CNet*, December 20, 1996. http://news.cnet.com/ Apple- acquires-Next,-Jobs/2100-1001_3-256914.html.

15.12 结论

自建与外购决策有令人难以置信的能量，如果处理不慎，会破坏股东的价值。错误的决策可以窃取资源扩展自己的平台，增加运营的成本，把资源从面向客户和产生收入的功能研发中移走，因此损坏股东的价值。人们对自建有一种天生的偏好，但是我们强烈建议要坚决反对这种偏好。

最常用的自建与外购决策的方法有两种，一种是以成本为中心，另外一种是以战略为中心。第三种方法是合并每种方法中的好处，避免每种方法中的问题。可以使用四部分的问题清单来帮助做出自建与外购的决策。

关键点

❑ 如果自建与外购的选择不对，可能会破坏有效扩展的能力，并损坏股东价值。

❑ 以成本为中心的决策方法的重点是降低整体成本，但因为不聚焦，使其失去战略机会。

❑ 以战略为中心的决策方法的重点是对标公司的长期需求，但不考虑总成本。

❑ 把两个方法合并形成四部分的测试方法，继承了两种方法的优点，消除了两者的缺点。

❑ 要做出一个好的自建与外购决策，应该回答以下四个问题：

❑自建的组件是否能形成具有战略性差异化的竞争优势？

❑我们是该资产最好的所有者吗？

❑该组件的竞争情况如何？

❑自建的成本效益如何？

第16章 确定风险

孙子说：是故智者之虑，必杂于利害。

虽然我们经常提到风险管理，但还没有阐述我们对风险的观点，以及如何进行风险管理。本章大致涵盖了在任何的技术或业务决策过程中如何确定和管理风险。风险管理是提高和保持可用性及可扩展性的最基本和最重要的方面。

16.1 风险管理的重要性

商业在本质上是一种冒险的尝试。举一些风险的例子，比如业务经营模式不成立或者过时，产品成本太高或者产品不再受客户的青睐。在经营中，你必须能够识别和平衡风险与相关的回报。比如，推出一个新版本，显然会有风险，但也应该有回报。

大多数组织监控风险并聚焦在降低风险事故发生的概率。在产品开发生命周期中引入更多的测试是降低风险的典型方法。这种方法的问题是，测试只能减少错误或者降低错误出现的概率，但是毕竟这还是有限的非零数量。而且需要在长时间里持续测试，比如尽管卫星软件已经研发完成，但是仍然不能确保代码没有缺陷。1999
年 9 月 23 日，美国航空航天局失去了价值 1.25 亿美元的绕火星轨
道飞行的卫星，原因是有一个关键的航天器计算，洛克希德·马丁
公司的工程团队使用英制的测量单位，而 NASA 团队则使用标准的
公制测量单位。为什么在测试中没有发现这种不一致的问题呢？正
如质量专家所熟知的，答案是：即使是中度复杂程度的系统，要想
确保软件无缺陷，在数学上也是不可能的。

在 AKF，我们倾向于把风险看成是一个多元化的产品，如
图 16-1 所示。我们将风险分为事件发生的概率，以及如果该事件
发生会产生什么样的影响。事件的概率部分是由在版本发布中所涉
及的变更量和每一个变更所涉及的测试量而所决定的。变更的量越
大，事件发生的几率就越高。测试做得越多，事故发生的概率就越
低。降低事故概率的主要措施应该包括较小的版本和更有效的测试。

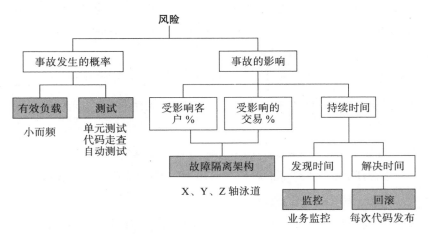

图 16-1　风险模型

相比之下，事故的影响包括影响范围（按客户的百分比计算的用户影响或交易的百分比）和持续时间。如图 16-1 所示，架构决定如故障隔离和 X、Y 和 Z 轴分割（所有这些都会在第三部分中讨论），将有助于降低影响范围。有效的监控以及问题和事故管理将有助于缩短持续时间。我们曾经在第一部分涉及这些领域。

如果从本质上看企业都是有风险的，那么那些成功企业的风险管理难道就是做得好吗？我们认为，这些公司要么是风险管理很有效，要么是迄今为止非常幸运。我们都知道，运气迟早会耗尽的。

如果只是因为幸运，那么你现在应该开始担心了。人们可能争辩说，风险遵循马尔可夫特性，这意味着未来的状态是由现在的状态决定的，与过去的状态无关。我们认为，在某种程度上风险是一个累积的过程，也许是呈指数衰减但仍然是不断增加的。今天的一个危险事件，可能会导致未来的失败，不是直接相关（例如，今天的变更是未来某个事故产生的原因）就是间接相关（例如，组织对风险容忍度的增加会导致未来更大风险的行为）。无论是哪种方式，行动都可能会带来近期和长期的后果。

有些人可以自然地感知和管理风险。这些人可能经过多年的技术工作累积了这方面的经验和技能。也可能有一种与生俱来的感知风险的能力。虽然有这样的人很好，但是这样一个人仍然是一个单点故障。因此，我们需要培养组织里其他的人更好地测量和管理风险。

因为风险管理对可扩展性非常重要，我们需要了解风险管理过程的组成和步骤。试图准确地确定风险的方法有很多，有些比较准确，有些涉及的面比较广。重要的是为你的组织选择合适的方法，这意味着要平衡严密性和精确性。在对风险进行评估后，必须对急性风险和整体风险积极管理。急性风险是与特定行为相关联的风险，例如在服务器上更改配置。整体风险是由于在过去数天、数周甚至数月内发生的所有行动在系统中所累积的风险。

16.2 测量风险

管理风险的第一步是要准确地确定某一具体行动所涉及的风险有多大，保持必要的准确性。在这里为什么我们要使用"必要"而不是"可能"这个词？你可以更准确地测量风险，但基于目前产品或组织的当前状态这可能是不必要的。例如，对一个产品做 beta 测试，因为客户预期会有一些小故障，可能决定没有必要进行复杂的风险评估，粗略的分析就够了。有许多不同的方法来分析和评估风险。在工具箱中的测量方法越多，就越有可能在最合适的时间、对最合适的活动、用最合适的方法来测试风险。在这里，我们将涵盖三种确定风险的方法。对于每种方法，我们将讨论其优点、缺点和精度。

第一种方法是直觉法。当相信自己可以感知风险时，人们经常使用这种方法，同时赋予风险管理者做出重要决定的权力。正如我们之前提到的，有些人天生就有这种能力，在组织中有这样的人肯定是很好的。然而，有两个非常重要的问题需要提醒你。首先，这个人是否真的有能力在潜意识层面理解风险，或者你只是希望他能做到？换句话说，你是否查证了这个人的准确性？如果没有的话，在你认为这仅仅就是个猜测之前，你应该去查证。如果有人声称可以"感知"风险的水平，让他或她把预测写在白板上。这是为了好玩。其次，注意我们事先警告的关于故障的单点。你需要在组织中多几个人来了解如何评估风险。理想情况下，每个人都熟悉风险的重要性，并掌握现有的评估和管理方法。

薄切片

薄切片（Thin Slicing）是心理学和哲学中的一个术语，用来描述只根据"薄切片"或狭窄的经验窗口在事件中发现模式的能力。作者马尔科姆·格拉德威尔，在《无思维的思维力量》（The Power of Thinking Without Thinking）一书中，认为这种即时决策的过程与经过精心策划、深思熟虑的决策过程往往一样好、甚至更好。

课堂上的研究已经表明，专家可以从教师的简单举止中，区分出有偏见的教师和公正的教师。此外，法院的研究也表明，法官在审判中的只言片语可以让专家们预测法官对审判的期望⊖。

格拉德威尔声称专家经常做出快速决策，这往往比经过大量分析的决策更好。有时过多的信息会干扰判断的准确性，导致俗话说的"分析瘫痪"。这种在非常有限的信息基础上做出决策的能力似乎很理想，格拉德威尔还指出，专家的薄片决策能力可能受个人的喜好、偏见和成见的影响。

风险评估方法的核心优势在于非常快速。一个真正的专家，如果能从根本上理解某些任务所固有的风险，可以在几秒钟内做出决

⊖ Albrechtsen, J. S., Meissner, C. A., & Susa, K. J. Can intuition improve deception detection performance? *Journal of Experimental Social Psychology*, 2009;45（4）:1052–1055.

定。正如我们所讨论的那样，直觉方法的缺点包括这个人可能没有这个能力，因为几次巧合的成功，被误以为他可以。另一个缺点是，这种方法很少可以复制。人们往往在行业内工作了许多年，积累和磨炼了不少经验，这可不是在一小时的课堂能就完成讲授的东西。这种方法的另外一个缺点是，很多的决定取决于一个人一时的冲动，而不是一个团队或小组集思广益得出的结论。该方法的准确性是高度可变的，这取决于人、行动和其他因素。本周一个人的风险可能会评估得很好，但下星期可能会彻底地失败。因此，如果时间是至关重要的，风险是在最坏的情况下和有一个久经考验的专家，你可以谨慎使用这种方法。

测量风险的第二种方法是交通灯法。在这种方法中，通过将行动分解成最小的组件，并用绿色、黄色或红色来标明其风险等级。最小的组件可能是应用版本发布中的一个功能或维护列表中的一个配置变化。粒度取决于几个因素，由团队进行这些评估，包括可用时间和演练的次数。下一步我们确定行动的整体或集体风险。为每种颜色分配一个风险值，计算每种颜色的数目，用不同颜色的数目乘以响应的风险值。然后，将计算得到的风险总值除以动作总数。风险评估的结果是最接近得分的颜色。图 16-2 个描述了三个功能组件的风险等级，它提供了一个对整体系统版本发布的累积风险的评估。

对微观层次组件很熟悉的人应该去评估风险值，并为每个微观组件标定颜色。标定颜色应根据完成每个组件的任务难度，需要的工作量，组件之间的关联关系等来分配。表 16-1 展示了一些最常见的属性及其相关的危险因素，可由工程师或其他专家衡量在某个特定功能或颗粒项目的风险。

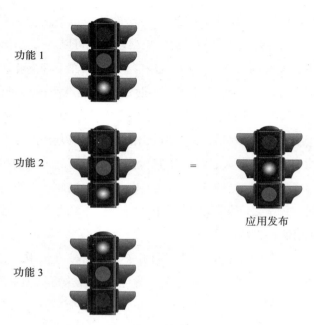

功能 1

功能 2　=

应用发布

功能 3

图 16-2　风险评估的交通灯方法

表 16-1　风险－特性的相关性

特性	风险
需要的努力程度	低 = 绿色；高 = 红色
难度	低 = 绿色；高 = 红色
复杂度	低 = 绿色；高 = 红色
对其他组件的复杂度	低 = 绿色；高 = 红色
出错的可能性	低 = 绿色；高 = 红色
事件监测的能力	高 = 绿色；低 = 红色

交通灯方法的显著优点是，它使风险评估开始变得有条不紊，这意味着它有可重复性，能够记录而且训练。重复性意味着我们可

以根据评估结果来学习和提高。许多人可以进行风险评估，所以你不再依赖于单一个体。再次，因为许多人可以进行评估，可以以组为单位对做出的决策进行讨论，他们可以确定某个人的论点是否有优点。这种方法的缺点是，它是过程中的一个额外步骤，比直觉猜想法需要更多的时间。另一个缺点是，它依赖于每个专家来选择属性，并用这个属性去评估每个组件的风险。由于专家之间存在着这种可能的变数，这种风险评估的准确性属于中等水平。如果专家非常熟悉而且清楚地了解特定领域风险属性的构成，那么交通灯方法的结果可以相当准确。如果他们在评估的时候，对需要重点检查哪些属性没有清楚的理解和认识，风险水平的评估结果可能会差一些。我们会在下一个风险评估方法的讨论中看到这一点，新方法可以解决这种潜在的变动性，使评估的结果更加准确。

　　评估特定行动风险的第三种方法是故障模式及影响分析法（Failure mode and effects analysis，FMEA）。这种方法最初是从 20世纪 40 年代末的军队中开始使用的⊖。从那时起，它被广泛应用于包括汽车、制造业、航空航天和软件开发等许多行业。进行评估的方法类似于交通灯方法，系统被分解成最小的组成部分进行风险评估。对于应用版本发布，这些组成部分可能是功能、任务或模块。然后为每个组成部分确定一个或多个可能的故障模式。每个故障模式都有相应的效果，描述如果故障发生时的影响情况。

　　例如，注册功能的故障有几种情况，无法把新用户的信息适当地储存到数据库，为新用户分配错误的权限或其他的几种情况。其

⊖　Procedure for performing a failure mode effect and criticality analysis. November 9, 1949. United States Military Procedure, MIL-P-1629.

影响将是用户无法注册或能看到没有经过授权的数据。每个故障的现象可以依据下述三个因素来打分：故障的可能性、严重性和可检测性。我们选择使用 1、3 和 9 作为打分的范围，这让我们非常保守，同时可以把高风险因素和中低风险因素区分开来。故障的可能性基本上是这个特定故障真实发生的概率。故障的严重性是指如果故障发生，对客户和业务产生的总体影响。这种影响可以用金钱损失、声誉损失或任何与业务有关的其他因素来测量。故障的可检测能力指的是如果故障发生你是否能够注意到。正如你所能想象的，一个有灾难性后果并极有可能发生的故障实际上却无法检测，那将是最坏的结果。

对单项失效模式和效果打分后，将这些分数相乘得到总的风险评分，即可能性得分 × 严重性得分 × 检测能力得分。这个分数显示了一个特定组件在整体行为中的整体风险。

FMEA 过程的下一步是确定可以执行或落实到位的缓解步骤，以降低特定因素的风险。例如，如果一个功能组件的可检测能力有非常高的风险分数，这意味着如果事件发生，那将很难发出通知。因此该团队可能会决定提前准备一些查询，在产品或服务发布后，每小时检查一次数据库，检测是否有故障发生的迹象，如丢失数据或数据错误。此缓解措施对该组件的风险因素有降低的作用，同时应该说明风险可以降低到什么程度。

在表 16-2 中，有两个人力资源管理系统（HRM）的应用实例：公司客户的新注册流程和改用新的信用卡处理器。这些功能有几种故障模式。让我们来看看信用卡的支付功能，重点放在信用卡账单错误的故障模式，它的影响是支付时被收取过多或者过少的费用。

在我们的例子中，工程师可能会将这个故障的风险设成 1 分，或者是不太可能发生。也许这个功能经过了深入全面的代码审查和质量保证测试，因为它处理的是信用卡，所以风险度较低。工程师觉得这种故障会带来灾难性的影响，所以故障的严重性自评为 9 分。这似乎是合理的，因为错误的信用卡账单会引发客户的愤怒、昂贵的退款、潜在的退回许可证费用。工程师认为故障检测难度将是中等，因此故障可检测能力自评为 3 分。此故障模式的总风险评分为 $1 \times 9 \times 3 = 27$。已经确定了该功能集的补救行动，在 beta 测试中推出的新支付处理应用仅限于某些客户使用。因为客户的影响将是有限的，这样将减少故障的严重性。采取这种补救措施后，因为故障严重性降低，风险将降低到 3 分，修订后的风险评分仅为 9 分，大大好于以前。

表 16-2　故障模式和后果影响分析举例

功能	故障模式	后果影响	故障的可能性 很少=1 低=1 中=3 高=9	后果的严重性 很少=1 严重=3 极重=9	故障检测能力 容易=1 中等=3 困难=9	风险分数汇总	应对措施	修正后的风险分数汇总
登录服务	用户数据没有适当地插入数据库	用户无法注册	3	3	3	27	测试所有注册路径（包括风险分数为 1 的）写一个数据验证脚本，在发布后运行脚本验证	3

（续）

功能	故障模式	后果影响	故障的可能性 低=1 中=3 高=9	后果的严重性 很少=1 严重=3 极重=9	故障检测能力 容易=1 中等=3 困难=9	风险分数汇总	应对措施	修正后的风险分数汇总
登录服务	为用户设置了错误的权限	可以看到其他用户的信息	1	9	3	27	写一个数据库的语句，在发布后每小时做一次查询，找出那些不寻常的交易	9
	用户没有密码	用户不能登录	3	1	1	3	无	3
信用卡服务	信用卡账单错误	收用户太多或太少钱	1	9	3	27	应用发布先经过 beta 版，限制在有限的用户群，降低风险后果的影响范围和程度到 3	9
	没有存储授权验证码	用户要重新输入，否则无法再次刷卡	1	1	1	1	无	1
	信用卡号未加密	可能出现非法盗刷信用卡的问题	1	9	1	9	无	9

　　FMEA 风险评估过程很有条理性，这使风险评估能够长期得以记录、培训、评估和改善。另一个优点是精度。特别是随着时间

的推移，团队在识别故障和准确地评估风险方面可以做得更好，这种方法是最准确的风险确定方式。**FMEA** 方法的缺点是它需要时间和思考。投入到分析中的时间和精力越多，结果就会越好、越准确。这种方法与测试驱动开发非常相似，而且互补。在研发前进行 **FMEA** 会提高设计和错误的处理水平。

我们将在下一节讨论，风险测量的分数，特别是那些利用 **FMEA** 方法得到的，可以在系统任意时间间隔或任一应用版本发布中管理风险的数量。风险评估的下一步是要有人或团队可以对评估的精度进行评价，对决策提出质疑。这也是采用如 **FMEA** 这样系统化方法的好处：人人都可以通过培训学会使用，因此可以互查以确保用最高的质量标准进行评估。评估过程的最后一步是在行动后重新评估，看你和专家们在确定合适的故障模式和评估因素时的准确率。如果不可能发现的问题出现了，请专家调查详细的情况并提供潜在的情况不能被提前发现的原因，警告其他专家注意这种类型的故障。

风险评估步骤

如果你正在计划使用任何有条理的方法来进行风险评估，下面是适当的风险评估步骤。这些步骤适用于交通灯方法或 FMEA 方法：

1. 确定合适的粒度级别来评估风险。

2. 选择一个可以复制的方法。

3. 对将进行风险评估的人进行培训。

4. 安排事后评审每一个评估，或者集体回顾所有的评估。

> 5. 选择一个合适的评分表（例如，1、3、9），并考虑好需要如何保守。
>
> 6. 完成代码发布或系统维护后，对故障类型、可能性、严重性及可检测性进行审查。
>
> 无论使用的是交通灯方法、FMEA 或其他风险评估方法，一定要遵循这些步骤，确保可用于全面风险管理的风险评估的成功。

16.3　管理风险

从根本上说，我们相信风险是可以累积的。没有缓解的风险越大，出现重大问题的可能性就越大。我们教导客户管理系统的急性和整体风险。急性风险是个别变更或应用版本发布中组合变更所带来的风险。整体风险水平代表着在系统中小时、天、周所累积的风险。无论急性或整体风险，都可能会导致危机情况的发生。

急性风险管理通过监控系统变更，如应用版本发布，来进行风险评估。你可能要提前设置一些限制以控制任何并发行动带来的风险，比如允许系统在某天的某个特定时段或某些客户范围使用系统（更多的细节见第 10 章）。例如，你可以决定任何通过 FMEA 方法计算的风险值大于 50 的相关单独行动，必须采取补救措施把风险值降低，或者把这一变更分裂成 2 个单独的行动。或者在午夜前，你可能只允许风险值在 25 以下的行动在系统上发生，任何风险值高于 25 的行动必须在午夜之后发生。即使这个讨论是针对单一行动的急性风险，风险具有累积性，变更事项越多，累积的风险越多，出问题的可能性就越大、越难检测，出现问题后找出根源也越难。

　　想象应用版本发布中有一个功能，其中包含两个故障模式，与有 50 个功能的应用版本发布相比较，每个功能中有两个或更多的故障模式。首先，在后一种情况下，由于机会很多，所以出现问题的可能性很大。作为一个模拟，考虑在同一时间抛 50 个硬币。虽然每个硬币人头朝下的概率是独立的，总的结果中很可能至少有一次出现人头朝上。其次，如果有 50 个功能，那么变更之间相互影响或代码以意想不到的方式动到相同的组件、类或方法的可能性更高。因此，无论是从机会累积的角度来看，还是从负面相互作用概率累积的角度看，50 个功能与一个功能相比，出现问题的可能性都大大地增加。假设所有功能的复杂度和规模比例相同，两个故障模式的应用版本发布后，即使出现问题，也远比 50 个功能的发布更加容易确定根源。

　　为管理急性风险，我们建议做个图表，如表 16-3，其中列出所有的规则和相应的可以接受的风险水平。这种方式对每个风险级别的行动都是明确的。你也应该建立一个例外的政策，例如，这些规则之外的东西必须经工程部副总裁、运营副总裁或首席技术官单独批准。

　　管理整体风险应该考虑两个因素。第一个是系统发生变更的累积数量以及与这些变更相关的风险量的相应增加。正如我们在急性风险中讨论的，组合的行动可能会产生不必要的相互作用。应用版本发布越多、数据库分割越多或配置变更越多，越有可能导致问题的发生，或越可能因为相互作用而产生问题。如果开发团队一直在开发环境中的一个数据库上工作，在应用版本发布前两天，数据库被分割成读写主机和只读主机，这很有可能导致在下一个版本发布时出现问题，除非已经有大量的协调和补救工作完成。

表 16-3　急性风险管理规则

规则	风险水平
新功能发布	<150 点
错误修复发布	<50 点
早上 6 点到晚上 10 点	<25 点
晚上 10 点到早上 6 点	<200 点
维护性质的系统打补丁	<25 点
配置变更	<50 点

在整体风险分析中应考虑的第二个因素是人为因素。随着人们从事越来越多高风险的活动，风险承受能力也逐渐上升。当需要适应新环境的时候，这种人为的条件可以很好地发挥作用，但涉及控制系统中的风险时，它可能会使我们迷失方向。如果一只剑齿虎已经搬到你的附近，适应生活中新风险的能力是生存下去的关键，你每天还是要离开洞穴出去打猎，否则只能整天待在山洞里挨饿。相反，因为你还没有被吃掉，自我感觉不错，这会导致严重的问题。

我们建议为了管理系统中的整体风险，可以采用如表 16-4 所示的一组规则。此表列出了特定时间段按照 FMEA 所确定的风险量。如果你使用的是 FMEA 以外的方法，就需要用某些规则和分数范围来调整风险水平列。例如，不用"低于 150 点"，而用"少于 5 绿色或 3 黄色行动"。在急性风险管理过程中，你需要考虑异议和否决。你应该提前计划，并建立一个升级过程。一种做法可能是总监对任何风险水平有额外的 50 点，VP 可以给 100 点，首席技术官可以给

250 点，但这些增加并不累积。不管你用什么方式建立这套规则，最重要的是它对你的组织有意义，并且可以记录并严格遵守。作为另一个例子，假设一个功能发布需要一个主要的数据库升级。FMEA 的综合得分是 200 点，超过了应用版本发布的最大风险值（表 16-3 中 150 点）。首席技术官可以批准额外的风险，或要求数据库升级与代码发布分开。

表 16-4　整体风险管理规则

规则	风险水平
6 小时	<150 点
12 小时	<250 点
24 小时	<350 点
72 小时	<500 点
7 天	<750 点
14 天	<1200 点

16.4　结论

在本章中，我们专注于风险。我们从探索风险管理的目的开始，讨论风险管理的构成以及它与可扩展性之间的关系。由此得出结论，风险普遍存在于所有的企业，特别是初创公司。在商业世界里，要取得成功就必须冒些风险。在 SaaS 世界里，可扩展性是这种风险 – 回报结构的一个部分。在系统的可扩展性方面必须冒险，否则系统会过度建设，而无法交付使企业成功的产品。通过主动的风险管理，提高系统的可用性和可扩展性。

虽然评估风险有很多不同的方法，本章对其中三个方法进行了分析。第一种方法是直觉法。不幸的是，虽然有些人天生擅长识别风险，但许多人被认为有这样的能力，实际上却没有。

第二种是交通灯法，把组件的风险评估为低风险（绿色）、中等风险（黄色）和高风险（红色）。所有组件的组合通过发布、变更或维护形成整体风险水平。

第三种方法是我们推荐的故障模式及影响分析法。在这种方法中，专家通过识别每个组成部分或者功能可能的故障模式，以及这种故障将导致的直接影响，完成风险评估。例如，信用卡支付功能可能会失败，这种失败的表现是向客户收取太多或太少的金额。根据失败发生的可能性、严重性和发生故障后的检测能力对这些故障模式和影响打分。这些分数相乘后得到总的风险值。利用该评分，专家们将推荐相应的补救措施减少一个或多个危险因素，从而降低整体的风险。

风险评估完成后，我们必须进行管理。这一步可以分解为管理急性风险和管理整体风险。急性风险针对单一行动，如应用版本发布或者维护等等，而整体风险针对一段时间，如小时、天或周发生的变更所带来的风险。对于急性风险和整体风险，我们建议采用规则，预定义每个行动或者每个时间段可以容忍的风险量。此外，准备好应付那些持反对意见的人，应预先建立一个投诉升级的路径，以避免第一次危机在没有想清楚，没有来自各方合适输入的情况下，陷入混乱。

与大多数的过程一样，风险评估和风险管理最重要的方面是在特定的时间与组织匹配。随着组织的成长和成熟，可能需要修改或增加这些过程。如果要使风险管理更有效，就必须使用它。若要使用，该过程就必须与团队配合良好。

关键点

❑ 商业在本质上是有风险的，为提高系统的可扩展性所做的变更是有风险的。

❑ 管理系统中风险的数量是确保系统可用性和可扩展性的关键。

❑ 风险是可以累积的，尽管随着时间的推移会发生一定程度的退化。

❑ 为达到最佳效果，应该使用可重复和可测量的风险评估方法。

❑ 风险评估和其他过程一样，可以随着时间的推移不断提高。

❑ 各种不同的风险评估方法都有各自的优点和缺点。

❑ 各种风险评估方法的准确性有很大的不同。

❑ 风险管理既解决急性风险也解决整体风险。

❑ 急性风险管理涉及单一的变更，例如应用版本发布或维护。

❑ 全面风险管理聚焦在任何时间点观察和管理系统中的风险总水平。

❑ 如果要确保风险管理过程有效，我们必须使用和遵循这个过程。

❑ 确保过程有效的最佳方法是确保它与组织有良好的匹配度。

第 17 章　性能与压力测试

孙子说：不知彼不知己，每战必败。

在前面的章节中，我们简单提到过性能和压力测试，现在我们要全力聚焦这些测试。本章将讨论这些测试在目的和输出上有什么不同，以及它们对可扩展性的影响。无论是使用性能测试还是压力测试，或者两者兼有，或者两者全无。本章将从新视角来了解测试的目的和可行性，利用这些知识，你可以再造或启动任何的测试过程。

和产品质量的情况一样，扩展性是在开发的生命周期中必须早早就设计好的东西。测试作为必不可少的环节，旨在发现设计中的问题和疏漏，但也会给公司带来额外的成本。

17.1　执行性能测试

性能测试包括了广泛的工程评估，重点是可度量的最终性能特征，而不是实际的材料或产品⊖。在计算机科学中，性能测试的重

⊖　Performance testing. *Wikipedia*. http://en.wikipedia.org/wiki/Performance_testing.

点是确定速度、吞吐量以及设备或软硬件的有效性。性能测试通常被称为负载测试，对我们来说，两者可以互换。一些专业人士认为，性能测试和负载测试有不同的目标，但是所用的技术类似。为了避免学究式的论证，我们将使用一个包含两者的更广泛的目标来定义性能测试。

　　根据我们的定义，性能测试的目标是发现、记录，如果可能的话，消除系统中的瓶颈。这是通过严格控制的测量和分析过程实现的。负载测试是这个过程中使用的一种方法。

负载测试

　　负载测试是把负载或用户需求施加在系统上，以测量其响应时间和稳定性的过程，其目的是为了验证应用能够满足预期的性能目标，这往往是在服务水平协议中（SLA）指定的。负载测试测量诸如响应时间、吞吐量和资源利用率这些指标。其目的不是确定系统的失效点，除非这一点在峰值负载条件之下。而且峰值情况在产品规范、需求或正常运行条件下预期范围之内。如果真的发生了存在失效点的情况，那么系统存在严重的问题，必须在下一版应用发布之前解决。

　　负载测试的例子包括以下内容：
- ❏ 用期望数量的电子邮件账号来加载邮件服务器。
- ❏ 用期望数量的电子邮件内容来加载同一邮件服务器。
- ❏ 在一个时段内，通过向应用发出许多不同的模拟用户请求来测试 SaaS 应用。请求越接近于实际数量越好。
- ❏ 用缩小了的用户流量来测试应用服务器的负载均衡。

17.1.1　建立成功的标准

性能测试的第一步是建立成功的标准。对 SaaS 系统，这往往是基于并发度和响应时间的度量。对现有系统，大多数公司使用在生产环境中经过长期实践所建立的基准线，或者是通过性能或负载测试得到的历史数据建立基准。对于新产品，应该增加对解决方案的性能要求，施加负载直到产品停止响应或出现不可预测或不受欢迎的响应。这成为尚未发布的新产品的性能基准。

当替换系统时，旧系统的基准通常被当作新系统的期望起点。这种替换通常可以产生更大的吞吐量，目的是以较低的成本处理同样的交易量，让公司未来的业务更加有效。

17.1.2　建立适当的环境

建立基准后，下一步是要建立适当的环境来执行测试。环境封装了网络、服务器、操作系统和包含在产品中的第三方软件。理想的性能测试环境应该与研发、QA 和准生产等环境分开。这种隔离很重要，因为负载测试需要在稳定和一致的环境中持续地进行。性能测试环境与其他环境混合意味着要对环境进行很大程度的变更，这样会导致对测试结果的信心不足。此外，一些测试需要在较长的时间内持续运行，如 24 小时，以产生批量处理所预期的负载。因此，该环境将在很长时间范围内不可用作其他用途。为了达到最佳效果，环境应在财力允许的条件下，尽可能与生产环境保持一致。

性能测试环境要最大可能地模拟生产环境，因为不同环境的设置、配置、硬件、防火墙规则等可以大大影响测试的结果。操作系统甚至有不同版本的修补程序，这似乎是微不足道的小事，却可能使应用出现显著不同的性能特点。这并不意味着需要一份生产环境的拷贝，这固然很好，但很少有公司能提供这样奢侈的环境。相反要做出明智的权衡，但坚持基本架构和实施要尽可能相同。例如，生产环境中的服务器群组包含 40 个节点，在测试环境中可以缩减到只有两个或三个。数据库通常很难缩小，因为数据量会影响查询的性能。在某些情况下，你可以"欺骗"数据库，使它相信自己数据的数量和生产数据库一样，确保数据库语句有相同的执行计划。花些时间去思考性能测试环境，并讨论所做出的权衡。如果充分平衡成本与有效性，将能够做出最佳的决策，从而决定负载测试环境具体细节和测试结果的准确性。

如果你正在进行持续交付或有计划这样做，创建单独的测试环境就有了额外的理由。对于自动化系统，如果要能够轻松地交付，理想情况下应该在准生产环境里运行那些软件，可以每个阶段聚焦某一方面潜在的质量问题。环境中约束或共享越多，越多的变更将排队等待环境的重新配置以执行自动化测试。对这些环境进行隔离，有助于确保达到最快的速度交付到生产环境。

17.1.3　定义测试

性能测试计划的第三步是定义测试。如前所述，对服务和功能可以进行很多种不同测试。如果试图执行所有这些测试，那么可能永远也不会发布任何产品。关键是要利用帕雷托分布，也被称为 80/20 法则：20% 的测试将提供所需要信息的 80%。当涉及所提供信息的数量或价值的时候，产品测试几乎总是遵循一些类似的分布。这种情况的出现是因为功能对不同的用户是不一样的，对有些人的重要性更大。例如，处理用户支付的功能可能比处理用户搜索朋友的功能更加重要，因此应该进行更加深入的测试。

帕雷托

帕雷托（1848 ~ 1923）是对经济学有重大贡献的意大利经济学家。他最著名的一个理论是帕雷托分布。因为对社会权力和财富分布着迷，帕雷托研究了意大利的财产所有权。研究结果在1909年发表，他观察到20%的人口拥有80%的土地，从此帕雷托分布声名鹊起。

在理论上，帕雷托分布的概率分布规律很强，它揭示了所观察事件发生的频率和事件的规模之间存在着的特殊关系。另外一个幂律是克莱伯的新陈代谢理论，动物的新陈代谢率是体重比的3/4次方。举个例子，马的体重是兔子体重的50倍，马的新陈代谢速度是兔子的18.8倍。

有许多其他的经验法则存在，但是帕雷托分布是非常有用的。当它适用的时候，意为获得大部分的结果却不必付出大部分的努力。当然要注意的是，在使用它之前要确保概率分布的适用性。如果有一个场景的信息与行动是一对一的，就不可能以20%的行动获得80%的信息。相反，你必须做某个百分比的工作，才能获得相应比例的信息。

当你定义测试时，一定要包括各种类型的测试。一些类型的测试包括耐久性测试、负载测试、最常用场景的测试、最明显部分的测试和系统组件的测试（应用、网络、数据库、缓存和存储）。耐久性测试是用来确保一段时间内经历标准的负载不产生任何不利影响，

诸如内存泄漏、数据存储、日志文件创建或批量作业的问题。这里所采用的正常用户负载尽可能地模拟接近现实的流量模式和活动。通常很难模拟实际或接近实际用户的流量模式。对这一输入条件最基本的替代是把一系列的行动写入脚本，如注册、图片上传、寻找朋友和注销，然后反复执行。一个更理想的方案是从网络设备或应用服务器中收集实际用户的流量，然后以同一顺序在不同的时间段执行。也就是说，你可以首先在用户产生流量的同一时间段内进行测试，然后加快速度，确保应用按照预期执行，同时吞吐量增加。

记得要注意测试定义，因为它涉及持续集成和更重要的持续交付（关于这一主题的定义可以参照第 5 章）。如果要成功地进行持续交付，就需要确保定义的测试可以自动进行，测试的结果也可以自动地与成功的标准进行比对，以完成自动化的评估。

17.1.4　执行测试

负载测试是把用户的负载加到系统上，使系统的负载达到预期或要求的水平，确保满足内部或外部的服务水平协议所规定的应用稳定性和响应速度的要求。一个常用的测试场景是测试大多数用户所使用的应用路径。相比之下，最明显的测试场景是测试应用中用户最常用的部分，如主页或一个新的登录页面。组件测试是一个广泛的测试，用于测试系统中单个的组件。这样的测试可能是对数据库进行一次特别长时间的查询，确保它可以处理预定的流量。同样，你也可以考虑测试负载均衡器或防火墙等组件的流量请求。

在文本执行步骤检查测试计划，在选好的环境中执行选择的测试方法，记录各种不同的测量结果，如交易时间、响应时间、输出和行为。收集一切可以收集的信息。在性能测试中，数据是你的好朋友。保存每次应用版本发布时的数据非常重要。像在下一步将要描述的那样，在各种不同版本之间进行比较极为关键，因为这有助于理解和确定数据是否在正常的运行范围内，或许可能存在潜在的问题。

对实施持续交付的组织，在思考如何执行性能测试时，有几种方法供考虑。首先性能测试几乎可以持续执行，并且在关键路径以外交付到生产环境。这种方法不会像过去那样，因为等待测试环境提交性能测试而拖延应用的发布。这个方法有个不幸的副作用，假如任何应用发布后发现了重大的可能影响可用性的性能问题，那么这个问题无法在应用发布之前被发现。因此中断会增加，可用性会降低，这是获得更好的市场响应时间所付出的代价。

第二种方法是在发布之前把要发布的应用顺序通过性能测试环境。这样做虽然可以避免潜在的因为性能问题而造成的中断，但是它会显著地降低交付的速度。想象一下，在自动交付队列中，你有几个版本的应用在等待发布。如果要进行耐久性测试，包括通宵的批处理测试，每个测试都可能需要等待自己的周期。结果是本来这个方法可以快速和低风险地把应用引入生产环境，但是由于性能测试，结果比原来的办法还要慢。

一种混合的方法可能是最好的，在发布前完成一系列的某种程度的测试，较长时间的耐久性测试通过每天一次批量发布来完成。这种方法可以降低与中断相关的大部分风险，同时可以继续享受持续交付所带来的快速市场响应的益处。当采用混合方法时，你可能至少需要两个性能测试环境：一个做串行的持续测试（在线和之前发布），另一个做长时间的耐久性测试（发布后）。

17.1.5　分析数据

性能测试过程的第 5 个步骤是对收集的数据进行分析。这一分析可以有各种不同的方式,具体方式取决于不同的因素,诸如分析师的专业知识、期望的深入了解、可接受的风险水平和时间分配等。也许最简单的分析是对比即将发布的应用与过去发布的应用。如果前一个版本可以每秒执行 50 次查询,而且没有明显的性能下降,那么在当前版本中每秒执行 25 次查询,就可能是一个问题了。下一步,我们试图找出发生变化的原因。吞吐能量降低或响应时间加长应该引起关注和进一步的调查,反之亦然。系统容量突然大幅度增长,可能表明某个特定的代码路径已被删除或 SQL 语句的条件过滤部分已经失去作用了。应该关注这种变化,并把它们作为潜在的调查对象。我们希望在这些情况下,工程师已经通过重构改进了系统的性能,但最好记录下来这一变化,然后跟进询问并确认。

更详细的分析涉及图形数据的视觉参考。有些时候,当数据被绘制成折线图、柱图或饼图的时候,很容易理解并用来识别异常或差异。不管这些是否真的有显著差异,一般来说,这样的图可以对应用版本发布做出快速的判断。

进一步的详细分析涉及对数据进行统计分析。如控制图的统计检验、t- 检验、因子分析、主效应图、方差分析、交互图都是有帮助的。这些测试有助于发现引起关注行为的因素,并有助于确定你是否应该关注整体效果。

在持续交付的情况下,自动化性能测试用例的故障(例如,某个指定属性,如每秒执行的语句数量、能力损失的百分比)会拖延应用评估的时间，或者交付应用但是会开出一个工单来仔细分析。如果性能下降到某个阈值之下（例如 2%），你可能会决定接受自动化发布；如果性能下降在阈值之上，那么该应用的版本发布应该被拖延并做进一步的评估。

17.1.6　向工程师报告

如果进行测试人不是敏捷团队的一部分，那么就需要额外的一个步骤与软件工程师进行必要的沟通。我们更希望研发软件的敏捷团队也可以进行性能测试，但有的时候执行这些测试任务的团队仍然是按照职能组织的。

共享目标是确保报告中的每个项目或异常有人解决并关闭。关闭至少有两种方式之一发生。第一种情况是确定所发生的变化是预期的结果。在这种情况下，负责解释的工程师应该能够支持为什么性能偏差不仅是期望中的，而且是必要的（例如，收入的增加将抵消由此产生的成本）。第二种情况是要把错误录入系统，以便工程团队可以进一步调查，最理想的是解决掉问题。完全有可能要进行更多的测试（由工程团队协助），以便做出商业判断，到底是不采取行动还是修复可能的错误。在连续交付的情况下，所有的报告都应该是自动化的。

17.1.7　重复测试和分析

在性能测试过程中，最后一步是重复测试和分析数据。这也可能是必要的，因为需要修复在第 6 步中记录的一个错误，或是因为测试中发现有额外的时间和由于功能的错误修复使代码的基础总是在变化。如果有足够的时间和资源，这些测试应该被重复执行以确保结果在从一个版本发布到另一个版本发布之间没有大幅度的改变，并继续探测潜在的异常问题。

性能测试步骤概要

在进行性能测试时，以下是正确完成测试的关键步骤。可以根据组织的需求增加必要的措施，但下面这些都是想要取得预期效果所必须具备的：

1. 建立成功的标准。从应用、组件、设备或正在测试的系统中确定标准。

2. 建立适当的环境。确保测试环境尽可能接近生产，保证测试结果的准确性。

3. 定义测试。有许多不同类别的测试应该考虑纳入性能测试，包括耐久性、负载、最常用的、最明显的和组件测试。

4. 执行测试。这一步实际上是测试在步骤 2 建立的环境中执行。

5. 分析数据。分析数据可以采取多种形式，有些很简单，比如与以前的版本作对比，其他的可以包括复杂的随机模型。

6. 向工程师报告。如果进行测试的个人不是敏捷团队的一个部分，那么就必须进行一个额外的步骤，与开发软件的工程师进行沟通。向工程师们提供分析，并就相关要点组织讨论。

7. 重复测试和分析。很有必要进行持续测试和数据分析以验证错误得以修正。如果时间和资源允许，测试还应持续进行。

按照这七个步骤，结合组织的具体情况进行添加或修改。过程成功的关键是适合组织需要。

性能测试的范围涵盖广泛的测试评估，但它们聚焦在系统必要的特性上，而不是针对个别的材料、硬件或代码。性能测试专注于确保软件符合或超过规定的要求或服务水平协议。

17.2　不要过度强调压力测试

压力测试是一个用于确定应用当受到高于正常负载时的稳定性的过程。在负载测试中，通过比较确定负载为特定的或正常的操作所需的水平。压力测试远远超出了这个水平，往往达到应用的断裂点以观察其行为。

虽然有几种不同的压力测试方法，但是最常用的是正测试和负测试。在正测试中，负载逐步增加，以压倒系统的资源。在负测试中，系统资源，如内存、线程或连接数都被去掉。除了确定实际的故障点或应用的退化曲线外，压力测试的一个主要目的是推动应用超出它的能力，以确保当它失败后，可以很好地恢复正常。这个方法测试应用的可恢复性。

负压力测试有一个极端的例子，这就是 Netflix 的混乱的猴子（Chaos Monkey）。混乱的猴子是运行在亚马逊网络服务（AWS）上的一个应用。它通过增加或减少服务器群组（ASG）的虚拟机（实例在 AWS）自动使服务具有弹性。Netflix 公司已经越过了混乱的大猩猩（Chaos Gorilla）阶段，它们关闭整个亚马逊的可用性区域，以确保健康区可以成功地处理系统的负荷，而这些不会对客户产生任何影响。Netflix 这样做的目的是要了解这样的资源损失将如何影响其解决方案。根据 Netflix 的博客记载，"故障会发生，而且它们不可避免地发生在最不想要和最不期望的时候"⊖。想法是在正常的工作日期间，调度混乱的猴子或者混乱的大猩猩"工作"，团队可以回应、分析并对问题做出反应。如果是乘其不备发生在半夜，问题就大了。

为什么我们称此为极端的例子？Netflix 的系统运行在它们自己的生产环境中！考虑的是一个并行演进持续交付的实践方式。为了仿效 Netflix 的成功，公司首先需要确保它有本书前面讲过的所有的事故和危机管理过程。好消息是，如果你有兴趣，Netflix 的伙计们已经把混乱的猴子放出去了，请到 GitHub 的野生猴子军项目上好好看看去吧！

17.2.1　确定目标

压力测试的第一步是确定测试想达到什么目的。和所有的项目一样，这类测试的时间和资源是有限的。通过确定目标，你可以收窄要执行测试的范围，最大限度地提高时间和资源的回报率。

除了取得负测试结果外，压力测试还可以帮助我们确定系统性能的基线、提高可恢复性并理解系统之间的相互作用。从广义上讲，提高可恢复性和确定性能基线被认为是正测试的任务。利用压力测试建立基线将有助于确定产品可能的峰值使用率和降解曲线。可恢复性测试有助于了解系统是如何失败的，以及如何从失败中恢复服务。测试系统间的相互作用，以确保某些特定功能在一个或多个其他服务超载时仍然能够继续工作。

⊖　Chaos Monkey released into the wild. *Netflix Techblog*, July 30, 2012. http://techblog .netflix.com/2012/07/chaos-monkey-released-into-wild.html.

17.2.2　确定关键服务

接下来，我们要创建一个需要进行测试的服务列表。因为无法测试一切，我们需要有办法来确定测试的优先级。应该考虑对整个系统有关键意义的一些因素，系统服务的问题很有可能会影响到性能，通过负载测试所发现的问题是服务的瓶颈。让我们逐一讨论。

确定哪些服务应该被选为压力测试的对象，第一个要考虑的因素是服务对整体系统性能的关键性。如果有像数据存取层（DAL）或用户授权这样的中央服务，因为整个应用的稳定性依赖于此，那就应该成为压力测试的候选。如果已经把应用架构成容错的"泳道"（将在第19章中深入讨论），核心服务仍然可能被复制在每个泳道。

确定压力测试的候选服务的第二个考虑因素是服务影响性能的可能性。这个决定将受的工程师经验的影响，却也应该有点科学性在里面。可以通过处理器的使用率，例如同步调用、输入或者输出、缓存、锁定等把服务排序。在服务中包含的高风险处理越多，该服务对整体性能的影响就越大。

选择压力测试的候选服务的第三个考虑因素是识别在负载测试期间成为瓶颈的服务。运气好的话，如果某个服务被识别为性能瓶颈，即使已被修复，也应该在压力测试中检查它。

总的来说，这三个因素应该为选择服务提供了强有力的指导，应该集中时间和资源在选择的服务上，确保从压力测试中取得最大的收获。

17.2.3　确定负载

压力测试的第三步是要确定实际上需要多少负载。确定负载是很重要的，原因有多个。首先，它有助于知道大约什么样的负载水平下，应用将开始表现出奇怪的行为，这样就不需要把时间浪费在低负载上。其次，你需要了解测试系统是否有足够的能力来产生所需要的负载量。在某个特定服务上施加的负载应足以超越系统的故障点，从而能够观察到系统在失败时的行为和系统失败后的结果。实现这一点的方法是发现服务开始表现不佳的负载，然后逐步增加负载直到超过失败点。

　　测试中重要的事情是要有条不紊，记录尽可能多的数据，并形成服务的显著失败。对服务施加压力有各种方式，如通过增加请求的数量、缩短延误的时间或减少硬件的能力。要记住的一个重要因素是，无论是在生产环境还是在负载测试环境，应该始终按硬件和环境之间的差异比例把负载调整到相应的水平。

17.2.4　建立适当的环境

　　与性能测试一样，建立合适的环境对有效的压力测试至关重要。环境必须是稳定的、一致的、尽可能接近生产。最后一条标准很难满足，除非你有无限的预算。如果你也是一个和我们一样受预算约束的不幸的技术管理人员，那么将不得不降低期望值。例如，生产大中服务器群组可以按比例缩小到只有两、三个节点的小服务器群组，但重要的考虑是有多个服务器在负载均衡下使用相同的规则。如果可能的话，服务器的类别应该是一样的，否则必须要引入比例因子。例如，使用固态硬盘的生产环境和混合使用闪存与 15 000 转磁盘的测试环境，可能会导致该产品在两个环境里表现出不同的性能特点和负载能力。

如同性能测试一样，花一些时间对适当的压力测试环境进行思考非常重要。可以了解在生产环境和测试环境之间的差异和所做的权衡。可以知道什么样的测试环境能够平衡风险和回报以做出最佳的决策，以及测试的意义。不像性能测试，你不需要关心测试对持续交付的影响。一般压力测试只是发生在某个时间点，不必每次在应用版本发布之前重复执行。

17.2.5　确定监视点

压力测试过程的第五步是确定监控点和需要收集的数据。确定监控点和捕捉什么数据是非常重要的，这与适合地选择服务、负载和测试的重要性一样。你当然不想只因为发现没有捕捉到需要的数据以进行适当的分析而重新测试。

有些东西可能很重要，可以考虑作为潜在的数据点，这包括服务的行为或结果、响应时间、CPU 负载、内存使用率、磁盘使用情况、线程死锁、SQL 数量、失败交易数等等。当应用提供了错误结果的时候，服务的结果就很重要。预期和实际结果的比较应被视为在负载下对服务行为非常好的测量。

17.2.6　产生负载

压力测试过程的第六步是产生模拟负载。这一步很重要，因为它往往比进行实际测试要做更多的工作。如果服务架构设计完善，可以处理特别高的负载，在这种情况下，要产生足够的负载并把压力施加到服务上是非常困难的。最好的负载是那些从真实的用户流量中复制出来的。有时，可以从应用或负载均衡器的日志里收集取得。如果可能，需要协调系统的其他部分，如数据库，以确保匹配产生负载需要的数据。例如，如果你要测试注册服务，计划用从生产日志中收集的实际注册用户数据模拟用户请求，你不仅需要提取注册日志中的用户请求，也要在模拟用户注册开始之前，在测试数据库中准备好相关的数据。原因是如果用户已经在数据库中注册，与通常情况下的用户注册不同，应用将执行不同的代码。这种差异会显著扭曲测试结果，并产生不准确的结论。如果无法获得真正用户的流量来模拟负载，你可以通过编写脚本来模拟一系列的步骤，以尽可能接近正常用户流量的方式执行测试。

17.2.7　执行测试

在确定测试目标后，选择待测试的关键服务，确定所需的负载，设置测试环境、选择测试监视点并产生模拟负载，这样就准备好了第七步，也就是实际执行测试。在这一步中，有条不紊地对确定的服务进行压力测试，在负载作用下收集和精心记录数据，以进行适当的分析。与性能测试一样，应该保存每个应用版本发布的数据。比较不同应用版本发布的结果是快速理解所发生变更的最好办法。

17.2.8　分析数据

压力测试的最后一步是把在测试过程中收集到的数据进行分析。压力测试数据的分析与性能测试数据的分析类似，有多种方法可以实现，取决于诸如时间分配、分析师的技能、可接受的风险数量和预期的细节水平。

在确定应该如何进行数据分析的过程中，第一步的对象和目标是决定性的因素。如果目标是建立基线，几乎没有什么分析工作需要做，只需要验证构造基线的数据准确性，确定数据在统计学上意义显著，仅存在普通意义上的偏离。如果目标是确定故障行为，分析应集中比较在失败点下和失败点上负载测试的结果。这将有助于根据出现的警告来确定即将发生的问题，以及在某些负载情况下出现的系统问题或不适当的行为。如果目标是测试当资源完全从系统中删除后的行为，该分析可能要包括各种资源受限的情况和施加负载后的响应时间以及其他系统指标之间的比较，以确保系统已恢复。对于互动性的目标，把从许多不同服务收集来的数据集中在一起检查。这种类型的检查可能包括多变量分析，如主成分分析或因子分析。在第一步确定的目的将是进行数据分析的路标。

成功的分析将达成为测试所设定的目标。如果数据有缺口或者测试场景有缺失，你将无法完成分析，需要重新审视测试步骤，确保切实遵循前面提出的八个步骤。

压力测试步骤概要

进行压力测试时，适当地执行下面的步骤是完成测试的关键。与性能测试一样，可以添加额外的步骤以适合组织的需求。

1. 确定目标。确定你为什么要做压力测试。这些目标通常有四类：建立基线、确定故障和恢复过程中的行为、掌握资源损失中的行为并确定服务失效对整个系统的影响。

2. 确定关键服务。时间和资源是有限的，所以只能选择最重要的服务去测试。

3. 确定负载。计算或估计需要的负载量，以施加到系统上直

到突破点。

4. 建立适当的环境。环境应该尽可能地模仿生产，以确保测试的有效性。

5. 确定监视点。你不想在测试完成后才意识到缺少数据。根据步骤 1 确定的目标，提前计划好，确定监视的目标。

6. 产生负载。产生实际的负载数据，最好是从用户数据中取得。

7. 执行测试。实际上是在早期建立好的环境中执行测试。

8. 分析数据。最后一步是分析数据。

按照这八个步骤，以及任何根据具体情况需要添加的其他步骤，确保符合组织的需要。

我们描述和赞美了压力测试，现在来讨论一下这种测试的缺点。虽然我们鼓励使用压力测试，但它是公认最难执行的测试类型，如果执行的不合适，几乎总是事倍功半。正如在步骤 4 关于设置适当的环境中所讨论的，如果改变服务器的存储或处理器的速度，那么这些变化可能完全破坏测试结果的有效性。不幸的是，比起第六步产生负载，建立适当的环境还算是相对简单的。产生负载是迄今为止最难的任务，是最有可能搞砸的过程，往往导致错误或不准确的结果。准确地捕捉和回放真实用户的行为非常困难。如前所述，这样做通常需要同步高速缓存和数据存储，如数据库或文件，不一致的数据会走不同的代码路径并产生不准确的结果。此外，从系统容量的角度来看，通常产生非常大的负载本身就存在问题，特别是试图测试多个服务交互的时候。

鉴于这些挑战，我们警告把压力测试作为唯一的安全网。正如我们将在下一章讨论的做或者不做决定和回滚策略，当事故发生或灾难降临时，你要有多个安全阀。我们也将在第三部分中更充分地讨论这个主题，讨论如何使用泳道和其他应用分割的方法来提高可扩展性和稳定性。

正如在本节开始时描述的那样，压力测试的目的是确定在应用受到超过正常负载时的稳定性。它和负载测试有明显区别，负载测试中的负载量是指定的，而压力测试的负载量要远远超越这一水平，直到系统的失败点，来观察故障和验证服务或应用恢复情况。我们推荐了八步骤的压力测试过程，从定义目标开始，到分析数据结束。这个过程中的每一步都是确保成功测试，并得到想要结果的关键。如同其他过程一样，我们建议开始的时候采用完整的过程，根据组织的需要酌情增加步骤。

17.3 可扩展性的性能和压力测试

正如第 11 章中讨论的，知道系统中某个特定服务的容量对扩展性至关重要。只有那样才能计算出还剩下多少时间可供系统成长和扩展。这些知识是规划预留空间、基础设施项目、分割数据库或者应用和制定预算的基础。确保计算正确的方法是，对应用版本发布进行性能测试，确保不引入意外的负载。对每个应用版本发布规定最大的负载增加量司空见惯。随着系统容量规划水平的提高，可以看到新功能所造成的负载增加，这部分成本必须要在成本效益分析中予以考虑。

此外，压力测试是必要的，它可以确保预期的失败点或降解曲线仍与先前测试和确定过的相同。可能的策略是保持正常负载量和通过新代码路径或逻辑变化降低总负载能力。例如，在用户请求的总响应时间中包含 90 毫秒的数据结构查找时间，这可能是无法感知的。如果这个服务与其他服务被同步地捆绑，当负载增加时，成百上千的 90 毫秒延迟会叠加起来，降低服务可以处理的峰值容量。

当我们谈论变更管理时，如第 10 章中定义的，我们讨论的实际上超过小型初创公司使用的轻量级变更识别过程。也就是说，变更管理指的是公司试图积极管理其生产环境中发生变更的更全面的过程。我们先前定义的变更管理过程由以下几个部分组成：变更请求、变更审批、改变调度、变更执行、变更记录、变更验证和效果观察。性能测试和压力测试为变更管理过程提供了实施手段，最重要的是可以对变更进行验证。做出变更，如修复错误或提供一个新功能，但不去验证变更对系统的影响是否如你所想，我们永远都不会这么做。作为性能和压力测试的一部分，在生产环境发布之前，我们在受控的环境中验证了预期的结果。这个额外的步骤有助于确保当变更进入生产环境时，它的表现就像在测试环境里进行负载测试时的表现一样好。

在考虑性能测试和压力测试与可扩展性关系的时候，最重要的因素是风险管理。正如第 16 章描述的那样，风险管理是确保系统可扩展最重要的过程之一。风险管理的前提是风险分析，试图计算出各种相关动作或组件的风险量。性能测试和压力测试是可以显著降低与特定服务变更相关的风险的两种方法。例如，如果用故障模式和影响分析工具确定了特定功能的故障模式为查询时间的增加，缓解问题的建议可以是在实际负载条件下对此功能进行性能测试，以确定其实际的行为。也可以在极端的负载条件下完成压力测试，观察在负载超过正常情况下系统的行为。这两个测试将提供更多有关该功能实际性能的信息，因此将降低风险。显然，这两个测试过程是可以用来管理和减少应用版本发布时整体系统风险量的强大工具。

从预留空间、变更控制和风险管理三个方面，我们可以看到系统可扩展性的成功和采用性能测试与压力测试过程之间的内在关系。在压力测试的讨论中我们曾提出过警告，产生测试负载是不容易的，如果做得不好会导致数据错误。然而，这一挑战并不意味着它不值得去追求理解、实施和最终掌握这些过程。

17.4　结论

这一章对压力测试和性能测试过程进行了详细的讨论，两者对系统的可扩展性都有非常重要的意义。对性能测试，我们定义了七个步骤的过程。要成功地完成这一过程，关键是要有条不紊和方法科学。

对压力测试，我们定义了八个步骤的过程。我们认为这是过程成功所必需的基本步骤。可以添加其他的步骤确保与组织的具体情况相匹配。

我们的结论是本章的性能测试和压力测试适合可扩展性的讨论。基于这些测试过程和预留空间，变更控制和风险管理构成的三因素之间的关系，这些过程对可扩展性的成功直接负责。

关键点

- ❑ 性能测试涵盖了广泛的工程评估，重点是衡量最终性能的特点。
- ❑ 性能测试的目标是识别、记录和消除系统中的瓶颈。
- ❑ 负载测试是性能测试中的一个过程。
- ❑ 负载测试在系统中加载用户需求以测量其响应时间和稳定性。
- ❑ 负载测试的目的是验证应用能够满足预期的性能目标，通常是在服务水平协议中指定的。
- ❑ 负载和性能测试并不是正确架构的替代品。性能测试的七个步骤如下：

  1. 确定应用的标准。
  2. 建立适当的测试环境。
  3. 选择合适的测试服务。
  4. 执行测试。
  5. 分析数据。
  6. 向工程师报告，如果他们没有组成敏捷团队。
  7. 必要的重复。

- ❑ 压力测试是一个试图确定应用在高于正常负载情况下稳定性的过程。
- ❑ 相对于负载测试，压力测试施加的压力远远超出正常流量，直至达到应用的失败点，我们观察应用在失败过程中发生的行为。
- ❑ 压力测试的 8 个步骤如下：

1. 确定测试的目标。

2. 选择要测试的关键服务。

3. 确定需要产生多少负载。

4. 建立适当的测试环境。

5. 确定必需的监视点。

6. 产生实际的测试负载。

7. 执行测试。

8. 分析数据。

❑ 性能测试和压力测试对可扩展性的影响可通过预留空间、变更控制以及风险管理实现。

第18章 障碍条件与回滚

孙子说：先知迂直之计者胜，此军争之法也。

无论是敏捷、瀑布或混合开发方法，通过实施合适的开发过程，将变更部署到生产环境可以保护你免遭重大失败。相反，不良的过程可能会导致痛苦和持续性的问题。在产品的开发生命周期中，设置检查点和障碍条件可以提高质量，降低产品开发成本。然而，即使是最好的团队，配备最好的过程，掌握最棒的技术，仍然可能会犯错误，比如，错误地分析某些测试结果。如果平台部署了一个服务，需要能够快速回滚某个重要的发布，以控制与可扩展性相关的事件，避免发生可用性事故。

制订有效的做或者不做决策的过程、设置障碍条件、再加上回滚生产变更的过程和能力是任何高可用和可扩展服务的必要组成部分。公司深度聚焦在以成本效益为基础的系统扩展，同时为确保高可用性，在研发过程中设置几个检查点。这些检查点代表试图确保最低的可扩展性相关事件的概率，假如事件发生，要尽量减少此类事件的影响。公司在平衡可扩展性和高可用性的时候，也要确保它们可以快速地从任何近期变更所造成的事件中脱身，确保它们可以从任何重大变更中回滚。

18.1　障碍条件

看到这个标题立刻会假设我们要推荐瀑布式开发循环，因为它是在高可扩展环境中取得成功的关键。通常，障碍条件、准入和退出标准与瀑布开发阶段相关，有时这些也被认定是瀑布开发模型不灵活的原因。这里我们的意图不是提倡瀑布式的方法，而是要讨论标准和保护措施的必要性，这与采用哪种开发方式无关。

为了本次讨论，我们假设障碍条件是在研发生命周期中衡量成功与失败的标准。理想情况下，希望在生命周期内设置这些条件或检查点，以帮助确定是否在产品研发的正确路径上，是否有待加强。回想一下，我们在第 4 章、第 5 章对目标以及建立和衡量这些目标的必要性进行了讨论。障碍条件是开发方法中的静态目标，以确保产品符合愿景和需要。可扩展性的障碍条件可能包括在设计实施前，遵循 ARB 的过程检查设计是否符合架构原则。它可能包括完成代码审查确保代码与设计、性能测试和实施是一致的。在持续交付环境里，这可能是在执行单元测试库之前把应用版本发布到生产环境。

可扩展性障碍条件举例

我们经常推荐将下列障碍条件纳入开发方法论或生命周期中。这些条件的目的是为了限制在生产环境中任何可扩展性问题的发生和由此产生的影响的概率。

1. 架构审查委员会（ARB）。正如第 13 章所述，ARB 的存在

是要确保设计与架构原则一致。在理想情况下，ARB 应该解决平台的一个或多个关键性可扩展性规则问题。这一障碍条件的目的是确保不浪费时间去实施或开发那些很难或不可能扩展的系统。

2. 代码审查。修改现有的、强大的代码审查过程，确保系统的实施符合架构原则，这对修复代码，解决可扩展性问题至关重要。目标是在代码到达质量保证过程之前，发现这些问题并在日后解决，很可能这是个更昂贵的阶段。

3. 性能测试：如第 17 章中所述，在将应用引入到生产环境之前，性能测试有助于识别潜在的可扩展性问题。目标是避免可扩展性相关问题影响客户。

4. 单元测试。在理想情况下，将有一个代码覆盖率大于 75% 的强大单元测试库。如果在持续交付（CD）的环境中工作，这种资源是必不可少的。在 CD 中的一个步骤应该是执行该测试库，以确保开发人员的变更不会破坏其他的代码段。

5. 生产监控。在理想情况下，系统将设计好监控，如在第 12 章中讨论的那样。从用户、应用和系统的角度捕捉性能数据，并与以前的应用发布进行比较，在影响客户之前，提早发现潜在的可扩展性相关问题。

这个过程可能还包括其他经过长时间发现非常有用的障碍条件，但是我们认为这些都是应用版本发布需要管理的最低限度风险，这些风险对客户有负面的影响。

18.1.1 障碍条件和敏捷开发

在我们的实践中发现，许多客户都有一个错误的看法，包括定义的标准、约束或在敏捷中的过程都是违反敏捷思维方式的。正是这个概念与敏捷开发过程相对立，一开始就是有缺陷的，因为敏捷方法本身就是一个过程。大多数时候，我们发现敏捷宣言被断章取义，成为避开任何过程或标准的借口[⊖]。让我们回顾一下敏捷宣言和敏捷方法的价值。

- ❏ 个人互动胜过过程和工具
- ❏ 工作软件胜过完备的文档
- ❏ 客户的合作胜过合同的谈判
- ❏ 响应改变胜过按计划执行

组织经常用"个体和互动胜过工具和过程"这一条来断章取义，它们没有认真阅读下面这些要点："那就是，右面的项目固然有价值，我们更重视左面的项目。"[⊜]这句话阐明如果流程增值，那么人和互动应当优先于流程，我们需要做出选择。我们完全同意这种做法。因此，我们倾向于将过程注入敏捷开发中，最常见的是以障碍条件的形式，以测试适当的质量、可扩展性、可用性或帮助确保工程师正确地评估和指导。让我们来研究一下如何用那些关键的障碍条件来加强敏捷方法。

我们从重视工作软件超过完备文档的概念开始讨论。从 ARB、代码审查、性能测试到生产测试均不违反此规则。ARB 和 JAD 过程所代表的障碍条件是在敏捷方法中用于确保正在开发的产品可以适

⊖ This information is from the Agile Manifesto, www.agilemanifesto.org.
⊜ Ibid.

当地扩展。ARB 和 JAD 的过程可以在一个小组以有限的文档和口头表述的方式进行，因此与敏捷方法一致。

过程中包括障碍条件和标准，帮助确保生产环境的系统和产品正常工作，实际上就是支持工作软件。我们并没在所提出的任何活动中强调完备文档的必要性，虽然这些活动的结果很可能是被记录在某个地方。请记住，我们期望随着时间的推移不断完善这些过程。例如，记录性能测试的结果将帮助确定在开发中常犯的错误，这些错误导致在 QA 环境中性能测试的故障或者在生产环境中的可扩展性问题。这种方式类似于 Scrum 团队通过进行速度测量以便估计得更加准确。

我们建议的过程也不以任何方式阻碍客户合作或者支持合同谈判优先于客户合作。事实上，人们可能会认为，这些过程营造了更好的工作环境，通过注入可扩展性障碍条件，更好地服务客户的需求。协同准备测试和测量，将有助于确保产品符合客户的需求，然后将这些测试和测量注入开发过程中是照顾客户和为股东创造价值的好方法。

最后，我们建议障碍条件包括通过确定何时发生变化来帮助我们应对变化。障碍条件的故障是一个早期预警，是需要立即解决的问题。在 ARB 会议上发现组件无法水平扩展是客户可能遇到的潜在问题。虽然管理层可能做出决策推出功能、产品或服务，但是最好确保未来的敏捷周期是用来解决已经确定的问题。然而，如果扩展的需要是如此引人注目，一个失败的扩展将使我们无法成功，那么是否应该立即回应这个问题并修复它？如果没有这样的过程和一系列的检查，如何确保满足客户的需求？

希望这个讨论已经说服了你，在敏捷实施过程中，增加评估可扩展性目标成功的标准是一个很好的想法。如果不是，请记住在第

5章中介绍的"董事会"测试方法：声明绝对不会在开发生命周期中制订过程以确保产品和服务可以扩展。对此声明你是否会感到舒服？想象一下你对董事会说："我们不会以任何方式或形式来设置障碍条件或标准，并确保不会发布任何与扩展性有关的产品！"你觉得你这份工作还能维持多久？

牛仔编码

没有任何的开发过程、计划和测量来确保开发结果可以满足业务需求，这就是我们经常提到的牛仔编码（cowboy coding）。完全没有过程的牛仔般的环境是任何扩展性项目成功的重大障碍。

通常，我们发现这些团队试图声称牛仔行为实施的是"敏捷"过程，这绝对不是真实的。敏捷开发方法是一个随着时间的推移，专为适应你的需求而定义的开发生命周期，而其他的非敏捷模型往往更有可预测性。缺乏过程，像牛仔一样去实施，既没有适应性，也没有可预测性。敏捷方法不是针对度量或管理的参数，而是为快速发布小型组件或子功能进行调整。制订敏捷过程，通过解决小型而且容易管理的组件来帮助我们控制混乱，试图预测和控制非常大的复杂项目，反之则非常容易失败。

不要让自己或团队误入把敏捷方法当成是不应该度量和管理的歧途。使用像速度这样的度量指标来提高工程师的估计能力，这是敏捷开发方法的基本组成部分，但不要使用不准确的指标来破坏它们。疏于度量注定你永远不会改进，疏于管理注定你迷失目标和愿景。当牛仔要设计高扩展性的解决方案时，必然会被可扩展性的野马甩下马背！

18.1.2　障碍条件和瀑布开发

在瀑布模型中包含障碍条件不是一个新概念。大多数瀑布过程的实施在开发的每个阶段都包括准入和退出标准。例如，在一个严格的瀑布模型中，需求阶段不完成设计可能不会开始。需求阶段的出口标准可能包括关键利益方的签收、内部客户需求评审并由需求方进行审查。在修正的、重叠的或混合型瀑布模型中，首先要完成待研发系统的需求，但整个产品或系统的需求可能无法彻底完成。如果采用了原型设计的方法，可能需要在主要设计开始前，对那些潜在的需求在原型中进行模拟。

为了我们的目的，需要在现有的障碍条件中注入前面确定的四个过程。架构评审委员会为项目设计阶段组织好退出标准。代码审查，包括审查设计是否符合架构原则，可能为编码或实施阶段做好退出标准。在验证过程中，应该对关键系统变更所指定的最大百分比进行性能测试。定义生产环境的测量并实现应该是维修阶段的准入标准。在任何测量区域，如果发现预料外的事件显著增加，应该触发新的任务，以减少架构实施和变更所带来的影响，允许更具成本效益的可扩展性。

18.1.3　障碍条件和混合模型

许多公司融合了敏捷和瀑布两种方法，形成了新的开发方法，其中有些继续沿用原先的敏捷方法，被称为快速应用开发（RAD）。例如，一些公司可能需要开发那些能满足合同和预定需求的，与政府组织互动的软件。这些公司可能希望有一些与瀑布模型相关的日期的可预测性，但是期望能像敏捷方法那样快速地实施大的功能块。

对这些模型的问题是，把障碍条件放在什么地方才能取得最大的利益。要回答这个问题，在使用障碍条件时我们需要回到目标。对任何障碍条件，我们的意图是确保在开发过程中尽早地发现问题，以便减少返工量，从而达成目标。比如，在 QA 中发现问题要比在生产环境中发现问题耗费较少的时间和工作。同样，在 ARB 审查中发现问题要比在设计实施后在代码审查中发现问题耗费较少的资源。

把障碍条件放在什么地方这个问题的答案是很简单的：把障碍条件放在过程中能带来最大价值并耗费最少的开销。代码审查应该放在每一个代码周期或者功能块完成的地方。架构审查应该在实施开始前发生，生产指标显然要在生产环境中测量，性能测试应在系统发布到生产环境前发生。

18.2　回滚能力

你可能会认为，在开发过程中的有效障碍条件应该可以避免生产环境中重大变更的回滚。从技术上讲这是正确的，对这种思想或方法，我们确实无法辩驳。然而，反对具备回滚能力与反对拥有保险是同样的逻辑。例如，你可能会认为自己是个健康的人，所以不需要什么健康保险。但是，如果你得了可治愈的癌症，但却没有足够的资金去治疗会怎么样呢？如果你是个普通人，当这个保险对你有好处时，对是否需要这种保险，你的看法会立刻发生变化。当你发现修复代码问题需要耗时较久，同时事故对客户有相当大的负面影响时，这个道理同样是正确的。

18.2.1　回滚窗口

回滚窗口是指在应用版本发布之后，必须要经过多久，你才能对变更不需要回滚充满信心。不同业务的回滚窗口有着显著的差异。当确定如何创建回滚窗口时，问一下自己，如何知道自己有足够的性能信息，以确定是否需要撤销最近的变更。对于许多公司来说，如果要对他们的分析结果有较大的信心，最起码需要每周业务高峰期的使用情况。这些起码的信息对现有功能的修改是足够的，但当增加新功能时，这可能是不够的。

新功能的适应曲线通常超过一天，通过该功能汇集足够的流量以确定其对系统性能的真正影响。任何新功能在一段时间内收集的数据量多少也可能对性能产生不利的影响，因此可能会对可扩展性产生负面的影响。

在确定回滚窗口时，另一个考虑因素是具备可回滚能力的应用版本发布的频率和数量。也许你有一个应用版本发布的过程，可以每天在网站上发布几次新功能。在这种情况下，可能需要回滚多过一个版本，新功能的适应率延伸到下一个版本的发布周期中。如果是这样的话，回滚过程就要稍微强一些，因为你关心的是多个变更和多个版本，而不是从一个版本发布到下一个版本发布的变更。

回滚窗口清单

如果要确定执行回滚所需要的时间框架，应考虑以下的情况。

❑ 在产品发布和第一次流量高峰之间的时间间隔有多长？

❑ 是对现有功能修改还是进行新功能的研发？

❑ 如果是新的功能，它的适应曲线是什么样的？

❑ 根据应用版本发布频率，需要准备回滚多少个版本？我们将此称为回滚的版本号要求。

回滚窗口应允许新功能在显著使用后回滚，时间应安排在第一个交易高峰或者之后。

18.2.2　回滚技术的考虑

在围绕回滚保险的讨论中，客户一般都赞同回滚，但同时对他们来说在技术上又是行不通的。我们的回答是，回滚几乎总是可能，只是团队、过程或者架构不可能。

网站平台和后台系统的数据库模式不兼容是不能实施回滚过程最常见的原因。情况通常如下：任何主要的开发工作，可能有显著的数据模式变化，结果导致存储的新、旧数据不兼容。修改可能会导致表关系、关键字段、列的变化，增加、合并、分裂表和删除表。

解决这些数据库问题的关键是，随着时间的推移不断地增长数据模式，保持旧数据库的关系和实体。至少当需要回滚代码时，不应该遇到重大的性能问题。在需要移动数据来创建不同范式的情况下，无论是功能原因还是性能原因，应该考虑使用通过数据库触发器或数据移动进程或第三方的数据复制技术的数据移动程序来移动数据。当达到或超过预定的回滚版本号限制时，该数据移动即可停止。在理想情况下，在实现和验证这些数据不需要回滚后的一、两周内停止数据移动。

在理想情况下，可以限制这些数据的移动，对于新数据，不增加新表或新的数据列，而是把它们存储在旧表和旧的数据列。在许多情况下，这种方法足以满足你的需求。在整理数据的情况下，在准备进行回滚的时间段，只需将数据从新位置移到旧位置。如果需要在一个应用中更改数据列的名称或其含义，必须先在应用中修改，保持数据库不变。在未来的应用版本发布时，可以更改数据库。在早期版本中修改应用，在稍后的版本中修改数据库，这是通用的回滚原理的一个例子。

18.2.3　回滚的成本考虑

读到这里，你应该对设计和实施回滚保险会带来一些成本心知肚明。对有些应用版本发布，成本的增加可能会比较明显，可以达到应用版本发布成本的 10% 或 20%。大多数的应用版本发布，在大多数情况下，我们相信可以实施有效的回滚策略，占不到 1% 的成本或者时间。在很多情况下，实际上只是讨论以不同的方式在数据库或其他存储系统中存储数据。保险不是免费的，但有其存在的价值和理由。

我们有许多客户已经实施了自己的过程，只要其他几个风险缓解措施或过程到位，可以允许他们违反回滚的架构原则。我们通常建议在同意违反回滚架构原则之前，由首席执行官或者产品 / 服务总经理签署风险、风险审查和风险缓解计划，详见第 16 章。在理想的情况下，违反该原则的只是些规模非常小、风险非常低的应用版本发布，考虑到应用版本发布的规模和影响，形成回滚能力的成本超过回滚的价值。不幸的是，通常发生的情况是，为了满足市场响应时间，非常大的和复杂的应用版本发布违反了回滚的原则。问题是这些大型复杂的应用版本发布通常是最需要回滚功能的。

当团队成员提出某个特定版本执行回滚策略的成本或难度太大

时，是对你团队的挑战。常用的简单解决方案，诸如执行间短的数据移动脚本，可能有助于降低成本，增加执行回滚策略的可能性。有时，为复杂的功能做好服务降级的准备，而不是确保应用版本发布可以回滚，这么做可以显著地减缓应用版本发布的风险。在 AKF 的咨询实践中，我们已经看到许多团队的成员开始说，"我们不可能回滚"。在接受了回滚是可能的事实后，他们就能够想出有创意的解决方案来接受几乎任何挑战。

18.3　服务降级：设计禁用

从第 12 章可以了解到另外一个架构原则，这就是设计禁用。这个概念在至少两个方面不同于滚回功能。

首先，如果这种方法实施得当，通常关闭产品的一个功能，远比用以前的版本或系统发布来取代它更快速。如果做得好，应用可能会接受从专用的通信信道发来的指令，不允许或禁用某些功能。其他方法可能需要重新启动应用来取得新的配置文件。无论是哪种方式，通常都会更快地停用那些可能带来可扩展性问题的功能，远比用以前的版本更换系统快。

第二种功能性禁用方法与回滚不同，它选择性地回滚，允许任何指定的应用版本发布中所有其他没有问题的功能继续正常运行，无论这些功能是修改过的还是新研发的。例如，一个交友网站同时发布了两个功能，一个是"他是否约了我的一个朋友"的搜索功能，另一个是允许对任何给定的约会评级的功能。因为搜索功能存在问题，所以在问题没有修复前，必须禁用搜索，而不是从效果上看同时关闭了两个功能的回滚。这显然为包含多个定向修改和新功能的应用版本发布带来了一个优势。

所有的功能在设计时都要考虑到禁用，但是与回滚到任何指定的应用版本相比，这种设计有时会明显增加成本。理想的情况是，禁用和回滚这两个设计的成本都很低，公司可以选择二者兼有，无论是研发新的还是修改已有的功能。最有可能的情况是，采用第 16 章所述的故障模式及影响分析过程来确定高风险的功能，决定哪些功能应该启用服务降级。异步调用的代码复用或共享服务可以显著地降低实施按需禁用功能的成本。实施回滚和禁用有助于通过创建自适应的、灵活的生产环境实践敏捷开发方法，而不是依靠预测方法如广泛的、昂贵的和低回报的性能测试。

如果实施得当，设计禁用和设计回滚实际上会提高市场响应速度，因为这两个设计的存在可以允许在生产环境中冒些风险。这并不意味着它们要取代负载测试和性能测试，这些策略可以使你更快速、更有自信地执行这样的测试，因为你知道，一旦应用版本发布后出现问题，可以很容易地回到发布前的状态。

障碍条件、回滚和服务降级清单

是否具备：

❑ 阻止不良的可扩展性设计进入实施阶段的手段？

❑ 确保代码符合可扩展性设计原则的审查机制？

❑ 在生产实施前测试其潜在影响的一种方法？

❑ 在应用版本发布后可以立即衡量其对生产影响的方法？

❑ 回滚对扩展能力有影响的主要应用版本发布的一种方法？

> ❑ 禁用对扩展能力有影响的功能的一种方法？
>
> 　　如果对上述所有问题的回答都是"是"，那么可以确定你走在一条正确的道路上，可以尽早发现可扩展性问题，即使发生也能迅速恢复。

18.4　结论

　　本章讨论了障碍条件、功能回滚和服务降级能力，所有这些都是为了帮助企业管理可扩展性事故相关的风险，确保一旦事故发生可以快速恢复。障碍条件（即做或者不做的决策过程）聚焦在开发过程的早期发现并消除对未来的可扩展性有影响的风险，从而减少问题并消除对生产的威胁。回滚能力允许立刻消除任何与可扩展性相关的威胁，从而限制对客户和股东的影响。服务降级和禁用功能，允许当问题发生时，可以暂时关闭影响可扩展性的功能，从而解除这些问题的威胁。还有许多其他的回滚机制也可以使用，包括改变DNS 记录或者让不同的虚拟机群组使用不同版本的代码。

　　理想情况下，可以考虑采取所有这些措施。有时，以版本为基础实施功能回滚或服务降级的成本非常高。在这种情况下，我们建议彻底审查风险及所有的缓解步骤，以帮助减少对客户和股东的影响。如果服务降级和功能回滚的成本很高，除非功能太小而且不复杂，可以考虑实施至少一种方法。如果决定放弃实施服务降级和功能回滚，那么要确保进行充分的负载测试和性能测试。在产品推出时，拥有各种必要的资源，以监控和迅速恢复任何事故。

关键点

- ❑ 障碍条件（做与不做的决策过程）用在开发生命周期的早期隔离故障。

- ❑ 障碍条件可以用于任何开发方法的生命周期。虽然应该从过去的错误中收集数据以吸取经验和教训，但并不需要特别多的文档。

- ❑ ARB 设计审查、代码审查、性能测试和对生产环境的度量都是障碍条件的例子，如果任何一个条件失败都需要返工解决发现的问题。

- ❑ 设计应用具备回滚能力将有助于限制应用版本发布对可扩展性的潜在影响。可以把回滚看成是对业务、股东和客户的保险。

- ❑ 设计应用具备禁用功能或作为回滚功能补充的服务降级功能，可以保持和增加最新应用版本发布在生产环境中的灵活性，同时可以消除对客户有影响的功能。

第三部分

可扩展的架构方案

第19章 构建故障隔离的架构

孙子说：夫地形者，兵之助也。

在有全双工和 10 千兆以太网以前的日子里，当在 CSMA/CD（带冲突检测的载波侦听多路访问）网络上使用中继器和集线器的时候，传输之间的碰撞是常见的。碰撞降低了网络的速度和效率，因为相撞的数据包可能不会在第一次的传输尝试中交付。虽然以太网协议（CSMA/CD 的实施）用于碰撞检测和二进制指数后退，以防止在这样的网络中拥塞，网络工程师还是开发了分段网络，允许更少的碰撞和更快的整体网络。这种分割形成多个冲突域，也创造了一个故障隔离的基础设施，其中一个坏的或拥挤的网段未必会把问题传播给其他同伴或兄弟网段。有了这种方法，碰撞减少了，在大多数情况下，交付的整体速度增加，任何给定网段的故障不会导致整个网络的瘫痪。

故障隔离的例子存在于我们的周围，包括生活和工作的场所。现代电力基础设施的断路器（旧基础设施用保险丝）可以隔离故障、保护基本电路、避免连接部件受损。这种通用的方法可以应用的地方不只是网络和电路，也包括产品架构的每一个基本组件。

19.1　故障隔离架构

在我们的实践中，经常把故障隔离架构比喻成泳道（swim lane）。我们相信这个比喻生动地描绘了希望在故障隔离中实现的画面。对于游泳选手，泳道既代表了障碍也代表了引导。障碍物的存在是为了确保游泳选手产生的波浪不进入另一个泳道，干扰其他游泳选手。在比赛中，这有助于确保选手不受干扰，避免不恰当地影响每个游泳选手赢得比赛的概率。

在架构中，泳道以类似的方式保护系统。在泳道内，一个系统的操作局限在该泳道的隔离带内，而不会交叉影响到其他泳道的操作。此外，泳道为设计新功能的架构师和工程师提供引导，帮助他们决定哪些功能应该放在哪类泳道，向高可扩展性的架构目标前进。

然而，泳道不是在技术社区中唯一使用的故障隔离术语。豌豆荚（Pod）这个术语也经常被用来定义故障隔离域，代表一组客户或者一组功能。豌豆分荚（Podding）是为了故障隔离把数据和功能进行分组的行为。豌豆荚组（Pods）有时用来表示服务的群组，在其他时间用来表示数据的分离。回到我们对故障隔离的定义，它适用于组件或系统，数据或服务本身的分离就是为了把故障隔离在组件水平。虽然这对整个系统都有好处，但是从系统的角度来看，它不是完全的故障隔离域，因此只保护组件。

碎片（Shard）是在技术社区里常用的另外一个术语。它通常描述数据库的结构或者存储子系统（或将下层的数据称为"碎片数据集"）。分片（Sharding）是把这些系统分裂成不同的故障域，一个碎片的失败不会造成系统其他部分的失效。通常使用"分片"时，在考虑对分段的数据进行交易处理的同时也包括有提高计算速度的目的。有时也称之为水平分区。一个由 100 个碎片组成的数据存储系统，如果有一个碎片失败，其他 99 个碎片还可以继续提供服务。然而对豌豆荚组而言，这并不意味着剩下的那 99 个碎片可以正常提供服务。本章稍后将更详细地讨论这个概念。

条（Sliver）、块（Chunk）、集群（Cluster）和群组（Pool）也是我们熟悉的术语。条（Sliver）经常被用来替代碎片。块（Chunk）通常是豌豆荚组（Pods）的同义词。集群（Cluster）和群组（Pools）有时交替使用，特别是当有一个共享的会话或状态概念时，但有时用来指主备配置的高可用性解决方案。群组（Pools）最经常被引用指一组执行类似任务的服务器。这是一个故障隔离的术语，但和泳道不是同样的方式（我们将在后面讨论）。在最常见的情况下，这些是执行平台部分功能的应用或网络服务器。所有这些术语往往代表系统整体设计的组成部分，虽然可以很容易地把它们扩展成整个系统或平台，而不仅仅是子系统。

最终应该怎么称呼故障隔离架构没有单一"正确"的答案。选择你最喜欢的词，或创造自己的描述词。然而有一个正确的设计，那就是允许在特别高的用户请求压力下可以扩展和优雅地失败。

故障隔离的常用术语

常见的故障隔离术语包括以下几个：

❏ **泳道**最常用在从平台或完整的系统角度描述故障隔离的架构。

❏ **豌豆荚**最常被用来替换泳道，特别是当故障隔离建立在客户或地理基础上的时候。

- **碎片**是故障隔离术语，常用来指分割数据库或存储组件，通常指通过并行加快处理的活动。
- **条**是碎片的同义词，经常用于存储和数据库组件。
- **块**是豌豆荚组的同义词。
- **群组**是故障隔离的术语，常见于软件服务，但在实施过程中却不一定是泳道。

19.2　故障隔离的好处

故障隔离架构为平台或产品带来了许多的好处。这些好处的范围很广，从明显地提高可用性和可扩展性，到不太明显地减少上市时间和降低开发成本。公司发现故障隔离使应用版本发布回滚变得容易，正如我们在第 18 章所描述的那样，可以在网站、平台或者产品仍然在给客户提供服务的情况下推出新功能。

19.2.1　故障隔离和可用性：限制影响

正如这个标题所暗示的那样，故障隔离非常有利于平台或产品的可用性。断路器是故障隔离的一个好例子。当断路器跳闸时，房子只有部分受影响。类似地，当故障隔离域或泳道在平台或系统架构级别失败时，你只会失去泳道服务的功能、地区或用户。当然，这是假设你已经适当地构建了泳道，其他的泳道不调用出问题的泳道。在这种情况下，如果泳道选择得不好可能会导致对可用性毫无帮助，所以泳道的设计变得非常重要。为了解释这一点，让我们对支持高可用性的泳道架构和不良的泳道架构作个对比。

Salesforce 是一间著名的软件即服务（SaaS）公司，是 AKF 公司的第一个合作伙伴，它创造了豌豆荚组的概念。汤姆·青云，我们公司的管理合伙人，多年来一直是 Salesforce 的技术顾问委员会的委员。汤姆把 Salesforce 的架构描述成多客户，但不是所有的客户。客户（即使用 Salesforce 服务的公司）被分割成众多功能豌豆荚组。每个豌豆荚包括按照故障隔离分组的客户，几乎所有的基本功能和数据都嵌在该豌豆荚内，以服务它所支持的客户。由于多个用户共享一个豌豆荚，并占据该豌豆荚的数据结构，所以这个解决方案属于多客户。但并非每个客户都是在单一的数据结构中，对 Salesforce 整体解决方案而言，它并不属于全客户。图 19-1 描述了这个架构。这个图并不是 Salesforce.com 架构的翻版，而是要说明如何安排网络、应用和数据库服务器专门服务于每个客户分段。

如图 19-1 所示的故障隔离架构给了许多公司如何运维解决方案很多选择。想在欧洲设一个泳道（豌豆荚）来满足欧洲隐私法的要求？没问题，通过数据分割可以很容易地实现。想在美国各地设立泳道，从美国终端用户的角度看，有更快的响应时间？也没问题，每个泳道可以独立运行。想要创建一个架构，允许简单、无风险地迁移到基础设施即服务（IaaS）提供商，比如亚马逊网络服务（AWS）？故障隔离的泳道方法允许把一个或多个泳道移到任何地方，各自运行在不同的基础设施架构上。该策略顺便带来了一个有趣的好处，如果发生地理上的局部事件，如地震、恐怖袭击或数据中心火灾，只有该地区的部分客户会受到影响。

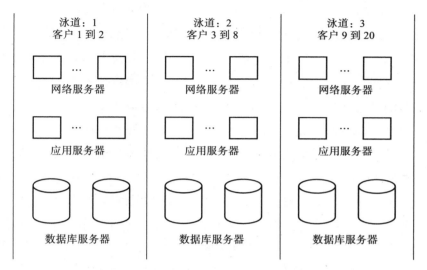

图 19-1　基于客户划分的泳道

　　对比在服务水平上创建故障隔离域的方法和前面提到的客户分割方法。患者保护和可负担医疗法案（PPACA），通常简称为可负担医疗法案（ACA），于 2010 年 3 月 23 日在美国被签署成为法律。此后不久，美国政府开始实施一项计划，建立医疗保险交易系统，使美国人民可以购买健康保险。最初的架构是单一门户的网站，创建相互关联的网格服务，服务大多数美国人的需求。然而，在网站推出后不久，无论是政府还是消费者都对其响应速度和系统总体可用性表示惊讶。AKF 受邀排除故障并帮助把系统推回正轨，作为无党派的美国人，我们同意无偿提供服务。

　　时代周刊发表了文章"奥巴马的创伤团队"，称该团队在罗列 Healthcare.gov 最初上线时遭遇的"启用失败"原因上做了杰出的工作。在许多方面的失败是为什么我们要写这本书第一版的原因。政府最初未能整合和管理多个独立的承包商，看起来没有人或实体对整个解决方案负责。政府也没有落实可以监督解决方案上线后成功运作的管理和过程。最后，在本章讨论中最有教育性的是，政府从来没有想过让具有适当经验的架构师设计故障隔离和可扩展的解决方案[⊖]。Healthcare.gov 由一系列的服务组成，服务相互关联并依赖其他服务完成交易。数据服务被从交互服务中分离出来。该系统依靠 Healthcare.gov 团队控制范围以外的其他几个第三方系统，如退伍军人管理局的服务、社会安全局的服务和信用验证服务。笼统地说，当一个服务调用另一个服务，然后挂起等待一个同步的响应时，它会创建一个串行同步链。这种服务的行为类似于传统的圣诞树灯串：当一个灯泡爆了，整个灯串会熄灭，灯串上的灯泡越多，一个灯泡爆掉导致全面系统故障的概率也就越高。这种效果被称为"系统系列故障的乘法效应"。

这是在许多面向服务的设计中常见的故障，也发生在 Healthcare.gov 的初期实施中。如果每个服务依赖都是同步的，故障将沿着同步链传播。这里不是指责面向服务的架构有问题，而是对应该如何思考架构应用提出警告。同步服务的交互与故障隔离相反，它会降低系统整体的可用性水平。

Healthcare.gov 的设计团队所经历的故障类型与许多工程组织经历的相同。他们没有问"这个方案将会如何失败呢？"Healthcare.gov 启用后经历了反应缓慢，问题来自于整个环境的多个来源。因

⊖ Brill, Steven. Obama's trauma team. *Time*, February 27, 2014. http://time.com/10228/ obamas-trauma-team/.

为组件之间相互关联，结果每个组件都有可能减缓整个解决方案。

团队应该怎么解决这个问题？最简单的解决办法是按州分别创建故障隔离区。ACA 法案允许各州独立经营自己的医疗保险交易机构。例如，康涅狄格州是第一个在美国成功实施该法案的州⊖。假如对那些决定了不独立实施自己的医疗保险交易系统的州，允许它们安装使用联邦提供的医疗保险交易系统，那么可以显著地减轻Healthcare.gov 网站的失败或缓慢所带来的影响。此外，把系统部署到各州，可以显著减少客户的响应时间。采用这种方法，数据将被会被进一步分割，减少查询时间，每个交互的整体响应时间也会显著下降。可扩展性会有所增加。系统的整体复杂度和故障排除的难度都将降低，从而改善平均服务恢复时间和缺陷解决时间。

我们没有给出 Healthcare.gov 的架构实例，因为担心这样做可能会帮助那些有邪恶意图的人。正如前面指明的那样，我们并不想用 Healthcare.gov 作为例子来说明不该使用服务隔离的方法。恰恰相反，这些是隔离代码库的好方法。通过隔离可以缩短产品推向市场的时间，并降低对具体实施中服务缓存可扩展能力的要求。但是把这些服务串联起来，让它们依赖同步响应是一个灾难。可以确保基本服务（第一个被调用的服务，任何其他服务都可以使用，如登录）的高可用性和冗余度，以尽量减少风险，或者继续分解，进一步隔离故障。

⊖ Cohen, Jeff, and Diane Webber. Healthcare.gov recruits leader of successful Connecticut effort. *NPR*, August 8, 2014. http://www.npr.org/blogs/health/2014/08/26/343431515/ healthcare-gov-recruits-leader-of-successful-connecticut-effort.

第一种方法可以通过显著增加系统的容量，使其高过正常的需要，从而把服务的可用性提升到更高的水平。此外，以公司为基础，集成服务降级功能（见下栏"服务降级逻辑的修正"或者复习第 18 章），可能会帮助我们孤立某些问题。

服务降级逻辑的修正

回顾一下第 18 章，我们提供了建架构原则"设计禁用"的实施，我们称之为服务降级功能。服务降级关闭产品的某些功能而不影响其他的。公司投入研发服务降级功能的典型原因是限制新版本的功能在可用性和可扩展性方面的负面影响。

适当的服务降级功能允许新版本保持在生产环境中，只需要修复有问题的代码或系统，不必回滚整个版本。通常通过软件切换，简单地把有问题的代码或系统下线，在纠正了导致意外行为的原因后重新上线。

第二种方法是通过多重分解来隔离故障。这是我们偏好的解决可扩展性和可用性问题的方法。假使采用这种方法，Healthcare.gov 可以把按州分解服务和分解客户结合起来。采用基于地理位置的服务，政府就可以把客户转送到适当的州泳道（个人数据所在的泳道）。如果客户搬到另一个州，其数据也将被相应地移走。请记住无论如何这样的问题都会存在，因为一些州决定实施自己的医疗保险交换系统。

我们将在第 20 章，AKF 扩展立方体介绍，第 21 章，为扩展分割应用，第 22 章，为扩展分割数据库更详细地讨论这些类型的分解。在这些章节中，我们介绍 AKF 扩展立方体并解释如何把它应用到服务、数据库和存储结构中。

19.2.2　故障隔离与可用性：事件检测和分辨

故障隔离使事故更容易被检测、确认和解决，从而提高可用性。如果有几个泳道，每个泳道专门服务于一组客户。假如只有一个泳道出现了故障，你会立即知道发生了什么事，而且影响只限于该泳道服务的那组客户。结果是要解决问题的范围几乎立即缩小。更可能的是，这正是为客户提供服务的系统或服务出了问题。也许是专为某个客户服务的数据库所在的泳道。你可能会问，"我们是否刚在那个泳道或者豌豆荚发布了代码？"或更广泛地说，"最近那个泳道或者豌豆荚发生了什么变更？"

顾名思义，故障隔离对事故检测和解决有令人难以置信的好处。不仅防止事故在平台蔓延，而且也像激光一样聚焦在事故的解决过程上，从而大幅减少服务恢复的时间。

19.2.3　故障隔离与可扩展性

这是一本关于可扩展性的书，把故障隔离有利于可扩展性的举措作为一个主题不足为奇。故障隔离影响可扩展性的机理与如何分解服务有关，我们将在第 20 章到第 22 章详细讨论，同时会涉及水平扩展而不是垂直扩展的架构原则。需要记住的要点是泳道之间不要进行任何同步通信。在适当的超时和放弃机制保护下与其他的泳道进行异步调用，不能与本泳道外的其他服务进行任何面向连接的通信。本章稍后将讨论如何构建和测试泳道。

19.2.4　故障隔离与上市时间

创建允许将代码隔离成面向服务或面向资源的系统架构，可以让你有灵活性，有能力分配工程师在那些服务上。对于一个小公司来说，这种方法可能没有太大的意义。随着公司的发展，代码行数、服务器数量以及系统整体的复杂性会增长。要处理这种复杂性的增长，需要集中工程人员。不专注和集中会导致太多的工程师对整个系统有太少的信息。

如果你运维某个电子商务网站，你可能会有代码、对象、方法、模块、服务器和数据库集中在结账、查找、比较、浏览、运输和库存管理等。让团队致力于这些方面，每个团队将成为这些复杂、具有挑战性和不断增长的代码的专家。由此而产生的专业化将允许更快的新功能研发和更快地解决已知或现有事故和问题。总的来说，因为错误修复、问题解决和新功能的开发更快，这种交付速度的加快可能会导致更短的产品上市时间。

此外，这种研发的隔离，即理想的系统或服务隔离，将减少紧密耦合系统开发中的代码合并冲突。这里我们使用术语"紧密耦合系统开发"来表示某个给定产品的源代码。它共享所有的功能、对象、程序和方法。在一个复杂的系统中，许多工程师重复检出代码将导致冲突代码的合并和错误。代码的专业化会使工程团队减少这些冲突。

这并不是说组织不应该关注代码的复用，它绝对应该是一个焦点。开发共享库，并考虑创建一个专门负责管理开发和使用的团队。在产品的构建过程中，可以把这些库变成服务、共享的动态库、编译或链接。我们的首选方法是把共享的库交给一个团队负责。如果一个非共享库的团队开发了一个有用的和潜在的可共享的组件，该组件应转移给负责共享库的团队。这种方法有点类似于在开源项目，先使用开源，然后再将其与项目和拥有的组织分享。

认识到工程师可能会不断地接受挑战，可能会担忧工程师不想在网站的某个特定区域花很多的时间。可以慢慢地轮换工程师，确保他们能更好地了解整个系统。随着时间的推移，这样做可以使他们的知识和经验得到延伸和发展。此外，通过这一过程，开始培养具有广泛系统知识的潜在的未来架构师，或成为很容易地深挖和解决事故与问题的 SWAT 小组成员。

19.2.5　故障隔离与成本

以相同的方式，相同的原因，故障隔离缩短上市时间，也可以降低成本。在隔离服务的例子中，如果每个工程师单位时间能得到更大利用，其吞吐量上升，单位成本下降。例如，如果通常用 5 个工程日来产生一个复杂的紧密耦合系统的一般情节或用例，现在用 4.5 个工程日来产生一个具有泳道的非紧密耦合系统的一般情节或用例。工程项目的单位成本平均减少了 10%！

利用单位成本的降低，可以在两件事中选一件做，这两件事都影响净收入和股东的财富。消减 10% 的工程人员，加强变更和错误修复，以比之前更低的绝对成本，产生等量的产品。在没有任何收入增加的情况下，成本的减少增加了净收入。

或者决定保持当前的成本结构，以相同的成本开发更多的产品。这里的想法是，你会做出更好的产品选择来增加收入。如果成功将会增加净收入，股东也会变得更加富有。

你可能认为运营额外的网站会比运营单一的网站耗费更多的资金，网站数量越多运营费用也越多。虽然这是真的，大多数企业渴望拥有可以经受住地理隔离的灾难的产品，在不同程度上投资灾难恢复措施，以帮助减轻这些灾难的影响。我们将在第 29 章讨论，假设有适当的故障隔离架构，运行三四个适合的故障隔离数据中心的资本支出可以显著低于运行两个完全冗余的数据中心。

　　证明故障隔离是有道理的另一个考虑是它对收入的影响。回到第 6 章，你可以尝试计算失去的机会（失去的收入）。通常情况下，系统交易量的损失，加上高于预期的客户流失率，和由此造成的收入减少的未来损失很容易测量。这种当前的损失和未来收入的损失可以用来确定实施故障隔离架构是否值得。在我们的经验中，一些故障隔离措施的意义很容易通过增加可用性和减少机会损失来证明。

19.3　如何进行故障隔离

　　大多数的故障隔离系统绝对不与功能或数据边界之外的任何东西发生调用和互动关系。理解这种情况的最好方法是想象一组带防辐射门的混凝土结构，每个建筑有一个门。打开隔离建筑的防辐射门向外可以进入到一个长长的走廊，走廊的两端各有一扇门；一端通往带防辐射门的混凝土结构，另一端通往一个有无限多办公桌和人的共享房间。每个混凝土结构里有一条信息，是办公桌前的每个人可能想要的。为了取得该信息，他必须走过长长的走廊，找到专属于那条信息的房间，然后步行回到自己的办公桌。之后，他可能会决定再从刚去过的那个房间里获得第二条信息，或者也可能走过另一个长长的走廊到另外的房间去。他不可能从一个房间穿入下一个房间，必须经常在走廊上走动。如果太多的人试图通过走廊进入同一个房间，就很容易被坐在房间里的人发现。在这种情况下，他们可能决定去另外的房间或者干脆等下去。

在这个例子中，我们不仅说明了如何考虑故障隔离设计，也显示了这样设计的两个好处。第一个好处是走廊容量的不足不会阻止任何人移动到另外的房间。第二个好处是每个人都会马上知道哪个房间出现了容量问题。与此形成鲜明对比的例子是，每个房间都连接到一个只有单一入口的共用走廊。虽然每个房间都是隔离的，人如果要重新回到走廊上，很难确定哪个房间有问题，也不可能去其他的房间。这个例子也说明了故障隔离的第一个结构原则。

19.3.1　原则 1：绝不共享

故障隔离设计或架构的第一个原则是绝不共享。当然这是极端的情况，对一些公司来说，在财务上这是不可行的，但它仍然是故障隔离设计的出发点。如果要确保不会因为容量或系统故障而引发多个系统的问题，那么需要隔离系统的组件。这在一些领域可能是非常困难的，如边界或网关的路由器。如此说来，承认在某些情况下存在着的财务和技术障碍的前提下，越彻底地运用这个原则，结果会越好。

URI/URL 是经常被忽视的方面。例如，考虑在不同的群体使用不同的子域。如果按照客户分组，可以考虑从 cust1.allscale.com 到 custN.allscale.com。如果按照服务分组，可以考虑 view.allscale.com、update.allscale.com、input.allscale.com 等。在理想的情况下，URI/URL 域的分组应当隔离而且使用专用的网络服务器、应用服务器、数据库和存储。如果资金允许和需求适当，应采用专用的负载均衡器、DNS 和接入交换机。

如果发现了两条泳道，并且两者与共享的数据库进行通信，它们实际上是同一个泳道，而不是两个不同的泳道。从服务的角度看（例如，应用和服务器），如果有两个较小的故障隔离区，当一个应用服务器失败时，这样的隔离会有所帮助。然而当数据库失败时，两个泳道同时都会失败。

19.3.2 原则 2：泳道的边界不可逾越

这是设计故障隔离系统的另外一个重要原则。如果系统同步通信，可能会引起潜在的故障。为了隔离故障，同步指的是任何交易必须等待响应完成。例如，服务使用异步通信，但是可能不等待请求的响应。从故障隔离的角度看，在异步情况下，服务不应该关心它是否接收到响应。交易必须是"发射后不管"（如果远程写操作不存在问题）或"发射后期待"。"发射后期待"要求遵循的模式是，向服务发出一个消息，告诉它你希望有一个响应，然后开始轮询（对配置的时间）。这里的理想数字是 1，不必创建长长的事务队列，结果阻碍其他的请求。

总体而言，我们倾向于没有任何通信发生在故障隔离区以外和从不允许同步通信。回想房间的例子：房间及其走廊是故障隔离区域，共享的大房间是互联网。如果不返回到桌子（我们的浏览器）的区域，就没有办法从一个房间移到另一个房间，然后再从另一个通道开始。因此，当问题发生时，我们会立即知道瓶颈在哪里，也可以找出解决这些问题的办法。

在我们的场景中，任何区域之间的通信（房间之间的走廊）都可能会引起问题。在一条走廊里被堵住的人可能是导致在走廊与房间，或与一系列房间连接的其他走廊堵塞的原因。怎么能不经过彻底诊断就轻易发现问题的所在？相反，任何一个房间的阻塞可能会对其他的房间产生意想不到的效果，结果房间的整体可用性下降。

19.3.3　原则 3：交易发生在泳道旁边

看到这个标题并结合以前的原则，应该不难理解了，但是我们很久以前就学会了不要去假设任何事情。在技术上，假设是灾难的母亲。你见过游泳选手排队横着面对泳道隔离索吗？当然没有，但是水上障碍游很有可能是一项非常有趣的运动。

技术泳道同理。例如已经建立了数据库泳道的说法是不正确的。交易如何到数据库？跨越泳道的通信将要发生，但是根据原则 2，这是不该发生的事。在这种情况下，也许你已经创建了一个服务器群组，但因为交易越界，按照我们的定义它不是一个泳道。

19.4　何时实施故障隔离

故障隔离不是免费的，也未必是便宜的。虽然它有许多好处，但试图把平台的每个功能都设计成故障隔离的成本可能很高。而且股东得不到回报。这是对前面标题的回应。读过 20 个半章节后，你可能会感觉到我们指的是什么。

你应该在系统中实现适当数量的故障隔离，以产生积极的股东回报。"好吧，谢谢，告诉我该怎么做？"你可能会问。

　　不幸的是，答案将取决于你的特定需求、增长率、不可用率、系统不可用的原因、客户期望的可用性、还有协议中的可用性承诺以及一大堆其他的事情的组合形成的爆炸性结果。这使我们不可能准确地描述在你的环境中到底需要做什么。

　　也就是说，有一些简单的规则可以帮助我们提高可扩展性和可用性。在这里，我们将呈现最有用的一些规则来帮助你在故障隔离方面发挥作用。

19.4.1　办法 1：泳道与盈利

　　无论你做什么，一定要确保把与盈利关系最密切的事情和可能失败及有需求限制的其他系统适当地隔离。如果你经营的是电子商务网站，那么与盈利关系最密切的可能是购买流程，它包括从购买按钮、结算直到信用卡处理的全部过程。如果你经营的是内容网站，你通过具有自主知识产权的广告盈利，那么就要确保广告系统功能与其他系统功能隔离。如果你经营的是收费的反复注册网站，那么要确保对从注册到收费的过程进行适当的故障隔离。

　　同理，网站也可能有一些与盈利功能密切相关的子流程，你也应该用同样的道理考虑这些泳道。例如，电子商务网站的搜索和浏览功能可能也需要在不同的泳道里。内容网站最繁忙的部分可能要有自己的泳道或其他几个帮助预测需求和能力的泳道。社交网站可能会为最常点击的简介或按用户等级分组的简介来创建泳道。

19.4.2　办法 2：泳道是事故的最大来源

　　在每季度的事故回顾会上（第 8 章），你发现网站的某些组件多次引发事故，你一定要考虑这些组件未来的预留空间（第 11 章）并隔离这些部分。每季度事故回顾的根本目的是从过去的错误中吸取教训。因此，如果需求相关的问题反复造成可用性问题，那么应该隔离这些部分防止对产品或者平台其他的部分产生影响。

19.4.3　办法 3：泳道与天然隔离

这个办法对多重服务的 SaaS 系统特别有用，它通常依赖于将要在第 20 章到第 22 章讨论的系统扩展的 Z 轴。需要最大可扩展性的网站和平台往往要依靠沿 Z 轴的分割，它经常沿着客户的边界实施。虽然这种分割通常是先在架构的存储或数据库层完成，但我们接着应该创建一条从请求到数据存储或从数据库回到客户的完整的泳道。

通常，多重服务（multitenant）表明你试图从共享中获得成本效益。在许多情况下，这种方法意味着你可以把系统设计成在单一泳道中运行一个或多个应用。如果你的平台是这样的，应该充分地利用它。如果某个服务特别忙，那么给它分配一个专用的泳道。如果大部分服务的利用率都很低，那就把它们都分配到一个泳道。我想你现在明白这个道理了。

故障隔离设计清单

总结故障隔离的架构设计如下。

原则 1：绝不共享（也称为"共享越少越好"）。泳道共享得越少，其故障隔离度就越高。

原则 2：不跨越泳道。同步通信从不跨越泳道。如果跨越了泳道，那么边界划分是不正确的。

> 原则 3：交易发生在泳道。不可能建立多服务泳道，因为那些服务通信将违反原则 2。
>
> 故障隔离架构的方法如下：
>
> 方法 1：盈利的泳道。千万别把收款机和其他系统混在一起。
>
> 方法 2：泳道是事故的最大来源。确定造成反复发生问题的根源，然后隔离它们。
>
> 方法 3：泳道的天然隔离。客户的边界是最好的泳道隔离索。
>
> 尽管有几种可能的方法，但要提高可扩展性要花费很大的工夫，特别是别吓着 CFO。

19.5 如何测试故障隔离

测试故障隔离最简单的方法是把平台的设计概要地画在白板上。把任何系统之间的任何通信画成虚线，把你认为泳通道存在或应该存在的地方画成实线。如果在任何地方一条虚线穿过一条直线，那么就表示设计违反了泳道原则。实际上通信的同步或异步并不重要，虽然从可扩展性和可用性角度看，同步交易和通信对原则的违反令人震惊。这个测试将发现违反故障隔离设计的第一和第二原则。

要测试第三个原则，只需要在白板上画一个从用户指向最后一个系统的箭头。箭头不应该跨越任何代表泳道的线，如果跨越了你就违反了第三个原则。

19.6　结论

在这一章中，我们讨论了故障隔离架构的需要、实施的原则、方法并给出了设计和测试方法。我们往往用泳道来识别架构中那些彻底隔离了故障的组件，豌豆荚组和条也常被用来指同一件事。

故障隔离设计通过确保子功能集不削弱产品或平台的整体功能来提高可用性。通过允许立即定位在系统中引起问题的部分，进一步提高可用性。故障隔离设计把专注的和经验丰富的研发资源集中到泳道，减少了代码合并的冲突，打破了其他的壁垒，降低了快速研发的成本，在加快了上市时间的同时，减少了上市成本。扩展性将通过从第 20 章到第 22 章讨论的多维度扩展得到提高。

泳道原则的建立解决了共享、边界和方向问题。泳道中共享得越少，隔离性越好，为泳道的可扩展性和可用性带来好处。设计图中不应该画有跨越泳道边界的沟通线。泳道总是沿着通信和客户交易的方向，从不越过泳道。

在考虑泳道实施的时候，首先要先解决使公司盈利的交易问题。然后把反复引发问题的功能移到泳道里。最后在设计泳道时，可以考虑网站的自然布局或拓扑，比如在多重服务的 SaaS 环境里以客户为界限。

关键点

- ❑ 泳道是故障隔离的架构，泳道里的事故不向外传播，所以不会影响平台的其他功能。
- ❑ 豌豆荚、碎片和块是泳道的常用术语，但它们可能不是全系统的功能和故障隔离。

- ❑ 故障隔离提高了可用性和可扩展性，同时减少了上市时间和研发成本。
- ❑ 泳道里共享得越少，泳道对可用性和可扩展性的好处就越大。
- ❑ 任何通信或交易都不应该跨越泳道的边界。
- ❑ 泳道顺着交易过程的方向，从不跨越。
- ❑ 直接影响收入的功能、引起最多问题的功能和可以定义产品的任何自然界限可进入泳道。

第 20 章　AKF 扩展立方体介绍

孙子说：悬权而动。

在第 19 章中，我们多次提及 AKF 扩展立方体，强调可以把架构组件分割成泳道或故障域的方法。在这一章中，我们将再次介绍 AKF 扩展立方体。该扩展立方体将帮助客户思考如何分割服务、数据、交易条件，甚至包括团队和过程。

20.1　AKF 扩展立方体

想象三维轴线的立方体。我们把三个轴线的交点称为初始点，其坐标值 x = 0、y=0 和 z=0。图 20-1 展示了这个立方体及其三个轴线。每个轴线描述扩展性的一个维度，它们分别是产品、流程和团队。

坐标为（0，0，0）的初始点代表任何系统中最小的可扩展性。它由部署在单一服务器上的紧密耦合的解决方案组成。它可能会向上扩展到更大和更快的硬件，但它不会向外扩展。它的成长会限制在可提供的服务范围单元内。换句话说，系统将受服务器运行速度和应用性能好坏的约束。我们把任何沿三个轴分割的工作称作分割，诸如"X 轴分割"或"Y 轴分割"。

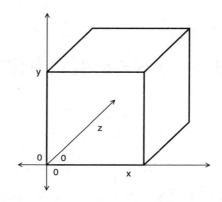

图 20-1 AKF 扩展立方体

为扩展而对解决方案进行修改，使其沿三个轴线之一移动。在任何轴线上的努力并不总是能得到等量的结果。例如，在 X 轴上工作一周可能让交易增长的扩展性非常好，但不会影响与产品相关信息的存储、检索和搜索。要突破这些存储或内存限制，你可能需要考虑在 Y 轴上工作一周。这样的 Y 轴分割可能允许你把信息分组以便更快地搜索信息，但是当信息需要联结的时候，你的努力也许会受阻，这时可能需要考虑在 Z 轴上分割。

选择一个轴分割并不妨碍在其他轴上的努力。分割设计的成本相对实施和部署这些分割的成本低。因此我们在设计中要考虑好如何利用扩展立方体中的每个轴。当选择实施目标时，为满足客户可扩展性的需求，我们应该选择有最高回报（在扩展性方面）的分割作为努力的方向。

在下面的小节中，我们将概略地讨论每个轴的意义。在第 21 章和第 22 章我们将深入挖掘每个轴最常见的应用：分割服务和数据库。

20.2　扩展立方体的 X 轴

　　AKF 扩展立方体的 X 轴代表无差别地克隆服务和数据。用人和组织是说明这种分割最简单的方式。让我们先回想一下在过去靠打字小组（typing pool）来处理会议纪要、信件、内部备忘录等的情形。其历史可以追溯到 70 多年前，"组"（pool）这个词指的是把逻辑服务（打字）分布在几个实体（在这种情况下是人）的一种工作方式。工作被送到打字小组，然后几乎无差别地分配给每个打字员。这种工作分配就是一个完美的 X 轴扩展实例。

　　另外一个用人来说明 X 轴的例子可能是公司财务部门的应收和应付账款小组。对于那些不外包这种工作的中小企业来说，小组最初可能由几个人组成，每个人都可以完成其范围内的所有任务。应付账款的员工收到账单，然后根据一套流程处理和发出支票，或者根据金额签支票。应收账款的工作人员根据从系统中得到的数据接收支票、做好适当的记录然后把支票存入银行。工作分配给谁并不重要，因为每个人都可以做所有的工作。

　　这两个例子都说明了 X 轴的基本概念，就是在每个克隆实体间无差别地分配任务。每个克隆实体都可以完成其他克隆实体的任务，不论任务分配给了谁（除了个人效率上的差异外）。每个克隆实体都有工具和资源来尽快完成所分配的任务。

　　X 轴看起来似乎很伟大！当我们需要执行更多任务时，只需添加更多的克隆实体。如果备忘录的数量超过了当前的打字能力，只需添加更多的打字员。如果生意兴隆要发出太多的发票，处理太多的付款，那么增加更多应收账款的员工！这么看只要有 X 轴就够了，为什么扩展立方体还需要其他两个轴呢？

让我们先回到打字小组这个例子来回答这个问题。为了要完成备忘录、对外函件和笔记，假定打字员需要某些知识。随着公司的发展，假设打字小组提供的服务量增加。现在有 100 种不同类型和格式的服务，而这些服务的分布并不是均匀的。为外部客户准备的信的格式取决于信的类型和内容，备忘录的格式随内容和目的而变化，会议记录的格式随会议的类型而变化等。打字员可能会很快完成那些最常见的任务，如果需要花些时间查找那些不常见的格式，就会减缓整个任务流水线的速度。随着某个服务任务类型的增加，完成非标准类型的任务需要花更多的时间，不容易让每个打字员都记住完成这些复杂任务需要的指令。

再以应收账款组为例。很明显，该组的任务非常广泛，从客户的发票、账单、收据、逾期账款处理，到把资金存入银行账户。随着公司的成长，每个任务的过程也会相应地增多，管理人员一定希望有具体的控制过程，以确保有关款项不会错误地离开应收账款组，在发薪日之前进入员工的口袋里！交易增长本身并不可能让我们有效地扩展并发展成为一个数十亿美元的公司。我们很可能需要按照客户类型分割服务。这将分别在扩展立方体的 Y 轴和的 Z 轴上解决。

X 轴的分割往往很容易理解和实施，在资本和时间上也相当经济价廉。通过少量的额外过程或必要的培训，管理者发现分配工作很容易。在第 21 章和第 22 章中我们将看到用人员作的比喻，其逻辑对系统也同样适用。当我们要做的所有事情是分配海量交易或工作时，只需要在 X 轴上进行扩展。

X 轴总结

❑ AKF 扩展立方体的 X 轴代表克隆服务或数据，工作可以很容易而且均匀地分散在不同的服务实例之间。

❑ X 轴的实施往往容易被概念化，通常能以相对较低的成本实施。

❑ X 轴的实施受完成任务的指令条数和完成任务所需要的数据量增长限制。

20.3　扩展立方体的 Y 轴

AKF 扩展立方体的 Y 轴代表的是按照交易处理的数据类型、交易任务类型或两者的组合分割工作责任。理解这种分割的一种方法是对行动的责任进行分割。

我们经常把这些结果作为面向服务或资源的分割。在 Y 轴分割中，把任何特定行动的工作或成套行动的工作，以及完成行动所必需的信息和数据从其他类型的行动中分离出来。这种类型的分割可以分割紧密耦合型的工作，把同样的工作分割成流水线式的工作流或并行的处理流。而 X 轴只是简单地在几个克隆中间分配工作，Y 轴代表更多的是对工作的"工业革命"：我们从"加工车间"心态发展到更加专业化的系统，正如亨利·福特在汽车制造装配线上所做的那样。与其安排 100 个人制造 100 辆独特的汽车，每人完成 100% 的造车任务，不如让 100 个工人执行子任务，如发动机安装、喷漆、安装挡风玻璃等。

让我们回到前面的打字服务组例子。在 X 轴的例子中，我们发现打字组的总产量可能受任务增长的数量和多样性的影响。根据打字工作的性质，可能需要专业化的信息：一个内部备忘录和外部备忘录相比可能有显著不同的外观，会议记录可能会因为会议类型的不同而变化。绝大多数的工作可能包括发给客户的信，需要按照某种格式打在特定类型公司信笺上。有 100 多种格式存在，要求打字员按照其中某种格式打字，而有些类型的打字只占总工作量的 10% 到 20%。她可能不得不停下来寻找适合的格式，拿几张合适的办公信笺等。针对这种情况，一种方法是可以组建较小的组，专门处理这些占总量 10% 到 20% 的工作，和组建第三个组专门处理剩余的少数要求。这些新服务组的规模可以随工作量的变化而调整。

这种做法的预期收益是占任务请求绝大多数的大组吞吐量显著增加。当面对唯一请求时，这个组将不再因为打字员的个人能力而拖延。此外，对于第二大打字员组，对处理次常见的请求会有一些专业的要求，期望每个人有相同的产出。由于打字员熟悉那部分请求，要比以前处理得快很多。剩余普通格式的少量请求将由第三个组负责处理。虽然吞吐量会比较差，打字员被隔离在较小的组中，但是也要求这些打字员至少有一定程度的专业化知识。总的好处应该是吞吐量显著增加。你可能注意到在创建这些组时，我们还制订了故障隔离检测的方法，详见第 19 章。假使有个组因为缺纸工作进度被拖延，但整个"打字工厂"不会因此而停顿。

在我们常用的应收账款部门的例子中，很容易看出如何进行责任分割。每个独特的行动本身都可以成为服务。开发票可以分离出来成为一个团队或者组，支付、接收、记账和存款也如此。我们可能会进一步将逾期支付分为收账处理和坏账处理两个小组。每组的工作都和一系列独特的任务及其需要的数据、经验或者过程相关。我们通过分割减少了个人完成工作需要的信息量，由此产生的专业化可以把工作处理得更快。Y 轴的工业革命拯救了我们！

虽然 Y 轴分割的优势很明显，但是这种分割的成本却比简单的 X 轴分割高。成本增加的原因是为了 Y 轴分割，经常需要重新设计过程、规则、软件以及配套的数据模型或者信息传递系统。当运营三人小公司或者在单服务器上运行网站时，大多数人都不想把团队和软件按责任进行分割。此外，分割初期会出现资源利用不足和运营成本增加的情况。

Y 轴分割的好处很多。不但有助于管理交易的增长，也有助于扩展需要掌握某些信息才能处理交易的工作。运行中的数据以及操作这些数据所必需的指令集的减少，意味着人员和系统可以更加专业化，从而提高每个人或每个系统的吞吐量。即使是一个简单的 Y 轴分割，也会带给我们第一层次的故障隔离。在应收账款的例子中，如果坏账组的成员生病了，只有该服务组会受到影响。

Y 轴总结

❏ AKF 扩展立方体的 Y 轴代表分割责任、行动或数据。

❏ Y 轴分割很容易概念化，但其成本通常比 X 轴稍高。

❏ Y 轴分割不仅有助于提高交易的可扩展性，而且也减少了交易处理的指令集和数据规模。

20.4 扩展立方体的 Z 轴

扩展立方体的 Z 轴通常基于请求者或者客户的信息进行分割。这些信息主要集中在可以唯一地标识请求者数据和行动的服务。Z 轴分割不一定能解决紧密耦合性质的指令、过程或代码，但经常能解决紧密耦合性质的执行指令、过程或代码所必需数据的扩展性问题。

对打字服务组进行 Z 轴分割时，我们既要了解请求打字的人，也要了解分配到任务的打字员。在分析打字工作请求时，我们可以看看提出独特工作或代表特殊工作量的人群。高管很可能只占员工中的一小部分，但其请求占了内部工作的多数或绝大多数。此外，这类人的工作可能是有点儿独特，允许他们请求更多类型的工作。也许我们会限制仅高管可以发出打印内部备忘录的请求，或者说只有高管可以请求个人客户的记录。打字员的专家组可能最好地服务于这类独特的工作量和工作类型。公司 CEO 可能有最大数量和各种各样的打字要求，因此我们也可以给他配一个或多个打字员。所有这些都是 Z 轴分割的例子。

在我们的应收账款部门的例子中，一些客户可能需要专门的账单、付款条件和基于业务量的特别互动。我们可能安排最好的财务会计代表、甚至特别的经理负责一个或多个客户，以专门处理他们的独特需求。这样做将减少执行绝大多数的计费功能所需要的知识量，从而服务好广大客户，同时为最有价值的客户安排账户专家服务。因为他们不必再担心特殊条款，我们希望这样的安排能增加标准账户组的处理量。因为这些人是这方面的专家，非常熟悉特殊的过程和付款条件，账户的相对吞吐量也应该增加。

虽然 Z 轴分割有时候是公司最昂贵的实施，但其回报（尤其是从可扩展性角度）通常也是惊人的。前面例子中的专业培训增加了新成本，这项培训类似于系统平台的专业服务。对一些公司数据分离的成本可能很高，但执行时可以按平台或系统的寿命长期分摊。

Z 轴分割的额外的好处是，使系统和平台具备按照地理位置提供单独服务的能力。想找到更接近账户的应收账款小组，从而减少邮件带来的延误？把打字组安排到靠近高管的地方，以限制办公室之间的邮件传递（记住这些是指电子邮件出现之前的时代），这个方法简单易行！

Z 轴总结

❑ AKF 扩展立方体的 Z 轴代表基于客户或请求者分割工作。

❑ 与 X 轴和 Y 轴分割一样，Z 轴分割容易概念化，但是实施起来却经常非常困难而且成本极高。

❑ Z 轴分割将有助于提高交易和数据的可扩展性，如果实施得当也有助于扩展指令集和过程。

20.5　融会贯通

为什么我们的平台或组织的扩展立方体需要一个或者两个以上的轴？答案是需要随不同公司规模和每年的预期增长而变化。如果你期望组织保持小规模慢成长，很可能永远不需要超过一个轴以上的扩展。如果你期望公司快速成长，或者可能出现意外爆发式的成长，那么最好提前做好计划。图 20-2 描述了扩展立方体、轴线以及每个轴线的适当标记。

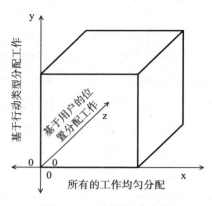

图 20-2 AKF 扩展立方体

X 轴扩展非常有用而且易于实施，特别是在团队和系统无状态的情况下。你只需要克隆几个参与者之间的活动。但是有需要许多显著不同的信息才能完成的任务时，沿 X 轴的扩展会失败。快速交易开始变慢，一切都开始变得次最优。

应用的状态与 X 轴

你也许还记得在第 12 章我们简要地把有状态的系统定义为"操作是基于以前和以后的操作背景的系统。"我们指出状态往往会推高系统的运营成本，因为通常大多数状态（以前和以后调用）保持在应用或相关的数据库中。相关的数据往往会增加内存、存储和数据库的利用率，甚至许可的数量。

无状态系统可以让我们打破用户和服务器之间密切的对应关系。因为后续的请求可以在任何一个服务器克隆上完成，X 轴扩

展因此变得更加容易实施。客户和服务器之间缺乏一对一的密切关系意味着不需要为任何特定类型的客户设计系统。系统的一致性更加容易实现。我们将在 24 章中更详细地讨论这个主题。

　　Y 轴分割有助于通过基于交易类型、速度、数据或服务方面的专业人员隔离系统，以解决扩展性问题。把较慢的交易处理聚集在一起，由于相对于 X 轴的数据集减少，它们运行得比以前快。因为它们不再与运行慢的交易竞争资源，而且它们的数据集也减少了，所以交易速度也因此加快了。紧密耦合系统基于数据和交易分解成组件可以更有效地运作，而且可以根据需要相应地扩展。

　　Z 轴分割不仅有助于扩展交易和数据，也有助于整体系统的解构。此外，我们可以把团队和系统调配到不同的地理位置，并开始从地理差异中获益，如灾难恢复。

　　看看打字组，我们可以根据打字员涉及的动作来隔离工作类型。我们可以组建以客户为中心的小组负责打印与客户沟通的信件，以此类推，内部备忘录小组，专注于会议纪要的小组，所有这些都是 Y 轴分割的例子。每个小组可能会有一些重复，以允许小组随交易的增长而成长，这是 X 轴的例子。最后，选择一些成员应该专门处理特定客户或请求者的要求，如高管团队。虽然这是 Z 轴分割，但是这些团队也可以通过任务分工（Y 轴）和团队成员的复制（X 轴）扩展。啊哈！我们终于把所有三个轴放在一起了。

　　想想在这个例子中你是如何既解决了可扩展性的问题，同时也减少了一些变更的风险。如果有一个新的过程，可以把它交给某个服务组内（沿 X 轴），由功能的团队负责（沿 Y 轴），或由某地区负责（沿 Z 轴）。你可以看到这个新过程是如何与有限的一群人一起工作的，然后对其进行度量，以决定是否把它推广到其他团队中去。在把它推广到所有的地方之前，不断地修正和优化，如果它不如预期的那样发挥作用，甚至可以收回。

在我们的会计部门的例子中，我们基于开发票、收款和存款活动分组，所有这些都是 Y 轴分割。每个小组有多个成员执行相同的任务，这是 X 轴分割。聚焦大客户和经常性拖欠账款创建特别的分组（Z 轴分割），每一个特别分组还可以进一步基于功能（Y 轴）和重复的个体（X 轴）进行分割。

AKF 扩展立方体总结

总结的 AKF 扩展立方体三轴的扩展情况如下：

❑ X 轴代表把同样的工作或数据镜像分配给多个实体。
❑ Y 轴代表把分割的工作职责或数据分配给多个实体。
❑ Z 轴代表按照客户、客户的需要、位置或者价值分割或分配工作的职责。

因此，X 轴分割功能或数据镜像，Y 轴将基于数据类型或工作类型隔离数据，Z 轴将机遇客户、位置或有某些标志的值（例如，一个散列或系数）分割数据和隔离工作。

20.6 何时以及何处使用扩展立方体

我们将在第 21 章和第 22 章中讨论何时以及何处使用扩展立方体的主题。该扩展立方体几乎是所有可扩展性讨论的工具和参考点。

你可能用 10× 代表可扩展性或应用的预留空间，我们曾经在第 11 章中讨论过。正如第 13 章所讨论的，如果你采用的架构原则需要在多个轴线上设计大的扩展性架构，那么也应该在架构审查委员会（ARB）会议上提出 AKF 扩展立方体。它可以作为几乎任何围绕可扩展性话题讨论的基础，因为它有助于在一个组织中创造一种工程师之间的共同语言。而不是谈论特定的方法，团队可以专注于概念，并可能由此演变成任意数量的方法。

你可能会要求在联合架构设计（JAD）过程中，通过脚注或轻型文件显示主要设计的扩展类型，见第 13 章。AKF 扩展立方体也可以在解决问题和事后处理的过程中发挥作用，确定为什么扩展的方法没有像预期的那样发挥作用，并建议如何在今后的努力中改善。

敏捷团队可以使用 AKF 扩展立方体在团队里使用单一的"扩展"语言。在敏捷设计中使用它，比如有人问这个问题，"这个解决方案是怎样扩展的，沿哪个轴去扩展？"

AKF 扩展立方体是一个工具，最好随身戴在你的工具带上而不是放在工具箱里。因为它重量轻并可以为团队增加重要的价值，应该随时携带。如果被反复引用的话，它有助于改变文化，从专注于特定错误的修复转变到讨论方法和概念，以帮助确定最佳的潜在修复。它可以从思想上转换一个组织，像从技师变成工程师那样。

20.7　结论

本章重新介绍了 AKF 扩展立方体的概念。这个立方体有三个轴，每个轴聚焦扩展性的一个方法。以组织建设来类比系统可以帮助我们更好地理解三个轴线上的扩展方法。立方体的初始点（x = 0，y = 0，z = 0）代表紧密耦合的系统或组织（个人），它们基于任务、客户或请求者分组完成任务。

执行相同任务的用户或系统的成长代表 X 轴的增长。该轴的扩展成本最低、易于实施，但当执行这些任务所必需的工作类型或数据类型增加时，扩展性会出现问题。

基于数据或活动的责任分割是沿着立方体的 Y 轴增长。这种方法往往比沿着 X 轴增长的成本稍高，这种方法的其他好处还包括故障隔离，通过减少数据或者对执行任务指令集的简化，增加每个新组的吞吐量。

基于客户或者请求者责任的分割是沿 Z 轴的扩展。这种分割可以简化一些组的指令集和降低执行任务所需的数据量。结果往往是吞吐量和故障隔离增加。在大多数组织的三种方法中，Z 轴分割成本基本上最高，回报也是巨大的。Z 轴分割也可以把责任按地理分割。

并不是所有公司都需要扩展三个轴才能生存下去。有些公司可能只要实施 X 轴就够了。增长速度非常高的公司应该计划好实施至少两个轴甚至所有三个轴的扩展。记住规划（或设计）和实施具有不同的作用。

理想的 AKF 扩展立方体或者自己的设计将成为日常工具包的一部分。使用这样的模型可以聚焦概念和方法，而不是具体的实施，将有助于减少冲突。如果把这些方法加入到 JAD、ARB 和预留空间会议，将有助于关注对技术平台成长的重要方面和方法进行对话和讨论。

关键点

- ❏ AKF 扩展立方体提供了一个结构化的方法和概念，以讨论和解决扩展性问题。结果往往优于一组规则或者以实施为基础的工具。

- ❏ AKF 扩展立方体的 X 轴代表实体或数据的克隆和在它们之间毫无差异的工作分配。

- ❏ X 轴往往是最不昂贵的实施，但受指令多少和数据集大小的约束。

- ❏ AKF 扩展立方体的 Y 轴代表基于活动或数据分割工作。

- ❏ Y 轴往往比 X 更昂贵，除了构建隔离故障外，还可以解决与指令和数据大小相关的问题。

- ❏ AKF 扩展立方体的 Z 轴代表基于请求者或完成工作的人员来分割工作。

- ❏ AKF 扩展立方体的 Z 轴往往是最昂贵的实施，但经常可以带来最大的扩展性。能解决与数据集大小相关的问题，但未必能解决指令集的问题。它也可以实现全局服务分配。

- ❏ AKF 扩展立方体可以作为日常工具，聚焦扩展性相关概念的讨论和处理。这些讨论的结果会形成方法和实施方案。

- ❏ 设计与实施是两个不同的功能。设计的成本比实施的成本相对低很多。因此，如果在产品开发生命周期的早期就设计好在 AKF 扩展立方体的三个维度上扩展，你可以选择在日后业务需要的时候实施或部署。

- ❏ ARB、JAD、敏捷设计和预留空间这些过程都是 AKF 扩展立方体可能派上用场的例子。

第 21 章　为扩展分割应用

孙子说：以分和为变者也。

前一章我们描述了可扩展性模型，通过分割实现几乎无限制的扩展。现在我们把这些概念应用到真实世界的产品需求上。要做到这一点，我们将把产品分解，以解决应用和服务（包括在本章中）的可扩展性问题，通过分割使存储和数据库得以扩展（在下一章讨论）。同样的模式和原则对这两种方法都适用，但是实施的内容有所不同。对我们来说，在两个单独的章节中分别解决它们是有意义的。

21.1　AKF 应用扩展立方体

无论 AKF 扩展立方体应用到数据库、应用、存储甚至组织，其基本含义都不变。然而，鉴于将使用这个工具来完成特定的目的，我们将在扩展轴上增加更多的特性。这些额外的描述仍然保持原来的含义，但是更清晰地说明了如何架构具有更大可扩展性的应用。让我们从第 20 章结尾的 AKF 扩展立方体开始。

在第 20 章中，我们定义了扩展立方体的 X 轴作为毫无差异的服务和数据的克隆。在 X 轴的扩展方法中，1 个系统和 100 个系统之间唯一的不同是，交易在 100 个系统之间均匀分布，好像每个系统都能够处理 100% 的原始请求，而不是实际上可以处理的 1%。我们会把 X 轴改称为服务水平复制或者克隆，使我们更清楚如何把它运用到架构工作中。

Y 轴表示基于交易处理的数据类型、工作类型或者两者的结合分割工作责任。我们经常在应用中将此描述为面向服务的分割，因此把这个轴定义为基于功能服务的分割。在这里功能和服务指平台所完成的动作，可以很容易地把它们按资源分割，如动作完成所基于的对象。面向功能或者面向服务的分割应该被认为属于动作或者在"动词"的范畴，而面向资源的分割通常是属于"名词"的范畴。我们将在本章中描述这些分割。

Z 轴聚焦在分割对人或系统独一无二的数据和行动。在应用中，有时我们把 Z 轴称为面向查找的分割。查找一词表明用户或数据是非行动导向的，它们存在于系统内的某个地方。我们把用户与适当分割后的相关服务的对应关系的数据存储在某个地方，或者通过计算用户 ID 的哈希值或取模数来确定一个算法，这样可以把用户的请求可靠地发送到系统的正确位置，以获得答案。或者我们可以将一个不加选择的函数应用于事务（例如，模数或哈希）来确定应该把该事务发送到什么地方。图 21-1 描绘了增加新内容后的 AKF 扩展立方体。

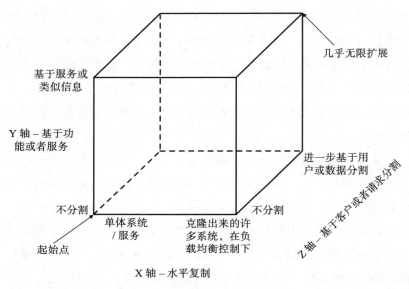

图 21-1　AKF 应用扩展立方体

21.2　AKF 应用扩展立方体的 X 轴

　　AKF 应用扩展立方体的 X 轴代表毫无差异的服务克隆。如前所述，如果我们有一个服务或平台单独依靠 X 轴扩展，由 N 个系统组成，那么每个系统都可以单独响应任何请求，给出的答案与其他（N-1）个系统的答案一模一样。所提供的服务不会因为客户或任何其他数据元素而不同。例如，登录功能和购物车、结账、目录和搜索功能存在于相同的位置和应用中。不管什么请求，都会被发送到构成 X 轴的 N 个系统中的一个。

在大多数情况下，X 轴的方法实施起来很简单。你只需要把单个实例中相同的代码复制到多个服务器上。如果应用没有"状态"，可以直接把入站请求负载均衡到 N 个系统中的任何一个。如果需要保持与用户状态相关的数据，或者要保持从用户到应用服务器或网络服务器的持久性（也就是应用有"状态"），实施起来稍有难度。如果持久性或状态（因状态的需要而产生的持久性）是必要的，一个用户发起的一系列交易就只能盯住 X 轴分割 N 个实例中的一个。这可以通过负载均衡器的会话 cookie 实现。我们将在第 24 章中详细讨论，此外，集中会话管理的某些方法可以让任何一个系统响应个人用户的请求而不需要系统的持久性。

X 轴分割有几个优点和缺点。最值得注意的是，这种分割简单易行。从交易数量的角度看，X 轴还可以近乎无限扩展。如果应用或服务是托管的，它不会增加托管环境的复杂性。X 轴方法的缺点包括这种分割无法解决数据、缓存或指令复杂性的问题。

如前所述，X 轴分割简单易行。因此，当你面对研发任何需要扩展性的快速解决方案的时候，X 轴分割应该是考虑的首选。因为一般的服务很容易复制，从成本的角度看，设计费用和实施费用都很低。此外，X 轴与应用版本发布相关的产品上市成本与其他的分割方法相比普遍较低，需要的只是克隆服务，这项任务可以很容易地实现自动化。

此外，X 轴分割使我们能够很容易地扩展平台的入站交易或请求数量。如果平台有单个或少量的用户从每秒 10 个请求扩展到每秒 1000 个请求，你只需要增加大约 100 倍的系统或克隆服务来处理这些增加的请求。

最后，负责管理平台服务的团队不必担心数量巨大的系统或服务器的独特配置。因为每个 X 轴分割的系统大致上与其他的系统相同。对所有的服务器相对比较容易进行配置管理，而新服务的实施就是简单地复制现有的系统或生成实体机或者或虚拟机的实例。配置文件的变化可能不大，敏捷团队唯一需要关注的是系统的总数，以及每个系统是否得到适当的流量。在 IaaS 云环境中，这种方法用于自动扩展。

虽然 X 轴分割很好地解决了交易量的扩展问题，但是它无法解决越来越多的数据产生的问题。考虑一下产品必须缓存大量数据以服务客户请求的情况。随着数据量的增大，任何给定请求的服务时间都会增加，这显然对客户体验不利。此外，如果数据规模变得过于庞大，就可能约束服务器或应用本身的扩展。即使不需要缓存，在其他存储或数据库系统中搜索数据的需求也可能会因为客户基础或产品目录规模的扩大而增加。

此外，X 轴无法解决软件实施系统、平台或产品的复杂性。在 X 轴分割中，假设每个系统都具有紧密耦合的性质。应用很可能会开始迟缓服务器，因为需要服务器不停地加载内存页来读取和执行指令，然后再卸载和重新加载不同的内存页来执行不同的功能。产品的功能越丰富，紧密耦合的单体系统应用的反应就越慢，整个系统变得更加昂贵和不易扩展，原因是前面提过的指令或者数据的复杂性。因为紧密耦合的单体系统的代码库变得更加复杂和难以了解，结果工程团队的速度或吞吐量开始降低。

X 轴应用总结

　　AKF 应用扩展立方体的 X 轴代表复制应用或服务，这样可以很容易地把工作无差别地分配到实例中去。

　　在一般情况下，X 轴的方法很容易概念化，通常能以较低的成本实施。这是交易增长最具成本效益的扩展方式。通过现有的系统，或者最终测试版的系统直接激活的方法，可以很容易地在生产环境中克隆。这种方法不会增加运维或生产环境的复杂性。

　　另一方面，X 轴的实施受紧密耦合的单体应用增长的限制，这往往会迟缓交易处理。当数据或应用规模增长的时候，这种方法的扩展性不好。因为代码的紧密耦合和相对复杂性，这种方法不太支持工程团队规模的扩展。

21.3　AKF 应用扩展立方体的 Y 轴

　　扩展立方体的 Y 轴代表应用中工作责任的分割。我们最常想到的是应用的功能、方法或者服务。Y 轴通过把应用分割成可以并行或流水线处理的过程，以解决应用的紧密耦合问题。纯粹的 X 轴分割是 N 个相同应用实例执行相同的任务。每个实例将获得 1/N 的工作。在 Y 轴分割中，我们可能把一个紧密耦合的单体应用沿 Y 轴分割为不同的服务，如登录、注销、读档案、更新档案、搜索文件、浏览档案、结账、显示类似的项目等。

　　毫不奇怪，Y 轴分割比 X 轴分割的实施更加复杂。总体而言，实际上往往不分解代码就可以实施生产系统的 Y 轴分割，虽然这么做的好处是有限的。这可以通过克隆紧密耦合的单体应用，并部署在多个物理或虚拟服务器上来实现。

举个例子，假设你想有四个独特的 Y 轴分割服务器，每个负责服务网站四分之一的功能。一个负责登录和注销功能、一个负责读取和更新档案功能、一个负责联系个人和接收联系人功能、另一个负责平台的所有其他功能。你可以为每个服务器分配唯一的 URL 或 URI，如 login.akfpartners.com 和 contacts.akfpartners.com，并确保任何适当分组的功能请求总能被送到响应的服务器（或服务器池）。这是一个很好的分割方法，它有助于解决与应用相关的业务问题的分割。不幸的是，它不会为我们带来在代码层进行 Y 轴彻底分割的全部好处。

最常见的是，Y 轴分割的实施将解决与代码库和数据集复杂性或规模显著增长相关的问题。它们也将有助于交易量的扩展，因为在进行分割时，必须添加虚拟或物理服务器。为了能从 Y 轴分割得到最大的好处，代码库本身也需要从紧密耦合的单体分解成构成整个平台的一系列独立服务。

从运维角度看，因为数据集和指令集的减小使检索的范围缩小，同时执行指令的速度提高，Y 轴分割将有助于减少交易处理的时间。在架构上看，Y 轴分割将突破因为软件或数据的绝对规模而给系统带来的局限性。此外，Y 轴分割将有助于在第 19 章中提到的故障隔离，不会因为某个服务的失败而拖垮整个平台。

从工程角度来看，Y 轴分割通过团队聚焦在产品特定服务或功能上，将使组织更容易地成长。例如，一个团队致力于搜索和浏览功能，另一个团队聚焦在广告平台，另一个团队关注账户功能等。新工程师的成长速度加快，因为他们聚焦系统的某个特定功能。更有经验的工程师将成为某些系统的专家，因此可以更快地研发系统的功能。Y 轴分割后的数据元素可能是网站总数据的子集，因此工程师们可以更好地理解那些工作中涉及的数据，在建立数据模型的时候可以有更好的选择。

当然，Y 轴分割也有缺点。以工程时间计算的实施成本往往比 X 轴分割高很多，因为工程师需要重写或至少从紧密耦合的单体应用中把服务分割出来。此外，运营和基础设施团队现在需要支持多种不同服务器的配置。这可能意味着运维环境中包括多个级别或大小的服务器，从而可以经济高效地利用好不同类型的系统来完成交易。当涉及缓存的时候，虽然我们高度推荐采用标准的缓存方法，并希望在所有分割后的系统里共享缓存，但是不同系统的数据缓存可能会不一样。随着 URL 和 URI 结构的不断增长，当调用其他服务时，工程师需要了解网站或平台目前的结构和布局，以取得每个服务的调用地址。

Y 轴应用总结

AKF 应用扩展立方体的 Y 轴代表应用的工作责任按照服务或功能分割。Y 轴分割是为了解决复杂的代码和数据集不断增长所带来的问题。目的是为了分割后的交易处理建立故障隔离以及减少交易响应时间。

Y 轴分割可以解决交易、数据和代码库的扩展性问题。这是扩展代码库的规模和复杂性最有效的方法。因为工程团队需要重写服务或至少分解原有的紧密耦合的单体应用，所以其成本往往会比 X 轴分割要高一些。

21.4　AKF 应用扩展立方体的 Z 轴

应用扩展立方体的 Z 轴是在交易时根据查找值确定的分割，这种分割通常基于交易的请求者或客户。请求者和客户可能是完全不同的人。顾名思义，请求者是向产品或平台提交请求的人，而客户是收到请求响应或从请求中受益的人。请注意，这些是 Z 轴分割最常见的实施方法，但不是唯一可能的实施方法。要使 Z 轴分割有价值，不仅要对交易进行分区，而且也要对这些交易要操作的数据进行分区。Y 轴分割通过减少完成服务必需的指令和数据实现扩展，Z 轴分割试图通过非面向服务的分割来完成同样的事情。

为了进行 Z 轴分割，我们需要在不同服务的交易分组之间寻找相似性。如果 Z 轴分割与 X 轴和 Y 轴的分割分别独立实施，每个分割都将是紧密耦合的单体产品的实例。Z 轴分割最常见的实施涉及确定 N 种分割方式，N 种方式的每个具体实施都是基于相同的代码。然而在某些情况下，可能会部署包含功能的一个超集。作为一个例子，考虑免费增值的业务模式，部分服务或许由广告支持是免费的，而较大的服务集需要使用许可费。付费客户的请求可以被送到具有更广泛功能的单个或一组服务器。

如果在所有的实例中都部署了相同的紧密耦合的代码，那么我们如何从 Z 轴的分割中获得好处？答案在每个实例与这些服务器和完成这些交易所必需的数据的互动中。今天许多应用和网站广泛地依赖这种缓存，逐渐变得几乎不可能缓存所有潜在交易所必需的数据。正如 Y 轴分割帮助我们缓存一些独特的服务所需要的数据，Z 轴分割可以帮助我们根据用户的特征缓存特定交易组或类的数据。

　　Z 轴分割的好处是增加故障隔离、交易扩展的能力和对象的缓存能力以完成交易。你可以为不同的客户提供不同级别的服务，这样做可能需要在 Z 轴分割内嵌入一层 Y 轴分割。我们期望从最终的分割中获得更高的可用性、可扩展性和更快的交易处理时间。

　　然而 Z 轴分割的方法并不能帮助我们解决代码的复杂性，也不能改善上市时间。此外增加了一些生产环境运维的复杂性，我们现在需要监控具有不同功能、服务不同客户、拥有有类似代码的几个不同的系统。取决于实施的具体情况，配置文件可能会有所不同，系统在配置后也不那么容易被移动。

　　因为基于交易的特点来进行分组，因此可以通过在地理上分散服务来改善灾难恢复计划。例如，我们可以定位更接近客户使用或者请求的服务。对于销售线索系统，我们可以在靠近一个地理区域的服务器上建立几个小公司的系统；对有几个销售办事处的大型公司，我们可能会把系统分割成几个销售办事处系统，并把它们分散地部署在靠近公司办事处的地方。

　　Z 轴分割的另外一个例子是根据 SKU（库存单位）或产品号来区隔产品。数字 ID 诸如"0194532"或字母数字标签如"SVN–JDF–045"都是典型的例子。例如，对典型电子商务网站的交易搜索功能，可以将交易搜索分成三个组，每组由一个不同的搜索引擎负责。三个组可能包含 SKU，开头数字分别是 0–3，4–7 和 6–9。另外也可以通过产品类别来对搜索进行分组，例如，炊具在一组，书在另一组，珠宝在第三组。

　　Z 轴分割也有助于降低风险。无论是连续性还是阶段性交付模式，把新的解决方案部署到一个用户段可以限制新的变更对的整个用户群体的影响。

> ### Z 轴应用扩展总结
>
> 　　应用扩展立方体的 Z 轴代表在交易时基于属性查找或确定分割工作。通常，这些是按照请求者、客户或者当事人分割。
>
> 　　在三种类型分割中，Z 轴分割的实施往往最昂贵。虽然软件并不一定需要被分解为服务，但它确实需要改写，以便于在独特的豌豆荚中实施。经常需要为这种类型的分割重写部分代码以实现查找服务或定位算法。
>
> 　　Z 轴分割有助于交易增长和指令集的扩展并减少处理时间（通过限制需要执行交易的数据量）。Z 轴分割对客户增长的扩展最为有效。它有助于提高灾难恢复能力，把事故影响限制在一部分特定的客户范围内。

21.5　融会贯通

　　细心的读者可能已经知道我们将要解释为什么需要多轴不只是单轴分割。我们将从后到前讨论每一个轴，并解释单独实施它们存在的问题。

　　单独实施 Z 轴有几个问题。为了更好地了解这些问题，让我们假设在之前的例子中，基于客户把销售线索跟踪系统分割成 N 个组。因为在这里我们只实施 Z 轴分割，每个实例是一个虚拟或物理服务器。如果因为硬件或软件的原因导致实例失败，该客户或客户组的服务会变得彻底不可用。可用性问题本身已经足以说明对每个 Z 轴分割都必须实施 X 轴分割。如果我们基于客户沿 Z 轴把客户分割成 N 段，每段最初至少有 1/N 的客户，我们把至少两个克隆或 X 轴的服务器配置在每个客户段。这可以确保如果一个服务器失败，我们仍然可以有另外一个服务器继续为客户提供服务。图 21-2 作为我们进一步讨论这个实施的参考。

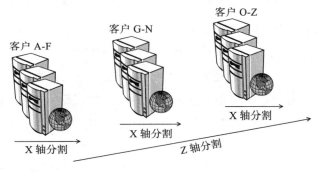

图 21-2　Z 轴和 X 轴分割示例

　　如果我们继续以面向客户的分割作为扩展交易的手段，而不是简单地在面向客户分割的基础上增加服务器，这可能是更昂贵的。从操作角度看，如果没有大量的使用状态，对于任何给定客户的服务，添加一个克隆系统应该是比较简单的。因此，为了减少扩展的整体成本，我们很可能会实施一个 Z 轴分割，同时在每个 Z 轴分割段里实施一个 X 轴分割。我们现在可以通过 X 轴上的 N 个 Z 轴分割的每个豌豆荚里复制实现水平扩展。如果客户在交易量方面显著增长，我们可以在该客户的豌豆荚里做成本效益较好的 X 轴分割（增加更多的克隆服务器或虚拟机）。

　　当然，如前所述，Z 轴分割对代码的复杂性确实没有什么帮助。

随着功能的增加，应用的规模加大，X 轴、Z 轴分割不允许我们聚焦并获得特定功能或服务的经验。随着紧密耦合的单体应用复杂性的不断增加，市场响应时间将有可能受到影响。我们可能也会发现，假如所有的功能都需要数据缓存，大的 Z 轴和 X 轴的紧密耦合分割并不会有太多的帮助。在我们应用中专注于许多自己的客户，单一的非常活跃的客户可能会发现紧密耦合的单体应用太慢。这种情形迫使我们也要专注于 Y 轴分割。

　　独立实施 Y 轴分割也存在着自己的一些问题。第一个问题类似于 X 轴分割，单一的服务器集中在某个功能子集，当服务器失败时导致这部分功能不可用。在 Z 轴分割中，如果要提高可用性，就需要添加另一个克隆或为每个功能增加 X 轴服务器。我们可以为每个 Y 轴分割在 X 轴添加服务器，而不是沿 Y 轴继续分割，这样我们可以节省金钱。与其修改代码进一步解构，我们不如为每个 Y 轴分割添加服务器，避免进一步修改代码所带来的成本。

　　Y 轴分割也无法像 Z 轴分割那样解决客户增长需要的扩展问题。当应用的规模和复杂性增长的时候，因为 Y 轴分割更聚焦类似功能的缓存能力，所以可以发挥作用。想象一下你已经决定对登录功能实施 Y 轴分割，然而在太平洋时间早上 6 点到 9 点之间会有许多客户登录。假设你需要缓存数据以产生有效的登录，你很可能会发现需要对登录功能实施 Z 轴分割，以便登录过程能获得更高的缓存命中率。如前所述，对应用和功能增长最有帮助的是 Y 轴分割，当必须处理交易增长时，X 轴分割最具成本效益，当组织正经历客户和用户数量的增长时，Z 轴分割最有帮助。

　　如前所述，X 轴分割的方法往往是最容易实现的，因此通常是系统或应用分割的首选方法。假设应用的复杂性不增加，同时交易来自于定义好的增长缓慢的客户基础，该方法对交易量的扩展非常有效。当产品的功能很丰富时，你不得不开始寻找方法来提高系统对用户请求的响应速度。例如，你不想让耗时较长的搜索拖累登录这样用时较短活动的平均响应时间。要解决由于竞争而引起的平均响应时间问题，需要实施 Y 轴分割。

当客户基础扩大的时候，沿 X 轴的分割不是一个优雅的方法。随着客户数量的增加，需要支持应用的数据元素也增加了，这就需要寻找方法来分割这些数据元素，以最高的性价比来扩展，诸如 Y 轴或 Z 轴的分割。

AKF 应用扩展立方体总结

对三个轴的扩展总结如下：

❏ X 轴分割代表把相同的工作或应用的镜像分配给多个实体。对交易量的扩展，这是一个有用而且划算的方法，但不支持数据量增长的扩展情况。

❏ Y 轴分割代表把工作职责基于"动词"或动作分割并分配到多个实体。因为现在可以单独地实施每个服务，所以 Y 轴分割可以改善开发时间。同时有助于交易增长和故障隔离。对特定功能数据增长的扩展也有所帮助，但对正在经历客户数据增长的扩展并没有太大的好处。

❏ Z 轴分割代表按照客户、客户需求、位置或价值分割和分配工作。它可以建立故障隔离而且可以沿着客户的边界扩展。它既不能解决特定功能数据增长的扩展问题，也无法

> 缩短产品的上市时间。
>
> 因此，X 轴分割是功能的镜像，Y 轴分割基于工作分割应用，Z 轴分割基于客户、位置或有一些特定标志的值（例如，一个哈希值或取模的结果）。

21.6　应用立方体实例

如果你知道任何有关航空订票的事情，这很有可能是从讨论 SABRE（半自动化商务研究环境）订票系统的课程上学习到的。SABRE 是美国航空公司为自动化预订实施的系统。在 20 世纪的 50 年代后期，IBM 开发了 SABRE，运行在两个 IBM7090 大型主机系统上。这种类型的主机系统是典型的紧密耦合的单体系统，依赖庞大的计算基础设施来处理海量交易，通过内置硬件的高度冗余维持非常高的可用性。这种情况看起来与今天航空公司的预订系统和定价系统非常不同。

今天的航空预订系统必须处理令人难以置信的高交易量。网络接口允许消费者在多个连接路径、旅行时间和价格上快速浏览选购。"看订"比率（消费者看多少个航班才预订一张机票）平均是 100 比 1。不依靠如主机这样的大型计算平台，一些航空公司已经实施了软件系统，使用所有三个轴的扩展来提供超级处理能力和高可用性。PROS 公司（纽约证券交易所代码：PRO）就研发了这样的一款软件系统。PROS 是一个大数据软件公司，利用大数据技术来专门帮助客户有效地销售更多的座位。

在解释 PROS 系统是如何实施的之前，我们首先要深入到非常复杂的航空公司订票和定价系统里看一下。我们在这里讨论的并不是一个全面和确切的解释，而是一个简化了的过程，以帮助你理解 PROS 系统的工作原理。

航空公司的机票价格是通过由可用库存和出发地 / 目的地组合形成的 O/D 模型来确定的。O/D 模型用来了解航空旅行者真正的出发地和目的地机场。例如，在从芝加哥奥黑尔国际机场（ORD）到洛杉矶国际机场（LAX）的一个航班上，将会有来自于许多不同的出发地和前往许多不同的目的地的旅客。一个乘客可能直接从芝加哥到洛杉矶旅行，另一个则要在洛杉矶转机到檀香山（HNL），而第三个乘客则可能从新泽西州的纽瓦克（EWR）起飞，在洛杉矶转机到旧金山（SFO）。在这种情况下，ORD → LAX 的航班服务至少要满足三种不同的 O/D 需求：ORD–LAX、ORD–HNL 和 EWR–SFO。航班的平均座位容量超过 150 名，因此可能有多达 150 或更多的 O/D。如果只考虑 ORD–LAX 航线的乘客量会夸大这种需求，而无法反映其他航线的需求。基于旅客的整个旅程，通过出发地和目的地的城市对，利用 O/D 模型估计真实的旅行量，使航空公司更好地了解航班出发地和目的地的市场并合理定价。

PROS 公司有一款软件系统可以为航空公司提供这种 O/D 模型。PROS 公司的另外一个系统使用 O/D 模型作为输入，结合航空公司的可用库存，可以实时提供动态定价（RTDP）功能。RTDP 系统允许航空公司为客户提供基于实时需求和库存的机票价格。这并不是直接完成的，相反客户通过全球分销系统（GDS）提出请求和接收响应。在线旅行社，包括航空公司自己的网站，使用 GDS 来汇总价格数据。GDS 的例子包括 Sabre（拥有和支持 Travelocity）、Amadeus 和 Travelport。

　　现在我们对航空公司定价和预订的事情有了一些了解，我们可以看看 PROS 公司的工程师是如何架构其产品以取得高可用性和可扩展能力。图 21-3 显示了一个典型的实施。如图 21-3 所示，O/D 模型与实时动态定价服务彻底分离，通过分布式异步高速缓存分发器提供服务。这是一个可以提供故障隔离的 Y 轴分割。如果 O/D 模型服务失败，尽管需求模型稍微有些过时，但是 RTDP 服务可以继续提供定价。

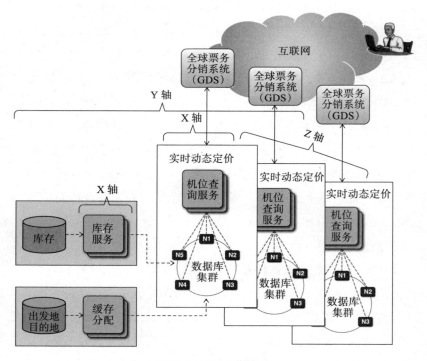

图 21-3　PROS 实施图

在对系统的描述中，有三个 RTDP 服务实施，分别为不同的 GDS 提供动态定价。因此每个 GDS 和 RTDP 配对形成一个隔离的泳道，实现故障隔离。在极不可能的情况下，GDS 向 RTDP 发出海量的请求结果导致 RTDP 的服务迟缓。如果真的发生这种情况，GDS 的分割以及 GDS 与单一 RTDP 的配对，可以确保其他的 GDS 实例免受影响。此外，定价请求量很大程度上取决于 GDS：有些 GDS 一次就提供相当于几个月的选项，而其他的则要求相当于几天或几周的数据。Z 轴分割使 RTDP 系统能够根据 GDS 的需求独立扩展。包括 O/D、RTDP 和来自航空公司库存数据流的每个服务以及数据库集群，已经在不同的服务器上配置了相应软件的多个实例。这是一个 X 轴的分割，以确保不存在单点故障。

观察

哪种分割适合你的产品？应该在产品中加入多少分割？对这些问题的答案并不总是直接的和容易找到的。在缺乏数据的情况下，最好的方法是聚集工程团队审查架构，发现可能的瓶颈。随着时间的推移，当数据收集到一定的程度就可以进行评价，那时候有关产品扩展的最优方案的答案也将变得更加清晰。

Y 轴分割中，基于什么标准去分割不是个简单的决定。如果你有成千上万的功能或"动作"，那么做成千上万的分割没有意义。你希望每个分割的代码集是可以管理的，但那么大的分割数量本身就变得不可收拾。你也希望可以管理生产环境中的缓存规模。在决定在哪里分割以及分割成多少段的时候，都应该充分考虑清楚这两个因素。

在一般情况下，从设计的角度来看 Z 轴的分割会比较容易。理想的情况下，可以直接在设计系统的时候把灵活性内置在里面。我们在前面提到可以在电子商务和后台 IT 办公系统中配置的参数 N。这个数字允许我们在系统内基于客户分割应用。随着业务的发展，我们只需要增加更多的分割段，从而帮助生产系统平滑地处理增加的负载。当然，正如我们将在第 22 章中讨论的那样，必须在数据存储（那些客户活跃的区域）中完成一些潜在的工作，但是我们希望可以开发一些工具来帮助管理这项工作。对于 Y 轴分割，不幸的是，设计好系统的灵活性并不是那么容易的事情。

一如既往，X 轴分割相对而言比较容易分割和处理，因为它永远只是彼此复制。在我们以前遇到的所有案例中，X 轴总是屈从于 Y 轴和 Z 轴。当你实施 Y 轴和 Z 轴的分割时，情况几乎总是如此。这意味着 X 轴与 Y 或 Z 轴分割相关联。有时 Y 轴或 Z 轴在几个例子中互相从属，但在几乎所有的情况下，X 轴总是从属于 Y 轴或 Z 轴，不论采用 Y 轴分割，还是 Z 轴分割，还是两者均用。

如果业务收缩，你该怎么办？为应付大胆乐观的超高速增长，你已经完成了分割，然而业务正处在下行的周期，而且在很大程度上你无法控制，这又该怎么办？X 轴将很容易调整：只需删除不需要的系统。如果这些系统已经完全过了折旧期，那么可以断电以供未来业务反弹时使用。Y 轴分割出的服务可能托管在少数系统上，可以潜在地利用虚拟机软件，把一组物理服务器切割成多个虚拟服务器。Z 轴的分割也应该能够通过虚拟机软件的使用或仅仅通过改变客户在系统上的驻留边界，集中运行在类似的系统上。

21.7　结论

本章讨论了 AKF 扩展立方体在产品、服务或平台上的运用。我们对 AKF 扩展立方体做了略微的修改，缩小了每个轴的范围和定义，使其对应用和系统的架构以及应用的生产部署更加有意义。

X 轴仍然用于解决任何平台或系统的交易或者工作增长的扩展问题。虽然 X 轴可以很好地处理交易量的增长，但是当应用复杂度显著增加（通过功能和特性的增长测量）或当需要缓存数据的客户数量显著增加的时候，这种方法就会出现问题。

Y 轴分割解决应用的复杂性和成长问题。随着业务的成长，产品功能更加丰富，也需要更多的资源。此外，满载需求的系统混合了快与慢的交易，本来响应很快的交易开始迟缓。在这种情况下，因为遇到了系统约束，结果为所有功能缓存数据的能力开始下降。Y 轴分割有助于解决所有这些问题，同时也有利于负责生产环境的团队。工程团队可以聚焦于复杂的代码库的一小部分。这样一来，缺陷率降低、新工程师上手更快、专家工程师可以更快地开发软件。因为所有三个轴都可以解决交易的扩展性问题，Y 轴分割也有利于系统支持交易的成长，但实施起来不如 X 轴容易。

Z 轴分割解决客户基数扩大的问题。正如会在第 22 章中看到的，它也可以帮助我们解决其他数据元素的增长，如产品目录。随着交易量和客户量的增长以及每个客户交易量的潜在增长，我们可能会发现需要解决某类客户的具体需求。这种需求可能会产生，仅仅是因为每个客户都对某些小的缓存空间有相同的需要，但是有可能因为某些预定义的客户级别不同，造成缓存的数据元素有区别。

无论哪种方式，都可以按照客户、请求或者当事人来分割应用以解决问题。它也帮助我们在交易增长的道路上扩展，尽管没有 X 轴分割那么容易。

正如第 20 章指出的，并不是所有的公司都需要在三个轴上扩展才能生存下去。当采用多个轴的方法来扩展的时候，X 轴的分割方法几乎总是从属于其他轴。例如，你可能有多个 X 轴的分割，每一个分割发生在 Y 轴或 Z 轴上。当同时采用 Y 轴和 Z 轴分割的时候（通常伴随 X 轴分割），那么其中任何一个都可以成为分割的首要方式。如果你基于客户分割，那么仍然可以使 Y 轴功能在每一个 Z 轴的分割上实施。这些分割实施都可以相互克隆，登录服务在 Z 轴的客户 1 分区，看起来酷似登录的服务在 Z 轴的客户 N 分区。如果以 Y 轴为首要的分割方式，结果也是一样：每个功能分割的 Z 轴实施将是类似的或彼此克隆。

关键点

- ❑ X 轴的应用分割将随交易量的增加而线性扩展。但是这种方法对代码复杂性、客户或数据的增长所需要的扩展性没有帮助。X 轴分割通过相互克隆实现。
- ❑ X 轴分割往往是最不昂贵的实施，但受指令规模和数据集规模的约束。
- ❑ Y 轴的应用分割有助于代码复杂性以及交易量增长的扩展。这种方法更多是解决代码的扩展性问题，无法像 X 轴分割那样有效地解决交易处理增长的扩展性。
- ❑ Y 轴的应用分割有助于减少高速缓存的规模，高速缓存的规模随功能的增长而扩展。

❏ 一般来说，Y 轴分割的实施比 X 轴分割更加昂贵，原因是需要更多的工程时间来分解紧密耦合的单体代码库。

❏ Y 轴分割有助于故障隔离。

❏ 虽然 Y 轴分割可以不必修改代码，但是可能得不到缓存规模减小的好处，也得不到降低代码复杂性的益处。

❏ Y 轴分割可以通过降低紧密耦合的单体代码的复杂性帮助组织扩展。

❏ Z 轴的应用分割将帮助满足客户增长所带来的扩展需要，客户增长会带来一些数据元素（我们将在第 22 章讨论）和交易的增长。

❏ Z 轴的应用分割有助于减少缓存的规模，该缓存规模随用户或其他数据元素的增长而扩展。

❏ 与 Y 轴分割相似，Z 轴分割有助于故障隔离。它们的实施也可以不必修改代码，但也得不到减少缓存规模的好处。

❏ Z 轴分割有助于减少事故的影响，降低与阶段性或连续性交付环境部署相关的风险。

❏ Z 轴分割可以通过减小数据集规模和允许解决方案部署在接近客户的地理位置减少客户的响应时间。

❏ 决定什么时候选择哪个方法或哪个轴来扩展既有艺术性也有科学性。直觉一般是初始的指导力量，然而应该搜集生产数据来提供信息以促进决策。

第 22 章 为扩展分割数据库

孙子说：兵之形避实而击虚形者。

本章将重点介绍如何把 AKF 扩展立方体应用到数据库，或者更广泛地说，存储数据的"持久引擎"（persistence engine）的解决方案（例如，关系型数据库、多任务存储解决方案、NoSQL 解决方案）。依靠从第 19 章到第 22 章获得的信息，你应该可以构建能够隔离故障和近乎无限扩展的架构，从而提高客户的满意度和增加股东的回报。

22.1 在数据库上应用 AKF 扩展立方体

回顾一下第 20 章中的 X 轴，侧重于毫无差别的服务和数据克隆。每个轴的实施都需要整个数据集的复制。为了更直接地把 X 轴应用到持久引擎，在这里我们将其改称为"数据的水平复制或者克隆"。（和前一章中关于应用的分割一样，改名并不偏离 X 轴的原意。）

Y 轴分割被描述为基于数据类型、交易处理工作或两者的组合对工作职责进行分割。当应用到数据上，Y 轴分割根据数据类型或对这些数据进行处理的工作类型进行分割。这个定义是面向服务的分割，与我们在第 21 章中所讨论的相似。

数据立方体的 Z 轴分割继续以客户或请求者为基础。当应用到数据上的时候，Z 轴分割经常需要实施查找服务。通过查找服务，用户被路由到相应的服务或数据库分割段。新用户的数据可以通过取模函数或根据资源的手工处理被自动分配到相应的分割段。(无状态的应用状态被限制在会话的持续时间内，可以基于地理位置或通过如哈希、取模算法或其他确定性的手段选择适当的路径。) 图 22-1 显示了新的 AKF 数据库扩展立方体。

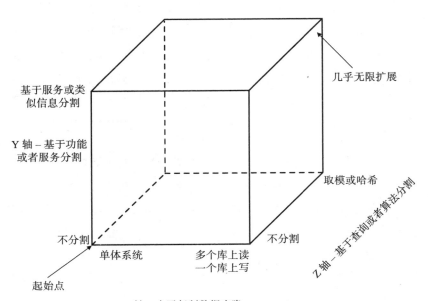

图 22-1 AKF 数据库扩展立方体

22.2　AKF 数据库扩展立方体的 X 轴

AKF 数据库扩展立方体的 X 轴代表毫无差别的数据克隆。这意味着数据层沿着 X 轴扩展，N 个数据库中的每一个将有与其他 N-1 个系统完全相同的数据。数据库将"最终一致"意味着经过短暂间隔后，复制技术可以确保数据库的状态完全被复制到所有其他的数据库。对该数据、客户或任何其他数据元素所进行的交易毫无差别。客户的元数据和账户信息存在于产品目录数据、库存信息、联系信息等位置。因此，对数据的请求可以从 N 个数据库中的任何一个或存储实施中获得。

与应用立方体一样，X 轴分割的方法很简单，在大多数情况下就是实施。典型地，你将实施某种类型的复制系统，该系统允许在数据库或存储系统中近乎实时地把数据复制到可扩展和可配置的 N 个数据库或持久存储系统。你的数据库可能有内置的自备复制能力，但也有许多第三方工具可以进行数据复制。

复制延迟问题

在合作过的许多公司里，当我们提出复制延迟的时候，它们最初总是表现出一定程度的关注。最常见的是认为对任何的写操作需要能够立即访问最新的数据元素。在最极端的情况下，我们曾经有客户立即从数据库中读取一条数据，以验证它是否被正确地写入。

在大多数情况下，我们可以确定大部分客户的数据，只需要在几秒内保持最新状态。在同一数据中心内，利用本地数据库和第三

方的数据复制工具,即使在大量交易的情况下,通常也可以保持复制数据库与主数据库(有时是第二主库)的同步时间不超过 5 秒。地理上相距较远的数据中心可以在不到 10 秒的时间内完成同步。

　　我们建议通过以下的问题来确定复制的数据是否足够:

❏ 数据元素更新的频率是多少?如果读写的比例很高,复制延迟是否可以接受?如果更新频繁而读取罕见,那么复制几乎没有什么好处。

❏ 所读的数据元素是否会用在计算中并在未来写入数据库?如果是,复制延迟可能是不可接受的。

❏ 在决策目的中数据价值的区别是什么?例如,最新更新的变化值不大,但是这样的差异是否会真的对查看数据的人在决策的结果上产生影响?

　　在考虑数据库复制时,先看本地数据库的功能。几乎从来没有必要自己研发复制功能,事实上大多数的数据库都有内置的复制功能,很少有需要购买第三方的复制软件。

　　写操作通常发生在复制的 X 轴数据层的单节点上。通过写入单个节点避免与所有其他节点的读写冲突,强迫单节点发挥作用以确保数据库的 ACID 特性(原子性、一致性、隔离性和持久性)。此外,这种方法可以确保优化存储子系统的写入或只读。很多时候存储层的副本只用于写,但有时如果读的时间敏感不允许在复制中固有的小延迟存在,该节点也处理少量的读操作。

　　我们经常教导分布式对象缓存和其他数据库相关的缓存,至少是那些旨在减轻数据库负载的缓存,这是 X 轴分割的例子。有些人可能会认为，如果数据以某种形式表达，其目的是更容易被服务所使用，这是 Y 轴分割的例子。对于缓存更广泛的讨论，见第 23 章。

熟悉 NoSQL 数据库，例如 MongoDB、Cassandra 和 HBase 的读者会发现，这些数据库复制的数据经常有多个副本。在解决方案中通常数据的副本数量是可配置的，并且许多解决方案可以让你有本地数据副本和远程数据副本。本地和远程之间的数据分离，可以允许你在一个实现或者数据中心保持主要数据拷贝，其他的副本保留在一个或多个其他的实例中，以确保高可用性和灾难恢复。很多时候客户认为这些分布式系统满足 X 轴扩展的标准定义。

从扩展的角度看这些客户是正确的：复制确实允许在多个节点上分布式地读取数据，从而产生更高水平的交易吞吐量。但这些都是数据在物理上的分离，而不是逻辑上的分离。不同的是所用的协调软件实例或者解决方案本身就是一个可扩展性问题。此外从故障隔离的角度来看，NoSQL 的逻辑实例仍然可能失败，从而导致系统中断的广泛传播。因此，我们鼓励客户考虑实施多个实例的 NoSQL 解决方案，这样既能扩展逻辑节点也能扩展物理节点。

布鲁尔定理

聪明的读者可能已经注意到，我们将要讨论 1998 年秋季由加利福尼亚大学伯克利分校的艾瑞克·布鲁尔（Eric Brewer）提出的一个关注点。布鲁尔认为在分布式计算机系统内，难以保证数据的一致性、可用性和分区容错。一致性是指所有节点在某个时间点同时具有完全相同的数据。可用性是指每个交易或请求获得成功或失败的响应。分区性容错意味着当系统的任何节点或某个部分死亡时，该系统可以继续正确地运作。布鲁尔定理经常被引用作为接受"最终一致"的理由，来说明多节点数据库设计的局限性。通过放松一致性约束、高可用性和分区容错得以实现目标。

X 轴数据分割有几个优点和缺点。与第 20 章和第 21 章一致，这种分割很容易概念化和实施。许多数据库都有本地复制技术，允许"写和只读"副本或者"主从"数据库副本。这些本地复制引擎通常支持数据库的多读或"从"副本。另一个 X 轴实施是集群，是在大多数开源和授权的关系型数据库管理系统中能够发现的功能。集群意味着两个或多个物理上分离的数据库作为一个实例出现在应用的面前。

如果某个技术的目标是存储系统不含数据库，那么有许多开源和第三方系统可用于逻辑和物理复制。这种方法可以随交易增加线性扩展，虽然大多数的复制过程对目标数量或只读节点数有限制。尽管这种方法支持线性交易增长，但它无法解决数据增长，数据增长对请求处理时间，或者数据增长对任何给定的存储子系统中可寻址存储的影响这些问题。

因为 X 轴分割很容易概念化和实施，当交易量增长是主要驱动力而数据规模并不是问题时，X 轴分割是任何系统扩展的首选。支持这些分割的工程项目所需的资源相对较少。然而需要很大的投入，因为要购买额外的数据库服务器或者在现有数据库服务器基础上增加分区。尽管需要时间来建立和验证复制，但实施的时间一般相对较短。

随着入站交易量或请求量的增加，X 轴分割也使我们能够很容易地扩展数据。随着请求量的增长，我们只需添加更多的读节点。此外因为每个节点都使用类似的硬件，可以处理的请求量也类似，所以容量规划就变得很容易。然而可用系统的数量通常有限制，交易量的继续增长推动我们采用其他的扩展手段。部署额外的只读节点会造成复制延迟的增加，有时甚至无法达到供应商或系统支持的限制。通常每个节点都会对写节点复制数据的时间量有些小的影响。在一些实施中，这种影响可能不会表现为对所有节点的延迟，但是当我们开始接近目标极限时，会对集群内的单个节点产生不可接受的延迟。因此，随着时间的推移，如果交易增长加速，即使是数据增长相对较低的系统，我们也不能简单地依靠 X 轴扩展。

X 轴的最后一个好处是，负责管理平台基础设施的团队不需要担心大量独特配置的数据模式或存储系统。除了专门负责写操作的那个系统，每个 X 轴分割的系统和其他进行同样分割的系统是完全相同的。所有节点的配置管理相对容易进行，新服务的实施像在现有系统复制数据一样容易。当把应用的架构设计成从读服务读数据和向写服务写数据时，不需要工程团队的进一步参与就可以实现扩展。理想情况下，通过第三方的负载均衡系统解决多重读系统的实施，不需要团队写程序去均匀分配读取负载。

有两个主要的驱动力使我们远离单靠 X 轴解决扩展问题。第一个已经在解决现有复制技术的局限性问题时讨论过。第二个是 X 轴扩展技术无法解决固有的数据规模增加所带来的扩展限制问题。类似于第 21 章所描述的对缓存的关注，当数据库中数据量增加时，该数据库的响应时间增加。虽然索引有助于显著减少响应时间的增加，但表规模如果增加 10 倍，仍然会导致响应时间增加 1.5 倍。响应时间的增加最终可能会迫使你采用其他的分割方法。

X 轴复制的另外一个缺点是大量数据复制所带来的成本。通常情况下，X 轴的实施方法是完全克隆主数据库，这意味着我们可能要移动大量的相对很少读的数据。解决这个问题的一个方案是只选择性地复制那些与大量读相关联的数据。很多数据库的复制技术允许以表为基础的选择，但很少允许以列为基础的选择。

X轴复制的其他缺点还包括数据即时性和一致性问题，增长复制经验需要和依赖第三方扩展的问题。我们会在工具栏"复制延迟问题"中解决数据的即时性问题。要依赖数据库复制，团队必须在实施、监控和维护复制解决方案方面具备必要的技能。选择本地或第三方的产品来复制数据和管理数据的一致性。即使产品有最高的请求量，这个功能也很少会产生问题。我们经常看到一致性管理器由于某些问题停止数据复制，这又产生了一个更大的数据及时性问题。这些问题通常在很短的时间内得到解决。如果你使用第三方的复制工具，只要解决方案不依赖于某个特定供应商提供的功能，可以随时用另外一种商品化的解决方案替换表现不佳的合作伙伴的解决方案。

数据库 X 轴总结

AKF 数据库扩展立方体的 X 轴通过数据复制使工作很容易地分配到毫无差别的节点上。

X 轴的实施往往容易概念化而且通常能以相对较低的成本实施。虽然通常会受到可使用节点数量的限制，但是这是最具成本效益的交易增长扩展方式。可以很容易基于紧密耦合的单体数据库或存储系统建立起来，在大多数情况下需要前期的投入。此外，它们不会显著增加生产环境运维操作的复杂性。

另一方面，X 轴的实施受到上述的复制技术和数据规模的限制。在一般情况下，X 轴实施对数据规模及其增长的扩展作用不大。

22.3 AKF 数据库扩展立方体的 Y 轴

AKF 数据库扩展立方体的 Y 轴基于意义、功能或者使用情况分割数据。Y 轴分割通过数据分区形成具有明显不同意义和目的数据结构，应用可以访问这些分区，从而解决紧密耦合性质的数据架构问题。在 Y 轴分割中，我们可能会将数据分割成相同的块，像在第 21 章中分割应用一样。这些可能正是执行这些单独功能必需的数据，如登录、注销、读档案、更新档案、搜索档案、浏览档案、结账、显示类似产品等。当然，也可能会有数据重叠，如在登录、注销以及更新档案功能中的客户专用数据，我们将讨论如何处理这种重叠。

先前的分割是由动作、服务或动词来描述的，你也可以考虑用资源或名词来描述。例如，我们可以把客户数据放在一个地方，产品数据在另一个地方，用户生成的内容放在第三个地方等。这种方法的优点是利用数据元素彼此之间经常存在的亲和性和借助熟悉关系型数据库实体关系的数据库架构师的才能。这种方法的缺点是，我们要么把应用改变为基于资源的分割（所有与客户数据互动的服务都在一个应用），要么接受因为产品没有泳道和故障隔离所带来的后果。此外，如果我们沿对资源有意义的边界分割数据，沿对服务有意义的边界分割应用，如果服务调用几个资源，那么我们几乎肯定会遇到问题。正如在第 19 章中所讨论的那样，这种安排会降低产品的可用性。因此你应该为应用和数据选择面向资源或面向服务的分割方法。

与在第 20 章和第 21 章中解释的复杂性一致，Y 轴的数据分割往往比 X 轴更加复杂。为了降低这种复杂性，你可能决定先在当前的持久引擎上实施分割，而不是把数据移到不同的物理机。在数据库中，可以通过移动表和数据到不同的数据模式或数据库实例来实施分割。这样可以节省购买额外设备的初始资本开支，但不幸的是，它并没有消除为解决不同的存储实施或数据库需要修改代码所产生的工程成本。对于物理分割，可以用临时的工具将分离的物理数据库连接起来。如果工程师忘记了移动某些数据库表，他们将有机会在应用出问题之前修复代码。在确定应用可以正确访问被移动的数据库表之后，你应该删除这些数据库链接。如果你留着那些数据库链接，在某些情况下可能会导致性能下降带来的连锁反应。

　　Y 轴分割最常用的实施是解决数据集的复杂性和规模显著增长而且很可能持续增长的问题。这些分割也将有助于把请求移动到多个物理或逻辑系统中，从而降低数据的逻辑和物理竞争。对于面临极端或超高速增长的公司，我们建议将系统分割成分离的物理实例。在共享物理实例上保持逻辑分割，可能造成共享的网络、计算和存储结构过载。

　　操作上因为请求较小、处理交易的服务量身定做，所以 Y 轴分割将减少交易时间。概念上这将让你通过围绕主题组织数据，更好地理解大量的数据，而不是把一切都变成同样的存储容器。此外，Y 轴分割有助于确定在第 19 章中的故障隔离，某些数据元素的失败不会造成整个平台功能的失败（假设你已经正确实施了泳道的概念）。

　　当在某个应用水平捆绑类似的分割时，Y 轴分割通过团队专注于与产品和数据相关的服务或功能，使团队容易成长。正如第 21 章所讨论的，你可以让一个团队致力于搜索和浏览，一个团队研发广告平台，第三个团队负责账户功能等。当把服务和数据一起分割时，所有工程上能够获得的好处，包括请专家解决部分代码问题就都实现了。

　　Y 轴分割当然也有一些缺点。在以工程实施时间计算的成本上，它们比 X 轴要绝对更昂贵。不仅需要修改应用服务的代码，以解决不同的数据存储系统和数据库问题，而且如果产品已经推出，实际的数据也可能需要移动。因此运维和基础设施团队需要支持多个数据模式，考虑成本效益，可能需要在运维环境中创建有规模的或级别不同的服务器。

数据库 Y 轴总结

　　AKF 数据库扩展立方体的 Y 轴代表基于数据的分割，包括服务、资源或数据之间的关系。

　　Y 轴分割是为了解决数据规模增长和复杂度加大，及其对数据请求或操作的影响相关联的问题。如果实施和设计与应用的 Y 轴分割一致，该技术可以实现第 19 章所述的故障隔离。

　　Y 轴分割可以随交易量和数据规模的增长而扩展。其费用往往超过 X 轴分割，因为工程团队需要重写服务和确定如何在分离的模式和系统之间移动数据。

22.4　AKF 数据库扩展立方体的 Z 轴

　　和应用扩展的立方体一样，AKF 数据库扩展立方体的 Z 轴包括基于查找的值或者交易时确定的值进行分割。这种分割经常通过查找或基于客户或请求者确定数据的位置。然而它也可以被应用到任何资源或服务数据的分割，这种分割不考虑紧密关系或主题。如果取模数或哈希不代表产品类型，那么实例就是产品编号的取模数或哈希值。

　　为了说明 Z 轴分割，让我们先来看一下分割产品目录信息的两种不同方法。把首饰分成诸如手表、戒指、手镯和项链是 Y 轴分割的实例。这些分割沿着首饰本身的特征边界完成。另外，同样的产品目录也可以通过使用任意的函数，如对库存量单位号（SKU）取模进行 Z 轴分割。在这种方法中，SKU 的最后一位（或几位）数字决定产品的所在，而不是产品本身的属性，如前面描述的基于珠宝类型的 Y 轴分割。

　　我们经常建议客户沿客户的边界进行 Z 轴分割，如客户请求的位置。这种类型的 Z 轴分割带来许多优势，包括把小型网站靠近客户，从而降低响应时间。这种策略增加了产品的可用性，因为地域性的事件只会影响部分客户。客户定位的选择不是完全任意的（如哈希或取模），符合查找的标准，被归类到 Z 轴分割。

　　和应用扩展立方体一样，要使 Z 轴分割有价值，必须对交易和进行交易需要的数据的扩展有所帮助。Z 轴分割试图获得 Y 轴分割不考虑行动（服务）或资源本身数据扩展性的好处。这样做对所有的数据提供了比 Y 轴分割的隔离更为平衡的需求。如果你认为，不论高需求、平均需求还是低需求，每个数据都有一个相对平等的机会，如果你用确定性和公正的算法来存储和定位这样的数据，那么有可能会观察到需求相对平等地分布在所有的数据库或存储系统中。这对 Y 轴分割不成立，因为数据的内容可能会导致某些系统出现独特的需求激增现象。

　　因为数据分割的结果使交易分布在多个系统，所以我们可以使交易实现类似 X 轴分割的扩展。此外，因为 Z 轴分割不涉及数据复制，扩展不会被 X 轴的复制限制所抑制。不幸的是与 Y 轴分割一样，因为分割后出现了许多独特的数据库或数据存储系统，操作的复杂度有一定程度的增加。这些数据库的架构或配置相似，但是数据库中的数据是独特的。与 Y 轴分割不同，我们无法从基于服务导向或资源导向的架构分割中得到任何的好处。在只实施 Z 轴分割的情况下，虽然数据分割与 Y 轴分割一样，数据模式或设置却是紧密耦合的。最后，因为代码要对请求进行区分，所以 Z 轴分割会增加一些软件成本。与应用分割一样，通过建立算法或查找服务，以确定应该向哪个系统或豌豆荚发送请求。

Z 轴分割的好处包括提高了故障隔离性、增加了数据和交易的可扩展性，并提高了足以预测跨多个数据库需求的能力。这些改进的结果是，我们的组织具有更高的可用性、更大的可扩展性、更快的交易处理时间以及更好的容量规划。

然而 Z 轴分割需要实施成本并增加了生产环境操作的复杂性。具体而言，存在几个有类似代码基础的不同系统将增加对监控的要求。当配置取决于实施的时候，配置文件可能会有所不同，因此可能不容易移动系统。因为利用一组交易独有的特点，我们也可以通过把服务分散到不同的地理位置来改善灾难恢复计划。

数据库 Z 轴总结

AKF 数据库扩展立方体的 Z 轴代表基于在交易时查找的或者确定的属性分割工作。通常这些方法都是基于请求者、客户或者当事人分割的，在产品目录中，也可以基于产品 ID 或者任何其他的特性在请求时查找或者确定如何分割。

在三种类型的分割方法中，Z 轴分割往往是最昂贵的实施。需要修改软件以确定在哪里找到、操作和存储信息。通常需要为这些类型的分割编写查找服务或者确定算法。

Z 轴分割将有助于交易增长的扩展、缩短处理时间（通过限制执行任何交易必需的数据）和容量规划（需求更均匀地在系统间分配）。对客户、当事人、请求者或其他均匀分布的数据元素的增长进行均匀的扩展，Z 轴分割是最有效的方法。

22.5 融会贯通

正如在第 20 章和第 21 章中看到的，在第 22 章亦如此，AKF 扩展立方体是一个非常强大和灵活的工具。在咨询实践所用过的全部工具中，我们的客户发现在研究如何扩展系统、数据库甚至组织时，该工具是最有用的。因为它代表了一个共同的框架和语言，不必浪费精力定义不同的方法意味着什么。这使团体聚焦讨论某个方法的相对优点，而不是花时间试图了解如何分割。此外，团队可以轻松和快速地在任何会议上应用这些概念，而不是挣扎在如何选择扩展方法上。如在第 21 章中讨论的，在本节中我们将讨论如何在数据库和存储系统中应用扩展立方体，实现接近无限的可扩展性。

AKF 数据库扩展立方体，如果只是孤立地实施了 Z 轴分割，会有几个问题。让我们用前面的例子来解释，假设基于客户的地理位置，把珠宝电子商务平台的客户群做 N 次分割。因为在这里我们只实施了 Z 轴分割，每个实例是一个虚拟或物理数据库服务器。如果由于硬件或软件原因造成系统失败，为客户或客户集提供的应用服务将变得完全不可用。仅仅可用性本身就让我们有足够的理由为每个 Z 轴分割再实施一次 X 轴分割。至少我们应该准备好一个额外的数据库，当某个客户集群的主数据库失败时，可以使用该库。如果产品目录是基于 Z 轴分割的同理。如果沿着 Z 轴分割客户群或产品目录，每个分割至少有 1/N 的客户或产品，我们要为每个 Z 轴分割至少准备一个额外的 X 轴服务器。有了这个方案，如果有个服务器失败了，我们仍然可以继续为本豌豆荚的客户提供服务。

完成每个连续分割的成本远大于购买新服务器的成本。每执行一次分割，我们都需要更新代码来识别分割的信息，或者至少要更新配置文件的模值或哈希值。此外，我们需要写程序或脚本来把数据移到新分割的数据库或存储基础设施中的预定位置。混合使用 X 轴和 Z 轴分割将有助于降低这些成本。与其面对迭代分割 Z 轴所带来的成本，我们可以在 Z 轴泳道里使用 X 轴的扩展性实现交易增长的可扩展性。一旦有了足够的对额外 Z 轴分割强烈的需求或显著增加了对系统可用性的愿望，我们可以一次性地完成多个 Z 轴分割。这样做可以通过批处理同步完成多个分割，以降低软件的成本。

结合 Z 轴分割、Y 轴分割可以帮助我们实现故障隔离。在架构分割中，如果我们先对客户进行分割，就可以在 Z 轴分割中构建隔离故障的功能或资源泳道。例如，产品信息可以存在于每个 Z 轴分割段，独立于客户的账户信息等。

Y 轴分割在实施隔离时有自己的一些问题。第一个问题类似于 Z 轴的分割问题，单一的数据库聚焦于功能子集，如果服务器失败，功能将不可用。与 Z 轴分割一样，如果我们想要提高可用性，可以通过为每个功能增加至少另一个克隆或 X 轴服务器。我们也可以为每个 Y 轴分割在 X 轴添加服务器，而不是继续沿 Y 轴分割，这样可以节省成本。正如 Z 轴分割一样，继续沿功能或资源边界分割会耗费我们的工程时间，如果可能的话，我们希望把大部分的时间花在新产品的功能研发上。而不是修改代码进一步解构我们的数据库，我们只需为每个 Y 轴分割添加复制的数据库，避免进一步修改代码所带来的成本增加。当然，这种方法假定现有的代码写数据到一个数据库，并从多个数据库中读取数据。

　　Y 轴分割也无法对客户、产品或 Z 轴分割的其他一些数据元素增长的扩展起作用。虽然数据库的 Y 轴分割将帮助我们分解数据，但这只能是数量有限的分割，其具体的数量取决于数据之间的关系和应用的架构。例如，假设把所有的产品信息从数据中分离出去。整个产品目录已与数据架构中所有的其他部分分离了。你可能在这部分进行多个 Y 轴分割，就像我们在首饰的例子中描述的那样，把手表从戒指、项链等产品中分割出去。但是当戒指的数目增加到某个程度时，就变得很难再进一步基于产品目录分割了，这该怎么办呢？如果对戒指数据子集的需求是这样的，那么你就需要小心地搞清楚到底哪个硬件在服务这个数据子集。Z 轴分割可以让戒指数据跨多个数据库存储而不必考虑戒指的样式。如前所述，很有可能把负载均匀地分散在多个服务器上。

　　X 轴分割的方法往往是最容易实施的，因此往往是数据架构分割的首选。它可以很好地支持交易扩展，但扩展经常会被节点数所限制。随着交易量和服务所需数据量的增加，你需要在另外一个轴上实施扩展。X 轴通常是大多数公司实施扩展的首选，但随着产品和交易规模的扩大，它通常成为 Y 轴或者 Z 轴的附属。

在理想情况下，正如我们在第 12 章中所指出的，虽然你只实施了单个轴的分割，但是要计划好至少两个轴的实施。除了初步实现 X 轴分割复制外，做好实施 Y 轴和 Z 轴分割的计划是个很好的方法。如果发现自己处在超高速增长的情况下，你会想要计划所有的三轴分割。在这种情况下，你应该确定主要的实施（例如基于客户的 Z 分割）、次要实施（基于功能的 Y 轴分割）和为冗余与交易增长的 X 轴分割。然后应用第 19 章的故障隔离泳道概念，甚至"泳道中的泳道"的概念。你可能采用 Z 轴方法利用泳道分割客户，然后以在每个 Z 轴中的 Y 轴的方式，利用泳道隔离每个功能。采用 X 轴的方法确保部署冗余和交易的扩展。瞧！你的系统既有高可用性也有高可扩展性。

AKF 数据库扩展立方体总结

总结三个轴的扩展如下：

❑ X 轴表示把相同的数据或镜像分散在多个实体。通常依赖于复制并对有多少节点设限。

❑ Y 轴表示基于服务、资源或数据关系的意义分离和分散数据。

❑ Z 轴表示基于所查阅或在请求处理时确定的属性分割和分布数据。

因此，X 轴是数据镜像，Y 轴按主题分割数据，Z 轴通过查找或取模分割数据。通常 Z 轴分割基于客户，但也可以基于产品 ID 或其他一些数值。

22.6　数据库扩展立方体使用案例

让我们研究一下数据库扩展立方体在实践中的实际使用案例。我们将给出几个常用商业模式（电子商务和 SaaS）中常用的案例和一个在大多数产品中（搜索）常见的使用方法。

22.6.1　电子商务案例

eBay 至今仍然是互联网上最大的交易处理网站之一。与许多其他网站相比，其增长的活力独一无二。因为用户可以在网站上挂出几乎任何独特的他们想要售卖的产品，数据比许多其他基于 SKU 的商务网站所经历的增长速度都要快。因为 eBay 在多个国家开展业务，其用户基础不断扩大，用户数据的增长是一个值得关注的问题。与许多其他网站类似，eBay 的大量交易跨越许多功能。所有这些因素意味着 eBay 的数据和交易必须能够扩展，同时为客户提供高可用的服务。我们在这里所教导的许多原则都是第一次互联网大潮期间，我们在 eBay 和 PayPal 学到的（经过试验和错误）。不难想象，X 轴、Y 轴和 Z 轴扩展以不同的形式存在于这个电子商务巨头的网站上。

eBay 的第一次数据库分割是功能性质的。早在 2000 年初，我们就开始基于产品分割数据库。从当时的数据库（在 Sun E10K 服务器上运行的 Oracle 数据库存储了所有的数据）上第一个分割出来的是被称为"怪异物品"的一小类目录。就是那些人们在网站上拍卖时无法找到相应合适分类的东西。人们在这个目录下出售各种奇怪的东西，不管你相信与否，甚至包括耳垢。（别问我们这是为什么！）这样的分隔是有意义的，"怪异物品"不仅是一个小的类别，也代表了很少的交易量。因此分割失败所带来的业务风险也比较低。

在成功分割"怪异物品"类别之后，迈克·威尔逊（eBay 首任 CTO）及其架构团队继续在 eBay 称之为"拍卖物"（Items）的数据库上实施 Y 轴分割。可以把该数据库想象成基于产品或者 SKU 的分割。基础设施团队搭建独立的数据库物理主机，架构和开发团队将分割后的拍卖物数据存储在这些新主机上。更新应用服务器上的程序，使其可以基于类别目录的层级结构找到特定的拍卖物。例如，珠宝将存在于一个主机上，艺术品存在于另一个主机上等等。

团队继续在整个网站上实施 Y 轴或基于功能和以数据为导向的分割。eBay 的用户反馈系统也有了一套独立的主机，同样的分割也发生在用户和账户信息方面。那时候被称为"市场"的单体主数据库的负载随着接二连三的分割不断下降。

随着 eBay 的持续增长，有些新的 Y 轴系统开始出现各种交易方面的问题。例如用户的数据库开始变得拥挤不堪，出现了 CPU 利用率上升、内存争用等负载问题。解决方案是沿 Z 轴方向，通过分割用户和创建多个不同的用户数据库扩展。该团队利用对用户 ID 的取模来分割用户群，并将新的用户组置入其独立的数据库中。

为了形成高水平的交易扩展，提高可用性水平，许多 Y 轴和 Z 轴分割也依赖于在 X 轴上通过数据复制产生的副本。编写代码区分不同的写操作（CRUD 中的 C/ 创建、U/ 更新或 D/ 删除）和读操作（CRUD 中的 R）。利用硬件的负载均衡器把读操作分配到不同的只读数据库实例，而把写操作指向主数据库。

我们已经离开 eBay 很多年了，公司来来往往换了几代的工程师和管理人员。从 eBay 获取的经验已经帮助我们优化了从那里学习到的不同方法，尽管时光倒流我们的做法或许会有所不同，但有趣的是，团队共同努力在当年开发和部署的大部分架构今天还在继续运行⊖。

22.6.2　搜索案例

几乎所有行业中的大多数产品都有某种搜索能力。搜索是个独特的用例，无论数据集的规模或并发度有多大，它需要穿越很大的数据集并能很快地返回结果。尽管这些要求听起来很严苛，但一旦应用了 AKF 扩展立方体的概念，其解决办法实际上非常简单。我们的忠告是：你可能不需要自己去建立搜索能力或者复制本节的讨论。一些开放源码和供应商的解决方案已经提供了类似于我们所描述的搜索功能。事实上，有一些非常成功的产品，包括苹果的 iTunes、Netflix 和维基百科，已经使用了如 Apache Lucene 和 Solr 实现了搜索的功能⊖。

对于这一问题的讨论，请参见图 22-2。把搜索服务本身及其支持数据结构分割出来是一个 Y 轴分割。考虑到我们的一个要求，即无论数据大小都要快速响应，我们将借鉴 MapReduce 技术（见第 25 章）把整个数据集分成 N 个片或区。N 是一个可以改变的分割数量，随着时间的推移可以调整 N 值以支持数据集分区数量的增长。假如数据的规模会比今天增加 100 倍，那就把 N 设为 100，片区的响应

⊖　eBay scalability best practices. *Highscalability.com.* http://www.infoq.com/articles/ebay- scalability-best-practices.

⊖　Next-generation search and analytics with Apache Lucene and Solr 4. *IBM Developerworks.* http://www.ibm.com/developerworks/java/library/j-solr-lucene/index.html?ca=drs-.

时间将与今天大致相当。应用的聚合模块根据用户的请求对每个片区（1 到 N）进行数据操作。从每个片区返回的操作结果（假设数据均匀分割，每个片区的响应数度大致相同）会被综合后并返回给用户。现在我们已经实现了数据跨片区的 Z 轴分割。

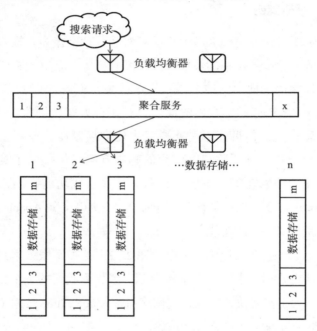

图 22-2　快速读取和搜索子系统

　　但如何实现每个分割片区的高可用性和交易增长的可扩展性？扩展立方体的 X 轴分割对此有所帮助。每一块分割的数据（分成 N 段）可以通过克隆或复制产生多个副本。这保证了在一个区段中的一个节点繁忙或者不可用的情况下，可以继续提供服务。如果交易量明显增加，但数据量不增加，我们只需为每个片区添加更多 X 轴克隆。如果数据量明显增加，但成交量保持不变，我们将增加更多的 Z 轴片区。如果二者都增加，我们可以用 Z 轴或同时用 Z 轴和 X 轴来满足用户的需求。应用中的聚合服务也必须在 X 轴上克隆以确保扩展。

现在我们只需要部署负载均衡器，把用户的请求均衡地分散到正确的聚合应用、片区和克隆，最后把结果返回给终端用户。负载均衡器分层次地把负载分配到各个聚合应用。根据前面的讨论，每个聚合应用发出 N 个请求，第二层的负载均衡器的代理确保把负载均衡地分配到每个片区上 X 轴扩展的 M 个实例上。瞧！现在我们已经实现了响应时间恒定的搜索（或快速阅读）系统，可以支持数据和交易的增长的扩展。

22.6.3　B2B 的 SaaS 案例

许多 B2B 的 SaaS 的解决方案是基于许可证或员工人数销售其产品给其他的公司。绝大多数售卖 SaaS 产品的杰出公司，其价值是通过确保员工使用共同的数据互动，这部分数据好像是被托管在客户的机房里一样。

从服务提供商角度看，多重服务可以让产品扩展更有效，不受全服务对扩展的限制。提醒一下，全服务的解决方案具有紧密耦合的性质，迫使我们垂直扩展。一旦接近需要的可用的最大解决方案，垂直扩展就会对业务发展带来限制。相反，多重服务意味着我们可以让许多客户在系统上共存，从而有效地使用系统，但不要求把所有的客户和数据放在单一系统。

回顾第 19 章，许多 B2B 公司的方法显而易见。Salesforce

采用 Z 轴方法把客户分割到不同的豌豆荚（泳道），每个豌豆荚都是多租户但没有哪个含有所有的租户。Salesforce 进一步把有些服务分解，使其独立运行在这些豌豆荚的单独实例上（Y 轴），通过 X 轴分割（参阅第 19 章中的图示和细节）实现数据库的水平扩展。此外，Salesforce 并不是唯一这么做的 B2B 服务提供商，ServiceNow 也有类似的架构和方法⊖，我们还有其他几个 B2B 客户也是这么做的。

事实上，现在这种沿客户边界实施的 Z 轴分割在许多客户中很常见，我们发现这是海量交易系统扩展方法中最有效的一种。我们把这种方法应用到不同的行业，包括金融服务、报税解决方案、全球电子商务解决方案、物流解决方案、视频分配系统和许多其他的领域。

22.6.4　观察

我们现在是第二次讨论何时采用哪个轴分割。我们曾经在第 21 章的"观察"部分第一次讨论了这一主题，并再次在本章稍早的部分探讨了每个轴分割的方法。你问的下一个问题很可能是："什么时候应该以对应用考虑为主来引导架构决策？什么时候应该以对数据的关注来驱动决策？"

这个问题不容易回答，我们再次请你参考本书的标题"艺术"部分。在某些情况下决策更容易做，如在数据仓库中讨论的决定。

⊖　Advanced high availability. *ServiceNow*. http://www.servicenow.com/content/dam/ servicenow/documents/whitepapers/wp-advanced-high-availabilty-20130411.pdf.

数据仓库中最常见的分割是根据对数据的关注，尽管并不总是这样。真正的问题是："架构的哪一部分最有可能限制扩展?"

你可能处在低交易量、低数据增长的环境，但是应用却非常复杂。一个例子可能是加解密系统。在这种情况下，可能需要把应用分解成服务（Y 轴）让专家来有效地开发系统。你可能有个系统，如数据自身驱动的内容网站达到可扩展性的极限；因此应该围绕着这些问题来设计架构。

如果你负责运维交易增长、复杂性增长和数据增长的网站，你可能会在"以应用为主的设计"和"以数据库为主的设计"的方法之间切换以满足你的需求。选择对任何特定部分最有限制的方法并以它为主引导架构设计工作。最成熟的团队把它们看作一个整体系统。

22.6.5　时间考虑

我们遇到的最常见的问题是，"我应该在什么时候采用 X 轴分割，什么时候考虑 Y 轴和 Z 轴分割?"简单地说，到底是否存在成熟的 AKF 扩展立方体的过程? 在理论上这些分割没有时间表，但在实施中大多数公司都遵循着类似的路径。

在理想情况下，一个技术或架构团队将选择合适的扩展方法，其数据和交易增长需要以符合成本效益的方式去实现扩展。对高成交量、低数据需求和高读写比率的系统而言，最具成本效益的解决方案可能是 X 轴分割。这样的系统或组件在数据层和系统层中可能只需要简单的复制。然而在客户数据增长、功能复杂度增加和交易量增长同时发生的情况下，该公司可能需要完成所有三个轴的分割。

在实践中典型的情况是，一个技术团队发现自己被烦事缠身，但同时需要快速完成某些事情。通常，X 轴分割在时间和成本方面将是最容易实现的。该团队可能会急于实施这一方案，然后开始寻找其他的路径。一般会接着实施 Y 轴和 Z 轴的分割作为第二步，因为应用功能的分割易于理解，所以 Y 轴实施比 Z 轴实施更为常见。

我们的建议是在系统设计时要充分考虑所有三个轴。至少要确保解决方案的架构可以在未来很容易地基于客户或功能分割。通过 X 轴分割应用和数据库来实施产品，并准备好设计通过功能和客户分割数据和应用。在这种方式下不需要费力跟随终端用户的需求，一旦需求高涨，可以迅速扩展。

22.7　结论

本章讨论了把 AKF 扩展立方体的方法应用到产品、服务或者平台的数据库和数据架构上。我们修改了 AKF 扩展立方体，缩小了每个轴的范围和定义，使它变得对数据库和数据架构更有意义。

我们的 X 轴分割仍然是解决任何平台或系统交易和工作扩展的方法。虽然 X 轴分割可以很好地处理交易量增长的扩展，但它受到复制技术的局限而且对数据增长处理得不好。

Y 轴分割可以解决数据增长以及交易增长的扩展问题。不幸的是，因为它侧重于数据之间的关系，无法跨越数据库分配需求。因此它经常会产生不规则的需求特征，这可能使系统容量建模变得困难，有可能需要进行 X 轴或 Z 轴分割。

Z 轴分割解决数据增长的扩展问题，经常与客户增长或库存单元的增长相关。Z 轴分割有能力更均衡地把需求分配到系统上。

并不是所有的公司都需要在三个轴上分割才能扩展和生存下去。当使用多轴分割方法时，X 轴几乎总是从属于其他的轴。比如你可能有多个 X 轴的分割，每一个发生在 Y 轴或者 Z 轴分割的基础上。在理想情况下，所有这些分割的发生都与应用分割有关系，无论分割的原因是应用还是数据。

关键点

- 虽然 X 轴的数据库分割随交易增长线性扩展，但是它们通常对允许分割的数量有限制。它们对客户或数据增长的扩展没有帮助。不同的 X 轴分割彼此互为镜像。

- X 轴往往是最廉价的实施。

- Y 轴的数据库分割将随交易的增长帮助数据扩展。它们大多数是为了数据扩展，因为在隔离方面，它们对交易增长的扩展没有像 X 轴分割那么有效。

- Y 轴分割往往比 X 轴分割更昂贵，因为我们需要工程时间来分割紧密耦合的数据库。

- Y 轴分割有助于故障隔离。

- Z 轴的应用分割有助于交易增长和数据增长的可扩展性。

- Z 轴分割允许比大多数的 Y 轴分割更均衡的需求或负载分配。

- 像 Y 轴分割一样，Z 轴分割有助于故障隔离。

- 在决定什么时候选择采用哪种方法或轴进行扩展时，涉及艺术和科学。在决定什么时候采用"以应用为主"的架构，什么时候采用"以数据为主"的架构进行分割的决策也是如此。

第 23 章　为扩展而缓存

孙子说：古之所谓善战者，胜于易胜者也。

处理大流量的最佳方法是什么？这当然是一个有趣的问题，我们目前希望你的答案类似于"建立适合的组织、实施适合的流程、遵循正确的架构原则，以保障系统的扩展"。这是一个很好的答案。一个更好的答案是"根本就别去管他"，这听起来令人难以置信，但是事实如此。"如果能避免的话，不要去处理流量"，这应该是架构师的座右铭，甚至应该是一条架构原则。实现这一目标的关键是普遍使用高速缓存。

在本章中我们将讨论缓存，并探讨为什么缓存是可扩展性工具箱中最好的工具之一。缓存内置在我们使用的大多数工具中，从 CPU 缓存到 DNS 缓存，再到网络浏览器缓存。理解高速缓存的方法将允许你开发更好、更快、更可扩展的产品。

本章将涵盖三个层次的缓存，从架构师的角度来看，这是你所能控制的。我们将从一个简单的入门介绍开始，然后讨论对象缓存、应用缓存和内容分发网络（CDN），考虑如何充分利用每一种方式来改善你的产品。

23.1　定义缓存

高速缓存是由设备或应用分配的内存，用于临时存储可能再次使用的数据。这个词最早见于 1967 年发行的《IBM 系统期刊》，其中一篇文章把一种改善内存的方法描述为高速缓存技术[⊖]。不要混淆二者：高速缓存和缓冲区功能类似但目的不同。高速缓存和缓冲区都是内存的分配，并且有类似的结构。例如，当把数据从磁盘移进内存，然后用处理器中的指令来处理它们时，缓冲区用于临时要访问的内存。缓冲区也可以用于提高系统的性能，比如在重新排序的数据写入磁盘之前要求访问它们。相比之下，高速缓存用于临时存储很可能会再次访问的数据，如没有变动的数据被反复读取。

缓存的数据结构类似于用键值对实现的数组。在缓存中，这些元组或条目被称为标签和数据。标签定义数据的身份，而数据元是存储的数据。存储在缓存中的数据是存储在持久性存储设备中数据的精确副本，或者经由可执行的应用计算而产生的。标签是允许发出请求的应用或用户查找数据或确定其是否在缓存中的标志。在表 23-1 中，缓存 3、4 和 0 三项来自于数据库。可以根据最近的使用情况或其他的索引机制来建立自己的索引，以加快数据的读取。

当发出请求的应用在缓存中查找到所需要的数据时，称为命中缓存。当数据不在缓存中（缓存未命中）时，应用必须到主数据源去检索数据。缓存命中数与请求数的比率被称为缓存命中率。该比率描述了缓存过滤主数据源数据请求的有效性。低缓存命中率说明缓

⊖　According to the caching article in *Wikipedia*: http://en.wikipedia.org/wiki/Cache.

存的表现不佳，反复的数据请求对性能带来负面的影响。

表 23-1　缓存的结构

（a）数据库索引	数据	
0	$3.99	
1	$5.25	
2	$7.49	
3	$1.15	
4	$4.45	
5	$9.99	
（b）缓存索引	标签	数据
0	3	$1.15
1	4	$4.45
2	0	$3.99

有几种不同的方法可用于刷新缓存中的数据。第一种方法是一个离线的过程，周期性地从主源读取数据，并彻底更新缓存中的数据。这种刷新方法有多种用途。其中最常见的用途是，在初始启动系统或产品时用于填充空的缓存。另一个用途是重新计算然后把大的数据分段存储。后一种情况下可能出现在像优化产出或重定向广告引擎这样的解决方案中。

缓存批量刷新

从前有一个叫 price_recalc 的批处理。该批处理基于从第三方供应商输入的产品新价格重新进行计算，有时候是每天改变价格，当进行促销时每周改变。没有必要根据需求随时计算价格，可以按照公司的业务规则每 20 分钟计算一次。

虽然因为不必动态计算价格已经节省了大量资源，但是我们

仍然不希望其他的服务不断地向主数据源和数据库发出数据调用请求。相反，我们需要缓存来存储最常用的产品和价格。在这种情况下，因为 price_recalc 每 20 分钟运行一次，就没有理由动态地更新缓存。在批处理运行时刷新缓存将更有意义。

当请求未命中缓存时，在缓存中更新或刷新数据。这里应用或服务请求从主数据源检索数据，然后将其存储在缓存中。假设缓存被填满，意味着所有为缓存分配的内存空间都存有数据，如果要存储新检索到的数据就需要把一些其他的数据从缓存中弹出。有关哪些数据应该被弹出内存的决策是整个领域研究的主题。用于确定弹出对象的算法被称为缓存算法。最常用的缓存算法是最近最少使用（LRU），该算法将上一次访问距今时间最久的数据弹出。

在图 23-1 中，服务请求的第 2 项（步骤 1）不在缓存中，导致未命中缓存。请求被重新提交到主数据源，也就是数据库（步骤 2），并在那里把数据检索（步骤 3）出来。然后应用必须更新缓存（步骤 4），这样通过将最近最少访问项弹出（2 号索引，0 号标签，数值 3.99 美元），建立新的缓存。这是基于最近最少访问算法进行缓存更新的例子。

另一种算法与 LRU 恰好相反，这就是最近最常使用（MRU）。LRU 算法是比较合理的，因为删除那些不常用的数据，以腾出空间给需要的数据。MRU 算法起初看起来很荒谬，但事实上它有自己使用的场景。在数据第一次被读取后，如果该数据再次被访问的机会最小，那么 MRU 效果最佳。让我们回到 price_recalc 批处理的例子。这一次缓存中没有空间来存储所有产品的价格，而访问缓存中价格的应用是一个搜索引擎。在搜索引擎已经访问过网页并检索了价格后，应该不太可能重新访问该网页或价格，直到所有其他的网页都已经被访问过，所以可以从缓存列表中删除该价格。在这种情况下，MRU 算法可能是最合适的选择。

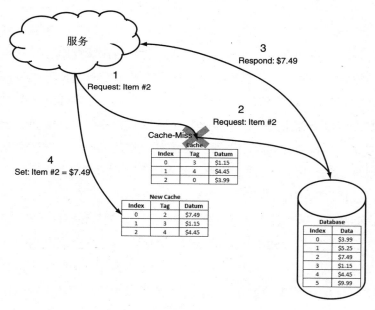

图 23-1 缓存未命中 LRU

　　如前所述，有一个领域专门致力于研究缓存的算法。一些非常复杂的算法把各种各样的因素考虑进去，例如检索时间、数据大小和用户意图的差异，以决定哪些数据应该保留，哪些数据应该删除。

　　到目前为止，我们把注意力集中在读取缓存中的数据，并假设只在数据上进行读操作。如果数据处理后必须更新缓存，我们如何确保再次访问该缓存时数据仍然是正确的？在这种情况下，我们需要将数据写入高速缓存中，并最终更新原始数据存储区中的数据。有各种各样的方式来实现这个目的。最流行的一种方法是透写（write-through）策略，这种方法在应用操作相关数据的时候，确保写入高速缓存的同时也写入数据存储。在这种技术中，应用有责任确保数据在不同的存储中的完整性。

另一种方法被称为回写（write-back），缓存把更新过的数据存储到未来的某个时间点。在这种情况下，标记该数据的状态为脏（dirty），表明该更新了的数据与主数据源不同，以便应用可以识别和理解该数据的状态。通常情况下，导致数据回写的未来事件是从缓存中弹出该数据。通过这项技术，检索并改变该数据。这个被更改过的数据被重新放回到缓存中，并被标记为脏。当缓存中没有空间来存储这一数据时，它将从缓存中删除并写入到原始数据存储区中。显然回写方法减少服务把数据写到两个不同地方的负担，但是你可以想象它也增加了很多情况的复杂性，比如系统关闭或者恢复缓存。

在对缓存的简短概述中，我们讨论了缓存的标签与数据元的数据结构；缓存命中、缓存未命中和命中率的概念；缓存批量刷新和未命中后刷新的方法；缓存算法如 LRU 和 MRU；缓存数据的透写与回写方法。有了这个简短的教程，现在我们可以开始讨论三种缓存的类型：对象、应用和 CDN。

23.2 对象缓存

对象缓存（Object cache）用来存储应用的对象以备复用。这些对象通常来自于数据库或者由计算或操作生成。对象几乎都被处理或压缩成序列化格式，以最大限度地减少内存占用。在检索时，对象必须被转换成原来的数据类型（这个过程通常被称为解组）。编组是把内存对象的表示转换为字节流或字节序列的过程，以便于存储或传输。解组是从字节形式转换为表现为原来对象形式的过程。如果要使用对象缓存，应用必须知道它们并已通过实施的方法来操作。

　　操作缓存的基本方法包括添加、检索和更新数据。通常添加数据被称为 set、检索数据被称为 get、更新数据被称为 replace。根据所选择的缓存，许多编程语言已经内置了最流行的缓存支持方法。例如 Memcached 是当今最流行的缓存方法之一。这是一个高性能、分布式的内存对象缓存系统，具有通用性，可用于加速动态网络应用，减轻数据库负载⊖。这个特定的缓存非常快，使用非阻塞式网络输入 / 输出（I/O）和自己的 slab 分配器来防止内存碎片化，从而保证分配 O（1）或能够在固定的时间内计算，因此不受数据大小的限制⊖。

　　如在描述 Memcached 时提到的，其设计的基本目的是通过减少对数据库的请求，以加快网络应用的速度。这是有意义的，因为数据库几乎总是应用层中最慢的检索设备。在关系型数据库管理系统中，实施 ACID 特性（原子性，一致性，隔离性和和耐久性）所带来的性能开销相对较大，尤其是当把数据写入磁盘和从磁盘中读取数据的时候。然而在某些情况下，在系统的不同层之间加入对象缓存

⊖　The description of Memcached comes from the Web site http://www.danga. com/ memcached/.

⊖　See the "Big *O* notation" entry in *Wikipedia*: http://en.wikipedia.org/wiki/ Big_O_notation.

层是完全正常和值得推荐的做法。

在典型的二或三层架构中，对象缓存通常放置在数据库层的前面。如前所述，这样的安排是因为数据库层通常是整个架构中执行得最慢而且扩展起来最为昂贵的层级。图 23-2 描述了典型的三层系统堆栈，它包括网络层、应用层和数据库层。它拥有两个对象缓存层。一个对象缓存放在应用层和数据库层之间，另外一个放在网络层和应用层之间。如果应用服务执行很多的计算处理或者缓存操作，那么这个方案就很有意义。它可以通过数据缓存避免应用服务不断地重新计算相同的数据，从而减轻应用服务的负载。正如数据库一样，这个缓存层可以在无需添加额外硬件的条件下实现扩展。缓存对象很可能是来自于数据库或应用服务的数据子集。例如，网络服务的应用代码可能利用缓存来存储用户权限对象而不是交易金额，因为用户权限很少改变但被频繁地访问，而交易金额却很可能随不同的交易而变化，而且只被访问一次。

数据库的 ACID 特性

原子性，一致性，隔离性和耐久性（ACID）是数据库管理系统确保交易数据是完全可靠的四个特性。

原子性是数据库管理系统的一个特性，它保证执行交易的所有任务，否则回滚整个事务。不会因为硬件或软件的故障而造成交易部分完成。

一致性是保证交易前后数据库状态稳定的特性。如果事务处理成功，数据库将会从一个状态转移到另一个状态，并保持规则一致。

隔离性是当数据正在被一个事务处理的过程中，防止另外的事务同时访问它的属性。大多数的数据库管理系统使用锁来保证隔离。

耐久性是在系统标记交易的状态为成功后，继续维持这个状态而不被回滚的特性。所有的一致性检查必须在事务被认为完成之前通过相应的验证。

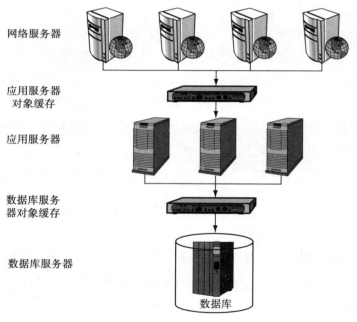

图 23-2　对象缓存架构

如果数据库或应用服务中的一个数据块被频繁访问，但不经常被更新，那么使用对象缓存就有意义。数据库是寻找通过使用缓存来减轻负载的首选，因为它通常是整个架构层级中最慢而且最贵的。但不要只停留在数据库上，也可以考虑在系统的其他层级或者服务器群组中使用对象缓存。使用对象缓存的另外一个很有潜力的候选对象是中央会话管理。如果你的应用中使用了会话数据，我们建议首先要尽可能地消除这些会话数据。如果可能，要完全消除会话。在基础设施和架构中，会话是昂贵的。如果不能彻底消除会话，应该考虑使用中央会话管理系统，确保发送到任何网络服务器上的用户请求和会话，在不中断的前提下可以从一个服务器转移到另外一个。这样就可以通过负载均衡的解决方案有效地利用网络服务器，并在服务器失败的情况下，以最小的中断影响把用户转移到另外一个服务器上去。继续从你的应用中寻找更多的对象缓存候选。

23.3　应用缓存

应用缓存是产品中另一种常见的缓存类型。应用缓存有两种类型：代理缓存和反向代理缓存。在深入到每种类型的缓存细节之前，让我们先来介绍一下应用缓存背后的概念。应用缓存的基本目的是加快用户可以感知的性能或者尽量减少资源的使用率。加快用户感知的性能是什么意思呢？终端用户只关心如何能够快速地得到产品的响应，以实现其所需的产品功能。终端用户不关心哪个设备回答了他们的请求或者服务器可以处理多少请求，或者对设备资源的使用是多么少。

23.3.1　代理缓存

如何加快响应时间和最大限度地减少资源利用率？实现这一目标的方法是不用应用服务器或网络服务器来处理这些请求。让我们先看一下代理缓存。互联网服务提供商（ISP）、大学、学校或者公司经常使用代理缓存。术语代理缓存和代理服务器有时更多地被用来进行描述。基本的想法是，ISP 不把终端用户的请求通过网络传输到请求的 URL 所连接的服务器，而是代理这些请求并从缓存中把结果返回给用户。当然，这样做节省了 ISP 大量的网络资源，也加快了处理的速度。缓存在终端用户知道之前已经发生。对用户来说，返回的页面与实际网站返回给她的请求结果别无二致。

图 23-3 显示了一个 ISP 的代理缓存的具体实现。该 ISP 已经实施了代理缓存处理，以处理来自于一组有限数量的用户对无限数量的应用或网站的请求。有限数量的用户可以是所有的服务用户或者是处在同一地理范围的用户子集。所有这些组的用户可以通过缓存来请求服务。如果数据存在就会自动返回结果；如果数据不存在则把请求送到相关的网站，并将返回的数据保存在缓存中，以备服务其他用户的请求。用缓存的算法来确定页面或数据是否需要更新，也可以为使用这些缓存的用户子集进行定制。只有在一段时间内所请求的数据量达到了要求的最低水平，缓存才有意义。通过这种方式确保最常访问的数据保留在缓存内，而不会被那些零星请求所涉及的独特数据所取代。

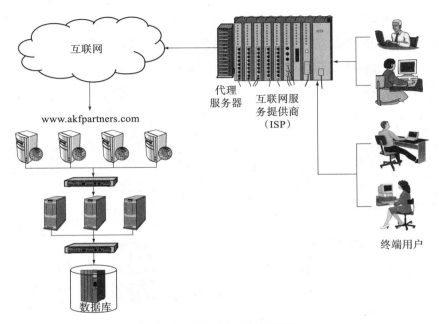

图 23-3　代理服务器的实施图

23.3.2　反向代理缓存

　　应用缓存的另外一种类型是反向代理缓存。它可以处理有限数量的用户或者请求者对潜在的无限数量的网站或者应用的请求。

　　反向代理缓存的另一个名字叫网关缓存。经常通过实施网关缓存来卸载对网络服务器的请求。为了避免网络服务器处理每个请求，在网络服务器的前端添加一层缓存，过滤掉全部或者部分的用户请求。不必在网络服务器或者应用服务器上进行任何处理，被缓存的数据可以立即返回给请求者。缓存项可以是整个静态页面、静态图像甚至部分动态页面。具体的应用配置将决定可以缓存什么内容。

如果服务或应用是动态的，这并不意味着无法利用应用缓存。即使在动态性最强的网站上，很多东西也都是可以缓存的。

图 23-4 描述了在网站服务器前实施的反向代理缓存。该反向代理服务器可以处理部分或者全部的请求，直到存储在缓存中的页面或者数据过期，或者该服务器收到了缓存没有命中的请求。当发生这种情况时，请求被传递到网络服务器以完成请求并刷新缓存数据。任何对该应用有访问权限的用户都可以使用缓存服务。这就是为什么反向代理缓存与代理缓存是相反的，反向代理缓存可以处理来自任何数量的用户对有限数量的网站的请求。

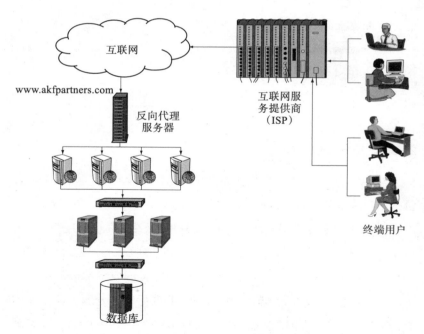

图 23-4 反向代理服务器的实施图

HTML 标头和 Meta 标签

　　许多开发人员认为他们可以通过页面标签来控制缓存，如在 <HEAD> 中加入 Pragma: no-cache 这样的页面元素。这只是部分真实的。可以用 HTML 的标签向浏览器缓存推荐应该如何处理相关的网页，但大多数的浏览器并不尊重这些标签。代理缓存甚至很少检查 HTML，更不用提遵守这些标签了。

　　相比之下 HTTP 的标头给予了更多的缓存控制，特别是关于代理缓存部分。这些标头由网络服务器生成，但是无法在 HTML 中看到。可以通过改变在服务器上的配置来控制它们。一个典型的 HTTP 响应标头看起来可能如下：

```
HTTP/1.x 200 OK
Date: Tue, 24 Feb 2009 19:52:41 GMT
Server: Apache/2.2.3 (CentOS)
Last-Modified: Mon, 26 Jan 2009 23:03:35 GMT
Etag: "1189c0-249a-bf8d9fc0"
Accept-Ranges: bytes
Content-Length: 9370
p3p: policyref="/w3c/p3p.xml",
CP="ALL DSP COR PSAa PSDa OUR NOR ONL UNI COM NAV"
Connection: close
Cache-Control: no-cache
Content-Type: image/gif
```

　　注意 Cache-Control 标头标识的是 no-cache。根据意见征求稿（RFC）2616 第 14 节定义的 HTTP 1.1 协议，在请求和响应时，这个标头必须遵守所有的缓存机制。

　　另外一个对管理缓存有用的标头包含了 Etag 和 Last-Modified 标签。这些都可以用来在缓存机制中验证页面数据的新鲜度。

> 了解请求和响应 HTTP 标头将让你更全面地控制页面的缓存。这是一件非常值得做的事情，可以确保在网站和终端用户之间的所有缓存层都能很好地处理网页。

23.3.3　缓存软件

充分地讨论缓存软件的每一部分甚至要包括来自供应商和开源社区的软件，但这已经超出了本章的范围。然而我们可以对一些观点进行讨论，指导如何为满足公司的需要而寻找合适的缓存软件。

第一点是要彻底地了解应用和用户的需求。运维千兆字节/秒流量级的网站比 10MB/s 流量的小网站需要一个更强大的企业级缓存解决方案。每月的请求、用户数或者流量预计会翻番吗？是否打算引入将完全改变缓存类型和需求的全新视频产品线？这些都是在你为寻找解决方案开始上网购买前需要问自己的问题，否则你很容易陷入用问题来适应解决方案的陷阱。

第二点是要明确在附加功能和有目的而为的解决方案之间的区别，它适用于硬件和软件解决方案。要了解这种差异，让我们先讨论一下技术产品的典型生命周期。一个产品通常开始作为一个独特的技术，由于创新和效益在其目标市场获得销售收益并广受青睐，对开源项目是得到了广泛的使用。随着时间的推移，该产品变得不那么独特并最终完成了商品化，这意味着大家都在销售基本上相同的产品，主要不同是价格的差异。高科技公司一般不喜欢销售商品化的产品，因为其利润空间被不断地逐年压缩。开源社区通常对它们的软件充满激情，并且希望看到它继续服务于一个目的。防止利润空间被压缩或者被转移到历史书籍中的方法是增加产品的功能。增加的价值越多，供应商就越有可能保持较高的价格。这些增加的附加功能几乎总是输给旨为解决这一特定问题而特制的产品。

通过比较 Apache 附加功能 mod_cache 与专用产品 Memcached 的性能就可以理解这个道理。这里没有任何贬低或抹杀 Apache 的意思，这是一种很常见的由开源社区 Apache 软件基金会开发和维护的网络服务器。该软件可用于多种操作系统，自 1996 年以来就一直是万维网上最受欢迎的网络服务器。Apache 的 mod_cache 模块实现了 HTTP 内容缓存，可以用来缓存本地或代理的内容。这是 Apache 数百个模块中的一个，绝对可以达到缓存对象的目的，但是当你需要分布式和故障隔离的对象缓存系统时，有像 Memcached 这样更好的解决方案可供选择。

应用缓存软件在类型、实施和配置方面有很广泛的选择。应该首先熟悉应用对当前和未来缓存的要求。然后确保了解附加功能和有目的而为的解决方案之间的差异。有了这两方面的知识，当涉及为应用确定理想的缓存解决方案时，你会有备而来，做出最佳决定。

23.4 内容传送网络

在本章中，我们将覆盖的最后一种缓存是内容分发网络（CDN）。这一级别的缓存是用来推送任何可以缓存的内容到尽可能贴近终端用户的地方。这种方法的好处包括更快的响应时间和减少发送到服务器上的请求。CDN 有不同的实施方法，但一般认为是位于许多不同的地理区域和存在于许多不同网络的网关缓存。许多 CDN 使用互联网作为骨干并提供服务器来缓存内容。其他的通过在服务器托管中心之间建立自己的点对点的网络，提供更高的可用性服务并形成差异化。

CDN 的优点是可以加快响应时间、卸载对应用源服务器的请求和降低交付成本，但事实上情况并不总是这样。CDN 放置的服务器总容量可以产生比普通骨干网络更大的容量和更高的可用性水平。原因是如果有一个网络受到约束或达到带宽的瓶颈，总吞吐量就受到限制。当把 CDN 服务器放置在网络边缘上时，这些障碍被解除，总容量得以增加，整体可用性也会提高。

采取这个策略，在 DNS 记录中使用 CDN 的域名作为你服务器域名的别名（CNAME）。DNS 的例子可能看起来像这样：

ads.akfpartners.com CNAME ads.akfpartners.akfcdn.net

这里我们把 CDN 域名 akfcdn.net 作为子域名 ads.akfpartners.com 的别名。应用可以访问 CDN 的别名。只要缓存是有效的，用户请求的内容将从 CDN 获取，而不是从源服务器。CDN 的网关服务器将会定期从应用源服务器取得数据，以保证数据、内容或者已经缓存的网页是最新的。如果缓存过期了，新的内容就会通过 CDN 分发到其边缘服务器上。

今天除了缓存内容以更贴近终端用户为主要服务外，CDN 还提供其他各种各样的服务。包括替代 DNS、全球负载均衡，这些服务基于用户的地理位置提供内容甚至应用监控。随着更多供应商进入市场，服务日趋商品化。除了商业 CDN 外，越来越多点对点（P2P）

的服务被用于为终端用户交付内容，从而最大限度地减少带宽和服务器的使用率。

23.5　结论

在理想情况下，处理大流量最好的方法是通过高速缓存来避免处理它。缓存可能是工具箱中确保可扩展性最有价值的工具之一。有许多形式的缓存存在，从 CPU 缓存、DNS 缓存，到网络浏览器缓存。然而从架构角度看，在你控制下的有三个层次的缓存：对象缓存、应用缓存和内容交付网络缓存。

在本章中，我们简单定义了缓存，讨论了缓存的标签与数据结构，以及它们与缓冲区的相似之处。我们还定义了缓存命中、缓存未命中和命中率的术语。我们还讨论了各种刷新缓存的方法，包括批量更新缓存以及缓存算法如 LRU 和 MRU。通过对比操作存储在缓存中数据的透写和回写两种方法结束了本章的介绍部分。

对象缓存用来存储应用的对象以供重复使用。存储在缓存中的对象通常来自数据库或由应用生成。这些对象被序列化后放入缓存。如果要使用对象缓存，应用必须知道它们的存在并通过实施方法来操作缓存。数据库是通过使用对象缓存来卸载负载的首选，因为它通常是架构层次中最慢和最昂贵的，应用层通常也是一个使用缓存卸载负载的目标。

有两种应用缓存：代理缓存和反向代理缓存。应用缓存的基本目标是提高性能或者减少资源的使用量。代理缓存用于有限数量的用户请求无限数量的网页。例如互联网服务供应商或在学校和公司的本地网络通常采用这种类型的缓存。反向代理缓存用于数量无限的用户或请求者对有限数量的网站或应用的访问。通常实施反向代理来缓存来卸载对应用源服务器的请求。

内容分发网络的总原则是将内容推送到尽可能接近终端用户的地方。这种类型缓存的好处包括更快的响应时间和对源服务器较少的请求。通过在不同地区使用不同 ISP 的网关缓存实现 CDN。

不论提供哪种服务或应用，理解不同的缓存方法很重要，这样可以帮助你选择合适的缓存类型。对 SaaS 系统，几乎总有一种缓存类型是有意义的。

关键点

- 最容易扩展的流量是那些达不到应用层的流量，因为可以通过缓存来提供服务。
- 系统架构中有很多层可以考虑添加缓存，每种方案都各有利弊。
- 缓冲区类似于缓存，可以用来提高性能，如在写入磁盘前需要对数据进行重新排序。
- 缓存的结构与数据结构非常相似，例如有键值对的数组。缓存中的这些元组或条目被称为标签和数据元。
- 缓存用于临时存储那些可能会被再次访问的数据，这些数据不变而且会被反复读取。
- 当应用或者用户的请求在缓存中找到了需要的数据时，被称为命中缓存。
- 如果数据不在缓存，应用就必须去原来的主数据源检索数据。

在缓存中找不到数据被称为未命中缓存。

❑ 命中缓存数与请求数的比率被称为缓存的命中率。

❑ 无论是数据库还是应用服务中的数据，如果访问频繁而且不经常更新，使用对象缓存是有意义的。

❑ 数据库是使用缓存寻找卸载的首选，因为它通常是应用架构层级中最慢而且最昂贵的。

❑ 反向代理缓存也称为网关缓存，无限数量的用户或请求者通过缓存访问有限数量的网站或应用。

❑ 反向代理缓存是最常实施的缓存方法，以卸载请求对网络服务器的压力。

❑ 许多内容交付网络使用互联网作为骨干，并提供服务器来承载要分发的内容。

❑ 其他的内容交付网络，通过为在不同位置的服务器之间建立自己的点对点网络，提供更高的可用性并形成竞争的差异化。

❑ CDN 的优点是可以降低交付成本、加快响应时间和卸载请求对应用源服务器的压力。

第 24 章　为扩展而异步

孙子说：凡战者，以正合，以奇胜。

本章将讨论许多产品都存在的两个问题：依赖于状态和使用同步通信。我们将解释同步对可用性和客户满意度的影响。然后给出减轻这些影响的方法，为将大部分交易从同步转变为异步的具体实施提供理论基础。分析评估应用实施中存在状态问题的基本原因，并提出替代这种设计的方法。假如应用实施中无法避免状态的存在，本章为读者提供缓解的策略。

24.1　对同步的共识

同步的过程指使用和协调同时执行的线程或进程，这是整体任务的一部分。这些过程必须以正确的顺序执行，避免出现竞争的情况或者带来错误的结果。换句话说，当两个或更多工作必须以特定的顺序执行才能够完成任务时，同步就会发生。登录任务提供了一个很好的例子：首先用户的密码必须进行加密；接着它必须与数据库中的加密版本进行比较；然后必须更新会话数据，标记用户的身份已经通过了验证；最后必须生成和呈现欢迎页面。如果任何一个过程没有按顺序执行，用户登录的任务就失败了。

　　同步的一个例子是相互排斥（互斥）。互斥指的是如何对全局性资源进行保护，以确保同时运行的多个进程在一个时间点只有一个进程可以更新或访问资源。这通常是通过信号量来完成的。信号量是一些用来标志资源正被使用或已经释放可以使用的变量或数据类型。

　　另一种经典的同步方法是线程连接，一个进程被阻止执行，直到一个特定的线程终止。当线程终止后，等待程序释放继续执行。例如，如"查找"作为一个父进程开始执行。父进程启动一个子进程来检索它将查找数据的位置，并且这个子线程是"连接"的，也就是说父进程会暂停执行，直到子进程终止。

哲学家就餐问题

　　哲学家就餐问题的故事来自于查尔斯·安东尼·理查德·霍尔爵士（又名托尼·霍尔），他也是快速排序算法的发明者。这个故事作为例子说明资源争用和死锁问题。

　　故事是这样的：五位哲学家围坐在一张桌子前，中间有一碗意大利面。每个哲学家的左侧都有一把叉子，因此他的右侧也就有一把叉子。哲学家们既可以思考也可以吃面，但不可以同时进行。另外，为了能捞起意大利面，每一个哲学家都需要使用两把叉子。如果没有任何协调，哲学家有可能想同时拿起叉子，这样就没有人能有两把叉子来捞面吃。

　　这个故事证明不同步的五个哲学家可以保持无限期停滞和挨饿，正如五个计算机进程等待一个资源可能会陷入死锁状态一样。

幸运的是，有很多方法可以解决这个两难问题。其中之一是制订一个规则，当出现僵局时每个哲学家都放下手中的叉子，从而释放资源，然后开始随机思考一段时间。这个方案听起来很熟悉，因为以它为基础建立了传输控制协议（TCP）的重新传输过程。在没有得到数据被对方收到的确认信息时，计时器开始随机计时并等待重试的机会。时间的长短根据平滑处理往返时延（smoothed round trip time）算法调整，如果重试不成功，等待时间加倍。

前面给出的并不是所有同步方法的详尽列表。讨论这些只是为了说明如何使用同步的方法及其过程的价值。完全消除同步是不可取也是不可能的。许多的应用实施与我们希望建立的高可扩展、高可用的解决方案相悖。让我们来讨论一下这些用例及其替代方案。

24.2　同步与异步调用

现在，我们有了同步的基本定义和一些同步的例子，我们可以对产品的同步与异步调用问题做更为广泛的讨论。当一个进程调用另一个进程，然后该进程停下来等待被调用进程的响应，这时同步调用的情况发生。作为同步方法的一个例子，让我们来看看称为 query_exec 的方法。该方法用来建立和执行一个动态的数据库查询。query_exec 方法中的一个步骤是建立数据库连接。query_exec 方法不会继续执行，直到确定数据库连接任务成功完成为止。如果数据库不可用，应用将停止。在同步调用时，调用发出的进程被暂时停止，不允许完成，直到被调用的进程返回。

举一个非技术性的同步例子，两个人以面对面的方式或通过电话进行交流。如果这两个人都专心对话，不可能有任何其他的活动同时进行。除非与第一个同伴停止谈话，这个人不可能轻易地与第二个伙伴开始另一场对话。电话将一直保持被占用状态，直到其中一个或两个参与对话的人终止对话为止。

现在将此同步方法与异步方法进行比较。一个异步调用会启动一个新的线程，然后立即将控制权返回给源线程。换句话说，启动线程不必等待被启动线程完成（或回答）就继续执行其他的任务。描述异步调用方法的设计模式被称为异步设计或异步调用方法（AMI）。异步调用发生后，被启动的应用继续在另外一个线程中执行并终止，无论执行的结果是成功还是失败，都不会再与启动线程继续纠缠。

让我们回到前面 query_exec 方法的例子。在发出同步性的数据库连接调用指令后，该方法需要准备和执行数据库的查询。也许应该有个监控框架，通过异步调用 start_query_time 和 end_query_time 让服务关注所有数据库查询语句的持续时间和状态。这两种方法把系统时间存储在内存中，等待执行结束后把结束的时间放到内存，以计算执行的时间。最后把持续时间储存在监控数据库，了解在查询运行时系统的性能。尽管监控查询性能很重要，但实际上更重要的是为用户请求提供服务。因此要求异步方式调用这些监控方法（即 start_query_time 和 end_query_time）。如果这些调用成功并且返回结果则很好，但如果监控调用失败或延迟 20 秒等待监控数据库连接也没有关系。用户查询可以继续进行，不受异步调用所带来的干扰。

回到前面通信的例子，电子邮件是一个杰出的异步通信的例子。

你写好了一封电子邮件然后发出去，接着立即转到另一项任务，这可能是另外一个电子邮件、一轮高尔夫球或其他的事情。回应的电子邮件可能来自于前面你发给电子邮件的人。你可以随时阅读，然后在闲暇时间做出反应。在等待电子邮件回应时，无论是你还是另一方都没有被阻止做其他的事。

24.2.1　同步扩展还是异步扩展

为什么理解同步调用和异步调用的区别很重要？如果过度使用同步调用或不正确地使用同步调用可以给系统带来过度的负担并阻碍扩展。要明白其中的缘由，让我们回到 query_exec 的例子。

为什么在监控中不实施同步调用？监控毕竟是很重要的事，而且该方法执行快速，对整体执行时间的影响很小，为了在数据库中插入查询的起始时间和结束时间而必须阻碍的时间非常短。如前所述监控是重要的，但不比返回用户查询结果更为重要。当监控数据库运行良好时，监控调用的方法可以快速地完成，但是如果硬件发生故障，造成数据库无法访问会怎么样呢？监控查询语句将排队等待产生超时。启动这些监控的用户查询语句也被迫排队。这些被阻止的用户查询保持着它们与用户数据库的连接，耗费着试图执行这个线程的应用服务器内存。随着数据库连接数的增加，用户数据库可能会因此耗尽可用的连接，结果阻碍其他查询的执行。反过来，应用服务器的线程被捆绑，等待数据库的响应。内存交换开始在应用服务器上发生，阻碍的线程数据被写入磁盘。内存交换将减慢所有的处理，会导致应用服务器的 TCP 堆栈达到极限，并开始拒绝终端用户的连接请求。最终将无法处理新的用户请求，用户坐等浏览器或者应用超时。应用或平台基本上处于瘫痪状态。

如你所见，这个丑陋的一连串发生的事件可以很容易地发生的原因是忽视了调用应该是同步还异步这个简单的问题。最糟糕的是问题的根本原因难以琢磨和确定。沿着事件的链条一步一步地分析，发现问题有迹可寻，其根源不难理解，但如果与事件相关联的唯一的症状是产品的网页加载缓慢，诊断和定位问题可能就会耗时甚多。在理想情况下，有足够的监控手段帮助诊断和定位这种类型的问题。然而，这样特别长的事件链条可能会令人望而却步，特别是当网站瘫痪时，大家都在想方设法把网站重新恢复服务。

既然同步调用可以对可用性带来如此灾难性的影响，那我们为什么还要继续使用同步调用呢？答案是同步调用比异步调用更简单。"等等！"，你说。"是的，它们是很简单，但是往往我们的方法需要调用其他的方法才能够成功地完成，所以不可能在我们的系统里安排一大堆的异步调用。"这一点有些道理。很多时候你确实需要调用一个方法来完成任务，你需要知道这个调用的状态才能接着继续执行你的线程。并非所有的同步调用都是坏的，事实上许多是必要的，而且可以使开发人员的生活变得远远没有那么复杂。然而在许多其他的时候，异步调用可以并且应该被用在同步调用的地方，即使有依赖关系存在。

如果主线程需要了解调用的子线程是否完成，诸如监控调用，一个简单的异步调用就可以满足所有的要求。然而，如果你需要了解子线程的情况，但又不想阻止主线程，可以用回调函数来检索。回调功能的一个例子是操作系统的中断处理程序，它可以报告硬件的情况。

异步协调

在原有方法和被调用方法之间的异步协调和通信需要一种机制，通过该机制，原有方法将确定被调用方法是否已经或何时会执行完毕。回调可以作为参数传递给其他的方法，让不同层次的代码解耦。

在 C/C++ 中，这是通过函数指针实施的。在 Java 中，这是通过对象引用实现。

许多的设计模式都使用回调函数，如委托设计模式和观察者设计模式。更高级别的进程充当低级别进程的客户端，高级别的进程通过把低级别的方法作为参数引用，来调用低级别的方法。例如可以调用一个回调方法，用于像文件系统变更这样的异步事件。

在 .NET 框架中，通过关键词 Async 和 Await 来进行异步通信。通过使用这两个关键字，开发人员可以使用资源在 .NET 框架或窗口运行时创建一个异步方法。

不同语言为异步通信和协调问题提供了不同的解决方案。了解你的语言和框架可以提供的便利，以便在需要时能够实现它们。

前面提过，同步调用要比异步调用更简单，因此在实施中更常见。然而这只是同步过程很普遍的一个原因。另外一个原因是开发人员通常只能看到产品的一小部分。组织中很少有人会在总体上看应用。架构师（以及管理团队的人）应该从更高的层次的视角来看应用。你需要依靠这些人的帮助以识别和解释同步可能如何导致扩展性问题。

24.2.2　异步系统案例

在这一节中，我们用一个虚构的系统来探索如何将现有的系统转换为异步调用，或者设计一个新的系统来使用异步调用。为了帮助你充分理解同步调用会如何导致扩展性问题，以及从头开始设计一个新系统时如何用异步调用或者如何改变现有系统使用异步调用，我们将启动一个示例系统以供探索。将要讨论的系统来自于实际的客户，但是为了保护其隐私，我们特意做了一些模糊处理。

我们把这个系统称为 MailScale 系统，该系统允许订阅用户给其他邮件群组的用户发特别通知、新闻时事和优惠券（见图 24-1）。在单一活动中发送的邮件数量可能非常大，有多达数十万个收件人。这些工作显然是从主站点异步完成的。当订阅用户完成创建或上传电子邮件通知时，提交待处理的电子邮件。因为处理成千上万的电子邮件可能需要几分钟，而实际上此时提交的邮件已经在处理中，如果这个时候通过同步调用来处理用户已经完成了的页面，让用户坐在那里等待处理结果，这种设计就真的是太荒谬了。

问题是藏在主站点背后的作业调度，它负责为电子邮件作业排队，并把解析好的电子邮件传给空闲的邮件服务器。作业调度服务也从主站点接受用户提交的电子邮件。这个过程是同步进行的：用户点击发送按钮，向作业调度服务发出接受电子邮件作业的请求，然后收到作业请求被接收并放入队列的确认信息。这么做是有道理的，因为用户必须知道提交电子邮件的任务是否失败。该调用平均只需要几百毫秒的时间，一个简单的同步方法似乎是合适的。不幸的是，做此决定的工程师并不知道作业调度将同步调用邮件服务器。

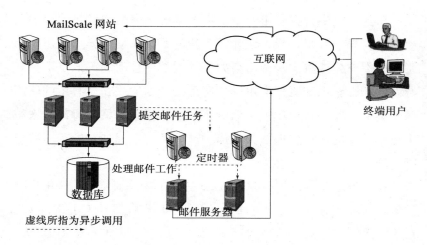

图 24-1　MailScale 案例

　　当作业调度接收到一个任务时，会将它排入队列等待，直到有一个邮件服务器空闲。一旦邮件服务器可用，作业调度会与邮件服务器之间建立同步通信流，传输相关任务的信息并监控电子邮件发送任务的状态。

　　当所有的邮件服务器在最大容量极限以下运行，而且有适当数量的作业调度为邮件服务器服务时，一切都很正常。如果出现大量退回的电子邮件或 ISP 的邮件服务器接收向外发送邮件的速度缓慢下来，MailScale 的电子邮件服务器就会慢下来，所有的后续请求会排成长队等待。因为作业调度依赖于同步通信的信道来监控所提交任务的工作状态，所以也慢下来排队等待。当作业调度放慢甚至反应迟钝时，用户提交电子邮件工作请求就会失败。应用服务器会慢下来或拒绝接受请求。然后网络服务器无法接受终端用户的请求。整个网站因此变得缓慢和反应迟钝，所有这些都是因为一个链式的同步调用造成的，然而没有一个人掌握完整的局面。解决的办法是把同步通信分解后改为异步调用，最好是在应用到作业调度以及作业调度到电子邮件服务器两个方面都完成改造。

　　这里我们学到了几样东西。第一个也是最重要的是同步调用会在系统中意想不到的地方出现问题。一个调用连着另一个调用，连绵不绝，贯穿许多系统的大量独立代码及其相互作用，使情况变得非常复杂。

　　第二个教训是工程师通常缺乏对整个架构的把控，可能导致他们做出把处理过程菊花链一样串在一起的决策。为此，架构师和管理者要为设计提供重要的意见和建议。

　　从该案例中能得到的最后一个教训是追查这种性质问题根源的复杂性。取决于监控系统，第一个警报很可能来自于网站，报告速度放缓，而不是从邮件服务器发出的。当这样的故障发生时，每个人自然都开始看究竟是什么原因导致邮件服务器变慢，而不是反过来的逻辑。破解这种问题要花一些时间。

　　分析和消除同步调用的另外一个原因是故障影响的放大效应。在第 19 章中我们谈到了这个问题，这里将讨论更多的细节。如果你有些年纪，可能还会记得那些古老的圣诞树灯串。如果这种灯串中的一个灯泡熄灭，会导致灯串中其他所有的灯泡熄灭。这些灯泡是串联的，所以任何一个灯泡出现故障，整个灯串都会失效。因此灯串的可用性是所有灯泡可用性的乘积。如果任何一个灯泡的可用性是 99.999% 或者失效概率为 0.001%，灯串中有 100 个灯泡，那么灯串的理论可用性为 0.99999100 或 0.999，从 5 个 9 的可用减少到 3 个 9 的可用性（可用性百分比中有多少个 9）。在一年的时间里，5 个 9 的可用性，99.999% 有刚刚超过五分钟的停机时间（即灯泡坏了），而一个 3 个 9 的可用性，99.9% 有超过 500 分钟的停机时间。这相当于把失败机会从 0.001% 增加到 0.1%。难怪我们的父母不喜欢让那些灯亮起来！

在一系列信息上彼此依靠，并以同步方式连接在一起的系统面临着和圣诞树灯串一样的故障率。如果一个组件出现故障，它会导致通信链条出现问题，一直会把影响传回终端用户。我们做的调用越多，失败的概率也就越高。故障率越高，不释放连接结果拒绝未来客户请求的可能性就越大。在这种情况下，最简单的解决办法是把这些调用改为异步，并确保它们有机会在超时后恢复正常。如果已经等待了 2 秒还没有响应，那么只好放弃请求，并给客户返回一个友好的错误信息。

同步和异步调用都是必要的，但我们往往错过，因此必须围绕这个主题进行讨论、辩论并把相关的知识传授给机构。如果忽略这些问题，当负载开始增长时会出现各种问题，服务器开始达到最大容量或者服务增加。如果现在就采用同步和异步的原则、标准和编码规范，那么当未来追查这些问题的根源并予以解决的时候，将会避免大量的宕机时间和资源浪费。

24.3 定义状态

另外一个经常被忽略的工程技术话题是有状态与无状态应用。使用状态的应用被称为有状态应用（stateful）。这意味着它依赖现在执行的结果来决定下一步要执行的动作。一个应用或协议不使用状态被称为无状态应用（stateless）。超文本传输协议（HTTP）就是一个无状态的协议，因为它不需要以前请求的任何信息就知道满足下一个请求所需要的一切。监控程序是使用状态的案例，首先确定查询请求是针对数据库而不是缓存，然后基于信息计算查询的用时。同样的监控程序也可以设计成无状态应用，它会接收所需的所有信息来计算用时。如果是一个查询的时间计算，这个信息在调用时就会传递给程序。

可能还记得计算机科学的计算理论课程对米利和摩尔机的描述，这被称为状态机或有限状态机。状态机是一个抽象的状态和行为的模型，主要是用来模拟行为。它可以在现实世界中用硬件或软件实现。有其他的方法来模拟或描述应用的行为，但状态机是最流行的。

米利和摩尔机

米利机是一种有限状态机，基于输入和当前的状态产生输出。摩尔机是一种有限状态机，该机器仅基于当前状态生成输出。

一个非常简单的摩尔机例子是转弯信号的开启和关闭。其输出（信号灯打开或者关闭）完全由当前状态确定。如果是开启，则信号灯会被关闭。如果是关闭，则信号会被开启。

一个很简单的米利机例子是交通信号。假定交通信号有一个开关可以确定是否有车存在。其输出是交通灯的红色、黄色或绿色。输入是一辆汽车在交叉路口等待信号。输出是由当前的状态以及输入决定。如果有一辆车正在等待，而现在的状态是红色，则信号变成绿色。

摩尔机和米利机都是简单的例子，利用状态、输入、输出和行动进行建模有不同的方法。

当在单个服务器上运行一个应用的单个实例时，该机器的状态是已知的并且易于管理。所有用户都在同一台服务器上运行，如果知道某个特定的用户已登录，应用可以利用已登录状态和输入的条件，如点击一个链接以确定输出。当开始通过增加应用服务器沿 X 轴扩展时，复杂的情况就出现了。如果用户向一台服务器发出这个请求，并向另一台服务器发出了下一个请求，每个服务器如何能知道用户的当前状态呢？如果应用是沿 Y 轴分割，登录服务运行在一个服务器群组，报告服务运行在完全不同的另一个服务器群组，每个服务如何能知道其他服务的状态？当我们试图扩展那些需要状态的应用时，这类问题就会出现。这些问题并非不可克服，但确实需要一些思考来解决。在理想的情况下，你还没有受到现有容量的约束，也不必要紧急推出一个新服务器或者分割现有的服务。

最常见的一种实现方式是用户会话。仅仅因为应用是有状态的并不意味着它必须有用户会话，反之亦然。一个实现了会话的应用或服务，可以用无状态的方式完成同样的任务，考虑一下 EJB 的无状态会话 bean。用户会话是一个建立在客户端（通常是用户的浏览器）和服务器之间的通信链路，该链路在用户会话的生命周期中一直保持。虽然开发人员在用户会话中保存了很多东西，但事实上最常见的数据是用户已登录的状态和用户拥有的权限。此信息显然是很重要的，除非你想要用户在每个页面请求上继续验证身份。通常存储在用户会话中的其他数据包括账户的属性，例如用户第一眼要看的报告、页面的布局或者默认的设置。再次重申，一次性地从数据库中检索出这些数据然后保存在用户的会话中，是我们可以做的最有效益的事情。

有时你可能想要在用户会话中保存某项数据，但是意识到如果要保存这些信息可能会增加问题的复杂性。因为用户围绕着网站不停地活动，要避免不断地与数据库通信，可以一次性获取用户的喜好并保存在会话中。这么做是有道理的，但当一个服务器群组负责处理用户请求时，这种性能的改进就造成了困难。维护会话状态的另外一个复杂点在于，如果稍有不慎，保存在用户会话中的信息量就会变得臃肿不堪。有时候（虽然很少），一个单用户的会话数据可以达到甚至超过几百 KB。当然这种情况下有些数据是多余的，但我们已经看到有些客户无法管理他们的会话数据，其结果是无论在规模方面还是在复杂性方面，成了弗兰克斯坦的怪物[⊖]。每一位工程师都希望能够快速、方便地使用信息，所以把数据粘在会话上。当你退一步，看看数据的规模和一些明显的问题，包括在内存保存所有这些用户的会话数据，或者在用户浏览器和服务器之间来回传输数据，很明显这种情况需要得到快速的纠正。

如果你已经设法把用户会话数据保持在合理的规模，那么有什么可用的方法可以在多服务器环境下保存状态或保持会话呢？这里有三种基本方法：避免、集中和分散。

类似于缓存的方法，解决用户会话扩展性问题的最好方法是完全避免问题。可以通过将会话数据从应用中删除或使其无状态化来实现。另一种方法是确保每个用户只和单个服务器打交道。这样会话数据可以留在服务器的内存上，因为用户请求总会返回该服务器，其他用户将分布在群组中的其他服务器上。要实现这个方案，你可

⊖ 玛丽·雪莱的小说中年轻科学家弗兰克斯坦利用不同人体的器官和组织拼合成一个怪物。——编辑注

以手工在代码中进行 Z 轴分割（取模数或查找）。例如，把所有开头是 A 到 M 的用户放在一个服务器上，把所有开头是 N 到 Z 的用户放在另外一个服务器上。如果 DNS 把用户名为"豺狼"（jackal）的用户请求发送到第二个服务器上，该服务器只需要做一个转发，就可以送到第一个服务器上去处理。另外一个潜在的解决方案是在会话期间，使用负载均衡器的会话 cookie。这些 cookie 将所有用户分配给某个特定的服务器。通过这种方式，每个来自特定用户的请求都将使用同一个服务器。几乎所有的负载均衡解决方案都可以提供某种形式的会话 cookie 功能。

假设由于某些原因所有这些解决方案都无效。因为扩展的需要把会话状态保持在大量服务器上，解决由此带来的复杂性的下一种方法是分散存储会话的数据。这可以通过将会话数据存储在用户浏览器中的 cookie 来实现。这种方法有许多可能的实施方案，如序列化会话数据然后把它们都存储在 cookie 中。会话数据必须来回传输，并通过应用对其编入、编出和处理，这需要大量的时间来完成。数据的编入和编出是为了传输或存储，把数据对象转化为合适的格式并可以在适当时候转换回原形的过程。这种方法的另一个改变是在会话 cookie 中存储非常少的信息，然后将它作为会话数据库或文件对象列表的参考索引，会话数据库或文件中包含了每个用户全部的会话数据。通过这个策略实现数据传输和编组成本的最小化。

解决会话与系统扩展问题的第三种方法是数据集中化。使用这种技术，所有用户会话数据都被集中存储在缓存系统中，所有的网络和应用服务器都可以访问该数据。如果用户在网站服务器 1 上完成登录，然后在网络服务器 3 上请求阅读报告，这两个服务器都可以访问中央缓存系统，查看用户是否已经登录以及用户的喜好是什么。在这种情况下，一个集中的缓存系统如 Memcached（在第 23 章中讨论过）将可以很好地解决用户的会话数据存储问题。有些系统已成功地使用了会话数据库，当连接和查询的开销显得过度时，其他的解决方案便成为可能，如硬件和软件的成本大致相同的缓存系统。会话缓存的关键问题是要确保缓存命中率非常高，否则用户的体验将是可怕的。因为没有的足够的空间来保存所有用户的会话数据，如果缓存过期了，用户将被踢出缓存，而不得不重新登录。正如你所能想象的，如果被踢出的机会有 25% 的话，你将发现这个问题会令用户非常烦恼。

会话扩展的三个解决方案

有三种基本方法来解决使用会话数据的应用扩展的复杂性问题：避免、分散和集中。

避免

❑ 完全删除会话数据。

❑ 通过在代码中对用户取模数来关联用户和某个特定的服务器。

❑ 通过会话 cookie 从负载均衡器上把用户与特定服务器关联起来。

分散

❑ 在浏览器的 cookie 中存储所有会话的 cookie 信息。

❑ 存储会话 cookie 作为会话对象的索引，所有信息存储在数据库或文件系统中。

> **集中**
>
> ❏ 在一个集中的会话缓存系统如 Memcached 中存储会话。
> ❏ 也可以使用数据库，但不推荐。
>
> 　在应用扩展时，解决会话相关的复杂性问题有许多创新的方法。根据应用的特定需求和参数，会有一个或多个方法可能很好地解决你的问题。

无论设计的应用是否有状态，无论是否使用会话数据，这些决策必须基于每个应用的实际情况做出。一般来说，无状态和非会话的应用更容易扩展。虽然这些选择有助于扩展，但应用开发的复杂化可能证明实施这些选择是不切合实际的。当确实要使用状态，特别是会话状态的时候，在这么做之前需要考虑好如何在 AKF 扩展立方体的所有三个轴上扩展应用。急于找出最简单、最快捷的方法来解决跨多个服务器的会话问题可能会导致的不良的长期决策。应尽可能避免危机驱动的架构决策。

24.4　结论

通常在开发服务或产品时忽略了同步与异步调用这个主题，直到它成为一个明显的扩展性阻碍。同步指必须完成两个或两个以上的工作才能完成任务。同步的一个例子是互相排斥（互斥），往往通过使用信号来保护全局性的资源，以避免同时运行的过程所使用。

同步调用成为可扩展性问题可能有各种原因。事实上，一个未曾想到的同步调用实际上可以导致整个系统的严重问题。虽然我们不鼓励完全消除这些调用，但是我们建议你深入了解如何将同步调用转换成异步调用。此外，重要的是安排如架构师和管理人员监督系统的设计工作，帮助发现问题并决定什么时候必须实施异步调用。

会话是建立在客户端（通常是用户的浏览器）和服务器之间的通信链路，链路在用户会话的生命周期内一直保持。跟踪会话数据可以变得繁重和复杂，尤其是当你正在沿着 AKF 扩展立方体的任何一个轴扩展应用的时候。解决状态和会话的复杂性有三类解决方案：避免、集中和分散。

当工程师采用同步调用和研发有状态的应用时，不可避免地进行某些权衡。这些方法可能会带来降低可扩展能力的弊端和简单实现的效益。最重要的是应该花时间预先讨论这些权衡，确保架构可以继续扩展。

关键点

- ❑ 当必须完成两个或多个工作才能完成任务时，同步发生。
- ❑ 互斥是一个同步的方法，定义了在多个进程同时运行的情况下，如何保护全局性资源。
- ❑ 当调用返回时，同步调用将彻底完成执行的动作。
- ❑ 异步调用，被调用的方法在一个新线程中执行，而且立即把控制权返回给调用线程。
- ❑ 描述异步调用的设计模式是异步设计或异步方法调用。
- ❑ 过度或不正确地使用同步调用将给系统带来不适当的负担，并阻止其扩展。
- ❑ 同步调用比异步调用更简单。

❑ 同步调用问题的另一个部分是开发人员通常只看到应用的一小部分。

❑ 使用状态的应用被称为有状态应用；它依靠当前的执行状态来确定要执行的下个动作。

❑ 不使用状态的应用或协议被称为无状态应用。

❑ 超文本传输协议（HTTP）是个无状态协议，因为它不需要知道以前请求的任何信息就可以满足下一个请求。

❑ 状态机是一个抽象的状态和行为模型，现实世界中它可以在硬件或软件中实现。

❑ 最常见的一种状态实施方式是用户会话。

❑ 在同步和异步以及有状态和无状态之间明智地选择方法是应用可扩展的关键。

❑ 当可以遵循标准、规范和原则的时候，及早进行讨论和决策。

第四部分

其他的问题和挑战

第 25 章 海量数据

孙子说：善用兵者，役不再籍，粮不三载。

无论是业务的自然增长还是超速增长所产生的数据，都会对存储系统能否可扩展提出了极大的挑战。数据保存多少和多长时间对业务的成本有着显著的影响，甚至会对企业有效扩展的能力产生负面的影响。

对大多数系统而言，时间对所存储数据的商业价值影响极大。尽管不能一概而论，但是对许多系统而言，随着时间的推移，数据的价值在逐渐降低。虽然旧的客户联系信息可能还有价值，但却不如最新联系信息的价值高。人们可能不太常去看旧的照片和视频，旧的日志文件与今天的业务关系也不大。成本随着数据存储量的增加而不断上升，但是以单位计算的存储数据的价值却在下降，这对大多数企业提出了独特的挑战。

这一章讨论数据存储。具体来说就是如何能够存储和处理大量数据，同时还不会因此而拖累企业。需要删除哪些数据，如何以阶梯式的策略来存储数据，从而为股东带来更大的利益。

25.1 数据的成本

数据是昂贵的。对这句话的第一反应可能是，随着时间的推移，海量存储设备的成本在稳步下降，云存储服务的成本已经接近免费。但是"完全免费"和"几乎免费"显然不是一回事。好多东西貌似免费，但实际上却相当昂贵。存储的价格随着时间的推移不断降低，我们不会太在乎实际上使用了多少数据，结果使用的数据量大大增加。存储成本可能下降了 50%，但是我们却并没有把因为价格下降而节省下来的 50% 体现为运营成本的降低而使股东受益。相反，我们有可能让数据的存储量增长一倍，原因是它"便宜"。

当然，花费在存储系统上的支出并不是数据存储的唯一支出。存储的规模越大，存储系统需要的管理就越多。这些增加的费用包括系统管理员处理数据，系统容量规划人员计划容量的增长，甚至需要购买软件许可证来"虚拟化"存储环境，从而使管理更容易。随着存储系统数量的增长，其复杂性和管理成本也相应地增加了。

此外，随着存储系统规模的扩大，管理存储系统成本也会相应地增加（这里的"成本"可能是电费支出或用于租赁数据中心的租金）。你可能会认为基础设施即服务（IaaS）或云存储的普及减少了其中的很多费用。如果你已经把不常用的数据放在这些存储的基础设施上，那么你做出了明智的选择。然而，即使采用了这些解决方案，1 个大型磁盘阵列的价格一定低于 10 个磁盘阵列的价格。在云存储系统里存储少量数据的价格也一定低于存储大量数据的价格。即使采用云计算服务，你仍然需要工作人员和过程去了解存储的位置，同时确保它可以被正确访问。

这些还不是所有的费用！如果数据存储在数据库中，依托这些数据来处理交易，以满足每个用户的需要，查询数据的时间将随着数据量的增加而延长。在这里，我们讨论的不是物理存储的成本，而是完成查询的时间。如果你的查询使用了分布均匀的索引，查询时间就不是呈线性增长（很有可能是 $\log_2N$，N 为数据元素的数量）。无论如何，查询时间随数据规模的扩大而延长。同有 8 个元素的查询相比，在一个有 16 个元素的二叉树中遍历并查询 1 个元素尽管不会花两倍的时间，但元素数量越大，查询所耗费的时间也就越长。因为对每一个查询，系统的处理器都会花更多时间去执行更多的步骤来遍历数据元素，这意味着在任何一个时间段内，处理器可以处理查询的数量减少。

现在让我们来看看这是如何工作的。假设我们有 8 个元素，一个查询平均需要 1.5 步能找到结果。假设有 16 个元素，一个查询平均需要 2 步能找到结果。与 8 个元素相比，处理 16 个元素的时间会增加 33%。虽然这看起来是个挺好的扩展方法，但它仍然需要较长的时间。而且，增大的响应时间不仅仅影响数据库。虽然是异步执行，它可能使应用服务器为了得到数据库查询的结果而等待更长的时间。也可能使网络服务器等待更长时间才能得到应用服务器返回的数据，它还可能使客户为页面加载而等待更长的时间。

以一个下午 1 点到 2 点之间的普通高峰期为例。如果平均每个查询需要额外 33% 的时间才能完成，系统的利用率最高可达到 100%，如果要保持系统对用户的响应时间不变，我们就需要增加 33% 的系统资源以应付额外的数据（以上面的 16 个元素与 8 个元素为例）。换言之，我们要么让每个查询的时间增加 33%，影响用户的体验（因为新的查询在排队等待前面较长的查询，这使用户多等待了 33% 的时间），要么扩大系统容量来减少对用户的影响。如果我们不按照在第 22 章中介绍的诀窍去分割数据，迟早有一天用户体验将不可避免地开始遭殃。虽然你可能会争辩说，更快的处理器、更大的缓存和更快的存储将会提供更好的用户体验，但是所有这些因素都不能解决一个问题，那就是数据越多，花在处理上的时间就越长。

　　数据增加所带来的影响还不仅限于存储开销、处理时间增加和用户响应时间的延长。毋庸置疑，你需要定期对存储系统进行备份。随着数据量的增长，"全量备份"（full backup）的工作量也随之增加，并且会在每次"全量备份"时不断重复。虽然大部分数据可能不会改变，但还是会在每次"全量备份"时重新备份全部数据。尽管增量备份（只备份那些更改的数据）有助于缓解这个问题，但极可能还要定期进行"全量备份"，以降低在几年前的"全量备份"上叠加的多个增量备份所带来的成本。如果你只做一个"全量备份"，然后仅仅依赖增量备份去恢复存储系统的某些部分，那么灾难恢复的时间目标（从存储系统的故障中恢复的时间）一定不会短！

　　讨论至此，希望已经让你从存储系统是免费的错误想法中醒悟过来。存储设备的价格可能正在下降，但那仅仅是存储信息、数据和知识的真正成本的一部分。

数据存储的 6 种成本

　　当数据的存储量增加时，以下的费用也会随着增加。

❑ 数据的存储资源

❑ 管理存储系统的人员和软件

> ❏ 使存储系统能正常运行所需的电力和空间
> ❏ 确保适当的电力基础设施正常运行的投入
> ❏ 遍历数据的处理能力
> ❏ 备份的时间和成本
>
> 　存储数据的费用不仅仅是物理存储设备的成本，这里列举的其他费用有时使实际存储设备的成本黯然失色。

25.2　数据的成本价值困局

　　并非所有数据对企业的价值都是相同的。在许多企业中，时间会减低我们可以从任何特定数据元素中获得的价值。例如，很多数据仓库中的旧数据对建立交易模型用处不大。某个客户与电子商务平台交互的旧记录可能有用，但其价值远不如最新的数据。电话公司几年前的详细通话记录没有最新的通话记录对用户的价值大。三年前的银行交易记录不如最近几个星期的有用。人们可能会偶尔看一下老照片和老视频，但经常看的还是最近上传的新照片和新视频。虽然我们不能说所有的旧数据都没有新数据价值大，但在大多数情况下，新数据更有价值是一个事实。

　　如果数据的价值随着时间的推移而降低，为什么我们还要保存那么多数据呢？我们把这个问题叫做数据的成本价值困局（cost-value data dilemma）。凭我们的经验，大多数公司没有对数据价值随时间的推移逐渐降低和维持高速增长的数据的成本这些事实引起高度重视。通常情况下，更新或更快的存储技术的出现使我们能够以更低的初始成本来存储相同数量的数据，或者用相同的成本存储更多的数据。随着单位存储成本的下降，我们要保存更多数据的愿望逐渐膨胀。

此外，许多公司还指出数据的选项价值（option value）。你怎么知道将来会由于什么原因要使用这些数据？在我们的职业生涯中，几乎所有人都可能记得我们曾经说过这样的一句话，"假如我们保存了那个数据"。在过去的某个时间，由于缺少某个关键数据带来的遗憾成为我们要永久保存所有数据的借口。

另一个经常被提及的需要大量保存数据的理由是保持战略竞争优势。通常这个原因的措辞是，"我们保存数据的原因是我们的竞争对手没有保存它。"数据将增加你的竞争优势，这是完全有可能的。但是凭我们的经验，我们建议与其永久性地保留数据，不如比你的竞争对手保留更长时间（但并不是永久）更有优势。

忽略数据的成本价值困局、引用数据的选项价值和声称通过永久保存数据来提高竞争优势，所有这些都潜在地起到降低股东收益的作用。如果一个决定的真正结果是支出大于收益（或者在忽视数据的成本价值困局的情况下不做决定），这个决定就不能给股东带来更多的收益。如果法律或法规要求你保留历史数据，比如电子邮件或财务交易记录，你别无选择，只能遵守法律。在其他情况下，你可以对数据的价值和保存它的成本进行评估。在超高速增长的公司，要考虑数据的价值很可能会随着时间的推移而降低的事实，还要考虑虽然单位存储成本在下降，但保存数据的总成本极有可能会增加这个事实。

在现实生活中，你的公司可能足够成熟，能够把有一定性价比的产品和某个层次的客户相关联。商学院往往花费大量时间去讨论非盈利性客户的概念。非盈利性客户是指那些为了维持他们，你所花费的成本超过从他们身上所能获得的利润。利润也包括由于这些客户的引见而带来的生意所产生的。在理想情况下，你不想保持非盈利性客户或继续为他们提供服务。决定和过滤非盈利性客户的策略在某些行业会比其他行业更加困难。

筛选盈利性客户和非盈利性客户的概念同样适用于筛选数据。在大多数情况下，经过足够的调查分析，你很有可能发现什么数据能增加股东的收益，什么数据会降低股东的收益。就像某些客户不能给企业带来利润一样，某些数据能带给我们的价值低于我们用于维护它们所花费的成本。

25.3　数据产生利润

用业务和技术的方法来决定保留哪些数据以及如何保存，相对来讲是比较简单和直接的：设计存储系统能保存所有可以给企业带来利润的数据，或者说那些可能增加股东收益的数据，然后果断地删除其他数据。让我们来看看那些最常见的驱动数据膨胀的因素，然后寻找能使数据存储成本和本身价值相匹配的方法。

25.3.1　选项价值

每种选择方案都有一定的价值。准确的价值则取决于最终选择哪个方案以及由此带来利益的概率。这可能是一个计算两种可能性的概率方程。第一种是选择和执行一个方案的可能性。第二种是执行一个方案能给我们带来多少收益的可能性。显而易见，我们不能说任何一个备选方案的价值是无限的。这种说法意味着那个方案能给股东创造无限的财富，这显然是不可能的。

数据选项的价值有限度。为了给这个价值一个界限，我们应该开始自问："我们过去经常依靠数据做出有价值的决定吗"，"在那个决定中，我们使用的数据有多旧"，"我们最终创造的价值是多少"，"维护这些数据的成本又是多少"，"最终的结果是赢利吗"。

提出这些问题并不意味着我们提倡从系统中删除所有的数据。如果没有一些有意义的数据，你的平台可能无法运作。确切地说，我们只是要指出应该评估和质疑保留数据的策略，以确保所有保存的数据都是有价值的。如果在过去你没有依靠数据做出更好的决定，那么从明天开始使用所有数据的机会也不会太多。即使你开始使用数据，也不太可能使用所有的数据。因此，应该确定哪些数据具有真正的价值，哪些数据有价值但应该存储在低成本的存储系统里，哪些数据可以删除。

25.3.2　战略竞争差异化

"战略竞争差异化"是我们保留数据最喜欢用的借口之一。这个断言最容易下，同时也最难反驳。普遍的想法是保存大量数据（超过你的竞争对手）可以使公司更具竞争力。从表面上看，公司可以做出更好的决策，客户能够访问更多和更好的数据。

然而在大多数情况下，数据的价值会随着时间的推移而降低，无限的数据不等同于无穷的价值。这两个想法会在一个衰退的数据曲线上交叉，在那一点之后，旧数据的价值开始明显地衰减。因此，要解决竞争差异化，我们需要了解数据的价值，把数据在某一年的价值与之前两年、五年的价值进行比较，以此类推。我们需要确定一个数据不再带来赢利的时间点，和额外数据的增加会对保留客户、做出更好决策等带来接近于零价值的时间点。这两个点可能是相同的，但也很有可能是不同的。

在认识到某些数据具有巨大价值，某些数据具有较低价值，某些数据可能有价值，某些数据根本没有价值之后，我们就可以为有价值的数据设计一种以成本为划分标准的分层存储方案，并删除具有较低价值或没有价值的数据。我们还可以将数据进行转换和压缩确保以显著的低成本保留大部分有价值的数据。

25.3.3 分层存储解决方案

假设一个公司确认它的一部分数据具有真正的价值，但存储成本高于数据所创造的价值。这意味着到了应该考虑分层存储方案的时候了。许多公司以业务处理系统的需求为主选择某种类型的存储系统。这个决定的结果是几乎所有其他的一切都依赖于这个优质的存储系统。尽管绝对不是所有其他的系统都需要冗余性、高可用性和与主要业务处理系统一样快的响应时间。对于具有较低价值的服务和需求，可以考虑使用数据的分层存储方案。

例如，可以把不经常访问，不需要立即响应的数据存放在较慢的、低成本和低功耗的存储设备上。另一个选择是分割架构，服务其中的一些 Y 轴分割的数据需求，以解决"存档数据服务"的功能。为了节省处理能力，也许对"存档数据服务"的请求以异步方式进行发送，当结果生成后发电子邮件通知。

也有许多其他的选择可以通过分层的解决方案来降低成本。不常访问的客户数据可以放在云存储系统。对于旧的和不变的数据，可以把它们从数据库中删除并以静态形式存储。数据越旧，就越不被频繁地访问到。因此，随着时间的推移，可以转移到较低的存储层。

这里的解决方案是使成本和所能创造的价值相匹配。并不是每个系统或每条数据都能对公司的业务提供相同的价值。我们通常根据公司员工的长处或对公司的价值给员工支付薪水，那么为什么我们不以同样的方式去设计系统呢？如果某组数据有价值但不多，我们只需为它们构建一个能和它们的价值相当的系统。这种方法确实存在一些缺点，例如要求运维人员支持和维护多个存储层，但只要对这些额外成本进行适当评估，分层存储系统适用于许多公司。

25.3.4 数据转换

通常用于业务处理的数据存储根本不适用于其他的需求。因此，我们最终还是需要以接近实时的速度来处理数据，使它们能被公司的决策支持系统或者客户管理系统所用。

以前面提到的第一种情况作为例子，在那里我们强调如果要做出正确的业务决策，需要考虑到市场营销部门所关心的每个客户行为的需求。市场营销部门可能对在一段时间内购买一定数量以上产品的人口统计分析有兴趣。为了实现这些需求，保存每次购买的原始记录可能是最灵活的方式，但是市场营销部门可能觉得按月份统计客户所购买产品的数量也可以。突然之间，对数据的要求降低了：因为我们的许多客户都是回头客，我们可以把每个原始交易记录拆分成买方记录、交易物品记录和每月购买物品数量的记录。现在，我们可以保持在线交易记录四个月，以便生成最新的季度详细报告，然后把这些具体的交易信息汇总成买方个人摘要交易记录提供给市场营销部门，同时汇总成内部各部门摘要交易记录提供给财务部门。

实施这个计划后，我们需要存储的数据量可能减少高达 50%。此外，如果没有这个计划，我们可能会在市场部门提出请求时进行实时汇总，这个计划帮助我们降低了应用生成报表所需的响应时间，从而提高了市场营销部门的效率。

以提供更好客户体验为宗旨的数据处理为例，当客户使用我们的平台时，我们可能想给客户提供产品建议。这些产品建议可能包括其他看过或买过同类产品的客户还购买了其他的产品。当一个人正在购物时，应用程序通过扫描所有的购买记录来计算和展示该客户与产品关联的图表，这项工作可能太复杂，在这么短的时间里根本无法实现。仅仅出于这个原因，我们希望提前处理和保留产品与客户的关系。这样在计算的同时也减少了我们存储所有历史交易细节的必要。产生预处理关系图表不仅加快了对客户的响应时间，而且也减少了长期保存数据的需求。

数据转换所遵循的原则是基于数据仓库专家称为"提取、转换和加载"（ETL）的过程。它超出了本书的讨论范围，在这里我们将不会涉及数据仓库，但 ETL 固有的概念可以帮助你避免在业务系统中存储大量数据。理想情况下，这些 ETL 过程除了从主要业务系统中删除数据之外，与保留同样时间段的原始数据相比，它还将减少对整体存储量的需求。将昂贵的详细记录浓缩成汇总表和事实表，致力于回答特定的问题，有助于节省空间和加快处理。

25.4　处理大量的数据

在讨论了存储系统的成本与数据价值相匹配和删除没有太大价

值的数据这两个需要后，让我们把注意力转向一个更令人兴奋的问题：数据是有价值的，但量实在太多了，我们无法有效地处理它们，应该怎么办？答案跟解决复杂的数学方程式相同：简化并且减少。

如果能很容易地把数据分割成许多小块，每个小块由不同的系统资源去处理，或者不同的数据能和不同的服务挂钩，那么我们只需要把从第 20 章到第 22 章所学到的概念加以应用。AKF 可扩展立方体在这些情况下会帮助你解决问题。但是当我们需要访问整个数据集才能得到一个答案时，例如要计算国会图书馆的所有作品中出现过的单词，或对一个庞大而且复杂的库存系统进行盘点，在这些情况下该怎么办呢？如果想要迅速地完成这些工作，就需要找到一种可以高效分配工作的方法。工作分配可能采取多道程序的形式。第一道程序是分析，第二道程序是计算。谷歌推出了一个软件框架 MapReduce [⊖]，用来支持对大型数据集的分布式处理。以下是对这种模式的描述，以及如何将其运用于较大问题的示例。

概括地说，MapReduce 有映射功能（Map）和归约功能（Reduce）。映射功能将输入的键值对转换成中间的键值对。对外行来说这一步似乎并没有立即显示其作用，这一步的目的是为一个分布式过程创建有用的中间信息，使另一个分布式过程能对这些中间信息进行编译。输入的关键字可能是文档的名称或是指向文档章节的指针。输入的值可以是文档或文档章节中所有的单词。在分布式的库存系统中，关键字可能是库存位置，值可能是在该位置的所有

⊖　Jeffrey Dean and Sanjay Ghemawat. "MapReduce: Simplified Data Processing on Large Clusters." http://static.googleusercontent.com/media/research. google.com/en/us/archive/mapreduce-osdi04.pdf.

库存部件名称，每一个名称代表一个库存部件。例如，如果我们有五个螺丝和两个钉子，值将会是螺丝、螺丝、螺丝、螺丝、螺丝、钉子、钉子。

Map 的规范形式伪代码如下[⊖]：

```
map(String input_key, String input_value):
// input_key: document name or inventory location name
//input_value: document contents or inventory contents
For each word w (or part p) in input_value:
  EmitIntermediate(w, "1") (or EmitIntermediate(p,"1"));
```

该伪代码可用于单词统计和分布式库存系统两个例子。事实上两者只有一种适合你。

图 25-1 和图 25-2 展示了一些输入关键字（input-key）、值（input-value）和输出关键字（output key）、值（value）。图 25-1 的例子是一系列单词，其中包括我们喜欢的词 "红"（red）。图 25-2 的例子是不同仓库地址的库存清单。

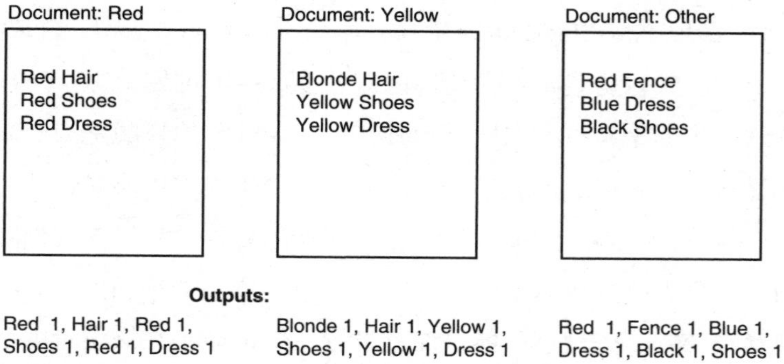

Document: Red

Red Hair
Red Shoes
Red Dress

Document: Yellow

Blonde Hair
Yellow Shoes
Yellow Dress

Document: Other

Red Fence
Blue Dress
Black Shoes

Outputs:

Red 1, Hair 1, Red 1, Shoes 1, Red 1, Dress 1

Blonde 1, Hair 1, Yellow 1, Shoes 1, Yellow 1, Dress 1

Red 1, Fence 1, Blue 1, Dress 1, Black 1, Shoes 1

图 25-1　三个文档键值对的输入和输出

⊖　Jeffrey Dean and Sanjay Ghemawat. "MapReduce: Simplified Data Processing on Large Clusters." http://research.google.com/archive/mapreduce-osdi04-slides/.

图 25-2 不同地点库存的键值对输入和输出

请注意映射功能是如何对每个输入文档进行处理，然后简单地生成每个单词和作为文档计数的 1。为了提高速度，我们为每个文件启动一个单独的映射进程。图 25-2 显示了此过程的输出结果。

再次强调，我们接纳的是输入键值对。每个输入键是库存地址，输入值是每个库存地址所存放的每个部件的列队。每个部件名在列队里出现的次数代表了部件的数量。输出键是部件名称，输出值是 1。要生成这个输出，我们使用独立的映射进程。

这种结构的价值是什么？我们现在可以把这些键值对输入到一个分布式过程，该过程将对这些键值对进行组合并产生排序的新键值对。输出是每个单词出现的次数或每个库存部件的数量。该分布式过程的技巧是确保所有具有相同关键字的记录都被送到唯一的归约进程（reducer）。我们需要归约进程有这种功能（或归约进程的一个功能，我们将马上讨论这个话题）以确保结果的准确性。如果关键字是部件"螺丝"，那么它被送到归约进程 1，所有的关键字是"螺丝"的记录都会被送去归约进程 1。以下是谷歌归约功能（reduce function）如何操作的伪代码⊖：

```
reduce(String input_key, Iterator intermediate_values):
// output_key: a word or a part name
//output_values: count
For each v in intermediate_values:
  Result += ParseInt(v);
  Emit(AsString(result));
```

为了使归约功能得以运作，对每个关键字，我们需要添加一个能把关键字分组并且把值附加到列表里的程序。这是一个很简单的程序，它将会以关键字进行排序和分组。假设从映射进程中产生的键值对被送到具有相同排序和分组的进程，然后再提交给归约进程进行处理，那么这也是一个分布式的过程。就像许多大学本科生计算机科学教科书的研究题目，经过繁琐的排序和分组处理，我们可以在图 25-3 中展示库存系统的归约功能（我们把画单词计数的展示图作为练习留给读者）。

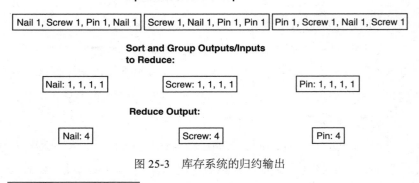

图 25-3　库存系统的归约输出

⊖　Jeffrey Dean and Sanjay Ghemawat. "MapReduce: Simplified Data Processing on Large Clusters." Slide 4. http://labs.google.com/papers/mapreduce-osdi04-slides/.

可以采用多层次的排序、分组和归约来加速这个处理过程。例如，如果我们有 50 个映射进程，可以把结果送给 50 个排序进程。接下来这 50 个排序进程可以将其结果发送到另外 25 个排序进程和分组进程。继续下去，直到只剩下一个排好序、分好组的部件键值对的列表。然后把这个列表发送给多个归约进程。无论是从你能投入的处理器数量还是处理能力来看，这样的系统都具有高度的可扩展性。我们强烈地推荐你去阅读谷歌实验室的 MapReduce 文档。

25.4.1 大数据

毫无疑问，单位存储成本的降低、计算设备处理能力和速度的提高引领我们进入大数据时代。正如"云"这个词一样，"大数据"对不同的人有着不同的意义，以致很难理解每个人在使用这个词时的真正含义。对我们而言，采纳维基百科的定义："大数据是指一个数据的集合，这个数据的集合如此庞大和复杂以致很难用传统的数据处理技术处理⊖。"

虽然本书主要侧重在面向客户的事务处理系统，但我们在这里提出的概念同样适用于大数据。事实上，前面所述的 MapReduce 功能已经应用在一些最早的大数据网络产品中。还有什么比试图收集在整个互联网上查询结果更大的大数据问题？事实上，MapReduce 是迄今为止最成功的 NoSQL 实施（例如 Hadoop、Mongo）的重要组成部分。此外，很少有事物能创造像 NoSQL 这样为大数据运动所带来的价值。

⊖　" Big Data. " Wikipedia. http://en.wikipedia.org/wiki/Big_data; accessed September 17, 2014

大数据已经有很多技术和业务方面的书籍。与其尝试为现有文献做出有意义的贡献，我们更希望将重点放在能帮助你在大数据这条路上走得更远的两个主题上。这两个主题分别是沿扩展立方体的Y轴和Z轴进行数据分区。

当对纵向分组的数据之间的关系进行深入而有意义的分析时，Y轴数据分区很有用。这种分区有助于发现数据之间"为什么"存在着关系。这种分组的例子是"客户与产品"，它包含所有的客户和产品数据，以及那些用来解释为什么产品在东北的销售比西南更好的数据。通过对客户和产品属性的研究，我们可以尝试去发现与该现象相关联的一些独立变量。因为我们排除了所有其他无关的数据，所以响应时间会比使用实时分析处理系统（OLAP）更快。

相比之下，Z轴分割更适合对跨越水平分割的数据进行广泛分析以确定关系所在。这类分析往往具有探索性质，试图确定存在着哪些关系而不是为什么这些关系存在。分割后的数据子集虽小但囊括了所有的属性，可以使我们对数据子集进行相对快速的查询和广泛的分析。

敏锐的读者可能会指出很多NoSQL产品可以完成这方面的工作，特别是Z轴分割。虽然很多产品确实能够提供这项功能，但只有对资源妥善调配才可能在超大型的数据集上完成这种分析。换句话说，你必须在云计算系统上租用大量资源，或者花费大量资金才可能以快速的响应时间对所有的数据进行分析，然后得到答案。如果寄希望于从一个系统中得到所有问题的答案，你往往会因为在那个系统上资源耗费太多而破产，或者因为系统的响应时间太慢而处于无穷无尽的等待中。

当我们选择方法时考虑到三种可能的环境：第一种是存储了所

有数据的单体集成系统，这种系统通常不适合处理大量的查询；第
二种是对所有数据进行 Z 轴 N 次分割以进行快速查询的系统；第三
种是允许我们加载各种深度数据子集或数据分割子集的可配置的 Y
轴环境，这种系统可以帮助我们确认 Z 轴分析的结果。首先，我们
可以在 Z 轴方案中采用归纳法发现数据之间的关系，然后，在 Y 轴
方案中用所有客户的数据来验证关系，最后，在单体的集成系统中
最终确认这种关系。请注意，这里的每个步骤既可以是关系型数据
库也可以是 NoSQL 数据库。看起来非关系型系统似乎更适合回答有
关对象之间关系的问题，因为很少受到关系边界的局限。图 25-4 描
述了这里讨论的三个环境的解决方案。

　　通过将数据分割成三个子集，数据存储成为单体集成数据集的
主要驱动。这样降低那些可以处理所有数据查询的方案所需要的成
本。这个数据集成为"快而广"（Z 轴）和"深而窄"（Y 轴）分析系统
的数据源。同时这也可以为我们最终验证任何新发现提供服务。

　　Z 轴分割使我们可以在数据子集中横跨任何数据快速地发现关
系。因为数据量较小，可以控制对查询处理节点和数据节点的需求。
使用该方法，可以迅速迭代验证不同的想法，通过详细分析数据来
发现潜在的意义（归纳法），然后让这些潜在的关系排队等候 Y 轴验
证。具体操作上，假如产品需要实时使用这些数据，也可以在每个
泳道进行 Z 轴分割（基于客户）。通过数据提取、转换和加载（ETL）
程序生成快速和广泛的数据集。该程序可以通过批处理或实时但异
步的"滴流加载"（trickle load）形式从单体集成系统或产品中取得。

　　Y 轴分割可以使我们能够找到因果关系并对这些关系进行验证。
它使处理需求和数据需求得以扩展，由于受到约束，其扩展应该不会

像单体集成系统扩展那么昂贵。其数据也是通过 ETL 程序生成的。

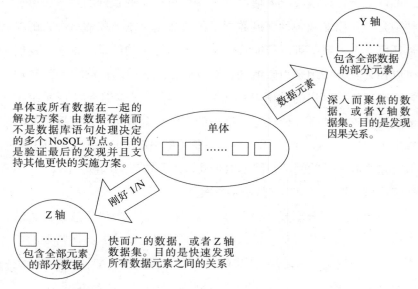

图 25-4　Y 轴和 Z 轴大数据分割

　　通过该方法或其变种，不仅可以满足我们对实时寻找问题答案的需求，同时也可以保持较低的整体成本。因为系统基于独立的个体变量扩展性，与单体集成系统相比，它的成本往往较低而且整体响应时间较快。

25.4.2　NoSQL 入门

　　如果不涉及 NoSQL，任何一本可扩展性方面的书都称不上是完整的。像大数据一样，已经有介绍各种 NoSQL 的书，同时也可以从类似 Gartner 这样的资源中找到大量的信息。与其不明智地尝试重做这些事情，不如另辟蹊径，对各种 NoSQL 方案进行比较，并对在什么情况下应该使用提供一些参考意见。目的是提供一个结构性的框架来协助你应用 NoSQL 技术。

至少部分 NoSQL 革命源自布鲁尔定理衍生出来的见解（见第 22 章）。它旨在完全或至少部分地避免结构化查询语言（SQL）的许多问题，放松对数据库 ACID 中一致性的限制（见第 22 章和第 23 章的定义以及关于这些问题的讨论）。这些改变降低扩展的成本，对于那些本质上非结构化查询"最糟糕"情况的响应时间更快。在许多情况下，那些应用了计算缓存的环境里，NoSQL 解决方案对"最好情况"和"平均情况"的响应时间更快（参见第 23 章中关于对象缓存的讨论）。此外，对一致性的放松使得以依靠产品自带的复制功能来实现的数据分布变得更加容易，使数据分布可以支持灾难恢复、高可用性和更接近客户。我们决定使用 SQL 或 NoSQL 的总体原则主要集中在数据结构和检索目的。

如果产品依赖于高度结构化的数据，同时只对这些数据进行有限的预定义操作，那么关系型数据库是适合的。基于最小库存单位（SKU）的产品目录系统是这种解决方案的一个很好的例子。在这种方案中，企业定义对象之间的关系，比如给物品增加有意义的层次结构（肥皂和头发产品可能属于个人卫生类别）。作为系统结构的组成部分，在仓库中的位置可能也很重要。可以预先定义好像购买、库存、选物和托运这些操作。通过创建高效率的索引来尽可能减少对数据进行检索、更新、插入和删除操作。

如果解决方案或产品依赖于非结构化和无层次模型，或者数据元素之间的操作和关系不明确，在这些情况下，NoSQL 解决方案就更胜一筹。一个例子是快速检索对象缓存，对这种情况我们只需要匹配数据元素和用户或者操作即可。另一个很好的例子是大数据或深层次分析系统，在这种情况中我们查询对象之间的未知关系。例如，我们试图确定用户地理位置、四季平均温度和物品托运成本对春、夏、秋、冬四季葡萄酒销售品种和数量的影响。关系型数据库管理系统可能把一些关系强加在这些实体上，产生一些分析结果来迷惑我们，或至少查询起来费力并且响应时间缓慢。适当的 NoSQL 解决方案不会有这些关系，所以能使查询更加容易，同时响应时间更快。

我们把 NoSQL 解决方案分为四类：键值存储（如第 23 章中提到的 Memcached）、列存储、文件存储和图形数据库。从技术上讲，图形数据库不是一个 NoSQL 的解决方案，但是当提及关系型数据库的替代品时，它们通常会被提及，所以我们把它们包括在这里。这四类 NoSQL 方案扩展的成本是不一样的，同时在查询操作方面也有不同程度的灵活性。图 25-5 展示了这些方案扩展的成本和查询的灵活性。

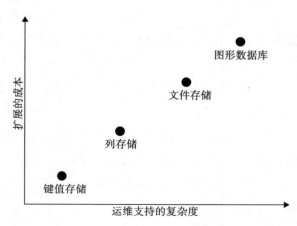

图 25-5　NoSQL 类型数据解决方案扩展成本与运维支持复杂度

　　键值存储（Key-Value store）系统由于保存数据简单，使其能够提供令人难以置信的低成本增长（在扩展上低成本）。这些解决方案通常是一个键对应一个值。对数据的操作比较简单，包括添加数据（set）、更新数据（replace）以及检索数据（get）。扩展的低成本、有限的查询复杂度和快速响应使键值存储成为队列、高速缓存和以快速查找为目的的分布式对象存储的理想选择。它们大多不适用于大数据或分析。

　　列存储是由键值存储衍生而来的。它侧重在一键多属性，这类似于关系型数据库表。虽然名字意味着只能按列进行存取，但实际上有些列存储系统使用行而非列。它们使用典型的键值对映射解决方案中的一个列。此列保留被映射元素的其他属性。该结构允许保存更大数量的数据，同时最大限度地降低扩展的成本。当更多的属性被加入并且与键相关联时，查询的灵活性就会增加。因此，列存储系统非常适用于需要保存大量相对静态信息的应用。一个例子是以重定向为目的对用户进行的多方面跟踪，包括重要客户信息和在社交网络中的半静态关联。这种解决方案适用于快速读取 Z 轴分割的数据（如大数据章节中讨论的），但它们可以提供的数据深度和查询形式的复杂度是有限的。这些属性对许多深度分析应用是非常重要的。

　　文件存储可能是最灵活的方案，作为回报，在 NoSQL 产品中，它们的可扩展性以单位成本计算是最昂贵的。文件存储倾向于在数据之间保持最松散的关系，使它们成为非结构化分析和对象之间关系分析的较好选择。许多是专门为了某种特别类型的对象而创建的，比如 JSON（JavaScript Object Notation）。文件存储旨在为那些针对文件对象的查询提供最好的灵活度（以及相应的复杂度）。因此，它们成为对 Y 轴深度分析的部门数据集市和单体集成系统中分支或验证系统的不错选择。（正如在 25.4.1 小节中所描述的。）

图形数据库在本质上更像关系型而非真正的 NoSQL 方案。它倾向于提供最灵活的查询操作，因此需要很高的成本才能扩展系统。它们的优势在于快速遍历实体之间的关系，例如在社交网络中遍历每个节点。该方案善于评估实体之间的实时模型，例如对实时价格系统进行动态价格计算（比如，第二价格拍卖）。

图 25-6 将各种 NoSQL 产品映射到相应的产品家族。请注意，由于很难对某些产品进行分类，我们将它们映射到两个产品家族的边界。

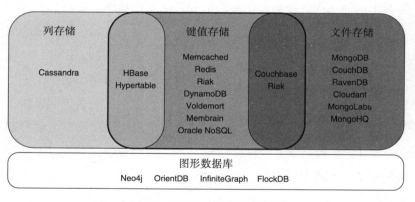

图 25-6　NoSQL 类型数据库族谱

25.5　结论

本章讨论了存储和处理大型数据集。我们讨论了数据成本与价值的正反面关系。对公司来说，数据变旧和数量增长使其运营成本增加。同时在大多数公司，数据变旧之后对企业和平台的价值通常会降低。执著于那些过期数据价值的原因包括无知、感性选择价值和主观战略性竞争差异。对感性选择价值和主观战略性竞争差异的补救办法是，用真正的货币价值而不是感性的、主观臆断的价值来正确地分析数据的价值。

在确定数据价值及其成本之后，则应考虑实施分层存储系统，使数据存取的成本和数据给股东带来的价值相匹配。这种分层策略，一方面是采用先进的高速存储设备，另一方面是删除或清理价值较低的数据。对于那些即使在数量上有所减少却不会显著改变其价值的数据，数据转换和汇总有助于降低成本和增加盈利。

谷歌的 MapReduce 是能够并行处理超大规模数据集的一种方法。作为分布式快速处理大规模数据的标准，MapReduce 已经被许多行业广泛接受。

关键点

❑ 数据是昂贵的，其成本不仅包括存储系统本身的费用，同时还包括花费人力、电力、基础设施、系统处理能力和系统备份时间的成本。所有这些都会影响数据的真实成本。

❑ 在大多数公司里，数据价值一般会随时间的推移而降低。

❑ 由于无知、感性的选择价值和主观的战略性竞争差异，公司通常保存非常多数据。

❑ 在考虑感性选择价值和主观战略性竞争差异的同时，还应该考虑数据的价值和时间期限，从而对数据能否带给股东更大利益做出正确决定。

❑ 应该删除那些使股东利益受损的数据，或寻找其他的存储方法来降低存储成本使数据增值。分层的存储策略和数据转换是节省成本行之有效的方法。

❑ 把分布式计算的概念应用于大型数据集有助于快速处理数据。谷歌的 MapReduce 是一个适用于大型数据集的软件框架。

❑ 通过 Y 轴和 Z 轴扩展可以帮助我们快速发现某些关系（Z 轴），确定因果关系（Y 轴），并以相对较低的成本用单体集成系统的所有数据进行验证。

❑ NoSQL 方法缓解了 ACID 所要求的一致性，从而提高了查询速度并使数据分布更加容易。

❑ 因为数据缺乏结构不阻碍面向对象的广度分析查询，选择适当的 NoSQL 方法有助于分析。

❑ 多种 NoSQL 方案各有优缺点。选择正确的、适合你特定需要的工具。

第 26 章 云计算的突飞猛进

孙子说：是谓胜敌而益强。

　　云计算可能是从有互联网以来技术方面最重要的进步。虽然大多数人认为它是一个最近的创新，事实上云计算用了十多年的时间才成为现实。本章我们将回顾云计算的历史，讨论云计算的一般特性，最后以对云计算的利弊分析来结束讨论。

　　因为云计算承诺可以提供廉价的、按需订制的存储和计算能力，所以它对可扩展性很重要。对于物理硬件的扩展，这些特性有诸多优点，缺点却不多。要想掌握如何扩展，必须理解并鉴别它们如何实现应用或服务的扩展。

　　虽然云计算在技术和理念上已经发展了多年，有关这些进展的讨论和使用在主流技术公司仍然相对较新。因此，对该主题的定义也不完全一致。通过客户，我们有幸在云环境中有过相当长的一段经历，同时也看到许多公司开始涉足这一领域。是架构而不是技术要为产品的可扩展能力负责。因此我们认为云是一个架构组件而不是一种技术。从这个角度看，特定的供应商或服务等同于所选择实施架构的技术类型。本章将介绍这些技术组件，并通过参照实例熟悉它们，但聚焦点是这些架构组件的使用。在第 29 章中，我们将要讨论 IaaS 解决方案，讨论在面临着几种选择时如何做出决策：拥有数据中心、租赁托管空间、租用云计算空间。

26.1　历史和定义

云这个词已经存在几十年了。没有人确切地知道它何时第一次被用来与技术相关联，但它至少可以追溯到网络拓扑开始流行的那个时代。网络拓扑是对网络的物理或逻辑布局的图示法，如电信、路由或神经网络。云在网络拓扑上用来表示未指定的网络。

在 20 世纪 90 年代初，云演变成异步传输网络（ATM）的一个术语。ATM 是负责交换数据包的一种协议，就是将数据分解为小的数据组并提供给 OSI 第 2 层"数据链路层"。这是公共电话交换网络的核心协议。在 1991 年，当万维网开始成为建立在互联网之上的欧洲核子研究中心（CERN）项目时，云开始被用作底层基础设施的术语和符号。

OSI 模型

开放系统互联参考模型（OSI）是网络架构模型的分层抽象描述。它确定了网络的不同组成部分，并说明了相互之间是如何关联的。OSI 模型包括七层。从最低层开始，分别为：

1. 物理层：该层包含物理设备，如卡、电缆、集线器和中继器。

2. 数据链路层：该层负责设备之间的数据传输功能，包括如以太网这样的协议。

---

3. 网络层：该层提供交换和路由功能，包括如网络互联（IP）这样的协议。

4. 传输层：该层通过跟踪传输甚至重发来提供可靠性。包括（TCP）传输控制协议。

5. 会话层：该层通过建立、管理和终止计算机之间的连接来控制通信，如网络端口。

6. 表示层：该层提供数据的表达和加密技术，例如（SSL）安全套接字层。

7. 应用层：该层在软件应用和网络之间，包括（HTTP）超文本传输协议。

对于云计算的历史，还可以通过应用服务供应商（ASP）追溯其血统到 20 世纪 90 年代，这是计算机服务外包概念的体现。这个概念后来演变成众所周知的软件即服务（SaaS）。ASP 模型是 20 世纪 60 年代和 70 年代服务机构的一个间接后裔，这是为实现由约翰·麦卡锡（John McCarthy）于 1961 年在麻省理工学院的一次演讲中提出愿景的一次尝试⊖。约翰·麦卡锡是计算机程序语言 Lisp 的发明者，在 1971 年获得图灵奖，他还成功地创造了人工智能这个术语⊜。

现代的云概念在 2001 年 10 月被 IBM 在"自主计算宣言"

⊖ According to Wikipedia: http://en.wikipedia.org/wiki/Application_service_provider.

⊜ John McCarthy's home page at Stanford University, http://www-formal.stanford.edu/jmc/.

中得到延伸[⊖]。这篇论文的实质是说信息技术基础设施变得过于复杂，如果不能实现自动化管理，它可能会被自己的重量所压垮。从此，软件即服务（SaaS）的概念开始蔓延。

另一个大约在同期发生的事件是 21 世纪初的互联网泡沫。许多高科技创业公司在耗尽了资本后倒闭。那些最终能够幸存和发展的公司也紧缩皮带，节省运维支出。亚马逊就是其中一个，它通过在大量商品化硬件上使用虚拟化的早期概念，开始武装其数据中心。亚马逊需要大容量以应付高峰期，它决定将其剩余容量作为一种服务出售[⊜]。

基础设施即服务（IaaS）的概念是从提供备用容量作为服务衍生而来的。这个词大约是在 2006 年第一次出现，通常指的是将计算机基础设施，如服务器、存储、网络和带宽作为服务提供，而不是通过采购或合同的形式。这种按使用付费的模式涵盖了先前所需的两种形式：要么付钱直接购买、长期租赁，要么成为租户按月租赁物理硬件的一部分。

从基础设施即服务中，我们看到了"XX"即服务产品的爆炸（"XX"几乎可用任何能想象的词替换）。现在甚至有一切即服务（EaaS）。所有这些术语实际上有些共同特征，如购买模式是"现用现付"、"按使用付费"、按需扩展，许多人或多个租户可以共享服务的理念。

⊖　The original manifesto can be found at http://www.research.ibm.com/autonomic/manifesto/.

⊜　BusinessWeek. November 13, 2006. http://www.businessweek.com/magazine/content/06_46/b4009001.htm.

SaaS, PaaS, IaaS 和 EaaS

所有"XX 即服务"的理念都有些共同的特征。即为所用的付费而不是事前购买、不用事先通知就可以按需扩展、与多个租户建立关系（即有许多不同的人使用相同的服务）。

- ❏ 软件即服务（SaaS）是第一个"XX"即服务的实现，最初从客户关系管理（CRM）开始。几乎任何形式的软件都可以用该方式提供服务，它可以通过网络或下载的形式提供给用户。

- ❏ 平台即服务（PaaS）。该模型提供了所有开发和部署网络应用和服务所需要的组件。这些组件包括工作流程管理、集成开发环境、测试、部署和托管。

- ❏ 基础设施即服务（IaaS）的理念是，当用户需要时，为其提供服务器、存储、网络、带宽之类的计算基础设施。亚马逊的 EC2 就是最早的 IaaS 产品之一。

- ❏ 一切即服务（EaaS、XaaS 或 *aaS）是能够按需求查找小组件或软件模块的想法，它们可以拼凑起来提供新的基于网络的应用或服务，包括零售、付款、搜索、信息安全和通信。

这些概念在演变，其定义也将继续完善，一定会创建出子类别。

公有云与私有云

在技术界里的一些最有名气的公司在提供或有计划提供云计算服务。这些公司包括亚马逊（Amazon.com）、谷歌（Google）、惠普（Hewlett-Packard）和微软（Microsoft）。它们的服务是公开可用的云计算，从个人到公司都可以利用这些服务。然而，如果你有兴趣把应用运行在云环境中，但又担忧公有云，有一种选择是运行在私有云上。所谓私有云指的是在你自己的硬件上和安全环境里实施一个云。随着更多的开源云计算方案的出现，如 Eucalyptus 和 OpenStack，私有云正在变成一个切实的解决方案。

　　将应用运行在云环境显然既有优点也有缺点。无论是私有云还是公有云，有些利弊始终存在。但是某些弊端是直接与使用公有云有关的。例如，可能有一种看法是数据并没有像在自己网络里一样被严格地保护起来。类似网格计算，即使公有云也是相当安全的。云的优点之一是可以给特定的应用分配适当数量的内存、CPU 和磁盘空间，从而更好地利用和改进硬件。因此，如果你想提高硬件的利用率而又不想应付公有云的安全问题，你可以考虑运行自己的私有云。

26.2　云的特性与架构

　　到目前为止，在云计算概念的演变过程中，所有云的实施都有一些基本特征。这些特征在前面已经被简单地提到过，但现在是时候对它们进行更深入地了解。几乎所有公有云的实施都有四个特征，这些特征并不完全适用于私有云。这四个特征是：按使用付费、按需扩展、多租户和虚拟化。显然，当从可扩展性的角度看云的使用时，按需扩展是一个重要的特征，但不要认为其他的特征不重要。按使用付费而不需要事先购买硬件或签订长期合同，对于现金短缺的创业公司来说，这可能意味着公司的两种不同命运：能够坚持存活并发展直到成功或失败。

26.2.1　按使用付费

到期即付或按使用支付费用的想法在软件即服务（SaaS）行业常见，并且已经被云计算服务所采纳。在云计算服务出现之前，要想扩大应用的规模并且还有足够的容量扩展，你的选择有限。一方面，如果公司足够大，你可能购买或租用服务器，并把它们运行在数据中心或托管设施内。这种模式需要支出大量的预付资金，并且每个月还要有足够的现金去继续支付带宽、电力、租用空间和空调的费用。另一方面，作为用户与提供硬件的托管服务公司签订长期或者按月租赁合同，并支付硬件使用的费用。两种模式都是合理的，各有利弊。事实上，许多公司现在仍在使用其中一种模式或两种都用，很可能在未来的若干年内继续使用。

云计算提供了另一种选择。即签订长期租赁合同或支付昂贵的预付资金，这种模式可以避免购买硬件的前期支出，而是按使用CPU、带宽或存储的数量支付费用。

26.2.2　按需扩展

云计算的另一个特征是按需扩展的能力。作为云计算的订户或客户，理论上你可以扩大使用规模直到满足需求为止。因此，如果需要 TB 级的存储或 GHz 的处理能力，云计算将会为你提供。当然，这种可扩展性有实际的限制，包括云供应商所提供的实际容量有多少，但对大型的公有云来说，你可以理所当然地认为扩展到几百或几千台服务器毫无问题。然而我们有些客户实在太大，云供应商没有足够的容量在出故障时让他们从一个数据中心向另一个转移。在私有云上，这个需求受到公司所拥有物理设备的限制。与在数据中心配置硬件的标准方法相比，完成这个过程所需的时间很短，接近实时。

让我们先来看看典型的过程，假设你把网站放在托管中心，然后开始考虑云环境。在托管设施或数据中心，要增加数百台服务器可能需要花几天、几周甚至数月，这取决于公司的流程。对于那些没有把系统放在托管中心经验的读者，这是你可能会遇到的典型场景。

不管网站运行在哪里、如何托管，大多数公司的预算和请求流程必须按部就班地认真执行。然而，在预算和采购订单被批准之后，在云环境配置新服务器的过程与在托管中心配置的过程几乎完全不同。在托管中心，你需要确保有足够的空间和电力提供给新服务器。如果现有机柜分区没有多余的空间或电力，这可能意味着需要增加新的机柜分区。如果需要新的机柜分区，那么为了租用新的机柜分区，必须协商并签订新的租赁合同，并且为了让新旧两个网络之间可以通信，机柜分区之间通常需要交叉连接。在确保必要的空间和电力后，就可以下订单购买服务器了。当然，一些公司预料到需要更多的服务器，所以提前储备了一些。而其他公司就只能等待运营团队告诉他们服务器已到货，才可以扩大服务器群组。

从订购到收到硬件可能需要几个星期。在硬件到达托管中心后，首先需要把它们放置在机柜上，然后才能开机。之后取决于操作系统，运维团队可以开始 ghosting、jumpstarting 或者 kickstarting 服务器。只有在这时候才能把应用软件的最新版本加载到服务器上，并把服务器添加到生产群组中。对于最有效率的运维团队，在已有硬件和空间的情况下，这个过程至少需要几天的时间才能完成。对大多数公司而言，这个过程需要数周或数月的时间。

如果你的网站运行在云环境，现在让我们来看看如何把 20 多个服务器配置到特定的应用群组中。该过程开始时会很相似，还要把预算或采购订单加到云服务每月的费用中去。批准后，运维或研发团队将简单地使用云供应商的控制面板请求需要数量的虚拟服务器，指定其大小和速度。系统会在几分钟内就绪，并可以加载所选的机器镜像，然后安装最新的应用代码。服务器可能会在几小时内投入生产。这种按需扩展的能力是云计算的共同特性。

26.2.3 多租户

虽然按需扩展的能力很诱人，但并不是所有的容量都为你服务。在公有云上有很多用户在同一个物理基础设施上运行各种不同的应用，这就是被称为多租户或在同一个云上有多个租户共同存在的概念。

如果一切都按设计的那样运行，这些用户之间永远不会有互动或相互影响。数据不是共享的、访问不是共享的、账户也不是共享的。每个用户拥有自己的虚拟环境，与其他虚拟环境是隔开的。在云环境中你真正与其他租户共享的是物理服务器、网络和存储系统。你可能有一个 32GB 内存、2 个处理器的虚拟服务器，但它很可能是运行在一台具有 128GB 内存、8 个处理器的物理服务器上，并且其他几位租户正在和你一起共享这台服务器。服务器之间和从服务器到存储系统之间的通信全部是通过共同的网络设备传输的。没有任何路由器、交换机或防火墙是专门为每一位租户配备的。存储系统也是一样。运行在虚拟网络存储（NAS）或存储区域网络（SAN）设备上的存储系统由租户们共享，看起来好像每位租户都是唯一使用存储资源的用户。事实上多个租户正在使用相同的物理存储设备。

多租户方案的缺点是你不知道谁的数据和进程与你的运行在相同的服务器、存储设备或网络分段上。邻居遭受分布式拒绝服务攻击（DDOS）会影响你的网络流量。同样，如果邻居的交易活动显著增加使存储系统超负荷或公共网络饱和，你的操作可能也会受到影响。我们客户的业务在公有云上就曾经受到过这种影响。当"吵闹的邻居"（noisy neighbor）问题发生时，运行在共享基础架构上的其他服务会因为过度消耗的共享资源影响系统的性能。因为这些输入／输出（I/O）能力的变异性，现在许多云供应商提供专用硬件或规定每秒保证的输入／输出操作数量（IOPS）。显然这是一个远离多租户的模式，云服务提供商必然会提高收费。

26.2.4　虚拟化

所有的云计算产品都在服务器上安装了某种形式的虚拟机管理程序以提供虚拟化。虚拟化的概念是云计算背后真正的核心架构原则。虚拟机管理程序（hypervisor）既可以是硬件平台也可以是软件服务，它允许多个操作系统运行在一台主机服务器上，实质上是"切割"服务器，把它划分为多个虚拟服务器。它也被称作虚拟机监视器（VMM）。许多供应商提供硬件和软件解决方案，如 VMware、Parallels 和 Oracle VM。正如在讨论多租户时提到的，这样的虚拟化允许多个用户在相同的硬件上共存，而不知道彼此或不影响彼此。其他的虚拟化、分离和限制技术被用于限制云计算客户的访问权限，他们只能使用已经购买的带宽和存储。这些技术的总体目标是控制访问权限，并且尽最大可能提供似乎完全属于用户自己的环境。这点做得越好，用户发现彼此存在的可能性就越小。

另外一种越来越流行的虚拟化技术是容器（container）。在这种虚拟化的方法里，一个操作系统的内核允许多个孤立用户空间实例。像虚拟机一样，从应用的角度看这些实例的外观和行为都像一个真正的服务器。基于 UNIX 的操作系统，这一技术代表了标准 chroot 的高级实施，并提供了资源管理功能以限制容器之间的影响。Docker.io 是一个开源项目，它实施了可以在软件容器内部自动部署应用的 Linux 容器（LXC）。它使用 Linux 内核的资源隔离功能，如 cgroups 和内核命名空间（kernel namespace），这些允许一些独立的"容器"运行在单一的 Linux 实例中。

公有云的特征

云计算服务有四个基本特征。

❏ 按使用付费。用户、订户或客户只需要支付他们所使用的带宽、存储和处理能力。

❏ 按需扩展。从理论上讲，通过添加更多带宽、服务器或存储，云计算客户可以无限扩展。

❏ 多租户。云环境为成千上万的客户服务。客户共享硬件、网络、带宽和存储。物理设备不是专属于某个客户的。

❏ 虚拟化。多租户通过虚拟化完成，虚拟过程是在硬件上同时运行多个操作系统。

这些公有云的特征有些也可能存在私有云上。无论是公有云还是私有云，虚拟化概念是所有云的核心。为获得更多的利用率、多

租户或其他的好处，以不同的虚拟形式使用物理服务器的想法是云架构的基本前提。不管资源是私有的还是公有的，在必要时可扩展的能力很可能是共同的特点。云的规模和现有额外容量的大小从物理上约束了可扩展的规模。

然而，私有云不需要拥有多租户。私有云上的租户可以是不同的部门或不同的应用，很可能不会有不同的公司。私有云可能不必按使用付费。根据公司的成本中心或部门计算的费用，每个部门可能需要根据它使用私有云的规模支付费用。如果负责建立并维护私有云的独立运维团队有自己的成本中心，它很可能为其提供的服务向各个部门收取费用。支付方案可以根据各部门在私有云上对计算能力、带宽和存储的使用率来计算。

26.3 云和网格之间的差异

云和网格这两个术语经常被混淆和误用。这里将介绍它们之间的异同，确保我们清楚如何选择。

云和网格用于不同的目的。云提供虚拟环境，在一个或多个虚拟服务器承载用户的应用。对那些需求不可预知的应用，云的这个特征格外引人注目。当你还不清楚在未来的三个月内到底需要 5 台还是 50 台服务器时，云可能是理想的解决方案。云允许多用户共享基础设施。许多不同的用户可以使用相同的物理硬件，共享计算能力、网络和存储资源。

与此相反，网格是基础设施。它用于将程序分成小块，使它们可以跨越两个或多个主机并行执行。这样的环境非常适合于计算密集型的工作负载。网格不一定是多租户共享的最佳基础设施。为了应用能够并行同时增加大量计算带宽，你很可能把它运行在网格上，但与其他用户同时共享基础设施却与这一初衷背道而驰。在网格环境中，每个应用都独立运行，共享与多租户可以是按顺序、一前一后的，当一个任务完成后，另一个任务才开始执行。在网格上实施多租户这一挑战是网格运营团队的核心工作之一。网格仅适用于能被划分成可以同时并列执行的应用。在网格上运行不能被分割的集成应用并不会提高其吞吐量。然而，同一个集成应用可以在云环境中被复制到多个独立的服务器上，通过添加服务器的数量来扩展吞吐量。简单地讲，云计算允许你扩大和缩小架构，网格将工作分解成许多并行的单位。

虽然云和网格用于不同的目的，它们也有很多交叉和相似之处。第一个主要的交叉是有些云运行在网格基础设施之上。3Tera 公司的 AppLogic 应用就是很好的例子，这是一个以软件形式销售的网格操作系统，同时还用于增强以服务形式销售的云。云和网格的其他相似之处包括按需定价模式和可扩展。如果在云上需要另外 50 台服务器，你可以很快得到，而且你只需要按使用的时间长短付费。在网格环境中亦如此。如果为了提高应用的处理时间你需要另外 50 个节点，那么你也可以很快得到这些资源，只需要为所使用的节点付费。

现在你应该明白云和网格是两个根本不同的概念，而且用于不同的目的，但又有些相似之处和某些共同特性，并且有时在实施中相互交织。

26.4　云计算的优势和劣势

万物皆有优缺点，完美无缺和一无是处都不存在。在大多数情况下，优势和劣势是相对的，这就增加了企业的决策难度。更加复杂的是在现实中的优势和劣势对不同企业的影响不同。每个公司必须根据自己的实际情况去权衡。在本章接下来的几节中，我们将把重点放在如何利用优势和劣势做出决定。但是我们首先讨论最基本和最重要的云计算优势和劣势。然后再针对不同假想业务的实施，把权重相应地赋予这些优势和劣势。

26.4.1　云计算的优势

基础设施运行在云上有三大优势：成本、速度和灵活性。每个优势对你都有不同程度的重要性，你应该权衡哪些优势适用于你。

成本

基于消费的经济成本模式或为所需付费是非常吸引人的。如果公司是囊中羞涩的初创公司，这种模式会特别适用。如果你的商业模式是在公司成长过程中支付自身的实际消费成本，并且你的消费模式与此相同，那么你已经为公司有效地消除了大量风险。当然，一定还有其他模式专门适用于这种资金有限的初创公司，例如具有管理功能的托管环境，但它们需要以每台服务器为单位购买或租赁设备，这样就排除在不需要时退还设备的愿望。对于初创公司来说，能够坚持存活足够长的时间直到成功是朝着可扩展性方向发展的第一步。对任何一家公司来说，能够控制成本，使成本与业务量保持一致对于确保具有可扩展的能力是至关重要的。

图 26-1 描绘了一个典型的需求与成本时间关系图。随着需求的增加，你必须提前做好准备，购买或租赁更多服务器、存储单元或其他硬件，确保有能力满足需求。大多数公司都不擅长容量规划。缺乏此技能可能导致成本和需求之间的差距大于所必需的范围，或者更糟糕，允许需求超过容量。在这种情况下，当客户正在承受应用的不良性能时，资源竞争将不可避免，这迫使你购买更多的设备。购买或租赁设备的关键在于使成本线和需求线尽可能接近而不交叉。当然，在云计算成本模式中，只有当使用时才支付服务费用，这两条线可能更加接近，在大多数情况下几乎重叠。

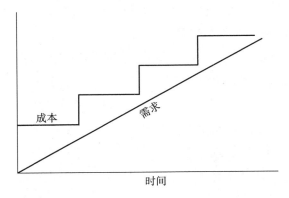

图 26-1 阶梯式价值函数

从成本角度看，员工的灵活性是云计算的另外一个好处。有些云计算的支持者坚持认为，如果充分地利用云计算，你不需要维持一个运维团队。虽然以作者的经验看，这种观点有些夸张，但是云计算确实简化了运维的复杂度。因此减少运维员工的数量是可能的。对于小公司来说，几乎可以在云环境中运行应用而无需建立一个运维团队。

速度

云环境的第二个好处是速度，特别是与产品推向市场的时间有关的速度。这里所指的时间是采购、配置和部署。在所有这些模式中，无论是托管设施、数据中心、托管服务器服务，还是其他的基础设施，当谈到添加服务器时，没有比在云环境中更快的。由于云计算的虚拟性质，部署和配置过程非常快。如果由于体育赛事，网站预计会在周末出现流量尖峰，你可以在周五下午增加一些虚拟机到生产群组中，然后在下周一上午把它们撤出来。有了这样的安排，在周末就可以使用这些资源来增加容量，而且在流量尖峰过后，不必为这些虚拟机支付费用。这种快速增加应用虚拟机能力可以成为在流量高峰期扩展的有效方法。

今天，许多云环境通过自动扩展功能自动地扩充容量。如果应用是为了充分利用此功能而设计的，它可以实现无人操作以接近实时的速度配置计算和存储容量。即使不能充分利用自动扩展功能，配置仍然比过去的其他模式快得多。请注意，我们并不是暗示只有在 X 轴方向通过增加额外硬件的扩展方法才是最明智的。如果应用有这个能力并且已经确定这是一个明智的架构策略，这将大大地增加快速部署更多服务器的能力。不过，如果应用需要维持状态，系统缺乏在任何情况下一定有一台服务器被分配用于服务用户或集中状态会话数据的机制，你也许不能利用这种能力。另外，如果应用使用数据库，但无法对读 / 写操作进行 X 轴分割或对对象拥有者进行 Y 轴分割，即使能够迅速增加更多的硬件，对扩展也不会有帮助。最根本的是，如果要利用快速部署这个优势，就必须将它与你的应用结合起来。

灵活性

云计算环境的第三个好处是灵活性。虽然你放弃了控制权，但是你得到了为不同需要而实施多种配置的能力。如果今天你需要五个测试实例，你可以在上午将它们设置好，在上面测试代码，晚上再将它们删除。明天你可以建立一个完整的准生产环境，在代码部署到生产系统之前，让客户进行用户验收测试。在客户满意之后，可以把这个环境删除，并停止付费。如果需要一个负载测试环境，为了提供多个连接，需要一群独立的服务器。在大多数云环境中，为了一小时的负载测试而增加十几个虚拟机轻而易举。

这种几乎是心血来潮地添加、删除或更改环境的灵活性是一些以前的基础设施所不能提供的。在团队习惯这种改变和重新配置的能力之后，就不再想受物理设备的制约了。

云计算的优势

在这里我们不分先后次序将云计算的三类优势列举如下。

❑ 成本。"按使用付费"模式使付出更接近实际消费量，这对资金短缺的公司特别有帮助。

❑ 速度。在采购、部署和配置方面的速度是其他的基础设施模式望尘莫及的。

❑ 灵活性。从质量保证环境到准生产环境，再到负载和性能测试环境，使用三个环境却不必支付三个独立环境的费用，这种可以重新利用现有环境的能力有着巨大的优势。

在决定云环境是否适合时，这些优势的重要性及权重应根据公司在特定阶段的需求来判断。

26.4.2　云计算的劣势

公有云的劣势分为五类，这问题并非全部都适用于私有云，但由于公有云的效用和公共利益最大，所以我们坚持将公有云作为分析主体。这五类（安全性、可移植性、可控性、性能和成本）所涉及的范围显然很宽，但是为充分了解它们，必须深入地研究每个领域。

安全性

每个月都有媒体向公众报道有关个人信息泄露或安全漏洞的事情。这使我们不禁要问，"云服务的供应商如何存储和保护我们的信息？"我们可以问许多 SaaS 服务供应商同样的问题。略有不同的是，对于一个 SaaS 的实施，供应商往往知道收集和存储的信息究竟敏感与否，如个人身份信息（姓名、地址、社会安全号码、电话号码等），因此它需要额外的预防措施并且公布其保护这些信息的步骤。相比之下，云计算的供应商却不知道他们的系统里存储的是什么，也就是说他们不知道客户正在存储的是信用卡号码还是博客。因此，没有采取任何额外预防措施去限制或阻止内部员工对这些数据的访问。当然也有解决的方法，如不在云计算系统上存储任何敏感信息，但这些解决方法增加了系统的复杂性，潜在地暴露在更多的风险中。如前所述，这个劣势未必会成为特定公司或应用是否使用云的重要决策因素。

也许有人会反驳说，在大多数情况下，云供应商比小公司的安全做得更好。因为大多数小型创业公司缺乏聚焦在基础设施安全问题上的技术员工，在云上托管是有好处的，在理想情况下，云供应商已经做了一些有关安全性的考虑。

可移植性

我们渴望有一天可以将应用从一个云移植到另一个而无需更改代码或配置，但是这一天还没有到来，我们也不认为会在不久的将来实现，因为把这个过程简单化对云供应商不利。当然，在不同的云之间移动应用或从云迁移到物理服务器的托管环境，这些不是绝对不可能的，它取决于所使用的云和特定的服务，可能需要不小的工作量。例如，如果使用亚马逊的简单存储解决方案，要移植到另一个云或一组物理服务器上，可能要调整应用仅使用简单的数据库。虽然不是最具挑战性的工程项目，但这种修改确实需要时间和资源，而这些资源本来可以用在提高面向客户的产品功能。

在第 12 章中讨论的一个原则是"使用商品化硬件"。这种硬件与供应商无关的方法对于经济有效地扩展至关重要。不能在云之间轻而易举地移动违背了这个原则，因此是一个应该考虑的劣势。然而这种情况正在改善。云供应商如亚马逊网络服务现在正在通过如导入 / 导出功能服务使进入和退出云的过程变得更加容易，你可以把现有环境的虚拟机镜像导入到亚马逊 EC2 实例，也可以将其从亚马逊 EC2 导出到本地环境。

可控性

对于系统的任何部件，当仅依靠单一供应商时，就是把公司的未来放在另一个公司的手中。我们喜欢尽可能地控制自己的命运，所以把大量的控制权放手交给第三方是我们要走的艰难的一步。当涉及操作系统和关系型数据库管理系统时，这种方法可能是可以接受的。因为在理想情况下，使用已经存在多年的供应商或产品线，你的技术团队做得不会比他们更好，除非你是操作系统或关系型数据库管理系统的开发商。

当涉及托管环境时，许多公司摆脱了有管理的环境，因为他们已经有技术人才来处理运维自己的硬件，厌倦了供应商所犯下的错误。云计算环境也一样，他们的技术人员不是你的雇员，你公司的业务与他们的个人利益也没有关系。这并不是说云计算或托管供应商雇用的员工是劣质的。恰恰相反，他们的工作人员通常有着令人难以置信的才华，但他们不知道或不了解你的业务。供应商需要确保成千上万台服务器正常运行，它不知道哪一个更加重要。云计算或托管服务供应商对所有服务器一视同仁。因此，放手把基础设施的控制权交给第三方会给业务增加一定的风险。

许多云供应商甚至还没有达到能够提供有保证的可用性或正常运行时间的地步。当供应商不能出示具体的产品故障赔偿条款时，你就应该把他们的服务当作是"尽力而为"。这意味着你需要寻找该服务的替代方法。正如我们在可移植性讨论中提到的，运行在云环境上或在不同的云环境之间迁移不是一个简单的工作。

性能

我们对云计算的另一个顾虑与性能相关。从我们的客户那里得到的对云计算基础架构的经验是：相同组件的物理和虚拟硬件预期性能不同。这个问题对于应用的可扩展性显然非常重要，尤其是单点，也就是批处理任务的单一实例或部分应用仅仅运行在一台服务器上。显然将所有的任务运行在单一实例上不是扩展的有效方法，但这种情况很常见，一个团队开始会在一台而不是在多台服务器上测试任务或程序，只有需要多台时才会使用。迁移到云环境后才意识到任务在新的虚拟服务器上运行出了问题，这可能会使你非常恐慌，赶紧测试和验证这个任务是否可以在多个主机上正常运行。

虚拟硬件的性能低于与其相同的物理硬件，在某些方面的差别可以达到十倍甚至百倍。这些标准性能指标包括内存速度、CPU、磁盘访问等。现在还没有虚拟机的标准退化指标或类似的度量办法。事实上，在云环境里性能往往不同，特别是在不同供应商之间。大多数公司和应用要么没有注意到这个退化，要么不在乎，但当你对迁移到一个供应商的云计算环境而进行成本效益分析时，需要用自己的应用来验证。不要相信供应商的话认为云计算提供了一个真正同等配置的虚拟机。每个应用对于主机的性能都有其敏感度和瓶颈。有些应用的瓶颈在内存上，例如即使内存放慢5%都可能导致整个应用在某些主机上的表现变得相当糟糕。当你每月为计算能力支付数千美元时，这样的性能问题很严重。本来可能在12个月达到收支平衡，在某些情况下也许会因此变成18或24个月。

成本

虽然我们把成本当作云计算的一个优势，它也可以是一个劣势。通过全资拥有设备而不是运行在云环境中，大型快速增长的公司通常可以获得更大的赢利空间。这种差别的产生是因为IaaS的运营商在经济有效地购买并管理设备的同时，仍在寻找能从服务中赚取更多利润的机会。因此，许多大型企业可以洽谈采购价格，减去团队的开销和设备的折旧后，仍然能够以较低的成本运营。

这并不是说IaaS的解决方案不适合大型快速增长的公司。它们是适合的！那些不能每天24小时被使用、一天内大部分的时间是闲置的系统是一种资本的浪费，将这样的系统运行在云环境中可以更加经济有效。在第29章，当我们讨论公司应该如何从更广泛的角度考虑数据中心的策略时，将详细地讨论这个问题。

云计算的劣势

在这里，我们不分先后次序把云计算的五个劣势列举如下。

☐ 安全性。SaaS 公司清楚地知道哪些敏感的或可识别的个人身份信息输入到系统中，与 SaaS 公司不同，云供应商不知道并且也不关心客户的数据内容。这种信息的缺乏为数据的安全留下了潜在的隐患。

☐ 可移植性。在云环境下，尽管准备和运行系统是一件简单的事情，但是取决于应用如何实施，从云环境向物理服务器或其他云环境的迁移可能困难重重。

☐ 可控性。将基础设施外包意味着把应用的可用性控制权完全交给了第三方。互联网服务供应商（ISP）可以提供冗余资源，与之相比，目前为止在云计算上实施冗余不容易。

☐ 性能。尽管在云上出售的是计算能力，但供应商之间以及物理和虚拟硬件之间的实际性能有显著的差别。你必须亲自测试这些差异，看看它们对应用是否有影响。

☐ 成本。一些大公司可能会发现拥有几乎无闲置的设备和产品可获得更大的赢利空间。

要根据公司在特定时间的具体需要来判断每一个因素的重要性和相应的顾虑程度。

我们已经介绍了迄今为止所看到的云计算的主要优势和劣势。正如本节中所提到的，这些因素将会随业务和应用的变化影响你是否要在云计算环境运行应用的决定。在下一节中，我们将强调一些

不同的方法，使你可以考虑是否使用云环境，以及根据业务和系统的需要如何评估这里讨论的一些因素的重要性。

加州大学伯克利分校的云计算应用

加州大学伯克利分校的研究人员在一篇名为《在云计算上：云计算的伯克利景观[一]》的论文中概述了他们所采用的云计算。他们确认了企业要使用云计算必须克服下述 10 个障碍。

1. 服务的可用性
2. 数据锁定
3. 数据保密和审计能力
4. 数据传输瓶颈
5. 性能的不可预测性
6. 可扩展的存储
7. 大型分布式系统的缺陷
8. 快速扩展的能力
9. 声誉运气共享
10. 软件许可

该文章的结论是，这些研究人员相信云服务供应商将继续改进和克服这些障碍。此外，"开发人员如果能把下一代系统设计成可以被部署在云计算上的形式，那将是明智之举。"

[一]　Michael Armbrust et al. "Above the Clouds: A Berkeley View of Cloud Computing." http://www.eecs.berkeley.edu/Pubs/TechRpts/2009/EECS-2009-28.pdf.

26.5　云适用于什么样的公司

在本节中，我们将介绍几个云计算的不同实施，这些都是我们曾经看到过或者推荐给客户的。当然，你可以将应用的生产环境运行在云计算上，但在今天的软件开发公司中还存在许多其他环境。同样也有许多方法可以把不同环境放在一起使用，例如把一个有管理的服务器服务与托管设施结合起来。显然，从虚拟硬件的角度而言，把生产环境运行在云计算环境会提供"按需扩展"的能力。同时，你不能确定应用架构可以利用虚拟硬件去扩展。你必须预先确认其兼容性。本节还介绍了一些云计算可以帮助企业扩展的其他方法。例如，如果开发或质量保证团队正在等待可以供其使用的环境，整个产品开发周期将变得缓慢，这意味着可扩展性的举措如分割数据库、去除同步调用等等将被延迟，从而影响应用的可扩展能力。

26.5.1　环境

对于生产环境，你可以将所有系统放在同一类型的基础设施上，如有管理的服务器服务、托管设施、自备的数据中心、云或其他一些方案。与此同时，更有创造性的方法是在这些选项中扬长避短，综合使用。要了解其工作原理，先看一个广告服务应用的例子。

广告服务应用由四个部分组成：接受广告请求的网络服务器群组，根据原始请求传送的信息选择相应广告的应用服务器群组，允许广告发布商和广告商管理账户的管理工具，永久存储信息的数据库。应用服务器不需要为每个广告请求访问数据库。为了收到最新的广告，它们每15分钟向数据库提出一个请求。在这种情况下，我们显然可以购买一堆服务器,把它们安置在拖管设施的机架上,再加到网络服务器群组、应用服务器群组、管理服务器群组、数据库服务器群组中。我们也可以从有管理的服务器服务供应商那里租赁,而让第三方供应商去负责物理服务器。另一个方案是将所有这些放在云环境的虚拟服务器上运行。

我们认为有另一种选择,如图 26-2 所示。或许我们有购买服务器所需的资金,团队成员有所需的技能来设置和运维自己的物理环境,因此我们决定在托管设施中租赁空间,并购买自己的服务器。但我们也很喜欢云环境所带来的速度和灵活性。认识到网络和应用服务器不经常访问数据库,我们决定把一组网络和应用服务器放到托管设施中,另一组网络和应用服务器放到云环境上。数据库会留在托管设施,但为了灾难恢复,数据库的快照将发送至云环境。当出现超大流量需求时,在云环境中的网络和应用服务器群组可以增加,以帮助我们应付不可预见的尖峰流量。

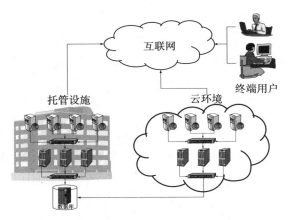

图 26-2　混合使用托管和云计算的生产环境

云计算的另一用处是在现代软件开发公司所需要的其他环境上。这些环境包括生产、准生产、质量保证、负载和性能、开发、构建和仓库，而且不限于此。因为云环境可能降低成本以及在需要时设置，不需要时拆除这些资源的灵活性和速度，这些环境中的许多应视为在云环境中运行的候选。即使对于企业级 SaaS 公司和世界 500 强企业，它们可能从来没有考虑过把生产应用实例运行在云环境上，却可能受益于在云环境中运行其他类型的环境。

26.5.2　技能

当决定是否使用云计算时，还需要考虑什么其他的因素？如果决定要使用云计算，哪些环境比较适合？一个需要考虑的因素是用于管理和运维基础架构的技能和员工数量。如果你的运维团队没有具有网络和系统管理技能的人员，当你要确定能否实施和支持托管环境时，需要考虑这个因素。在这种情况下，最可能的答案是不能。如果没有必需的技能，迁移到一个更复杂的环境所带来的问题远多于它能解决的问题。云计算也类似，如果没有人负责部署和管理实例，把这些留给开发人员或工程师去做，你月底的账单很可能比预想的要高得多。让没人使用的实例照常运行是在浪费，除非有人有某种目的让该实例照常运行。

可能会影响决策的另一种类型的技能是容量规划。无论是业务有不可预测的流量，还是你没有具备必要技能的员工去精确地预测流量，这个因素可能严重影响是否使用云计算的决定。当然，云计算的主要优势之一是通过快速部署更多的虚拟机来应付尖峰需求的能力。

总而言之，我们认为云计算可能在几乎所有公司中扮演某些角色。比如，它或许不适合运行生产环境，但可能适合测试环境。如果业务的发展是不可预测的，如果速度是最紧迫的，如果为了公司的生存降低成本势在必行，那么云计算可能是很好的解决方案。如果你负担不起运维管理人员的工资或不能预测在未来可能需要哪种容量，云计算可能是你所需要的。你如何综合考虑所有这些信息，然后做出决定是下一节要讨论的主题。

26.6　决策过程

现在，我们已经看到了云计算的优势和劣势，并讨论了把云环境集成到公司基础设施的一些方法，最后一步是提供一个过程，帮助做出最后的关于是否继续并实施云计算的决定。在这里，我们推荐的过程是首先确定云计算的目标或目的，然后列出一些能够实现这些目标的备选实施方案。根据你的具体情况权衡利弊。根据优势和劣势将各个备选方案排名。从最终的统计结果中选择一种方案。

让我们通过一个例子来看看这个决策过程的工作原理。第一步是确定我们希望使用云环境能达到的目标。也许该目标是降低基础设施的运营成本，缩短采购和配置硬件的时间，在云环境中应用要保持 99.99% 的可用性。基于这三个目标，你可能会确定三个备选方案。第一种选择是按兵不动，继续留在托管设施中，忘掉一切关于云计算的讨论。第二种选择就是使用云计算作为提供超负荷时的应变能力，但大多数的应用服务仍然留在托管设施中。第三种选择是退出托管领域，彻底迁移到云环境中。这就完成了决策过程的第一步和第二步。

第三步是对我们所有能列出的备选方案的优点和缺点进行加权。在这里，我们将使用前面所提到的四个缺点和三个优点。需要注意的是"成本"可以是缺点也可以是优点。在这个例子中把它作为优点。我们将使用 1、3、或 9 来加权，以此区分对每个优缺点所关心的程度。第一个缺点是安全性。在一定程度上我们关心它，但我们不存储可以识别个人身份的信息或信用卡数据，给它的权重是 3。接下来是可移植性，不觉得有必要在近期迁移基础设施，给它的权重是 1。下一个是可控性，这是我们真正关心的，给它的权重是 9。最后一个缺点是性能。应用不是内存或磁盘密集型的，我们不认为它是重要的因素，给它的权重是 1。对于优点，我们真正关心的是成本，给它的权重是 9。速度是主要目标之一，我们非常关心它，给它的权重是 9。最后就是灵活性，我们并不期望太多使用它，给它的权重是 1。

第四步就是根据每个备选方案表明各个优缺点，将备选方案按 0 到 5 的级别进行排名。例如，备选方案"使用云计算作为提供超负荷时的应变能力"，可移植性缺点应排得很低，因为我们不太可能那样做。同样，备选方案"彻底迁移到云环境"，可控性对系统有严重的影响，因为没有其他的替代环境，它的排名是 5。

表 26-1 显示了最终的决策矩阵。对于每个优缺点，将所有的备选方案排名后，对这些数字相乘之后的积求和就是最后得分。具体的计算方法是每个优点的权重乘以每个备选方案的排名，它们的乘积相加作为每个备选方案的最后得分。所有缺点的权重为负数，这样计算起来更加简单。例如，备选方案二"云作为超负荷"，安全性

排名第2位，权重是 –3。排名和权重相乘的积是 –6，把备选方案二所有优缺点的积加起来，总分是 $2 \times (-3) + 1 \times (-1) + 3 \times (-9) + 3 \times (-1) + (3 \times 9) + (3 \times 9) + (1 \times 1) = 18$。

表 26-1 决策矩阵

缺点	权重	不使用云计算	超负荷时使用云计算	全面实施云计算
安全性	–3	0	2	5
可移植性	–1	0	1	4
可控性	–9	0	3	5
性能	–1	0	3	3
优点				
成本	9	0	3	5
速度	9	0	3	3
灵活性	1	0	1	1
总计		0	18	6

最后一步是对每个备选方案的总得分进行比较，再用一些的基本常识来验证。在这里，三个备选方案的得分分别是 0、18 和 6。备选方案二对我们来说显然是更好的选择。在自然而然地以为这是我们最终的决定之前，应该用一些基本常识和可能没有被包括在内的其他因素来验证一下这是一个正确的决定。如果事情看似有差别或者想加上如运维技能的其他因素，重做决策矩阵或让几个人分别排名和加权，看看他们得到的矩阵是否相同。

决策过程

下面的步骤将帮助你决定是否要把云计算应用到基础设施中。

1. 确定目标或目的。

2. 列出如何使用云计算的各种备选方案。

---

3. 对所能想到的云计算的所有优缺点进行加权。

4. 按优缺点对每个备选方案排名。

5. 对于每个备选方案，将各个优缺点的排名与权重相乘，得到的乘积相加得出总分。

究竟哪种云计算备选方案更适合，决策矩阵过程将有助于你做出由数据驱动的决定。

关于把云计算应用到基础设施最有可能的问题不是引进与否，而是何时以及如何以正确的方式引进。云计算不会消失，事实上它很可能成为首选，但这不是未来唯一的基础设施模式。我们需要密切关注在未来几个月甚至几年内云计算的发展。该技术具有潜力去改变大多数 SaaS 公司的基本费用和组织结构。

26.7 结论

云计算的历史可以追溯到几十年前，现代云计算的概念可以归功于 IBM 的宣言。然而云计算能发展到目前归功于许多不同的个人和公司的努力，其中包括首批公有云服务之一的亚马逊的 EC2。

云计算有三大优势：成本、速度和灵活性。"按使用付费"模式非常合理，对企业极具吸引力。运行在虚拟环境下给采购和配置带来了无与伦比的速度。灵活性的一个例子是今天使用一套虚拟服务器作为质量保证环境，在晚上将它们关机，第二天开机并将其作为负载和性能测试环境。这是云计算虚拟机的一个非常具有吸引力的特征。

云计算的劣势包括对五个方面的担忧：安全性、可移植性、可控性、性能、成本。安全因素反映出人们担忧数据在云环境中如何被处理。供应商不知道什么类型的数据存储在那里，客户不知道谁有权限访问数据。两者之间的这种矛盾令人担忧。可移植性因素是指在云环境之间或云环境和物理硬件之间的迁移，对于某些应用来说这未必是容易的。可控性问题来自于将第三方供应商的产品与基础架构集成，这不仅仅影响到部分系统的可用性，而且有可能影响到整个服务的可用性。性能是一个缺点，因为不同的云供应商服务之间以及与物理硬件相比，虚拟服务器的性能也许有着非常大的差异。在成本方面，"按使用付费"模式对初创公司在经济上非常具有吸引力，但是许多大公司发现，如果服务器在大多数时间都繁忙，它们可以通过拥有硬件设备来降低计算成本。如果公司打算在云环境上运行应用，必须要预先确定对这些缺点的容忍程度。

云计算可以用不同的方式融入不同企业的基础设施。一些方式包括生产环境的某些部分甚至全部运行在云计算上，例如质量保证或开发等其他环境。作为生产环境的一部分，云计算可以用于超负荷的应变容量或者灾难恢复，当然也可以用于承载全部的生产环境。无论是用在生产环境，还是间接地应用在产品开发周期，本章介绍的例子是为了展示如何能利用云计算的优势来帮助你扩展。这可以不同的形式体现：配置虚拟硬件的速度或每天以不同方式使用环境的灵活性。

每个公司都必须对是否把云计算用于其业务做出决策。做出这一决策的过程包括五个步骤：（1）确定目标，（2）列出所有备选方案，（3）给每个优缺点加权，（4）按优缺点对每个备选方案排名，

（5）清点排名和权重来确定得分最高的备选方案。底线是：即使今天云环境不适合你的企业，应该继续关注云计算的发展，因为它将继续完善，很有可能在未来的某个时候云计算将是一个不错的选择。

关键点

- ❑ 云计算这个名词已经存在了几十年，主要是用于网络拓扑。
- ❑ 现代云计算概念是由 IBM 公司在它的自主计算宣言中提出的。
- ❑ 按云计算的想法开发就是软件即服务、基础设施即服务和更多的"XX 即服务"概念。
- ❑ 软件即服务是指那些能提供"按需付费"模式的几乎任何形式的软件。
- ❑ 基础设施即服务是指以"按需付费"模式提供基础设施，如存储、服务器、网络、带宽。
- ❑ 平台即服务为开发和部署网络应用和服务提供了所有必需的组件。
- ❑ 一切即服务是指可以将小组件拼凑在一起以提供新服务。
- ❑ 云计算的优势包括成本、速度和灵活性。
- ❑ 云计算的劣势包括安全性、可控性、可移植性、性能和成本。
- ❑ 有许多可以利用云环境的方式。
- ❑ 可以把云与其他基础设施结合起来。例如把云计算作为超负荷的应变容量或灾难恢复。
- ❑ 你可以把云用于开发、质量保证、负载和性能测试或几乎其他任何环境，包括生产环境。
- ❑ 当需要决定哪些方面可以使用以及如何使用云计算时，我们推荐使用五个步骤的过程。

❑ 所有的技术人员应该了解云计算，几乎所有的公司都可能以某种方式利用云计算。

第 27 章　云计算准备就绪

孙子说：吾所与战之地不可知，不可知则敌所备者多，敌所备者多，

则吾所与战者，寡矣。

在第 26 章中，我们涵盖了云计算的历史、利弊及其典型用途。在本章中，我们将继续讨论云计算，但把重点放在做好应用在云端上运行的准备。尝试把单体的集成应用转移到云端上往往会导致性能极差，而不得不争相转回托管或数据中心设施。本章概述如何评估和准备应用，使其转移到云端成为一个成功的典范，而不是一场灾难。

27.1　云端的扩展立方体

不幸的是，由于误传和炒作，很多人相信云端能给应用提供即时的高可用性和无限的可扩展性。除了像自动扩展这样的功能以外，事实并非如此。技术人员仍然要对其应用的可扩展性和可用性负责。云端只是可以用来实现高可用性和可扩展性的另一种技术或架构，但它不能保证应用的可用性或可扩展性。让我们来了解云供应商如

何试图提供 AKF 扩展立方体的每个轴，并弄清楚我们自己需要负责什么。

27.1.1　X 轴

回想第 20、21 和 22 章，AKF 扩展立方体的 X 轴代表对服务或数据毫无差异的克隆。如果我们有一个由 N 个系统组成的服务或平台，N 个系统中的任何一个都可以对任何要求做出反应并且会给出完全一样的答案。这是 X 轴的扩展模式。对服务、客户或数据元素没有任何偏见。对于数据库，每个 X 轴的实施需要一份整个数据集的完整复制。我们称之为数据的水平复制。X 轴方法在大多数情况下实现起来相当简单。

在云环境中实施 X 轴分割和在数据中心或托管设施中实施是一样的。也就是说，我们将代码复制到多个实例或者为只读操作把数据库复制到其他实例上。在云环境中，可以有几种方法来实现。我们可以在一台机器上启动多个实例，然后通过脚本部署相同的代码。或者在已经部署了代码的实例上生成全新的机器镜像，部署新镜像自动地部署代码。第三个方法是利用许多云环境所具有的自动扩展的特点。在 AWS 上建立一个"自动扩展"组，设置启动配置，建立扩展策略。

这三种在云环境中通过 X 轴实现的扩展方法比较简单。相比之下，Y 和 Z 轴的扩展就没有这么简单了。

27.1.2　Y 轴和 Z 轴

扩展立方体的 Y 轴基于应用中工作职责进行分割。这就是应用中的功能、方法或服务等。Y 轴分割通过将应用分割成并行或流水线的处理过程来解决应用的整体扩展问题。

　　扩展立方体的 Z 轴基于在交易时即时查找或确定的值进行分割。通常，这种分割基于交易请求者或者客户。这种 Z 轴实施最常见但不唯一。我们经常看到电子商务公司按存货量单位（SKU）或产品线沿 Z 轴分割。回忆一下，Y 轴分割通过减少执行服务所需的指令和数据帮助我们实现扩展。Z 轴分割试图通过非服务性分割做同样的事情，从而减少了任何一个客户子集需要处理的数据和交易量。

　　在云环境中，这些分割不会自动发生。架构师、设计师或实施者必须完成这项工作。即使采用像 MongoDB 这样的 NoSQL 方案把数据进行跨节点分区或者分库分表，仍然需要对数据如何分区和节点在哪里等进行系统性的设计。应该以产品（SKU）还是客户作为分库分表的关键字？把所有节点全部放在单一数据中心还是分散在多个数据中心？套用 AWS 的术语，是跨可用区域（US-East-1a，US-East-1b）还是跨地理区域（即 US-East-1[弗吉尼亚北部]，US-West-1[加利福尼亚北部]）。一个应该考虑的因素是数据的可用性究竟需要多高。如果答案是"非常高"，那么可能要将数据副本放在跨地理区域。这显然是有代价的问题，比如数据传输速率问题，同时也带来了数据复制更长的延迟时间。数据副本放在跨可用区域如 US-East-1a 和 US-East-1b 具有较短的延迟，因为它们所在的两个数据中心是在同一个大都市区域。

　　系统运行在云环境中并不意味着应用就会自动取得高可用性和可扩展性。作为技术专家的你还是要负责设计和部署系统，在一定程度上确保它是可扩展的和高可用的。

27.2　克服挑战

尽管云计算环境带来了那么多好处（如在第 26 章中讨论的），还必须考虑到一些挑战，在有些情况下克服挑战以确保应用在云环境中运行良好。在这一节中，我们主要解决这些挑战中的两个：可用性和输入 / 输出的可变性。

27.2.1　云环境的故障隔离

并不因为是云环境就意味着它一直可用。云环境不是魔术，仅仅是一些非常酷的虚拟化技术使我们能够与其他许多客户共享计算、网络和存储资源，它降低了所有客户的成本。揭开云环境的面纱，它还是一些服务器、磁盘、不间断电源（UPS）、负载均衡器、交换机、路由器和数据中心。咨询业有一句名言，"什么都可能出故障！"无论是服务器、网络设备、数据库、甚至是整个数据中心，最终每个资源都会出故障。如果你不相信数据中心会出故障，只要在互联网上搜索一下"数据中心故障"，就会找到 Ponemon 研究所在 2013 做的一项调查，调查显示 95% 的受访者都经历过意外的数据中心停机⊖。私有的还是公共的云环境也不例外。它包括服务器和网络设备故障，偶尔整个数据中心故障，AWS 就曾经出现过包括多个数据中心在内的整个大都市区域出故障。

并不是说 AWS 的可用性不能保证正常运行的时间，而是要强调应该意识到它的服务偶尔也会出故障。事实上，亚马逊提供了一

⊖　http://www.emersonnetworkpower.com/documentation/en-us/brands/liebert/documents/white%20papers/2013_emerson_data_center_cost_downtime_sl-24680.pdf.

份保证其计算节点（EC2）每月可用时间达到 99.95% 的服务水平协议（SLA），否则将为用户提供一定形式的赔偿[一]。然而，如果 AWS 达到 99.95% 的可用性，运行在其上的服务可用性不可能更高。即使应用服务没有中断，也不可能实现 99.99% 的可用性。如果应用的可用性是 99.9%，托管服务的可用性是 99.95%，那么系统的整体可用性很可能是 0.999×0.9995=0.9985，即 99.85%。原因是应用的服务中断时间（43.2 分钟每月）不会总是与托管服务的中断时间（21.6 分钟每月）重和。

AWS US-East-1 区域服务中断

　　亚马逊网络服务（AWS）是非常优秀的服务，它提供了良好的可用性和可扩展性。然而，它也经历过服务中断。作为技术领导必须做好准备。这里有几个 AWS 发生在北弗吉尼亚的 US-East-1 区服务中断的例子。

- ❏ 2012 年 6 月服务中断[二]：该事件有两种表现形式。一是在受影响数据中心内运行的服务实例和流量被中断，其影响被限制在可用区内。US-East-1 区的其他可用区还在正常运行。影响是"控制平台"服务降级，控制平台服务允许客户进行创建、删除或修改资源操作。控制平台不需要持续使用资源，但服务中断期间，当客户试图通过向其他地方转移挽救可用区损失的资源时，[三]控制平台服务在这个过

⊖　http://aws.amazon.com/ec2/sla/; accessed October 6, 2014.

⊜　http://aws.amazon.com/message/67457/.

⊛　See Netflix's report on this outage: http://techblog.netflix.com/2012/12/a-closer-look-atchristmas-eve-outage.html.

程中很有用。

❑ 2012 年 10 月服务中断[一]：客户报告无法使用 API 服务管理资源达数小时之久。AWS 当即切断了 API 服务，使他们不能使用 API，因此影响了一些客户。

❑ 2013 年 9 月服务中断[二]：网络连接问题使热门应用如 Heroku、GitHub 和 CMSWire 连同其他运行在 US-East-1 区域的客户应用被中断。

AWS 有多个数据中心，把你的应用或服务运行在其中一个数据中心甚至一个可用区域并不足以保证应用可以避免服务中断。如果需要高可用性，就不该把这个责任交给供应商。这是你的责任，你应该拥有并确保从设计、开发和部署等阶段把高可用性列入考虑的范围。

在云环境中管理这一壮举所遇到的一些困难和在传统的数据中心所遇到的相同。机器镜像、代码包和数据不会自动复制到其他区域或数据中心。你必须自己开发管理和部署工具去复制机器镜像、容器、代码和数据。当然，这一努力从网络带宽的角度来看并不是免费的。在东海岸和西海岸的数据中心或区域之间进行数据库复制会占用网络带宽或增加成本，因为转移费用会上升。

基础设施即服务（IaaS）的供应商，如典型的云计算环境，一般不提供将代码和数据复制到其他数据中心的业务，许多平台即服务（PaaS）的供应商尝试提供这项服务。尽管有不同程度的成功，我们

[一]　https://aws.amazon.com/message/680342/.

[二]　http://www.infoq.com/news/2013/09/aws-east-outage.

的有些客户已经发现 PaaS 的供应商没有足够的能力在服务中断期间动态地将应用移走。我们再次重申，应用的可用性和可扩展性是你的责任。你不能把这个责任转嫁给供应商并期望它像你一样地关心应用的可用性。

27.2.2　输入 / 输出的可变性

对于典型的 SaaS 应用或服务，从存储的角度来看，云计算环境的另外一个主要问题是输入 / 输出的可变性。输入 / 输出是计算设备之间以及其他信息处理系统之间的通信。输入和输出分别是信号或数据的转入和转出。

在讨论 I/O 时，使用两个主要的测量方法：每秒的输入 / 输出（IOPS）和每秒兆字节（MBPS）。IOPS 测量磁盘 I/O 路径在每秒钟可以满足多少个 I/O 请求。这个值一般与 I/O 请求的大小成反比。也就是说，I/O 请求越大，IOPS 越低。这种关系应该是显而易见的，因为与处理一个 8KB 的请求相比，处理一个 256KB 的 I/O 请求需要更多的时间。MBPS 测量多少数据可以通过磁盘 I/O 路径。如果你把 I/O 路径想象成一个管道，MBPS 测量管道的口径大小，有多少兆字节的数据可以通过它。对于一个特定的 I/O 路径，MBPS 是与 I/O 请求的大小成正比的。也就是说，I/O 请求越大，MBPS 越高。大的请求会带来更好的吞吐量，因为它们花在磁盘查找上的时间相对较少。

在典型的系统中，有许多 I/O 操作。在计算节点上，当内存需求超过分配的内存时，就会发生分页。分页是内存管理技术，它允许计算机从二级存储上存取数据。使用这种方法，操作系统使用相同大小的块，称为"页"。二级存储通常由磁盘驱动器组成。在云环境下，存储设备（硬盘或 SSD）并不是直接连接，而是通过网络间接连接，数据从计算节点到存储设备必须通过网络。在网络还没有被高度利用时，像我们对存储系统所期待的，传输可能很快，但是当网络被高度利用时（可能饱和），I/O 可能以 10 的几次方的速度降低。如果数据中心使用直连存储（DAS）和 15K 的 SAS 驱动器⊖，运行在这个数据中心的应用数据传输速度可能会达到 175 ~ 210 IOPS 和 208 MBPS。如果速度下降到 15 IOPS 和 10 MBPS，应用是否还能对用户的请求做出即时的回复？答案很可能是"不能"，除非能动态地增加更多的服务器来把请求分发到更多的应用服务器上。

你可能会问："云计算环境中的 I/O 性能怎么能以 10 的几次方的速度降低呢？"答案涉及"吵闹的邻居"效应。在共享的基础设施的同一网段上，如果邻居使用了比预期更多的网络，他们的行为可能会影响到你的虚拟机性能。这种类型的问题在经济学理论中被称为"公共的悲剧"（tragedy of the common），当每个人理性地根据自身利益独立行事并且消耗一些公共资源，他们的行为与整个团体的长远最佳利益背道而驰。通常过错方或吵闹的邻居消耗过多的网络带宽而不能自控。有时邻居是一个分布式拒绝服务（DDOS）攻击的受害者。有时邻居因为其自身的代码有错误而 DDOS 攻击自己。因为在云环境中用户不能监控网络（使用云端服务的客户不允许做这种监控，这显然是云计算供应商应该履行的

⊖ Symantec. " Getting the Hang of IOPS v1.3. " http://www.symantec.com/connect/articles/getting-hang-iops-v13.

职责），过错方往往不知道影响的严重性，貌似是他自己的问题其实影响到其他人。

既然你不能隔离吵闹的邻居或者保护自己不受其影响，你也不知道什么时候会发生这种事情，应该怎么办？你需要确保应用（1）为规定的或保证的 IOPS 付费；（2）增加计算能力（通过 X 轴复制达到自动扩展的目的）以应付显著的 I/O 约束；或（3）将用户请求重定向到 I/O 没有受到影响的另外一个区、区域或数据中心。对第三个方法还需要有一定程度的监控和测量以识别什么时候会发生退化和哪个区或区域的 I/O 运行正常。为应付 I/O 的可变性，付更高的费用肯定是一个选择，但就像购买更大的计算节点或服务器来处理更多的用户请求而不是继续购买商品化的硬件一样，这是一个危险的路径。短期内这个选择使你走出困境，你可能理所当然地选它，从长远来看，这种方法会导致一些问题。正如你只能在一台服务器上购买这么多的计算能力，随着添加更多这样的计算能力，每增加一个 CPU 核就会变得更昂贵。如果云供应商使用这种方法，当你的需求增长时，费用显然会变得更昂贵。

一个比付费更好的方法是在应用设计中采用适当的部署，当邻居开始吵闹的时候，通过扩展应用的计算能力来解决问题。我们先前讨论的自动扩展是沿 X 轴横向扩展。当 I/O 问题影响到数据库层时，这个方法也可以应用到数据库上。与其增加更多的计算节点，不如增加更多的只读数据库拷贝来解决问题。也许因为应用的写操作远远多过读操作，自动扩展不可行，那么可能要寄希望于第三个选择，就是把用户请求重定向到不同的数据中心。

虽然可以执行灾难恢复预案，通过完整的故障转移，把用户请求转移到不同的数据中心。这种"核选择"（nuclear option）通常难以恢复，技术人员一般都不愿意启动。如果应用已经做了 Y 或 Z 轴分割，分割后的数据或者服务被分散到不同的数据中心或区域，流量转移将不是一个大问题。你已经在其他设施上处理用户请求，仅仅是在此基础上增加一些。

当然，你可以使用这三个选项的任意组合（付费、扩展或转移）以做好充分准备去应付这些类型的云环境问题。不管你怎么决定，把命运和服务或者应用的可用性交给供应商都不是一个明智的举动。现在让我们来看一个真实案例：一个公司如何为它的应用运行在云环境做好准备。

27.3　Intuit 案例研究

在本章，我们专注于为现有的应用或 SaaS 产品能在云环境中运行做好准备。然而有时为了使应用能够在云环境运行，必须从头开始设计。在这一节中我们讨论的 SaaS 产品是专门为运行在云环境而开发的，程序员们在设计和开发时考虑了云环境的制约因素。

Intuit 的实时社区（Live Community）通过方便地连接税务专家、TurboTax 员工和其他 TurboTax 用户，使查找与税务相关问题的答案变得容易。你可以从 Intuit 的应用 TurboTax 任何一个屏幕访问实时社区，提出问题并从社区获得建议。Intuit 的一个工程研究员费利佩·卡布雷拉（Felipe Cabrera）形容实时社区的云环境为"彻底失败"而且"（这些失败）在我们镀金的数据中心频繁发生"。对云环境有了这样的认识，Intuit 把应用设计成可以运行在亚马逊网络服务（AWS）的多个可用区上。以故障恢复为目的，他们还为应用设计了可以在 AWS 区域之间移动的功能。弹性负载均衡器把用户请求分配在多个可用区的许多机器实例上⊖。把故障隔离在可用区之内能帮助缓解可用性问题，这些问题有时会影响许多机器实例甚至整个可用区。

为了适应 I/O 的可变性或者吵闹的邻居问题，团队实施了几种不同的架构策略。第一个是数据库的 X 轴分割，就是创建数据库的只读拷贝，然后提供给应用进行只读查询。第二个策略是设计和开发可以利用 AWS 自动扩展功能的应用⊖，AWS 的自动扩展功能是一个网络服务，专门用于根据用户定义的策略、时间表和系统健康检查结果，自动启动或终止亚马逊 EC2 实例。依据需求以及 I/O 的表现允许应用层在 X 轴扩大或者缩小。

为了监控客户关键互动的表现，团队建立了一个范围广泛的测试基础设施。而且对其经常修改和扩展。让团队监控服务的变化是否会对客户的互动表现产生预期的影响。

这些设计帮助实时社区在云环境中扩展，没有来之不易的教训就没有这些新设计。一个痛苦的教训是使用只读数据库处理查询。程序中配置的处理读写分离的软件库发生了问题。当只读数据库不可用时，整个应用停止。问题很快被解决，旨在提高可扩展性的数据库分割却最终造成系统可用性降低，直到开发人员解决了硬性依赖问题。这件事还显示出缺乏测试可用性区域故障的机制。

⊖　这项服务的详细情况记载于 http://aws.amazon.com/about-aws/whats-new/2013/11/ 06/elastic-load-balancing-adds-cross-zone-load-balancing/.

⊖　这项服务的详细情况记载于 http://aws.amazon.com/documentation/autoscaling/.

另一个惨痛教训是自动扩展。这个 AWS 的服务允许基于预定义的标准从可用的服务器池中添加或删除 EC2（虚拟机）。有时标准是 CPU 负载，有时可能是健康检查。对于 Intuit 的实时社区应用，扩展主要的约束是并发连接数。不幸的是，团队并没有设置好自动扩展服务去检测该指标。当应用服务器的连接耗尽时，服务中断，结果导致了实时社区应用在一段时间里不可用这样的事故。问题被解决后（通过增加健康检查和根据并行连接数确定扩展还是收缩），Intuit 的实时社区应用的自动扩展功能表现得非常出色，很好地满足了每年报税季节巨大的季节性需求。

如例子所示，即使像 Intuit 这样的大公司，刻意设计其应用适应云环境也在过程中遇到了问题。Intuit 的实时社区（Live Community ⊖）应用在云环境中运行如此成功的原因是该公司了解云环境的新挑战，而且在设计上付出了很多努力以应对这些挑战，并在始料未及的问题出现时迅速做出反应。

27.4　结论

在这一章中，我们概括了云环境的 AKF 扩展立方体，讨论了将应用从数据中心托管环境转移到云环境的两个主要问题，并观察了一个真实世界的例子，一个公司为了把它的应用运行在云环境而做的准备。

⊖　The Live Community team has evolved over time. Four people critical to the service have been Todd Goodyear, Jimmy Armitage, Vinu Somayaji, and Bradley Feeley.

在云环境中，我们可以在几个方面完成 X 轴分割：从一个机器镜像启动多个实例，然后部署相同的代码，在已经部署了代码的实例上创建全新的机器镜像，或者利用云环境的自动扩展。然而在云环境中，Y 轴和 Z 轴分割不会自动发生。作为架构师、设计师或实施者必须自己完成这项工作。即使依靠技术来进行数据分区或跨节点分片，你仍然需要设计好如何分割数据和在哪里放置节点。

那些寻求将应用从数据中心托管环境转移到云环境的 SaaS 公司，面临的两个主要挑战是可用性和 I/O 的可变性。任何事情都可能失败，所以我们需要做好云环境失败的准备。有许多云供应商经历过整个数据中心甚至是多个数据中心出故障。如果需要极高的可用性，你不应该将这个责任托付给供应商。因为这是你的责任，你应该承担并确保应用从设计、开发到部署都考虑到高可用性。

在云环境中创建故障隔离且高度可用的服务所面临的挑战和在传统的数据中心遇到的挑战是相同的。机器镜像、代码包和数据不会自动复制。你必须开发管理和部署这些东西的工具，从而可以移动镜像、容器、代码和数据。

从存储角度来看，典型的 SaaS 应用或服务在云计算环境中所面临的另一个主要问题是输入 / 输出的可变性。因为无法预测何时会发生变化，所以需要确保应用（1）为规定的或保证的 IOPS 付费（2）增加计算能力（通过 X 轴复制达到自动扩展的目的）来应付显著的 I/O 约束（3）将用户请求重定向到 I/O 没有受到影响的另外的区、区域、数据中心或其他资源上。

开发具有可扩展性的应用意味着要测试应用的可扩展性和可用性。必须在云环境中测试区域之间的故障转移。搞清楚如何测试响应时间也是一个重要但常常被忽视的步骤。

关键点

❏ 就像在数据中心或托管设施一样，我们可以用几种方式在云
环境中实施了 X 轴分割。

❏从机器镜像启动多个实例，然后部署相同的代码。

❏在已经部署了代码的实例上创建全新的机器镜像。

❏利用云环境自动扩展的功能。

❏ 在云环境中，Y 和 Z 轴分割不会自动发生。架构师、设计师
或实施者必须完成这项工作。

❏ 在云环境中，计算节点、存储系统、网络甚至数据中心都可
能会发生可用性问题。虽然在数据中心环境中我们也必须处
理这些问题，但是在那里我们有更多的控制和监控。

❏ 为应用做好过渡到云环境的准备，通过 IOPS 和 MBPS 测量
输入 / 输出变化是很重要的问题。

❏ 为使应用适应云环境的 I/O 可变性，你应该做好如下准备。

❏为规定的或保证的 IOPS 付费。

❏增加计算能力（通过 X 轴复制以达到自动扩展的目的）以
应付显著的 I/O 约束。

❏将用户请求重定向到 I/O 没有受到影响的另外一个区、区
域、数据中心或其他资源。

第 28 章　应用监控

孙子说：夫金鼓旌旗者，所以一民之耳目也。

当企业处在快速增长阶段，需要快速识别扩展的瓶颈，否则将遭受长期和痛苦的系统服务中断。今天响应时间的小幅度延迟可能预示着明天的局部停机。本章将讨论为什么公司会在产品监控方面挣扎，并提供解决这种挣扎的几点建议，通过采用系统框架使监控日趋完善。

28.1　为什么我们没有及早发现问题

如果你和我们的经历一样，很有可能在职业生涯中也曾经花费很大一部分时间去回答这个问题。这固然很重要，但一个更有价值并将给股东带来巨大长久利益的问题是，"在我们的过程中哪里存在着缺陷，使我们在没有适当监控去发现这样问题的情况下，把服务推向了市场？"初看之下，这两个问题似乎很相似，但它们关注的焦点却完全不同。第一个问题，"为什么我们没有及早发现问题"是针对最近发生的事故。第二个问题是要解决系统过程的问题，就是在没有监控去验证系统表现是否达到预期的情况下，允许完成系统开发。回想我们在第 8 章中讨论的，问题导致事故发生，并且一个问题可能与多个事故相关。用行话讲，第一句话要解决事故，第二句话要解决问题。

以我们的经验，没有及时通过监控发现问题的最常见原因是大多数系统都没有设计好监控功能。即使存在，也是事后补充上去的。通常，负责确定产品是否达到预期的团队没有人力去定义或设计监控。想象一下，如果你买了一辆新车，但汽车仪表盘上没有指示灯和仪表。在销售之前，经销商采用售后零配件临时帮你安装。听起来很可笑吧？那么，为什么是在产品部署过程中，而不是开发过程中把监控功能设计和安装好呢？

"设计能够监控的系统"是一种方法，它把监控内置在产品里，而不是产品周边。把监控功能纳入设计阶段，评估所有与之互动的服务响应时间，并且当响应时间超出正常水平时发出警报。这个系统还可以评估在一段时间内运行错误在日志中出现的频率，并且当频率发生显著变化或错误内容发生变化时发出警报。最重要的是，"设计能够监控的系统"需要假设我们掌握判断产品成功与否的关键性能指标（KPI），同时对这些指标进行实时监控。对于电子商务解决方案，KPI 几乎总是包括每分钟收入、购物车中途放弃率、商品添加到购物车的数量以及软件功能被调用的次数等等。对于支付解决方案，KPI 包括支付量、平均支付金额和欺诈统计。对于 B2B 的软件即服务（SaaS）解决方案，KPI 可能包括关键功能的调用频率和这些功能给客户带来的最大方便，例如在客户关系管理（CRM）解决方案中客户的创建和更新。当然关键功能的响应时间总是非常重要的。

28.2 监控框架

有多少次在事故原因分析中发现，虽然监控系统很早就对问题的征兆发出了预警，但是却没有采取行动。你可能会问自己："为什么没注意到这些预警呢？"

常见的答案是监控系统发出了太多的误报（或错报）。换句话说，警报中有"太多噪音"。DevOps 员工可能会说，"如果能从系统中排除一些噪音，团队就可以睡得更好，集中精力解决我们所面临的真正问题。""我们需要实施新的监控系统，或者，如果我们想变得更好，需要改造现有系统。"

我们不止一次地听过实施新的和更好的监控系统的原因。对无效监控问题，这不是最佳答案。真正的问题并不是监控系统不符合公司需要这么简单，而是监控方法完全错误。大多数团队都实施了正确的监控以发现潜在的问题，但没有实施能发现事故的适当监控。实际上他们从开始就是错误的。仅仅在产品中添加监控功能是远远不够的。我们需要根据在产品使用过程中获得的经验和教训来不断地完善监控系统。这就像在开发软件之前还不知道所有需求，敏捷软件开发方法还是试图解决相关的问题，所以对监控平台和系统，我们必须有灵活和开放的心态。用我们推荐的演进方法去回答三个问题，每一个问题都支持我们在第 8 章中对事故和问题所下的定义。

对监控系统的演进模型，我们提出的第一个问题是"出问题了吗"。具体而言，我们的兴趣在确定产品的表现是否与我们所期望的商业结果一致，或者与以往的表现一致。前者帮助我们明白在哪些地方没有达到预期，后者试图确认客户行为的变化，这可能意味着产品面临困难和影响客户的事故。以我们的经验，许多公司往往完全忽略了这些非常重要的问题就立即投入到没有目标的探索中去。我们要问的下一个问题是"哪里出了问题"或者更糟的是"是什么问题"。

对于监控系统，忽视了"出问题了吗"这个问题，而只顾及后两个问题是灾难性的。团队不可能发现所有可能导致客户受影响的情况或者问题。因此，没有对问题实施适当的监控，你至少会漏掉一些事故。结果是你会花更长的时间检测事故，这意味着事故持续的时间以及影响增加了。在开发系统之前没有回答第一个问题"出问题了吗"将会带来另外两个问题。首先，我们的团队浪费了时间和人力在追逐一些从来不会导致客户受影响的问题。如果把这些时间用在关注那些造成事故的问题或者增加系统功能会更好。第二，我们犯了另一个错误：客户通知我们发现了问题。客户不希望是那个通知你系统或产品发生了事故的人。客户期望他们得知一些至少你已经知道并且正在集中精力解决的问题。回答"出问题了吗"这个问题的系统，通常是围绕在监控关键客户交易和重要业务关键绩效指标这些方面。类似于本章稍后将要提到的统计处理控制的例子，他们可能也把诊断功能加到平台上。在本章后面的"用户体验和业务指标"一节中，我们将更详细地讨论这些可能性。

演进模式需要回答的下一个问题是"哪了出了问题"，在这一点上，我们已经建立了一个系统，它可以明确地告诉我们系统发生了哪些事故。在最佳情况下，它与一个或几个业务指标有关。现在我们需要定位问题出在哪里。这类系统通常通过分布广泛的分类收集代理为我们提供随着时间推移的资源使用情况。理想情况下它们是图形化的，甚至可以使用优美的小型统计处理来控制图形技巧（在本章后面介绍）。甚至提供一个很好的用户界面来显示一些系统热点，指出系统在哪些地方的表现没有达到预期。这类系统确实能帮助我们发现并指出应该努力的方向，以准确地定位问题或者事故的根本原因。

监控演进模式的最后一个问题是"是什么问题"。请注意，从确定有事故发生（这与我们在第 8 章的定义是一致的）到定位引起事故的原因，进而确定问题本身。从发现有些东西正在影响客户到确定事故原因，这个过程有两件事情发生。首先，从第一个到第三个问题的演进过程中，我们需要收集的数据量增加了。我们只需要几个数据就能确定什么东西在哪里出现错误。在可能会出现问题的范围内，我们需要相当长的时间收集大量的数据才能够回答"是什么问题"。其次，我们很自然地把焦点从非常广泛的"我们有一个事故"缩小到非常狭窄的"我发现到底是什么问题了"。这两者需要的数据量大小是相反的，如图 28-1 所示。对问题回答得越具体，确定答案所需要收集的数据就越多。

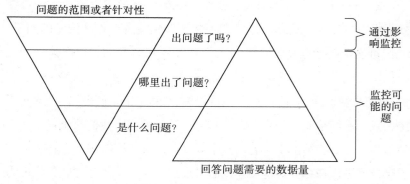

图 28-1　数据规模与问题针对性之间的关系

我们必须要有一定数量的数据才能够准确地定位问题的根源。实际上，确定问题本身可能只需要很少的数据，但是定位的过程必须收集所有与潜在问题相关的数据。通常我们可以很容易地将三个问题分成三种不同类型或方法去监控。"出问题了吗"一般可以通过一些用户体验或实时业务指标进行监控。"哪里出了问题"经常可以通过执行一些现成的脚本或者通过供应商提供的综合交易监控方案来实现。"是什么问题"往往依赖对专有系统的记录和数据收集来完成，所收集的数据包括应用日志文件和系统资源利用率的监控指标。

前面的方法有条不紊，它迫使我们在尝试监控平台或产品中的所有问题之前，首先建立能够发现问题的系统。我们并不是暗示结束调查"出问题了吗"之前，绝对不需要为回答"哪里出了问题?"和"是什么问题"做任何工作，而是说我们首先应该把主要精力集中在回答第一个问题上。因为"哪里出了问题"的解决方案在许多平台上很容易实施，在系统开发初期，把十分之一的力量花在这个问题上将来会带来巨大的收益。对于新产品的监控系统，你至少需要把一半时间花在确定应该监控的正确指标和交易上，以便随时可以回答"出问题了吗"。把剩下的时间花在开发监控系统以便回答"是什么问题"，并期望一旦监控系统开发完毕，花在这个指标上的时间比例会逐渐加大。

28.2.1　用户体验和业务指标

用户体验和业务指标监控是为了回答"出问题了吗"。在通常情况下，你需要实施这两个方面的监控才能得出一个较全面的对系统整体运行状态的看法，但在许多情况下，你只需要几个监控指标就能够很有把握地回答事故是否发生。例如，对于电子商务平台，其收入和利润主要来自于销售，你可以选择监控收入、搜索、中途放弃购物车和产品视图。你可能决定把每个方面绘制成实时曲线图，将这个曲线与 7 天前、14 天前和最近 52 个星期的平均值曲线相比较。曲线上任何显著的偏差都可能提醒团队：有潜在的问题发生。

　　图 28-2 显示了电子商务网站曲线图。它描绘了该网站在一段时间内的收入，并把它和上星期同一天的收入进行比较，试图确定可能的事故。请注意，当天下午在大约 4 点时发生了一个重大问题。正如在第 6 章中描述的，这些曲线之间的增量可以用来计算可用性。然而从事故监控的角度来看，曲线表现出的显著偏差预示着这可能是一个事故。

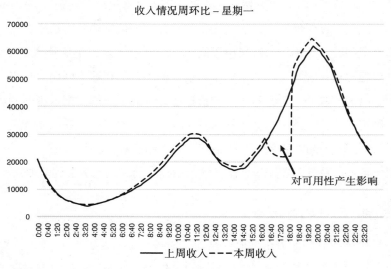

图 28-2　通过收入监控事故举例：周环比

图 28-3 显示了类似的方法，但利用了统计过程控制图表

（SPCC）。SPCC 是一种统计方法，它帮助我们绘制最高和最低的控制界限，通常是一定数量数据点平均值的 3 个标准差。控制界限用于识别在什么时候这个事物可能"无法控制"，对于我们而言，那意味着值得把它当作事故来看待。我们可以采用很多种方法来确定需要多少数据点在多长时间内构成控制界限。我们将把更加深入地研究 SPCC 这个作业留给读者。然而值得注意的是，像 SPCC 这样的方法使得事故监控系统能够自动报警。在我们的例子中，用"每周同一天"的过去 30 个数据绘制了平均值曲线。

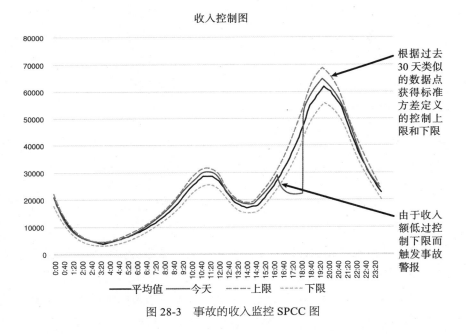

图 28-3 事故的收入监控 SPCC 图

对于广告平台，可以把监控重点放在每天每个时段每次点击的费用、总点击数、点击成功率、竞拍物投标比例。根据这些数据绘制实时曲线图，与 7 天前、14 天前和最近 52 个类似星期的平均值曲线相比较。对计算出的平均值，我们也可以使用 SPCC 的方法。目的是找出反映早期和当前问题的主要业务和客户体验指标。第三方供应商也提供最后一英里和客户体验的监控解决方案，这些对扩展业务指标和用户体验监控是有用的。诸如 Keynote 和 Gomez 这些最后一英里和用户代理监控解决方案能帮助我们更好地理解什么时候远程客户不能访问我们的服务，什么时候这些服务的表现低于预期。用户体验的解决方案，如 CA 的 Wily 和 Coradiant 的产品可以帮助我们更好地了解用户的互动、行为和可感知的响应时间。

也要考虑其他可能会影响业务的指标和临界值，比如响应时间等，但这些数据点往往更多地指出"哪里出了问题"而不是"是否存在问题"。最好的指标就是与创造股东价值有直接关系的指标。较高的购物放弃率和明显低的点击率都很可能意味着用户体验问题，这些会对业务产生负面影响。

28.2.2　系统监控

正如我们在本章前几节中所暗示的，系统监控往往是很多公司做得很好的一个领域。我们使用的术语系统监控是指共享几个组成部分的任何硬件和软件组合。我们可能有一个服务由几个功能或应用组成并运行在一组服务器上，这个松散的硬件和软件组合成为一个"系统"。大多数监控系统和平台都有开箱即用的代理，可以把这种类型的监控做得相当好。你只需要安装代理，针对系统进行配置，并将它们插入到监控框架中。我们往往在增加工具来帮助我们发现哪里出了问题这些地方失败。通常情况下，我们依靠阈值报警或观察敏锐的员工来发现问题。

阈值报警的问题往往是基于一些武断的值："对于任何一个系统，其利用率不应该超过 80%"。更好的方法是当系统的行为与其过去的表现相比发生显著变化时，我们应该收到警报。这种识别问题的方法基于 SPCC，根据当前数据绘制出曲线，然后把它与依据过去数据绘成的曲线进行比较。

我们依靠系统监控来告诉我们"哪里出现了问题"。在这样的情况下，用户和业务监控发现了一个新问题，因为是新问题，我们很可能要寻找那些过去与现在表现有所不同的地方。阈值监控告诉我们有些事情的表现不在期望的范围内，更有价值的是可以告诉我们哪些方面的表现与过去相比有了显著的变化。

28.2.3　应用监控

应用监控很重要，它能帮助我们回答"是什么问题"。通常情况下，要确定"是什么问题"我们需要特别编写一些监控代码。要把它做好，我们可能需要把代码集成在产品里。尽管有一些现成的代理会告诉我们到底问题是什么，比如由于一个或多个磁盘损坏而导致的 I/O 子系统缓慢，但很少有现成的代理可以帮助我们准确地诊断出应用的哪一部分出现了问题。自我愈合应用有点像做白日梦，从开发时间的角度看也不太可能经济划算。应用可以对最常见类型的故障进行自我诊断的理念是一个令人钦佩而且可实现的愿望。

对许多公司来说，如果在开发的初期阶段，开发一组可以重复使用的工具来帮助确定故障的原因是一个比较简单的任务。这些工具作为服务被编译或链接到应用中，或仅仅作为潜在的服务被运行的应用调用。通常它们被放置在应用的关键阻塞点，例如当错误信息发送或当另一个服务或资源调用时。应该加强错误日志记录程序，对错误的类型进行有意义的分类，并记录一段时间内错误的数量。可以记录每天每个时段方法或功能的执行次数，并以一种有意义的方式记录它们，以便于其他进程对这些记录进行计算。远程服务调用可以记录其他应用赖以为生的同步或异步服务的响应时间。

监控问题和总体框架

大多数监控平台存在两个主要问题。

❏ 被监控的系统没有为监控做好设计。

❏ 监控方法是自下而上而非自上而下，错过了关键问题"是否有影响客户的问题在发生"。

解决这些问题相对来说比较容易。

❏ 在开发之前设计好被监控的系统。

❏ 监控指标首先要回答"出问题了吗"。这是典型的业务和客户体验指标。

❏ 监控指标其次要回答"哪里出了问题"。这是典型的系统方面的指标。

❏ 监控指标最后要回答"是什么问题"。这是集成在应用中与设计原则相吻合的指标。

要开发世界一流水平的监控系统，按照从上而下的顺序逐步执行是非常重要的。

28.3　衡量监控的价值

在第 25 章中，我们提出过并非所有数据对公司都有价值，而且所有数据都是有成本的。这个逻辑也同样适用于监控！如果要监控一切所能想到的，结果很可能是仅用到很少部分收集到的数据。同时对大多数监控平台而言，一直在制造一种我们称之为死亡预兆的噪音。此外，这是在浪费员工的时间、公司的资源以及股东的资金。

确定哪些监控指标能提供真正价值的最简单方法是，通过监控演进框架，自上而下一步一步地描述每一层所创造的价值以及如何控制其实施成本。

我们的第一个问题是"出问题了吗"，如前所述，要回答这个问题可能只需要三到十个监控指标，这既包括了对未来可能发生问题的预测指标，也包括了对目前发生问题的当前指标。因为记录的项目数量相对较少，数据保留时间应该不是一个大问题。最好能够把这些数据以每分钟或每小时为单位记录并绘制曲线，然后与过去至少两周中每周同一天的数据进行比对。如果今天是星期二，可能过去的两个星期二的数据最有价值。在汇总数据之前，也许应该至少保留过去两个星期甚至一个月的数据。从系统整体看，这些数据占用不了太多空间。此外，在预测和确定未来是否会出现问题或者目前是否已经存在问题的过程中，它会为我们节省大量的时间。

我们要问的下一个问题是"哪里出了问题"，尽管图 28-1 的金字塔显示的特异性在缩小，但数据量却在增加。这应该引起我们的一些担忧，因为我们需要更多的监控指标来回答这个问题。监控指标的数量介于十的一次方和十的二次方之间（10 至 100 倍），很可能比我们原来的监控指标集要大得多。对于大而复杂的分布式系统，这个数可能更大。我们仍然需要把当前信息和以往类似日子的信息进行比较，数据的时间颗粒度要尽可能小，如每分钟或每小时。这对汇总、存档和删除策略提出了更大的挑战。在理想情况下，可先以小时为单位汇总，最终将数据整合到移动平均值的计算中去。也许我们可以绘制并保留图表，但在一定时间之后删除原始数据。我们当然不希望无限期地保留原始数据，因为大部分数据被用到的概率极低，因此价值较低、成本很高。

最后，到了要回答"是什么问题"的时候了。同样，从以前的监控到解决问题，数据至少以 10 的几次方的速度增长。我们把原始输出日志、错误日志和其他数据添加进去。这些应用的数据量增长迅速，尤其是在互动频繁的环境。我们可能希望保留两个星期左右的数据，定义为两个星期是因为假设在两个星期内我们会发现大多数问题。你可能更清楚系统里什么值得保存、什么可以删除。但同样不能简单地把自己想查询在任何时间发生任何事情的愿望强加给股东。该愿望的成本几乎是无限的，但所能带来的相应回报却非常低。

28.4　监控和过程

最后回到正题，让我们看看如何把所有这些监控融入运维和业务过程中？监控基础框架是许多过程的生命线。为了依序回答从"出问题了吗"到"是什么问题"，我们安排了监控，在这些监控过程中产生的大量数据为许多的决策，甚至一些测量指标提供了必要的数据基础。

为了回答"出问题了吗",监控产生一些必要的数据,这些关键数据用以衡量我们的定位是否与为股东创造价值相符合。回想一下第 5 章,我们讨论了以可用性作为度量指标。我们的目标是对"出问题了吗"能够给出始终如一的答案是"没有发生任何事故"。如果能做到这一点,那么你就有高可用性。从客户和业务角度而不是从技术角度来测量可用性会带给你所需要的工具来回答"出问题了吗",并且能以可用性为目标衡量你的系统。了解收入或客户可用性与技术可用性之间的区别非常重要,它能驱动一场文化变革,而这场变革会为公司带来难以置信的好处。科技人员一直把产品涉及的所有设备可用性的乘积作为可用性的指标。对于我们关心的一些方面,如成本、平均故障间隔时间、人员需求、冗余需求、平均恢复时间等等,这个可用性绝对重要。然而它并没有真正涉及股东或客户最关心的东西,那就是服务是否可用并能产生最大可能的价值。正因为如此,为了回答我们的第一个也是最重要的监控问题和测量的可用性,实时测量客户体验和产生利润的关系更有价值。仅仅使用几个监控指标就能满足关键性能测量指标之一,确保能够发现即将和正在发生的事故并做出反应,并把企业文化与创造股东和客户价值相匹配。

"哪里出了问题"的监控指标经常也是我们在容量规划和空间扩展过程中(见第 11 章)将会使用的数据源。这些原始数据会帮助我们确定在系统的什么地方存在着约束,并且把注意力集中在平台的水平扩展或为了更加经济有效地扩展完成必要的架构改善而准备的预算。这些信息也有助于为事故和危机管理过程提供反馈意见。这在事故或危机期间显然非常有用,在事后当我们试图了解如何能提前将事故隔离或完全阻止事故发生的时候，肯定也能显示出其价值。数据也能够提供反馈并帮助性能测试过程做出相应的改变。

能够回答"是什么问题"的数据对于"哪里出了问题"所描述的许多过程有帮助。另外这也有助于测试监控系统设计的正确性。工程技术人员应该把事后分析和运维回顾的结果与用于帮助发现和诊断问题的数据进行对比。目标是将这些信息反馈给代码和设计审查过程，从而开发出更好、更智能化的监控系统，这个系统有助于我们在问题发生之前发现问题或者当发生问题时我们可以快速地将问题隔离以避免灾难范围的扩大。

剩下的就是第 8 章讨论的事故和问题管理和第 9 章讨论的危机管理和升级。在理想的世界里，事故和危机可以预测，并通过完善和有预测性的监控解决方案来避免。在现实世界中，事故和危机最起码在开始引发客户问题并影响股东价值之前被发现。在许多成熟的监控解决方案中，监控系统本身的责任不仅仅是事故的初始检测，还包括事故报告或记录。以这种方式在 DRIER 模型（在第 8 章介绍的）中曾经讨论过，监控系统既负责检测也负责报告。

28.5　结论

本章讨论监控。大多数初期的服务和平台反复失败的主要原因是系统没有设计好监控，且监控的总体方法是有缺陷的。我们经常试图从底部开始开发监控，从每个代理和日志开始，而不是首先试图建立用于回答"出问题了吗"的监控。

最好的公司自上而下地设计其监控平台。这些系统能够以高

度的准确性去回答"出问题了吗"。理想情况下，这些监控指标与
能够创造股东价值的业务和技术驱动力匹配。最常使用的实时监控
指标是交易量、创造的收入、收入所花费的成本和用户与系统的交
互。可以用第三方用户体验系统以实时业务度量来回答这个最重要
的问题。

下一步是开发系统来回答"哪里出了问题"。通常这些系统都是
现成的第三方或开源解决方案，你只需要把它们安装在系统上来监
控资源的使用率。也可以采用一些应用的监控指标。这些系统所收
集的数据有助于让其他过程获得信息，如容量规划和问题解决。因
为数据是昂贵的，必须小心处理以避免数据组合爆炸，巨大的陈旧
数据的价值非常低。

最后，我们把焦点转移到"是什么问题"，要回答这个问题往往
需要在很大程度上依赖"设计能够监控的系统"的架构原则。在这
里我们监控各个组件，通常这些都是专有的应用，所以我们必须负
责监控。其次，对爆炸性数据增长的忧虑是存在的，我们必须努力
以保留正确的数据并且不让股东利益受损。

首先关注"出问题了吗"会在整个监控的过程中带来巨大的收
益。没有必要把放在监控系统上的努力100%地用在回答这个问题
上，但你一定要将大多数（50%或者更多）的时间花在这个问题上，
直到彻底解决。

关键点

❑ 大多数的监控平台都经历了从失败到正确地设计能够监控的
系统和采用不能首先回答最重要问题的自下而上的方法去开

发监控系统。

❏ 把"设计能够监控的系统"作为架构原则有助于解决这个问题。

❏ 在方法上，从自下而上转变为自上而下解决了问题的另一半。

❏ 在设计监控系统时，按顺序依次回答"出问题了吗"、"哪里出了问题"、"是什么问题"是一种有效的自上而下的策略。

❏ "出问题了吗"的监控指标最好与为股东和利益相关者创造价值相匹配。应该采用实时业务指标和用户体验指标。

❏ "哪里出了问题"的监控指标可以很好地使用现有的第三方或开源解决方案，这些方案部署起来相对简单。请注意数据保存期并且在使用这些测量方法时尝试使用实时统计。

❏ "是什么问题"的监控指标最有可能是自己开发的，并与专有应用集成。

第 29 章　规划数据中心

孙子说：合军聚众，交和而舍。

本章介绍数据中心，无论是自己拥有还是租赁、使用基础设施即服务（IaaS）的解决方案。我们的目的是给你提供一些必要的工具，使你能够在多彩缤纷的基础设施托管世界里，成功地设计出物美价廉同时具有高可用性的解决方案。

29.1　数据中心的成本和约束

在过去的 15 年中，数据中心发生了一些变化，这些变化是如此缓慢，以至于很少有人发觉，等发现时已经太迟了。正如军队的狙击手在敌人的眼皮底下缓慢地进入射击位置，但敌人仍然不知道他的存在，同样的事也发生在电力消耗、约束和成本的缓慢增加上。当我们终于认识到这种巨大的变化时，大家都争着要改变数据中心容量规划的模式。

多年来，如戈登·摩尔（Gordon Moore）观察到并在摩尔定律中所描述的那样，处理器的速度正在令人难以置信地不断增加，这导致电脑和服务器耗费越来越多的电能。CPU 主频与功率消耗的比率随采用的技术和芯片类型而变化。有些芯片采用在空闲时可以降低主频的技术，从而减少了功耗，多核处理器据称有高主频和低功耗的特性。但对于类似的芯片组架构，更快的处理器通常意味着更多的能耗。

直到 20 世纪 90 年代中期，大多数的数据中心都有足够的电力，它们的主要约束是在数据中心有限的空间中能容纳服务器的数量。随着计算机体积的缩小和主频的增加，数据中心变得越来越高效。效率在这里被严格地定义为数据中心每平方英尺[⊖]的计算能力。高效率是通过将更多计算机挤在同样面积的空间，并且每台电脑每秒钟有更多的时钟周期来进行处理。这提高了计算密度，同时也增加了单位面积功耗。计算机不仅每平方英尺耗费更多的能源，同时也产生了更多的热量。这需要更多暖通空调（HVAC）服务以冷却数据中心，反过来又消耗了更多的电力。如果你很幸运地与托管设施签订了合同，按每平方英尺的租赁空间来支付费用，你可能不会意识到在这一点上成本的增加。托管设施的业主承担了这部分费用，从而降低了服务的利润。如果你拥有自己的数据中心，很可能基础设施团队意识到了成本在缓慢而稳步地上升，但他们并没有通知你。直到你需要更多的空间才发现已经没有足够的电力资源可以使用了。

机架单元

一个机架单元（U 或 RU）是指在 19 英寸[⊜]或 23 英寸宽的机架上的一个单元。每个单元的高度是 1.75 英寸。因此一个 2U 服

⊖　1 平方英尺 =0.092903 平方米。

⊜　1 英寸 =0.0254 米。——编辑注

务器的高度是 3.5 英寸。半个机架（half rack）指的是宽度而不是高度。标准机架是指宽度为 19 英寸宽的机架，半个机架是指 9.5 英寸宽的机架。

电力使用的增长突然受到制约，这种变化带来了许多有趣的问题。第一个问题是首次让公司在行业内用平方英尺来展示自己。托管设施和服务器管理供应商发现自己的合同在很大程度上是以每平方英尺的服务器数量为前提签订的。如前所述，电力使用的增加降低了他们从服务中可以获得利润的幅度，直到买方与供应商重新谈判合同。反过来，托管设施的买方寻找机会把服务器转移到具有更大功率密度的地方。成功的供应商改变了服务的合同，从空间和电力两方面收取费用，或者严格地根据电力使用量收费。前一种方法允许公司根据电力的价格浮动，从而降低它们经营利润的变化，而后一种方法试图用时间和电力成本做模型，从而保证公司总有盈余。通常情况下，这两种类型的合同将减少在数据中心单位机架可用电力的比例。

拥有自己数据中心的公司发现受到电力的约束，使它们无法迅速建立新的数据中心以满足业务的增长。因此它们将利用托管设施，直至可以建立新的数据中心。

无论是拥有还是租赁，世界在我们的脚下发生变化。在新的世界中，功率而不是空间决定了数据中心的容量规划。这导致其他一些重要的方面出现在数据中心规划中，并非所有这些都被每个公司完全接受或认可。

29.2 位置、位置、位置

你可能听说过房地产的口头禅,"位置、位置、位置"。现在数据中心的位置问题比拥有还是租用数据中心的问题更为重要。这对我们做的几乎所有事情都有影响,包括固定成本、可变成本、服务质量和企业风险。

随着数据中心的约束从位置到电力转移,另一波转移接踵而来,这次是公司产品的固定成本和可变成本。以前,当空间是数据中心成本和容量的主要驱动因素和限制时,位置仍然是重要的,但那是因为不同的原因。当电力还没有像今天这样成为一个大问题时,公司试图把数据中心建在土地和建筑材料都很便宜的地方。结果,数据中心可能建在大城市,那里的土地资源丰富,劳动力价格低廉。在通常情况下,公司会评估地域风险。结果,如达拉斯、亚特兰大、凤凰城和丹佛地区变得非常具有吸引力。每个地区都为数据中心提供了大量的土地,当地居民具有所需的技能去建造和维护数据中心,而且地域风险也较低。

有些规模较小依靠租赁空间和服务的公司,不太关注风险,它们希望把数据中心放在离员工比较近的地方。这使托管供应商在公司密集区,像硅谷、波士顿、奥斯汀和纽约/新泽西地区,新建或改建托管设施。与缓解风险和成本相比,这些小公司更愿意易于访问支撑其产品的服务器。虽然与成本较低的替代方案相比,这些地方的价格较高,但是许多公司还是认为距离数据中心较近所带来的好处远远超过相对成本的增加。

当电力成为数据中心规划和使用的制约因素时,公司开始转移到那些不仅能够购买土地使其以极具吸引力的价格建造数据中心，同时还能以相对低廉的价格获得电力的地方。另外一个焦点是那些可以最有效地使用电力的地理位置。实际上，这一点导致了一些有悖常理的数据中心选址方案。

空调（HVAC 的"AC"部分）在海拔较低的地区工作效率最高。我们不讨论其原因，你可以在网上找到很多信息来证实这一点。需要从空气中除湿的量少了，空调在湿度较低的地区工作起来更有效率。低海拔、低湿度地区叠加起来产生了一个更高效的空调系统。因此系统执行类似的工作需要更少的电力。这就是为什么像亚利桑那州凤凰城这样的电力净进口区域尽管电力成本较高，却仍然是企业建造数据中心的最爱。虽然凤凰城电力成本和夏季制冷的需求比其他区域高，但在冬天的需求较低，这降低了全年的整体能耗，从全年的总体情况看，HVAC 系统仍然是经济有效的，这使其成为一个具有吸引力的区域。

由于拥有丰富的低成本电力，其他一些地区也成为让人感兴趣的很好的数据中心选址。由田纳西流域管理局（TVA）提供服务的区域包括田纳西州、北卡罗来纳州西部的部分地区、佐治亚州西北部、阿拉巴马州北部、密西西比州东北部、肯塔基州南部和弗吉尼亚州西南部。公司喜欢建设数据中心的另一个地区是位于俄勒冈州与华盛顿州之间称为哥伦比亚河峡谷的区域。这两个区域因为水电站所以拥有丰富的低成本电力资源。

数据中心的位置也影响公司的服务质量。公司希望找一个容易获得高质量的带宽、拥有丰富的高度可用的电力资源和众多受教育人员的区域。它们喜欢有多个电信运营商存在以减少传输或网络管道的成本。如果有多个运营商可以选择，当一个运营商存在可用性或质量问题时，公司可以把流量转移到其他的运营商。因此，公司希望电力基础设施不仅成本相对较低，而且具有高可用性，由于电力基础设施老化或环境问题造成中断的机率较低。

最后，位置影响公司的风险状况。如果公司的系统只运行在某个地方的一个数据中心，而且这个地方具有很高的地理风险，可能遭受更长时间服务中断的概率会增大。地理风险可以导致数据中心结构损坏、电力基础设施故障或网络传输故障。最常被引用的对数据中心和企业造成危害的地理风险是地震、洪水、飓风和龙卷风。其他特定地理位置的风险也必须加以考虑。例如在高犯罪率的地区可能会导致人们对服务中断的担忧。由于极冷或炎热的天气使当地电力基础设施满负荷也可能会导致中断操作。由于地理政治的原因吸引恐怖分子的区域也具有更高的地理风险。

即使在一般的地区，某些区域也比其他的具有更高的风险。临近高速公路可能增大因重大事故而损害设施的可能性，因化学品泄漏使设施被疏散的可能性。在一个地区需要使用备用发电机时，能快速而容易地获得燃料资源吗？这个地区允许发电机所需的燃油卡车方便进出吗？我们距离消防队有多远？

虽然位置不是一切，但它绝对影响公司运营的成本、服务质量和风险状况几个重要的方面。合适的区域可以减少与电力使用和基础设施相关的固定和可变成本，提高服务质量并降低企业的风险。

在考虑成本、服务质量和风险时，没有灵丹妙药。像许多公司所做的那样，在选择哥伦比亚河峡谷或 TVA 地区时，你会在需要培训本地人才或可能带来自己的人才这些方面来降低费用。在选择凤凰城或达拉斯时，你将有机会获得经验丰富的人力资源，但是与TVA 或哥伦比亚河峡谷地区相比，你会为电力资源支付更高的费用。选址时没有唯一正确的答案，你应该努力优化解决方案以适合预算和需求。但是，我们认为有一些错误的答案。我们总是建议客户，除非根本没有其他选择，不要选择地理风险较高的地区。如果选择了地理风险较高的地区，我们总是要求他们制订从那个地区退出的计划。仅仅一个重大故障就能证明这个决定是错误的，问题永远是什么时候故障会发生，而不是故障是否会发生。

选址的注意事项

当考虑选择数据中心或托管合作伙伴的地理位置时，需要思考以下几点。

- ❑ 该地区的电力费用是多少？与其他的选择相比是高还是低？空调系统在该地区的运行效率高吗？
- ❑ 该地区受过教育可以聘为员工的人力资源如何？他们在数据中心建设和运营方面是否受过培训，有经验吗？
- ❑ 该地区是否有几个网络流量中转供应商同时存在？他们为其他消费者提供的服务如何？
- ❑ 该地区的地理风险状况怎么样？

通常情况下，你会发现自己在问题之间权衡取舍。你可能会发现在电力成本较低的地区找不到有丰富经验的人力资源。我们建议你永远不要牺牲的是地理风险。

29.3 数据中心和增量增长

数据中心和托管空间呈现了一个有趣的增量增长困境，与正在快速或超高速增长的公司相比，那些适度增长的公司对此困境的感受更为深刻。数据中心对以技术为主客户的作用，就像工厂对制造产品的公司一样：产品在这里生产、产量受这里的限制，取决于其利用率的高低，要么增加，要么减少股东的价值。

以简化的汽车工业为例，由于新的资本支出，新工厂在初始阶段摊薄公司的利润。新工厂采用最新的技术，旨在降低每辆车的生产成本，并最终增加公司的融资及利润。最初，该厂的建设成本摊在生产的每台汽车上，净效应是摊薄了利润，因为初期产量很低，所以生产的每辆车都亏损。建设成本不断被增加的汽车产量摊薄，积累的利润开始抵消成本，并在最终超过它。当该厂每辆车的生产成本低于现有其他工厂每辆车最低的生产成本时，工厂的业务开始增值。不幸的是，要达到这一点，工厂的运转率必须要保持相当高的水平。

数据中心亦是如此。数据中心建设通常代表着公司相当大笔的支出。对小公司而言，代表着租赁新的或额外的数据中心空间，这也是公司的一笔相当大的投入。当我们考虑建设新的空间而不是购买或租赁时，绝大多数情况下，我们会把比大部分旧数据中心更好和更快的硬件放在新数据中心。虽然这么做很有可能会提高电力利用率并增加相关的电力成本，但是我们希望通过使用较少的设备做较多的事，降低新数据中心的整体支出。即便如此，在租金、电力成本、分期付款、工厂和设备费用被新增交易量抵消之前，我们还必须使用相当大部分的新增空间。

让我们用一些假设的数字来说明这一点。以下的讨论可以参考表 29-1。假设你运维一个虚构的网络公司，目前 500 平方英尺数据中心的租金和相关的电力费用每个月总共 3000 美元。现在的 500 平方英尺空间受电力供应的限制，需要在系统被需求淹没之前，能够快速地增加额外的空间。你面临着两种选择，一是以每月 3000 美元加租 500 平方英尺，二是以每月 5000 美元加租 1000 平方英尺。

表 29-1　成本比较

机柜	月租	请求指数	电力指数	空间指数	性能指数	性能单价
原来的 500 平方英尺	$3 000	1.0	1.0	1.0	1.0	1.0
新增的 500 平方英尺	$3 000	1.5	1.25	0.8	1.2	1.2
新增的 1000 平方英尺	$3 000	1.5	1.25	1.6	2.4	1.44

建设 500 平方英尺空间的机柜和电力基础设施的成本（不含服务器或网络设备）为 10 000 美金，1000 平方英尺的成本为 20 000 美金。计划为新数据中心购置的设备已经通过应用测试，并确定可以处理比当前系统多约 50% 的请求（在表 29-1 中标注为的指数为 1.5，即原来 500 平方英尺请求的 1.5 倍）。然而，新数据中心的设备将比原数据中心多消耗约 25% 的电力（表 29-1 中标注的指数为 1.25，即原电力消耗的 1.25 倍）。假如新旧机柜的电力密度相同，而每个新服务器消耗的电力是以前的 1.25 倍，你只能在机柜上摆放相当于现在数据中心 80% 的系统。在表 29-1 中，对应 500 平方英尺和 1000 平方英尺的空间指数分别是 0.8 和 1.6。由此产生的性能指数为 500 平方英尺 $0.8 \times 1.5 = 1.2$，1000 平方英尺空间为 $1.6 \times 1.5 = 2.4$。

最后，对于每花费 1 美元所带来的性能，新增 500 平方英尺的性能单价为 1.2，1000 平方英尺的性能单价为 1.44。原因是新增 500 平方英尺空间比新增 1000 平方英尺空间花费少了 2000 美元。

请注意，在计算中我们忽略了初始的建设成本，不过你可以把这个费用放在机柜的生命周期内分摊，然后把分摊的数额加在表中。我们还假设你不替换较旧的 500 平方英尺机柜中的系统，而且没有把新服务器的价格包括在内。

你花了两年时间填满了 500 平方英尺的空间，业务的增长速度已经翻了一番，而且相信会保持目前的发展势头。所有这些都表明，有可能在大约一年的时间内填满新增的 500 平方英尺空间。在这种情况下，你该怎么办？

我们不会回答这个问题，而是把它留给你当作一个练习。然而如果回答正确，答案是基于财务。应该考虑如何使数据中心快速为业务和股东增值或者盈利。还应该考虑到因为建设数据中心的空间而丧失的业务机会，这种机会丧失是两次而不是一次。现在你应该明白了，数据中心的成本庞大，而且与其他技术的成本高度关联，应该做好规划以确保数据中心不对运营产生负面的影响。

我们在前面断言，适度增长公司比高速增长公司所面临的问题更大。为什么这样说呢？答案是，同样购买或者租赁空间，高速增长公司比适度增长公司能更快地增值或者盈利。因此对增长较慢的公司而言，数据中心的空间规划更为重要，除非计划在一段时间过后退出和关闭。高速增长公司深度聚焦在有足够的空间提前量以满足需求，而不是确保提高空间利用率以达到增值点。

除了数据中心的考虑因素外，最近新增了在"云"上租用基础设施（IaaS），这在讨论数据中心利用率时应该重点考虑。

29.4 什么时候考虑采用 IaaS

在这一节我们将讨论何时应该考虑采用基础设施即服务（IaaS）策略，而不是托管或者数据中心策略。许多大型公司如 Netflix，采用亚马逊的网络服务解决方案，运行相当大部分的产品和服务[⊖]。对几乎任何公司而言，IaaS 在取代数据中心或托管设施方面都发挥着重要的作用。数据中心有几种不同的解决方案，租用容量或者能力（IaaS）、租赁空间和设备（托管）、自备（全资拥有数据中心），我们根据公司的规模，与产品相关的风险以及支持服务的服务器的利用率进行评估，然后帮助企业做出决定。

当为产品和服务选择合适的基础设施和数据中心时，公司规模是一个重要因素。例如小公司确实不能拥有物理数据中心，因为投入太高。认识到这一点，我们将评估风险和服务器的利用率，决定选择租赁空间还是全面利用 IaaS。全新的初创公司因为产品的风险很高（以产品被采纳和最终成功的概率来衡量），我们比较喜欢产品从 IaaS 解决方案开始。产品刚开始的时候，为什么要在基础设施上投入有限的资金？图 29-1 描述了租用（IaaS）、租赁（或拥有或租用设备的托管设施）、自备（拥有自己的数据中心）三种情况下，产品风险水平的评估结果。

对于虽小但处在成长期的公司，拥有成熟产品和相对较低的

⊖ "AWS Case Study: Netflix." http://aws.amazon.com/solutions/case-studies/netflix/; accessed September 29, 2014.

风险，我们通过评估服务器的数量及其利用率做出决策。如果产品或服务使服务器差不多整天繁忙，而且服务器的数量很多，那么在托管设施租赁空间会降低成本。如果服务器数量不多，或者服务器不是全天繁忙，那么把所有的相关服务都放在 IaaS 上会更加有道理。

随着公司的发展，产品的风险越来越低，服务器的利用率越来越高，自有数据中心运营的成本效益最佳。这里的决定主要是从财务方面出发。可以保持服务器繁忙和有效地利用电力和空间的大型公司通常可以使用自己的数据中心，这样做比租赁或租用相同容量的其他方案维持较低的成本结构。图 29-2 描述了我们如何看待自备、租赁、租用决策与产品增长和设备利用率之间的关系。

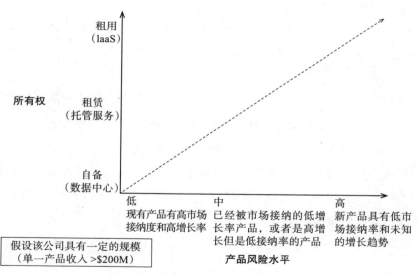

图 29-1　自备 / 租赁 / 租用与产品的风险

图 29-1 和 29-2 并不意味着那是数据中心和设备策略的最后决定因素。相反，这只是为了促进围绕着不同的方法及其固有的权衡所进行的讨论。一如既往，应该结合公司的财务目标，从增长和盈利的角度出发，做出正确的决定。

图 29-2 右面的两个象限建议把可以保持繁忙的部分自己拥有。这里隐含的意思是，应该把公司里那些不忙的部分放在租赁的空间。图 29-3 进一步描述了这可能意味着什么。在图 29-3 中，X 轴代表时间，Y 轴代表服务或产品的请求率。不论是对一天活动情况的讨论，还是对一年活动情况的讨论，该图具有同样的价值。因此，X 轴可以是一天设备请求率或一年的季节性指标。

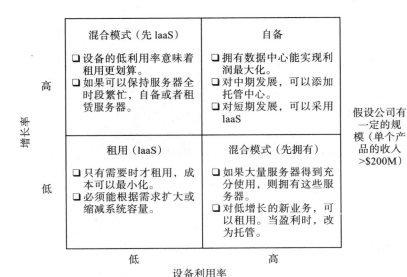

图 29-2　自备 / 租赁 / 租用与增长和利用率的关系

图 29-3 曲线图中的虚线下方的淡阴影区域表示服务"大部分时间繁忙"的区域。如果有资本和公司规模合适,这个区域"自备"或"租赁"(托管)是有意义的。显然,小公司不具备这个优势:它们根本买不起数据中心而且可以保持买进的数据中心足够繁忙,它们也没有与托管设施供应商谈判的杠杆。规模较大的公司拥有自己的数据中心或者使用托管数据中心后,在保持数据中心繁忙的情况下,通常可以从损益表中看到稍微或者显著的改善。

图 29-3 中虚线上方的暗色区域指明了适合"租用"容量或能力的区域。这可能是每天 8 个小时或者一年的几个月时间。无论是哪种方式,只要租金不超过拥有数据中心的成本,在财务上就有意义。这意味着,当需要的时候,我们必须能把流量或者请求发送到租用的服务器上,当我们不再需要它们时,没有流量或者请求发送到上面。

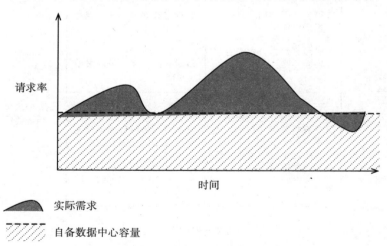

图 29-3 日 / 月使用量及弹性扩展的考虑

29.5 魔法三规则

我们喜欢简单、容易理解和易于沟通的规则，这包括用于数据中心的三规则。规则共有三条，因此称之为"魔法三规则"。第一条规则与数据中心的成本有关，第二条与服务器的数量有关，第三条与数据中心的数量有关。

29.5.1 魔法三规则的第一条：三是数据中心成本的神奇数字

魔法三规则的第一条关注数据中心的运行成本。数据中心第一个和最明显的成本是处理请求的设备成本。这些设备包括提供产品或服务所需的服务器和网络设备。第二个成本是运行这些服务器和其他设备所需的电力成本。第三个成本是运行支持设备，例如空调系统必需的电力成本。魔法三规则并不是必须遵守不可违逆的规则。其目的是聚焦在公司数据中心运行的大成本上，因为这些成本经常隐藏在不同的组织中，而且得不到正确的评价。

这些成本往往随部署设备数量的增加而增加。每个设备都有其自身的购置成本和相应的电力成本。支持性的基础设施（暖通空调）需求，通常会随设备及其相应的电力消耗数量的增加而线性增加。设备越多消耗的电力越多，产生的热量越大，流动空气、减少热量和调节温度的需求也越大。在许多公司特别是大公司，这种相关性无法跨越组织预算的边界。

还有其他明显的费用没有包括在魔法三规则的第一条中。比如，运行数据中心需要人手。这部分人工费用可能表现为全职雇员的工资，可能包含在服务托管合同中，也可能包括在公有云的使用费内。其他成本包括使我们能够在互联网上与客户进行沟通的网络传输成本。也可能有维护某些设备费用的安全成本，如七氟丙烷（FM–200）灭火装置等。这些费用很好理解，往往根据数据中心的占地面积大小确定，如安全和 FM–200 的维护，或明显地存在于一个组织的预算中，如网络传输成本。

29.5.2　魔法三规则的第二条：三是服务器的神奇数字

我们许多客户的架构原则中已经包括了魔法三规则的第二条。简单地说，该规则建议支持任何服务的服务器数量不应少于三台，在规划数据中心容量时，你应该考虑现在所有的服务和未来计划中的服务，任何一个服务都至少要有三台服务器支持。这里考虑的是，一台服务器为客户服务，一台服务器用于容量和增长，一台服务器为失败做准备。理想情况下，遵循"向外扩展而不是向上扩展"的架构原则（在第 12 章中介绍过），构建服务和制订建数据中心的规划，确保服务可以水平扩展。

对极端超高速增长的网站，该规则应用在数据中心的容量规划中，不仅适用于前端的网络服务，同时也适用于数据存储服务，如数据库。如果一个服务需要数据库，而且财务条件允许，该服务的架构至少应该有一个写数据库和负载均衡下的读数据库，一个额外的读数据库，还有一个用作逻辑备份的数据库，防止数据损坏。采用故障隔离架构或泳道架构的服务可能包括几组这样的数据库实施。

需要注意的一个要点是，数据中心的决策必须咨询负责定义、设计和规划新的和现有系统的架构师、产品经理、容量规划师。

29.5.3　魔法三规则的第三条：三是数据中心的神奇数字

"哇，等一下！"你可能会说，"我们是一家初创公司，现在赚钱是头等大事，根本付不起三个数据中心的费用！"如果我们告诉你，运行三个数据中心的费用接近于运行两个数据中心的费用呢？多亏了 IaaS（"公共云"）供应商，他们提供具有平均主义色彩的设施，已经替你把分发服务和数据的场地平整了。不必是财富 500 强公司，你的组织也可以把资产分散到靠近客户的地方。如果是一家上市公司，你肯定不想向公众披露，"对单数据中心的任何重大破坏将严重妨碍我们的能力，这个问题在持续关注中。"如果是一家初创公司，在产品生命周期的早期，因为没有考虑灾备，你是否真的能接受一个大客户因此而离开？当然不。

在第 12 章中，我们曾建议把设计多活数据中心作为一条架构原则。为了实现这一目标，你需要建立无状态系统、利用浏览器维持状态、通过相同的 URL 或者 URI 来回传递状态。在与数据中心建立亲和性并把状态保持在该数据中心后，就很难再由其他的数据中心来提供交易服务。保持与数据中心的亲和性的另外一种方法是通过一系列交易的过程，在会话的生命周期中允许对新的或后续的会话保持新的亲和力。最后，可以考虑沿 Z 轴基于数据中心分割客户，然后为每个数据中心复制数据，在余下的数据中心之间均等分割。你有三个数据中心，如果使用该方法，数据中心 A 中数据的 50% 将被移动到数据中心 B 和 C，见图 29-4。其结果是，运行该网站需要累计保持 200% 的数据，每个数据中心只包含 66% 的必要数据，也就是说每个数据中心包含作为主站点的全部数据（整体数据的 33%），和 50% 其他数据中心的数据（整体数据的 16.5%）。

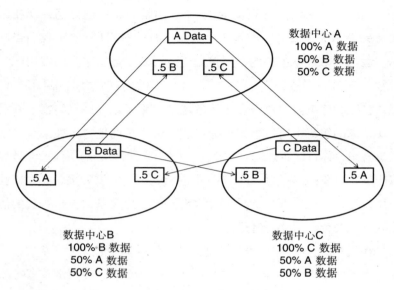

图 29-4　按数据中心拆分的数据复制方案

让我们讨论一下这个方法背后的数学逻辑。首先我们假设，至少需要两个数据中心才能确保我们平安地渡过任何灾难。如果给这些数据中心贴上标签 A 和 B，你可能会决定由数据中心 A 处理 100% 的流量，只把数据中心 B 作为一个热备。后端的数据库可能使用本地的数据库复制工具或者第三方的工具复制数据，这些复制的数据可能比主数据库有几秒的延迟。你需要这两个数据中心具备 100% 的计算和网络能力，也就是说网络和应用服务器的 100%、数据库服务器的 100% 和网络设备的 100%。电力需求和互联网连接也与此类似。每个数据中心可能都需要保持略微超过 100% 的容量，以处理激增的需求。所以在这两个数据中心均保持110%的容量。每当为一个数据中心购买额外的服务器，你必须也为另外那个数据中心购买相同数量的服务器。你可能还决定把两个数据中心通过专用网络连接起来，以确保数据复制的安全。运行双活数据中心将有助于应对大灾难，因为最初将会有50%的交易失败，直到你把流量转移到另外的数据中心，但是从预算或财务角度看，这种安排对你的帮助不大。图29-5描绘了数据中心之间的概略关系。

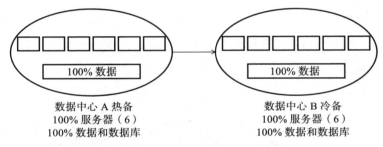

数据中心 A 热备　　　　　　　数据中心 B 冷备
100% 服务器（6）　　　　　　100% 服务器（6）
100% 数据和数据库　　　　　　100% 数据和数据库

图 29-5　双数据中心的配置方案：热备和冷备

然而，如果我们同时运行三个数据中心，系统的成本就会下降。在这种情况下，对于所有非数据库类的系统，其实每个数据中心只需要150%的容量，当一个数据中心出现故障时，就可以由其他两个数据中心提供100%的服务。对于数据库，我们绝对需要200%的存储，但是，如果我们够聪明，清楚如何分配数据库服务器资源的话，实际上只需要150%的处理能力。电力和设施的消耗也应该是单个数据中心需求的大约150%，很明显，我们将需要更多的人，可能稍微超过150%，以完成额外的数据中心的工作任务。唯一不成比例增加的领域是网络互连，对于三个数据中心，我们需要两条额外的连接。图 29-6 中描述了这样的数据中心配置。表 29-2 比较了运行三数据中心与运行两数据中心的相对成本。在表 29-2 中，我们已经知道每个数据中心必须要有 50% 的服务器容量，需要 66% 的数据存储量才能运行所有的服务。如果要在三个数据中心中的每一个都能找到 100% 的数据，那么你需要 300% 的存储。

请注意，为确保这种配置奏效，数据中心之间的距离要足够远，不能因为任何地理上的孤立事件而同时毁灭两个数据中心。你可能会决定在靠近美国西海岸的某地设一个数据中心，在中部地区某地设一个数据中心，在靠近东海岸的某地设一个数据中心。然而，请记住，你仍然希望减少数据中心的电力成本，并降低每个数据中心的风险。因此，你仍然想把数据中心放在电力成本和地理风险相对较低的地方。

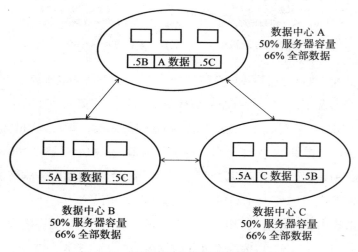

图 29-6　三活数据中心的数据配置方案

表 29-2　成本比较

数据中心配置	网络	服务器	数据库	存储器	专线数	总成本
单数据中心	100%	100%	100%	100%	0	100%
双数据中心（热／冷）	200%	200%	200%	200%	1	200%
双数据中心（活／活）	200%	200%	200%	200%	1	200%
三数据中心（活／活／活）	150%	150%	150%	200%	3	~ 166%

也许你已经被我们的三数据中心方法说服了，现在立即得出结论，数据中心越多越好！为什么不是四个或者五个，甚至 20 个？好了，更多数据中心是更好，而且你可以有各种方法进一步降低成本。但有一点，除非你的组织是一个非常大的公司，否则大量数据中心的管理开销会变得成本高昂。每增加一个额外的数据中心将减少完全冗余所需要的设备数量，但是会增加管理的开销和网络连接的成本。为确定公司数据中心的正确数量，你应该参考表 29-2 中的例子，增加运行和管理数据中心的费用，以得到适当的答案。

记得我们在关于 IaaS 弹性计算好处的讨论中曾指出：你不必拥有一切。根据图 29-1 和图 29-2 做出的决策，你可能会决定"租用"的三个数据中心分别处在不同的地理位置（如亚马逊 AWS 的"地区"）。或者你可能会决定采用一种混合的方法，综合使用托管设施和自己拥有数据中心，在季节或每天动态地把流量扩展到公有云（参考图 29-3）。当计算成本时，要记得使用多活数据中心的其他好处，比如确保数据中心靠近集中的终端用户，以减少响应时间。我们认为应该计划至少三个数据中心，防止灾难和降低成本。

29.6　多活数据中心的考虑

在前面有关为什么三是数据中心神奇数字的讨论中，我们曾经暗示过对多活数据中心的一些顾虑。在这一节中，我们将首先介绍运行多活数据中心的一些好处和顾虑，然后对三种不同风格的方法，以及每种方法的一些独特的顾虑进行讨论。

运行多活数据中心有三大好处。首先，你会得到灾备（我们更喜欢称之为灾难预防）的好处。其次，与只有一个主数据中心和一个备份数据中心相比，运行多活数据中心可以降低成本。第三，运行多活数据中心可以带来灵活性，使数据中心更接近客户，从而减少客户请求的响应时间。

多活数据中心的方法并没有消除部署内容交付网络所带来的好处，参见第 23 章，但确实有利于那些被迫直接进入数据中心的动态调用。如果你租赁数据中心的空间，可以利用市场在谈判时压低价格，通过多源托管合作伙伴获得利益。如果需要或者想要离开一个数据中心，你可以依靠其他的两个数据中心继续提供服务，同时选择一个低成本、高质量的供应商作为第三数据中心。如果你的组织是个 SaaS 公司，通过把流量转移到其他的数据中心，在非高峰时间逐个升级网站，你会发现推出新版本或更新网站变得非常容易。最后，当运行多活数据中心时，你会发现自己不再质疑热或冷"灾备网站"的有效性，日常的运维可以证明每个网站都能处理来自客户的请求。

多活数据中心确实会增加一些复杂性，与运行单数据中心甚至双数据中心相比，它可能会增加运维员工的数量。取决于公司的规模，员工人数的增加要适中，有可能会增加一个或者几个人，以管理合同和数据中心的空间。需要更改一些流程，例如如何发布代码、何时发布代码以及如何确保多数据中心配置的一致性。此外，如果每个数据中心没有有专职的员工，团队成员可能就要经常访问和检查各个数据中心。新增加数据中心之间的跨中心通信可能会使网络成本升高。

从架构的角度来看，要获得多活数据中心配置带来的全部好处，应该考虑改造应用来去除状态和亲和性。当然，你可能会使用地理定位服务，基于离数据中心的最近距离决定客户的路由，但是你更想要有足够的灵活性，可以确定在什么时候路由哪些用户请求，去哪个数据中心。在这种配置中，数据存储在所有的三个数据中心，没有任何状态或会话数据仅存在于一个数据中心，如果一个服务或者一个数据中心发生故障，终端用户几乎可以无缝地路由到另外一个可用的数据中心。这将获得所有潜在的数据中心配置中最高的可用性水平。

在某些情况下你可能会决定，有必要维持状态或数据中心的亲和力，或者架构设计无状态和无亲和力应用的成本太高。如果是这样，当服务或数据中心发生故障时，你需要决定是否要使所有交易或会话失败，然后迫使它们重新启动，或者是复制状态和会话数据到至少一个额外的数据中心。这种方法增加了一些成本，因为现在你需要建立或购买一个可以复制用户状态信息的引擎，并需要引入额外的系统或存储来处理它。

多活数据中心的考虑因素

运行多活数据中心有以下的好处。

- ❑ 与热冷数据中心配置相比有更高的可用性
- ❑ 与热冷数据中心配置相比有更低的成本
- ❑ 如果客户因为动态调用被路由到最近的数据中心，会有更快的客户响应时间。
- ❑ 在 SaaS 环境中产品发布更大的灵活性
- ❑ 在操作上比热冷数据中心配置有更大的信心

与多活数据中心配置相关联的缺点或顾虑如下。

- ❑ 更大的运维复杂度
- ❑ 员工人数的稍微增加
- ❑ 出差和网络成本的增加
- ❑ 运维复杂度的增加

在转向多活数据中心时，架构考虑要包括下述的问题。

- ❑ 尽可能消除对状态和数据中心亲和力的需要
- ❑ 如果可能的话，把客户路由到最接近的数据中心，以减少动态调用的时间
- ❑ 你的组织拥有数据中心或租用托管设施吗？可以租用 IaaS 吗？
- ❑ 在必要时调查数据库和状态的复制技术

29.7 结论

本章讨论了超增长公司给数据中心带来的独特限制，数据中心

选址的考虑以及设计和运维多活数据中心的好处。当选择数据中心的地理位置时，你应该考虑那些能提供高质量、高可用、成本最低的电力供应区域。另外一个主要选择标准是任何特定区域的地理风险。数据中心理想的位置应该有较低的地理风险、较低的电力成本和高效率的空调系统。

对于数据中心取决于租赁还是购买以及需要多少空间，应该提前数月甚至数年来做好增长评估和容量规划。在最坏的情况下，为了满足业务增长的需要，你需要立即签署合同以占据空间，这在最大程度上降低了谈判杠杆，使你支付更多的费用。如果没有足够的提前量充分做好数据中心空间和电力需要的规划，将会阻碍组织增长的能力。

基础设施即服务（"公有云"）公司可以满足大、中、小型公司对数据中心和服务器容量的需求。对小公司而言，这种解决方案可能会控制探索性的产品不被市场采纳而带来的风险。低资本支出意味着公司很容易摆脱潜在的错误。对大中型公司，该解决方案通过租用而不是购买并不需要保持全时段运行的服务器空间，从而提高财务的表现。

在规划数据中心时，要记得应用以三为核心的三条魔法规则。第一条规则是驱动成本的三个要素：服务器成本、电力成本和空调服务成本。第二条规则是任何服务都至少要有三个服务器支持。第三条规则是计划三个或更多个数据中心。

多活数据中心可以为一些公司带来几个优势。与典型的热冷灾备配置相比，公司可能会受益于更高的可用性和较低的整体成本。它也为公司产品发布带来更大的灵活性，为空间租用带来更大的谈判筹码。与大多数的组织对热冷灾备设施缺乏信心相比，多活数据中心可以提高运维对运营设施的信心。最后，客户的请求往往会动态地路由到最接近的数据中心，因此客户可以感知的响应时间减少了。

多活数据中心配置的缺点包括操作的复杂性增加，人员和网络成本增多和出差费用增加。我们的经验是这种配置所带来的好处远远超过其消极影响。

当考虑多活数据中心的配置时，应该尽可能地消除状态和应用的亲和性。客户访问最接近的数据中心，这种亲和性是我们所期望的，它可以减少客户感知的响应时间。但是在理想情况下，你更想要的是无缝移动流量的灵活性。为此，需要实施某种数据库复制的方法。此外，如果你确实需要保持状态，那么应该考虑使用状态复制的技术。

关键点

- 电力通常是当今大多数数据中心的制约因素。
- 电力的成本、质量和可用性、地域风险、有经验的劳动力资源、网络传输的成本和质量都是数据中心选址的考虑因素。
- 数据中心规划有很长的时间跨度。它需要提前数月甚至数年的时间去规划。
- 当产品采纳率的风险很高时，或者不能全时段保持繁忙则租用更加合理，这时候应该利用 IaaS 的能力。
- 数据中心成本的三大主要因素是服务器、电力和空调。
- 三是服务器的神奇数字：为某个服务提供支持的初始服务器数量永远不要少于三。

❑ 三是数据中心的神奇数字：至少要设计三个数据中心提供服务。

❑ 多个同时提供服务的多活网站可以提供更高可用性、更有利的谈判杠杆、更高的运维信心、更低的成本和比传统的热冷灾备配置更快的客户响应时间。

❑ 多活网站往往会增加操作的复杂性、出差费用、网络连接相关的费用以及人员的需求。

❑ 多活网站在设计时要争取去除亲和性和状态。

第30章 纵观全局

> 孙子说：故用兵之法，无恃其不来，恃吾有以待之；无恃其不攻，恃吾有所不可攻也。

这本书从扩展性为什么是艺术与科学的结合开始讨论。扩展性的艺术方面被认为是产品、组织和过程之间的相互作用，而这种作用具有动态性和流动性。可扩展性的科学体现在衡量我们工作的方法和科学方法的应用中。一个特定公司必须围绕其企业的生态系统塑造扩展的方法，该生态系统由产品技术的交汇、组织的独特性以及现有过程的能力和成熟度构成。因为不存在通用的实现方法或者标准答案，本书聚焦在提供有关方法的技巧和经验教训。

但是，一切都源自于人。如果没有合适的团队、合适的领导、合适的管理和合适的组织结构，你甚至无法维持现有的水平，更不用提做得更好。制订并遵循过程靠的是人，技术设计和实施靠的也是人。具备合适的技能、积极性和企业文化适应性的人是重要的构件。在此基础之上，必须为每个人分配合适的角色。即使是最优秀的人，也必须把他放在能适当地利用其技能的合适岗位上。此外，我们必须按照合适的结构把这些角色组织起来，并给予强有力的领导和管理，这些人才能够发挥最佳的水平。

虽然是人制订和维护组织的过程，但是过程却控制着个人和团队的行为方式。过程是必要的，因为它使团队能够快速应对危机、确定故障的根本原因、确定系统的容量、分析可扩展性的需求、实施可扩展性的项目、满足可扩展系统的更多基本需要。对于过程，没有唯一正确的答案，只有许多错误的答案。首先，必须从严密性和可重复性的角度，对每个过程与组织的配合程度进行评估，然后，从复杂性的角度，具体地看这些过程的步骤是否适合特定的团队。太多的过程会扼杀创新和破坏股东的价值。相反，如果你错过那些从过去的错误和失败中学习的过程，你的组织很可能表现不佳甚至沦为失败的公司。

最后，无论是产品本身还是配套产品开发的基础设施，技术都在驱动着业务的发展。必须理解许多常用的扩展方法，例如，多轴分割、高速缓存、异步调用、数据管理和其他本书中讨论过的很多手段，并在实施可扩展性解决方案的时候，考虑使用它们。关键是要培养专业知识和技能，在必要的时候可以适当地使用这些方法。掌握这些方法的合适的人和坚持对这些方法进行评估的合适的过程，将二者结合起来共同打造可扩展的技术。

在这本书的开头，我们引入了良性循环和恶性循环的概念（参见前言中的图 0-1）。缺乏对人员和过程的关注可能会导致我们称之为恶性循环的不良技术决策。当开始沿着这条道路前进时，因为团队需要精力和资源解决技术问题，他们很可能因此更加忽视人员和过程。与此相反，当合适的人与合适的过程互动良好时，可以产出优秀的、可扩展的技术，从而腾出资源，不断地提高组织内部的整个生态系统，这就是所谓的良性循环。恶性循环一旦开始很难停下，但是如果你强烈聚焦，还是可以做到的。在图 30-1 中，我们描述了停止恶性循环，并把它推向另一个方向的概念。

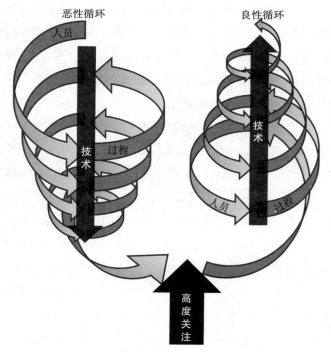

图 30-1　良性和恶性循环

30.1　现在该做什么

在了解了所有关于人、过程和技术的信息后，你可能会问"现在该做什么"。我们建议通过一个四步骤的简单过程把所有这些信息付诸实践。注意，无论你打算要调整技术、过程、组织甚至人员，这个过程都是适当的。这四个步骤如下。

1. 评估目前的状况

2. 确定想要的结果

3. 清楚两者的差别

4. 制订计划

第一步是评估目前的状况。对人员、过程、技术三个方面的现状做一个诚实的评估。回答以下的问题：人员的素质如何？组织结构是最佳的吗？技术的哪一部分可以扩展？过程足以支持目标吗？很难在组织的内部完成这些评估。有时候，你太靠近现场以至于无法了解现状。AKF 公司常常被邀请进行这类评估，因为我们可以从第三方的视角客观地提供评估意见。

评估之后，第二步是确定在人员、过程和技术三个方面，你需要达到什么水平。是否需要为工程团队引入更多的经验，是否需要投入时间和精力来制订更强大的过程？在这个步骤中的一个方法是，根据预计的增长率评估对技术、过程和人员的新要求。当确定该理想状态时，应该考虑其他的因素，如收购或额外的资金需求。

第三步是比较公司的实际情况和理想情况。比较的结果是形成一个列表，列明不足的技能、成熟度或可扩展性。例如，在第一步中确定了年轻的工程团队没有大型数据库的扩展经验。在第二步中，根据预计的增长率，确定在未来 18 个月内，数据库中存储的数据量会增长到现在的三倍。在第三步中，经过比较发现这种差异，然后将工程团队需要添加有数据库扩展经验的人员这个需求记录下来。第三步的最后一部分是按照重要性，从高到低排列表中各项的优先级。我们通常把列表分为两组：一组是那些被视为弱点的差异，另一组是那些代表改善机会的差异。

最后一步是制订行动计划，以解决在前一步确定的那些差异。行动计划的期限将由组织的需求、可用的资源和差异的严重性决定。我们通常建议团队制订两个计划：一个是用于解决短期问题的30到45天计划，另外一个是用于解决长期问题的180天计划。如果你将所列的差异项分为弱点和机会两组，那么它们将与短期和长期的行动计划相一致。

四步行动

总结简单的四步骤过程如下。

1. 进行评估。对公司的组织、过程和架构评估。如果必要的话，可以使用外部代理。

2. 定义需要达到的水平或者理想状态。公司在12到24个月内会发展到多大规模？这个增长对组织、过程和架构意味着什么？

3. 列出实际情况和理想状态之间的差异。按照严重性从高到低为这些差异排队。

4. 制订行动计划。提出解决前一步确定的问题的行动计划。这可能是个有优先级的单一计划，短期和长期计划，或者公司采用的任何其他形式的计划。

30.2　可扩展性的其他资源

本书涵盖了很多资料。由于空间的限制，我们往往只能以概要的方式来讨论一些主题。更多有关可扩展性的概念可以参考下面的

信息，这只是许多可咨询资源中的一部分。并非所有这些参考信息
都支持我们的观点，但这并不会动摇彼此的立场。健康的讨论和分
歧是科学进步的支柱。对问题的不同看法使你掌握更多的概念，并
让你有一个更加合适的决策框架。

30.2.1 博客

❏ AKF 公司博客：http://www.akfpartners.com/techblog

❏ 硅谷产品集团博客：http://www.svpg.com/blog/files/svpg.xml

❏ 分布处理一切博客：http://www.allthingsdistributed.com

❏ 高可扩展性博客：http://highscalability.com

❏ 乔尔论软件博客：http://www.joelonsoftware.com

❏ 37signals 的信号与噪声博客：http://feeds.feedburner.com/37
signals/beMH

❏ 扩展性组织博客：http://scalability.org

30.2.2 书籍

❏ *Building Scalable Web Sites: Building, Scaling, and Optimizing
the Next Generation of Web Applications* by Cal Henderson

❏ *Guerrilla Capacity Planning: A Tactical Approach to Planning
for Highly Scalable Applications and Services* by Neil J. Gunther

❏ *The Art of Capacity Planning: Scaling Web Resources* by John
Allspaw

❏ *Scalability Rules: 50 Principles for Scaling Websites* by Marty
Abbott and Michael Fisher (the authors of this book)

- *Scalable Internet Architectures* by Theo Schlossnagle
- *The Data Access Handbook: Achieving Optimal Database Application Performance and Scala-bility* by John Goodson and Robert A. Steward
- *Real-Time Design Patterns: Robust Scalable Architecture for Real-Time Systems (Addison-Wesley Object Technology Series)* by Bruce Powel Douglass
- *Cloud Computing and SOA Convergence in Your Enterprise: A Step-by-Step Guide* (Addison-Wesley Information Technology Series) by David S. Linthicum
- *Inspired: How to Create Products Customers Love* by Marty Cagan

分布式系统架构：架构策略与难题求解

[美] 尼尔·福特(Neal Ford)　[美] 马克·理查兹(Mark Richards)　[美] 普拉莫德·萨达拉奇(Pramod Sadalage)
[澳] 扎马克·德加尼(Zhamak Dehghani)等　译者：王岩　邢砚敏　吴兵华　梁越
书号：978-7-111-72422-3　定价：139.00 元

　　Neal Ford 大神领衔的智慧结晶，清晰阐述复杂问题，从容给出解决方案，逐步培养架构思维，一本为架构师提供思想领导力的权威著作。

　　本书探讨了选择合适的分布式系统架构的策略。作者通过一个虚构的技术小组（Sysops Squad）的故事，研究了架构的各种可能性，包括如何确定服务粒度、管理工作流和编排、管理和解耦契约、管理分布式事务，以及如何优化运维性特征，例如可伸缩性、弹性和性能。本书分为两大部分：第一部分主要处理架构结构，即事物如何静态耦合在一起；第二部分讨论各种技术来克服与分布式架构相关的困难，包括管理服务通信、契约、分布式工作流、分布式事务、数据所有权、数据访问和分析型数据。

推荐阅读

系统架构：复杂系统的产品设计与开发

作者：[美] 爱德华·克劳利（Edward Crawley）布鲁斯·卡梅隆（Bruce Cameron）丹尼尔·塞尔瓦（Daniel Selva）
ISBN：978-7-111-55143-0 定价：119.00元

　　从电网的架构到移动支付系统的架构，很多领域都出现了系统架构的思维。架构就是系统的DNA，也是形成竞争优势的基础所在。那么，系统的架构到底是什么？它又有什么功能？

　　本书阐述了架构思维的强大之处，目标是帮助系统架构师规划并引领系统开发过程中的早期概念性阶段，为整个开发、部署、运营及演变的过程提供支持。为了达成上述目标，本书会帮助架构师：

- 在产品所处的情境与系统所处的情境中使用系统思维。
- 分析并评判已有系统的架构。
- 指出架构决策点，并区分架构决策与非架构决策。
- 为新系统或正在进行改进的系统创建架构，并得出可以付诸生产的架构成果。
- 从提升产品价值及增强公司竞争优势的角度来审视架构。
- 通过定义系统所处的环境及系统的边界、理解需求、设定目标，以及定义对外体现的功能等手段，来厘清上游工序中的模糊之处。
- 为系统创建出一个由其内部功能及形式所组成的概念，从全局的角度对这一概念进行思考，并在必要时运用创造性思维。
- 驾驭系统复杂度的演化趋势，并为将来的不确定因素做好准备，使得系统不仅能够达成目标并展现出功能，而且还可以在设计、实现、运作及演化过程中一直保持易于理解的状态。
- 质疑并批判地评估现有的架构模式。
- 指出架构的价值所在，分析公司现有的产品开发过程，并确定架构在产品开发过程中的角色。
- 形成一套有助于成功完成架构工作的指导原则。